工程知识论

Gongcheng Zhishilun

Theory of Engineering Knowledge

殷瑞钰　李伯聪　栾恩杰　等著

高等教育出版社·北京

内容简介

工程活动离不开工程知识，而"具体的工程知识"又不等于"工程知识论"水平的认识。以"工程知识"为研究对象而形成的"工程知识论"既是工程哲学的重要组成部分，又是现代知识论的重要组成部分。本书是中国工程院工程管理学部组织我国工程界和哲学界有关专家立项合作研究工程知识论的成果，是国内外第一本专题研究工程知识论的学术专著。本书包括理论篇和案例篇两个部分。理论篇中指出以"人工物"为研究对象的"工程知识"不同于以"自然物"为研究对象的"科学知识"，着重从哲学角度分析和阐述了工程知识论的基本观点、工程知识的来源、工程知识的类型和形态、工程知识的系统集成，并从哲学角度分析和研究了工程决策和评估知识、工程规划和设计知识、工程管理知识、工程与自然和社会互动的知识，以及工程知识的传承、演化、传播。案例篇中结合冶金、航天、化工、铁路、水坝、信息等行业的典型案例进行了深入的分析和研究。

本书面向工程界、企业界、哲学界、社会科学界的有关公务员、政策研究人员和其他有兴趣的人士，特别是面向广大的工程师、理工科院校师生，可作为有关院校的教学参考用书。

图书在版编目（C I P）数据

工程知识论 ／ 殷瑞钰等著. -- 北京 ： 高等教育出版社，2020.11

ISBN 978-7-04-054786-3

Ⅰ．①工… Ⅱ．①殷… Ⅲ．①工程-知识论 Ⅳ.①T-02

中国版本图书馆 CIP 数据核字（2020）第 135291 号

策划编辑	黄慧靖	责任编辑 张 冉	封面设计 顾 斌	版式设计 杨 树
插图绘制	黄云燕	责任校对 刘 莉	责任印制 朱 琦	

出版发行	高等教育出版社	网 址	http://www.hep.edu.cn
社 址	北京市西城区德外大街 4 号		http://www.hep.com.cn
邮政编码	100120	网上订购	http://www.hepmall.com.cn
印 刷	三河市华骏印务包装有限公司		http://www.hepmall.com
开 本	787mm × 1092mm 1/16		http://www.hepmall.cn
印 张	36.25		
字 数	550 千字	版 次	2020 年 11 月第 1 版
购书热线	010-58581118	印 次	2020 年 11 月第 1 次印刷
咨询电话	400-810-0598	定 价	89.00 元

本书如有缺页、倒页、脱页等质量问题，请到所购图书销售部门联系调换

版权所有 侵权必究

物 料 号 54786-00

前言：工程哲学的兴起和中国工程哲学研究的特色

　　工程活动是最常见、最基础、影响最深远的社会活动，是社会存在和发展的基础。离开了工程活动，人类就无法生存，社会就要崩溃。正如马克思所说的那样："整个所谓世界历史不外是人通过人的劳动而诞生的过程"①，"必须把'人类的历史'同工业和交换的历史联系起来研究和探讨"②。

　　在哲学领域，科学哲学和技术哲学都是欧美学者开创的，可是，在21世纪之初，在开创工程哲学时，中国工程师和中国哲学工作者与欧美同行一起走在了开创工程哲学的最前列。

　　回顾往日，工程哲学在21世纪之初的东方和西方国家同时迅速地兴起，其开创进程和步履主要表现在以下几个方面。

　　一，在学术著作出版和学术研究方面的进展。2002年，中国学者出版了《工程哲学引论——我造物故我在》③；2003年，美国学者出版了 Engineering Philosophy（《工程哲学》）④；2007年，中国出版了《工程哲学》⑤，就在同一年，欧美也出版了 Philosophy in Engineering（《工程中的哲学》）⑥。中国工程院自2004年起连续立项研究工程哲学，先后出版《工程哲学》⑦⑧⑨《工程演化论》⑩《工程方法论》⑪ 和《工程知识论》（即本书）多部著作。美国国家工程院2004年立项研究工程哲学。英国皇家工程院2006—2007年连续召开工程哲学研讨会（seminar），2010年出版了《工程哲学》（第一卷）⑫。除上述

---

　　①　中共中央马克思恩格斯列宁斯大林著作编译局. 马克思恩格斯全集：第42卷［M］. 北京：人民出版社，1979：131.

　　②　中共中央马克思恩格斯列宁斯大林著作编译局. 马克思恩格斯全集：第3卷［M］. 北京：人民出版社，1960：32.

　　③　李伯聪. 工程哲学引论——我造物故我在［M］. 郑州：大象出版社，2002.

　　④　BUCCIARELLI L L. Engineering philosophy［M］. Delft：DUP Satellite，2003.

　　⑤　殷瑞钰，汪应洛，李伯聪，等. 工程哲学［M］. 北京：高等教育出版社，2007.

　　⑥　CHRISTENSEN S H，DELAHOUSSE B，MAGANCK M. Philosophy in engineering［M］. Denmark：Academaca，2007.

　　⑦　同⑤。

　　⑧　殷瑞钰，汪应洛，李伯聪，等. 工程哲学［M］. 2版. 北京：高等教育出版社，2013.

　　⑨　殷瑞钰，汪应洛，李伯聪，等. 工程哲学［M］. 3版. 北京：高等教育出版社，2018.

　　⑩　殷瑞钰，李伯聪，汪应洛，等. 工程演化论［M］. 北京：高等教育出版社，2011.

　　⑪　殷瑞钰，李伯聪，汪应洛，等. 工程方法论［M］. 北京：高等教育出版社，2017.

　　⑫　The Royal Academy of Engineering. Philosophy of engineering［M］. London：The Royal Academy of Engineering，2010.

著作外，在十余年的工程哲学研究进程中，中国工程师和哲学学者还出版了《油田开发工程哲学初论》①《工程十论——关于工程的哲学探讨》②《历史与实践：工程生存论引论》③《道路工程哲学》④《工程美学导论》⑤《工程文化》⑥《工程哲学与工程教育》⑦ 等 10 余部著作。欧美在工程哲学领域也出版了 10 余部著作，如 *Philosophy and Design*⑧、*Engineering in Context*⑨、*Engineering, Development, and Philosophy*：*American, Chinese and European Perspectives*⑩、*Engineering Identities, Epistemologies and Values*⑪ 等。以上著作的密集出版充分反映了工程哲学确实是一个正在兴起的学科，而且东西方各有自己的特色。

二，在成立学术组织和召开学术会议方面的进展。2003 年 6 月中国科学院研究生院成立了"工程与社会研究中心"；2004 年，"工程研究国际网络"（The International Network for Engineering Studies）在巴黎成立。2004 年 6 月，中国工程院工程管理学部召开了一次工程哲学高层研讨会，殷瑞钰院士主持会议，陆佑楣、王礼恒、汪应洛、张彦仲、张寿荣、何祚庥等多位院士和李伯聪、李惠国、丘亮辉、赵建军、胡新和、朱菁等多位科技哲学界的专家参加了研讨会。中国工程院徐匡迪院长亲自到会并且发表了时间长达一个小时的重要讲话。徐匡迪院长说："工程哲学很重要，工程里充满了辩证法，值得我们思考和挖掘。我们应该把对工程的认识提高到哲学的高度，要提高工程师的哲学思维水平。"⑫ 他强调指出，工程创新和工程建设需要有哲学思维。他还对工程中的一些辩证法问题进行了精辟的分析。2004 年 12 月，中国工程院和中国自然辩证法研究会联合举办"工程哲学与科学发展观"研讨会，紧接着召开了第一次全国工程哲学会议，正式成立了中国自然辩证法研究会工程哲学专业委员会，殷瑞钰任理事长，朱训任名誉理事长，傅志寰、陆佑楣、汪应洛、王

① 金毓荪，蒋其垲，赵世远，等. 油田开发工程哲学初论 ［M］. 北京：石油工业出版社，2007.
② 徐长山. 工程十论——关于工程的哲学探讨 ［M］. 成都：西南交通大学出版社，2010.
③ 张秀华. 历史与实践：工程生存论引论 ［M］. 北京：北京出版社，2011.
④ 吴华金. 道路工程哲学 ［M］. 北京：人民交通出版社，2013.
⑤ 闫波，姜蔚，王建一. 工程美学导论 ［M］. 哈尔滨：哈尔滨工业大学出版社，2007.
⑥ 张波等. 工程文化 ［M］. 北京：机械工业出版社，2010.
⑦ 王章豹. 工程哲学与工程教育 ［M］. 上海：上海科技教育出版社，2018.
⑧ VERMAAS P E, KROES P, LIGHT A, et al. Philosophy and design ［M］. London：Springer，2008.
⑨ CHRISTENSEN S H, DELAHOUSSE B, MAGANCK M. Engineering in context ［M］. Denmark：Academaca，2009.
⑩ CHRISTENSEN S H, MITCHAM C, LI B C, et al. Engineering, development, and philosophy：American, Chinese and European perspectives ［M］. Dordrecht：Springer，2012.
⑪ CHRISTENSEN S H, DIDIER C, JAMISON A, et al. Engineering identities, epistemologies and values ［M］. Dordrecht：Springer，2015.
⑫ 赵建军. 工程界与哲学界携手共同推动工程哲学发展 ［M］ // 杜澄，李伯聪. 工程研究：第 1 卷. 北京：北京理工大学出版社，2004.

礼恒、丘亮辉、李伯聪、谢企华等任副理事长。从 2004 年到 2019 年，中国已经召开了 9 次全国性学术会议。在欧美，美国于 2006 年在麻省理工学院召开了一次工程哲学研讨会，并决定于次年在荷兰召开工程哲学国际会议；从 2007 年至今，已经召开了 6 次工程哲学国际会议，并先后出版了 3 本会议论文集①②③。

三，相关期刊出版方面的进展。在这方面，情况显得有些复杂。在中国，《自然辩证法研究》杂志自 2008 年起增设了与自然哲学、科学哲学、技术哲学并列的"工程哲学"栏目，而更值得注意的是《工程研究》期刊的创刊。2004 年，中国开始出版《工程研究——跨学科视野中的工程》。该刊最初是年刊，自 2009 年起改为季刊，2016 年后改为双月刊。该刊的主要栏目有工程哲学、工程管理、工程社会学、工程科技、工程史、工程评论等。国外方面，*Engineering Studies*（《工程研究》）于 2009 年在美国创刊，其宗旨与"中文同名刊物"基本相同，该刊最初每年出版 3 期，2012 年后改为季刊。由于该刊在学术方向、学术内容和学术质量方面的突出特点，其在出版 3 年后就成为 SCI 和 SSCI 刊物。对于一份新期刊来说，这实在是一个难得的成就。可以认为，这充分显示出国际学术界已经把包括工程哲学在内的"跨学科工程研究"认可为一个新的研究方向和研究领域。2007 年，中国自然辩证法研究会工程哲学专业委员会编辑出版了《工程与哲学（第一卷）》④，由于多种原因，其第二卷延迟多年才得以在 2018 年出版⑤，其第三卷亦即将出版⑥。希望在今后，这部具有某种专业年刊性质的出版物能够连续出版。

回顾工程哲学的开创和发展进程，人们会看到一个耐人寻味的现象——中国的工程哲学发展进程和欧美的工程哲学发展进程在以上三个方面都表现出了"人同此心、心同此理"的"不约而同"和"基本同步前进"的特点。应强调指出的是，这绝不是偶然出现的现象，而是深刻反映了工程哲学的兴起适应了时代形势的要求和反映了一个新学科开创进程的共同规律与内在要求。

另一方面，中国和欧美在工程哲学的发展中也各有特点，以下介绍一下中国工程哲学研究和发展进程中的特色。

2017 年，在苏州举办的第八次全国工程哲学会议上，学者们立足于对工

---

① Van de POEL I, GOLDBEG D E. Philosophy and engineering: an emerging agenda [M]. Dordrecht: Springer, 2010.

② MICHEFELDER D P, MCCARTHY N, GOLDBEG D E. Philosophy and engineering: reflections on practice, principles and process [M]. Dordrecht: Springer, 2013.

③ MITCHAM C, LI B C, NEWBERY B, et al. Philosophy of engineering, east and west [M]. Dordrecht: Springer, 2013.

④ 殷瑞钰. 工程与哲学：第一卷 [M]. 北京：北京理工大学出版社，2007.

⑤ 殷瑞钰. 工程与哲学：第二卷 [M]. 西安：西安电子科技大学出版社，2018.

⑥ 殷钰瑞. 工程与哲学：第三卷 [M]. 西安：西安电子科技大学出版社，即将出版.

程哲学研究进展情况的国际比较和对中国工程哲学研究鲜明特色的认识，认为在工程哲学开创和发展进程中已经形成了工程哲学的中国学派。

为什么这样说？工程哲学中国学派的特点是什么呢？

在学术发展的进程中，形成"学派"是促进学科和学术发展的重要方式与表现形式。例如，数学中法国的布尔巴基学派、物理学中的哥本哈根学派、哲学中的维也纳学派都是典型事例。在中国新近的学术发展中，也有学者关注了形成学派的问题。特别是，许多学者都高度关注国际学术领域中"中国话语"问题。回顾工程哲学在中国的发展历程，有何理由认为已经形成了工程哲学的中国学派呢？

一，中国工程师和哲学工作者在合作开拓工程哲学领域方面有了原创性、系统性的理论创新。通过《工程哲学》《工程方法论》《工程演化论》《工程知识论》的出版，中国学者提出和阐释了一个包括"五论"——工程-技术-科学三元论、工程本体论、工程方法论、工程知识论、工程演化论——且以工程本体论为核心的工程哲学理论体系。

在上述"五论"中："三元论"从哲学角度对"工程"的位置、价值、意义发问和发论，明确了应该创建与科学哲学和技术哲学并列的工程哲学的基本思路；"工程本体论"明确指出工程是现实的、直接的生产力，从历史唯物主义和辩证唯物主义的立场看，工程具有本根地位，而不是其他活动的衍生品或从属物，充分阐述了工程本体论的深远意义和价值，使之成为"工程哲学"的理论核心和基本立场，进一步夯实了"三元论"的基础；"工程方法论"从工程方法和工程实践的角度概括了工程方法的共性特征和应遵守的原则与规律，充实、丰富了"工程本体论"的内涵；"工程知识论"从知识理论角度揭示、归纳了工程知识的特征、内涵和规律，充实、丰富了"工程哲学"的内涵和基础；"工程演化论"从历史唯物主义的视野研究工程的发生、发展和演化的动力和机制。这个以工程本体论为理论核心的"五论"系统相互渗透、相互支撑，成为中国学派进行工程哲学系统性理论创新的主要成果和主要表现。尽管这个系统目前还难免有不成熟的地方，有待进一步拓展和深化，但可以认为上述的"五论"已经初步形成中国工程哲学体系的基本理论框架，可以成为进一步前进的"理论基地"。

二，从学术队伍结构特点看，中国工程哲学研究队伍中形成了中国工程师和哲学家密切合作、相互学习、共同探索工程哲学新方向的学术团体，持续举办了一系列学术活动和到大庆油田、三峡总公司、上海宝山钢铁公司等大型工矿企业进行宣讲活动。与此同时，还应邀到中国科学院大学、东北大学、西安交通大学、清华大学、北京大学、同济大学、华南理工大学、北京科技大学、华北理工大学、国防科技大学等高校进行学术讲演，传播学术思想。这种有理论、有组织、有系列学术活动、有学术论坛的鲜明特色正是形成学派的标志。

三，从学风和发展方式看，中国的工程哲学坚持马克思主义哲学的基本方向，坚持扎根中国和世界工程实践，坚持"理论联系实际"的基本原则。

在以往，无论是在中国还是在欧美，都存在工程师不关心哲学和哲学家不关心工程的状况。美国麻省理工学院教授布西亚瑞利在其所著的《工程哲学》一书中，一开始就表达了对这种状况的不满和感慨。他尖锐地指出，许多工程师和哲学家都认为"哲学和工程似乎是两个相距甚远的世界"[1]，工程师和哲学家之间一向缺乏交流和互动。工程哲学的兴起，开始改变了这种状况。可是，就欧美而言，主要表现形式是"工程师个人"对工程哲学的兴趣和"哲学家个人"对工程的兴趣。在中国，中国工程院工程管理学部组织了系列课题研究，在15年的研究历程中，以马克思主义哲学原理为指导，以"系列课题研究"的方式组织、吸纳一批高水平工程师和哲学家合作研究工程哲学。在这个过程中，工程师和哲学家相互交流，有了更密切的合作。在十五六年的合作中，相互学习，相互切磋，共同探索，共同提高，既深化了对工程的认识，又深化了对哲学的认识。很显然，工程师和哲学家形成组织化的跨界合作，既是中国工程哲学研究取得理论进展的重要因素之一，又是中国工程哲学现状和发展的特征之一。据初步统计，直接参加《工程哲学》《工程方法论》《工程演化论》《工程知识论》写作的院士有殷瑞钰、汪应洛、傅志寰、奕恩杰等20位；哲学界和教育界专家有李伯聪、李惠国、丘亮辉等30余人；工程界和企业界专家有谢企华、凤懋润、金毓荪等30余人。至于参与研讨的专家那就更多了。从作者队伍看，这几本著作确实是中国工程界、哲学界、企业界、工程教育界、工程管理界许多人合作研究和集体智慧的结晶。

中国工程哲学学派不是凭空出现的，它是扎根于当代工程发展——特别是中国工程建设和发展——的产物。中国航天工程的快速发展，三峡水利枢纽工程的建设、运行，高速铁路工程的崛起，桥梁工程的发展等重大工程的兴起，积累了大量的对工程活动的认识和实践经验。中国现代工程发展的现实场景为中国工程哲学学派的形成提供了难得的"沃土"。中国的工程师学哲学、用哲学、用工程哲学思维指导工程建设，中国的哲学工作者深入工程一线，理论联系实际，深化哲学理论。中国工程师和中国哲学工作者立足中国的工程实践，密切联系中国和世界工程发展的丰富经验与深刻教训，走上了开拓工程哲学中国学派的大道。

通过十五六年的持续研究，中国工程哲学研究者们认识到：工程是现实的、直接的生产力，工程具有鲜明的实践性，工程活动的特征是集成、建构和转化，具有直接生产力的实践性特征。工程哲学研究是面向现实的、直接生产力的，面向工程实践的，面向工程思维的研究。

---

① 路易斯·L.布西亚瑞利.工程哲学［M］.安维复，等，译.沈阳：辽宁人民出版社，2008：1.

最近几十年中，中国开展了全球最大规模的工程建设。目前中国是世界上仅有的具有 39 个大类、191 个中类、525 个小类的全部工业门类的国家，有 200 多种重要产品的产量居世界第一。中国在工程建设和工业化发展过程中，积累了丰富的经验，同时也有一些深刻的教训。目前，在贯彻党的十九大精神的过程中，特别是在中国走向"两个一百年"的进程中，现实和未来都对我国的工业化建设和工程发展提出了新的要求，这就形成了工程哲学在中国发展的深厚现实基础和强有力的社会需求。工程哲学也必然在这个过程中适应新要求，得到新拓展，取得新成就。

目 录

理 论 篇

案 例 篇

Contents

Theories

Case Studies

理论篇

Theories

THEORIES

　　"工程知识"绝不是一个难懂或罕见的概念，相反，它是一个许多人都熟悉的词语。不但众多的工程从业者——工人、工程师、工程管理者、工程投资者等——都拥有丰富的工程知识，而且即使是那些并不从事具体工程活动的人，也都有不同范围和不同程度的工程知识。可是，如果要进一步询问工程知识的本性和本质特征究竟何在，许多人又会感到茫然，不知就里，这才发现虽然掌握不少"具体的工程知识"，但那只是对"具体工程知识"的"个性形态"的认识，而缺乏对工程知识的普遍本质和共性规律的理论水平上的认识。

　　"工程知识"和"工程知识论"是两个含义不同但又有密切联系的概念。一方面，工程知识是工程知识论的研究对象、研究出发点和理论概括的基础，离开了具体的工程知识，工程知识论就成为无源之水；另一方面，有了"具体的工程知识"，并不等于同时有了"工程知识论"水平的认识，人们必须在明确工程知识这个研究对象后经过进一步的理论研究、理论概括和理论升华，才能获得"工程知识论"水平的认识。

　　工程知识论是以工程知识为研究对象而形成的一个研究领域。工程知识论不但要研究工程知识的本性和基本特征，而且要研究工程知识的形成过程、社会功能和发展规律等问题。工程知识论不但是哲学——特别是工程哲学——的关键内容之一，而且也是工程学、工程活动和工程教育的关键内容之一。

　　在历史上，由于古代的工程知识主要掌握在社会下层的"劳动人民"手中，而社会统治权主要掌握在"劳心者"手中，这就使奴隶社会、封建社会乃至资本主义社会的"上层人士"和"主流意识形态"严重轻视工程知识的地位和基本忽视了对工程知识问题的理论研究。

　　在古代社会和思想史上，由于多种原因，虽然社会中不乏具体的工程知识，但鲜见有对工程知识的理论研究。不但哲学界而且工程界都很少有人对工程知识进行整体性、概括性、综合性的理论研究和理论升华，这就使"工程知识论"成为一个迄今仍然很少有人问津、很少有人进行理论探索的学术领域。

　　这种状况显然是必须改变的。

　　编写本书的基本目的就是要在工程知识论领域进行初步的理论

分析和理论探索，希望本书能够起到抛砖引玉的作用。

工程知识论涉及的问题很多。本书在整体结构上继续采取划分为理论篇和案例篇两大部分的方法，在写作风格上与《工程哲学》《工程演化论》《工程方法论》保持一致。

本书理论篇共八章，讨论工程知识论的重要理论问题。第一章是总论性研究和讨论，重点阐述和研究工程知识的本性与工程知识论的定位问题；第二章研究和讨论工程知识的形态与转化问题；第三章研究和讨论工程知识的系统集成；第四章研究和讨论工程决策与评估知识；第五章研究和讨论工程规划与设计知识；第六章研究和讨论工程管理知识；第七章研究和讨论关于"工程与自然互动"和"工程与社会互动"的知识；第八章研究和讨论工程知识的传承、传播和演化。

工程知识总论

工程知识和科学知识是两类不同的知识。从历史上看，原始社会的人类就掌握了不少具体的工程知识，而科学知识的形成则是很晚发生的事情。在哲学领域，哲学家很早就开始关注对科学知识的哲学研究，对有关科学知识的哲学问题进行了许多深入的分析和研究。许多西方哲学家甚至把科学知识看作是"唯一的知识"，把认识论看成仅仅是关于科学知识的理论。可是，长期以来，许多哲学家都忽视了对工程知识的哲学分析和哲学研究，使得对工程知识的哲学研究成了哲学领域中的一个被遗忘的角落。

"工程知识"是工程知识论中最基础的范畴，是工程知识论的基本研究对象。工程知识论是对工程知识的"二阶性研究"，它既是"知识论"的组成部分之一，又是工程哲学的组成部分之一。在研究工程知识论时，首先遇到和需要讨论的是以下三个问题："工程、知识和工程知识""工程知识论的定位、基本观点和主要内容"和"研究工程知识论的意义"。本章就分三节对这三个问题进行分析和讨论。

第一节　工程、知识和工程知识

从本性上看，知识是人类在劳动、实践过程中对客观世界、客观事物、人工物、人类社会以及对人自身等认识的结晶，包括了理念、概念、定义、范畴划分、状态认知、规律、原则、规则、模型、方法等内涵，是对真理和人类活动的规律的认知，是理念、概念的确立，是对规律的探索和揭示，是对原则、规则的建立，是对方法、模型、器物的建构、改进、演化的研究，知识包含着广泛的内涵，以及对这些内涵认识的结晶。知识是人类智慧的结晶。

顾名思义,"工程知识论"是以"工程知识"为研究对象而形成的一个研究领域。在工程哲学中,工程知识论和工程方法论是两个既密切联系又相互区别的研究领域。

从概念逻辑结构方面看,"工程知识"是工程知识论的一个起点性、基础性、核心性概念。如果这个概念搞不清楚,工程知识论就难免要处于混沌之中;如果这个概念搞清楚了,工程知识论的许多问题就会比较容易理解了。

① 分析、认识和把握"工程知识"含义的两个进路

什么是"工程知识"呢?

如果从构词法的角度分析"工程知识"这个术语的含义,可以看出有两个重要的分析、理解和研究进路。

一是把"工程知识"看作"工程"和"知识"的"交集"。这个进路要求在辨析"工程"和"知识"相互关系的基础上认识"工程知识"的本性、功能和含义。这个进路的关键是既辨析工程与知识的不同本性,又注重研究"工程"和"知识"的相互渗透、相互作用、相互转化关系。

二是把"工程知识"看作"知识"的一个"子集"。这个进路要求把人类的"全部知识"划分为不同的类型并且把工程知识界定为"全部知识"中的类型之一(一个"子集"),然后,在进行"知识类型划分"的基础上,辨析"工程知识"这种类型的知识和其他类型的知识有何异同关系,由此而认识和把握作为一个"特定知识类型"的工程知识的本性、功能和含义。

为了更全面、更深入地理解工程知识的含义,我们不但需要注意分别辨析以上两个进路所揭示和显示的不同内容,更需要注意对以上两个进路所揭示和显示的不同内容进行辩证综合。

② 研究进路之一:从物质世界与精神世界的关系看"工程"与"知识"的含义和相互关系

让我们先从第一个进路进行理论分析和认识。这个进路有两个

关键点：一是分析、认识和把握"工程"与"知识"的不同本性和不同含义；二是立足于此而理解和把握"工程知识"的含义及意义。

2.1 "工程"活动的物质性本性和"知识"的精神本性

无论是人们的常识还是哲学理论认识，都承认物质世界和精神世界是两个不同的世界。

工程的目的是造物，更具体地说，是制造有用的人工物（包括各种生产资料和生活资料）①。这就意味着，无论是从表现形式上看还是从本质上看，首先都必须肯定工程活动是物质性活动，肯定工程活动是依附于物质性活动的过程。当然，这个论断中绝不否认工程活动中也包括许多精神活动，绝无认为工程活动是"纯物质性而无精神性"活动的含义。正像唯物主义哲学肯定"物质第一性"时并不否认精神的重要性一样，肯定工程活动中渗透着精神活动也不妨碍肯定工程活动在本质上是物质性活动。

汉语词"知识"由"知"和"识"两个字构成，"知"和"识"的含义相同，都既可用作动词（相当于英语的动词 know，以及英语的动名词 knowing）又可用作名词（相当于英语的名词 knowledge）。所谓知识论，其含义和内容不但包括要研究"作为认识结果的知识"，而且要研究"认识过程"和"认识主体"。

从以上对知识和知识论含义的辨析中可以看出，探求知识的过程和作为思维产物的知识是属于精神世界的。

这就是说，工程活动在本质上是物质世界的活动，而知识探求却是精神世界的活动。从这个角度看问题，我们看到工程和知识在本性上是分属于两个世界——物质世界和精神世界——的"活动"

---

① "工程活动"是"造物活动"，"人工物"（artifact）是"造物"活动的结果。可是，汉语中常说"事物"，有时又说"事事物物"，中国许多古代思想家都不区分"事"和"物"，把对"事"的研究和对"物"的研究当成"统一的事物"进行研究。赫伯特·A. 西蒙的名著 *The Sciences of the Artificial*，有人将其译为《人工科学》，但也有人将其译为《人为事物的科学》。西蒙在该书中明确指出，"人工物"包括"信息产品"。这就是说，无论是从词语运用的实际情况看还是从产业分类看，"工程活动"中都不但包括"物质工程"而且包括"信息工程"。另外，还需要顺便指出，以建造"大科学装置"为关键环节的"大科学工程"也是工程活动的一个特殊类型。

和 "产物"。

2.1.1　从 "两类物质世界" 和工程活动的过程看 "工程" 活动的物质性本性

在宇宙发展和地球演化过程中, 在人类出现之前, 只有一个 "统一的物质世界"。可是, 在人类出现后, 人类开始了 "造物活动", 通过人类的造物活动又形成了一个 "人工物世界", 并且这个 "人工物世界" 的 "人工物" 的数量、质量、种类、范围、作用、影响都在日益增长和增强。现代人住在 "人造的房屋" 之中, 吃饭要用碗筷刀叉, 穿衣要用纺织品, 出行要坐汽车、火车、飞机, 通信要用手机, 如此等等。环顾周围世界, 必须说现代人已经 "主要" 生活在 "人工物世界" 之中。当然, 这也绝不是说人的生活可以脱离天然自然的物质世界。

对于现代人来说, 人类起源之前的那个 "统一的物质世界" 已经分化为 "两类物质世界" —— "天然自然的物质世界" (或曰 "自然物理世界") 和 "人工物的世界" (或曰 "人工自然的物质世界")[①]。前者在人类起源之前就存在并且在人类进行造物活动时继续存在着, 而后者却是人类工程活动的产物。自然物理世界是在人类诞生之前和人类形成之后都存在着的 "自然界"。虽然必须承认它是人类生存的物质前提和自然基础, 是工程活动的 "自然资源前提、基础和环境", 但同时又必须承认它是独立于人类工程活动的 "独立物质存在", 而绝不是 "依赖于" 人类知识和人类工程活动的存在。

我们承认并且肯定自然物理世界是人类认识的对象。但这绝不意味着自然物理世界 (天然自然界) 是某个有思想的上帝运用 "自己的造物知识" 创造出来的, 相反, 我们必须承认自然物理世界是 "脱离于精神世界" 的 "独立存在", 由此可以将其称为 "无知识渗透内蕴的客观物质存在"。

"自然物理界" 的 "事物" (如江河、岩石、土壤、冰、雨、闪

---

① 对于 "人工自然" 的含义和有关问题, 可参考陈昌曙《试谈对 "人工自然" 的研究》一文 (《哲学研究》1985 年第 1 期)。其他学者对此也有诸多分析和讨论, 但本书无意多涉及这个问题。

电等）不是人类创造出来的，是客观的物质存在；而"人工自然界"中的房屋、家具、衣服、药品、电动机、蒸汽机、汽车、飞机、电脑、手机等却都是人类运用"造物知识"创造出来的"器物"——这些人工物中都"内在地渗透"着知识（首先是造物知识），如果没有相应的知识"在先"和"渗透内蕴其中"，就不可能有这些人工物存在，由此而可以将其称为"有知识渗透内蕴的物质存在"。

我们需要在工程活动与"两类物质世界"的关系中认识工程活动的本性——工程活动是人类在天然自然环境中和以天然自然为基础而进行的制造人工物的活动，工程活动的目的和结果是创造了一个"人工物世界"。

在认识工程活动时，最关键的内容之一就是必须深刻认识和理解工程活动是物质性活动，为此，我们需要特别注意以下三个方面的要素和内容。

（1）工程活动不是可以"凭空""无中生有"的活动，而是必须在物质对象——原材料、能源等——的基础上进行的活动，没有物质性的原材料、能源等就无从制造人工产品。

（2）工程活动中必须运用物质性的工具、机器、设备等，需要运用工具（包括人类的手等）、机器、设备对原材料和能源等进行加工制造，如果没有物质性的工具、机器、设备等，工程活动就无从进行。

（3）工程活动的目的和结果是制造出工程产品——人工物①。

---

①　物质性工程活动的产物是作为人工物的物质性产品。可是，在信息工程中，信息工程的产物主要是表现为"信息形态"的"产品"。西蒙在《人工科学》一书中明确地肯定"人工物"（artifact）中也包括信息产品。笔者赞同西蒙的观点。虽然现代信息工程和信息产品的出现导致了一些复杂的理论问题和现实问题，但这并不妨碍我们认定工程活动——包括信息工程在内——在本质上是物质性活动。实际上，虽然信息工程不可避免地涉及"信息内容"问题，但在许多情况下谈到"信息工程"时"主要"仍是关注"工程技术性产品"（例如传输设备、交换设备、各种通信网络建设等）方面的问题，而不是"信息内容"（意识形态内容和其他信息内容）方面的问题。

2.1.2   对"自然物理世界""'物质、能量、信息'工程" "人工物"含义的认识

需要申明和应该注意的是，在上文所谓的"自然物理世界"中，其"物理"二字的含义并不是指现代学科分类中与"化学"并列的"物理（学）"，而是"万事万物"的意思。唐代大诗人杜甫在《曲江二首》中说："细推物理须行乐，何用浮名绊此身。"杜甫此处所说的"细推物理"绝不是说要"认真深入地研究'物理学'"，而是说要"深入思考和品味万事万物的道理"。

人类对于"物理世界"的对象与内容的认识是不断发展和不断深化的。虽然在思想史上，也曾经有庸俗唯物主义者认为"大脑产生思想就像肝胆分泌胆汁"一样，但这种观点很快就被摒弃了。在20世纪中叶，控制论创始人维纳在《控制论》一书中提出了一个著名论断："信息就是信息，既不是物质，也不是能量。不承认这一点的唯物论，在今天就不能存在下去。"[①] 依照维纳的这个观点，外部物理世界包括三类对象或三种形式的存在：物质、能量、信息。人类就生活在这个"物质、能量、信息""三位一体"的世界中。人类在从事工程活动时，所面对的就是这个"物质、能量、信息""三位一体"的"自然物理世界"，而人类的任何工程活动也都必然是"物质、能量、信息""三位一体"的活动，不可能存在"只有物质要素和内容的工程"，也不可能存在"只有能量要素和内容的工程"或"只有信息要素和内容的工程"。但是从"工程主要目的"看，又可以划分出"物质工程"（例如机械工程、土木工程）、"能量工程"（例如能源工程、动力工程）和"信息工程"（例如通信工程）。

应该承认，古代社会也有"信息工程"。可是，随着历史的发展，许多人认为，人类在20世纪下半叶进入了"信息社会"时期。虽然也不能过分夸大"信息工程"在"信息社会"中的作用、意义和影响，但也必须清醒和深刻地认识在"信息社会时期"，"信息工程"在规模、位置、特征、作用、意义、影响方面都发生了"革命性"的变化。在研究工程活动和工程哲学时，必须从"物质、能

---

① N. 维纳. 控制论 [M]. 北京：科学出版社，1962：133.

量、信息""三位一体"的观点认识和分析各种问题，不但必须重视研究"渗透"在"物质工程"和"能量工程"中的"信息问题"，而且必须重视研究"信息工程"的许多特殊性问题。

工程活动的结果是创造出了"人工物"（artifact）。

"人工物"是与"自然物""相对"的概念。1975 年图灵奖和 1978 年诺贝尔经济学奖获得者西蒙在其名著《人工科学》①（*The Sciences of the Artificial*）中明确指出，所谓"人工物"，不但包括通常所说的"（物质性）物品"，而且包括"信息产品"。

如果从语义分析和构词法角度看，"软件"（software）是"信息产品"的重要形式之一。英文单词 software 使用了后缀"ware"。"ware"这个后缀表示"由某种物质制作、具有某种品质或用于某种目的的事物"。在研究"人工物"问题时，一方面，必须承认 software（软件）等"信息类人工物"与 earthenware（陶器）、glassware（玻璃器具）、silverware（银器）、hardware（五金器具；计算机硬件）等"物质类人工物"有许多"共性"；另一方面，也必须承认 software（软件）等"信息类人工物"与 earthenware（陶器）等"物质类人工物"相比又有许多"自身的个性和特殊性"。同样地，"信息工程"也是既与"物质工程"和"能量工程"有"广泛的共性"，同时又有深刻的"自身的个性和特殊性"。在研究工程活动和工程哲学时，我们既要关注和研究"物质工程""能量工程""信息工程"的"共性"方面，又要关注和研究三者自身的"个性"方面。

2.1.3 对"知识"和"信息"多重含义的分析

在此，有必要对"知识"和"信息"这两个术语的内容、含义和用法进行一些说明。

一方面，应该承认"知识"和"信息"这两个术语都是常用词汇而不是罕见的晦涩词汇，有其通常含义、通常理解和日常用法。如果就其"通常理解"和"日常用法"而言，可以认为"知识"和"信息"的"广义解释"和"日常用法"往往是一致的，含义大体相同，范围相互重叠。另一方面，在进行专业的学术研究时，不同

---

① 赫伯特·A. 西蒙. 人工科学 [M]. 北京：商务印书馆，1987.

的学者（例如研究认识论和信息论的学者）又对"知识"和"信息"有各自不同的"专业学术定义和解释"，意见纷纭。贾夏帕拉在《知识管理：一种集成方法》①一书中简要介绍了柏拉图、亚里士多德、笛卡尔、洛克、休谟、康德、黑格尔、皮尔斯、詹姆斯、胡塞尔、海德格尔、杜威、萨特、维特根斯坦等哲学家对知识的不同理解和观点，生动有力地告诉人们，两千多年来的著名哲学家对于"知识"各有各的"定义"，各有各的"解释"，几乎可以说没有"公论"和"定论"。而"信息"这个概念的情况，也是同样。②③

我们必须承认和注意的是，对于"知识"和"信息"的含义，一方面，"知识"和"信息"没有不变的、适用于一切场合的、"众口一词"的"公认定义和解释"；另一方面，在不同语境中的"知识"和"信息"又会有"不同的特定定义和解释"，在不同语境中会有不同的解释。

应该特别注意的是，在不同的具体语境中，"知识"和"信息"可能会有"广义解释"和"模糊解释"，也可能有"狭义解释"和"特定解释"。特别是，在近期兴起的"知识管理"④⑤领域，许多学者都认为可以把"数据""信息""知识""智慧"看作四个不同的概念，是既有"上行方向"又有"下行方向"的"四个层次"，组成了一个"金字塔"结构（见图1-1-1⑥）。

把"数据""信息""知识"和"智慧"划分为四个"层次"，也就意味着认为："数据"不等于"信息"，"信息"不等于"知识"，"知识"不等于"智慧"。世界银行1998年在《世界发展报

---

① 阿肖克·贾夏帕拉. 知识管理：一种集成方法［M］. 2版. 安小米，等，译. 北京：中国人民大学出版社，2018：32-48.

② 马克·布尔金. 信息论：本质·多样性·统一［M］. 王恒君，嵇立安，王宏勇，译. 北京：知识产权出版社，2015.

③ 彼得·阿德里安斯，约翰·范·本瑟姆. 爱思唯尔科学哲学手册：信息哲学［M］. 殷杰，原志宏，刘扬弃，译. 北京：北京师范大学出版社，2015.

④ 阿肖克·贾夏帕拉. 知识管理：一种集成方法［M］. 2版. 安小米，等，译. 北京：中国人民大学出版社，2018：15-17.

⑤ 马克·布尔金. 信息论：本质·多样性·统一［M］. 王恒君，嵇立安，王宏勇，译. 北京：知识产权出版社，2015：107-109.

⑥ 根据贾夏帕拉《知识管理：一种集成方法》（中国人民大学出版社，2018年）第17页图，略有修改。

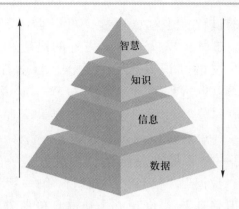

图 1-1-1　数据、信息、知识、智慧层次结构图

告》中对数据、信息、知识的定义分别是：数据是经过组织的数字、词语、声音、图像；信息是以有意义的形式加以排列和处理的数据；知识是用于生产的有价值的信息。后来又有学者指出在"知识"之上，还有更高层次的"智慧"。①

　　按照这种"四个层次的划分"，"数据"需要加工为"信息"，"信息"需要再加工为"知识"，"知识"还需要进一步升华为"智慧"，这是一个"上行"和"升华"的过程。另一方面，"智慧"可以引领"知识"的深化和发展，"知识"可以指导"信息"的加工和处理，"信息"可以指导数据的采集和挖掘，这是一个"下行"和"具体化"的过程。"上行"和"下行"、"升华"和"具体化"不是对立、割裂的，而是相互融合、相互渗透、相互作用、相互促进的。

　　在上述"数据""信息""知识"和"智慧"四个层次的划分中，"信息"和"知识"是两个不同的概念，二者有不同的具体含义。可是，当人们从整体上和相互关系上认识这"四个层次"时，又需要承认"数据→信息→知识→智慧"的"上行过程"和"智慧→知识→信息→数据"的"下行过程"都是"信息流动"的过程，从而"可以"把"上述四个层次中的数据、信息、知识、智慧"都"归总"到"广义的信息概念"之中。另一方面，由于在日常语言中，人们也都会承认这个"上行过程"和"下行过程"同时也是一

① 　王连娟，张跃先，张翼. 知识管理［M］.北京：人民邮电出版社，2016：10.（按：其他学者对数据、信息、知识、智慧也有各自的定义，既有不同之处又有许多近似之处。）

个"知识流动"的过程，这就意味着"可以承认""上述四个层次中的数据、信息、知识、智慧"在"另外的语境和理解中"又可以都"归总"到"广义的知识概念"之中。《百度百科》的"知识"条目在解释这个"上行过程"和"下行过程"时说："这样一个过程，是信息的管理和分类过程，让信息从庞大无序到分类有序，各取所需。这就是一个知识管理的过程，也是一个让信息价值升华的过程。"其中最后一句话带有总结性。"这就是一个知识管理的过程"明确地承认"数据""信息""知识"和"智慧"这四个"层次"都属于"知识管理"；"也是一个让信息价值升华的过程"又明确承认这四个层次可都归总为"信息价值升华过程"。这就不但把"广义的知识管理"和"广义的信息价值升华"在"范围和含义"上融合起来了，而且使"广义的知识管理"和"广义的信息价值升华"都包括了"数据""信息""知识"和"智慧"这四个"层次"，也就是认为这四个"层次"既可以都"归总"到广义的"知识"中，又可以都"归总"到广义的"信息"中。

如果单纯依照严格的"形式逻辑"标准，似乎可以批评以上叙述和观点中有"逻辑冲突"和"逻辑混乱"之处；可是，如果考虑语境因素以及依照"语境分析"和"语言分析"的理论，以上的叙述和观点又可谓"言之成理"和"言而有据"。

一般来说，在日常语言和理论研究中，许多常用术语都不可能"只允许"和"无例外地坚持""一个严格而唯一的定义"，"知识"和"信息"也是如此。这就是说，在不同语境中，"信息"和"知识"都可有多种含义；可是，在具体语境和语句中，其使用的"信息"和"知识"的含义又必须是明确的和确定的。

2.1.4 从"知识的两种存在方式和存在形态"看"知识"的精神本性

本书的基本任务和基本主题是系统性地研究作为最重要的知识类型之一的工程知识。

作为精神活动的产物，知识首先表现和存在于人的大脑之中——这就是知识的第一种存在方式和存在形态。工人、农民、科学家、工程师、政治家、军事家、作家、画家、律师等都有丰富的知识，他们的知识首先就存在于他们的大脑之中。

在发明了文字之后，知识不但可以存在于"大脑之中"，还可以保存在书籍、文章和各类艺术作品等之中。在现代社会中，除了论文、著作这种形式外，知识还有其他表现形式和存在形式——录音、图纸、计算机、互联网等，这是知识的第二种存在方式和存在形态——"表现在大脑之外"的知识存在方式和形态。

20世纪的著名哲学家波普尔提出了关于"三个世界"的理论：外部物理世界是"世界1"，人类的精神世界是"世界2"，书籍、图纸等形式的知识世界是"世界3"①。以上所说的知识的两种存在方式和存在形态恰恰正是波普尔所说的"世界2"中的知识（大脑中的知识）和"世界3"中的知识（书籍、图纸中的知识）。

"世界2"中的知识和"世界3"中的知识有许多相同和相通之处，因为许多知识可以同时存在于"世界2"之中（即存在于头脑中）和"世界3"之中（即存在于书籍和图纸中）。这意味着不但人们可以把自己所发现、所掌握的"头脑中的知识"通过写作、绘图的方式转化为"世界3"中的知识，同时也意味着人们可以通过"学习"和"信息传播"的方式增加和丰富"自己头脑中的知识"。

另一方面，"世界2"的知识和"世界3"的知识也有许多区别。这里出现的重大区别之一就是"世界2"中的"默会知识"（tacit knowledge）② 难以转化为"世界3"中的知识。

对于"大脑中的知识"，现代东西方的许多学者都承认可以将其划分为两类知识。一类知识是可进行"语言文字编码"或其他形式编码（例如设计图纸）的知识。这是可编码的（codified）知识，是可以明确（explicit）表达在"世界3"中和可以"言传"的知识。另外一类是不可编码的知识，是内隐的知识，是"意会知识"。这后一类知识主要存在于"世界2"（即人的大脑）中，而难以甚至可以说不能用语言表达出来使其成为"世界3"中的知识。工匠、工程师、企业家、领导者、军事家、画家等——特别是那些卓越人

---

① 卡尔·波普尔. 客观知识［M］. 舒炜光，卓如飞，周柏乔，等，译. 上海：上海译文出版社，2005。波普尔把"世界3"称为"客观知识"世界。需要注意的是，波普尔在此所用的"客观"一词与中国目前多数人理解的"客观"有颇为不同的含义。

② tacit knowledge，可译为意会知识、隐性知识、缄默知识、默会知识等。由于在不同语境中，特别是在与不同汉语词汇进行对比分析研究时，不同的"汉译"又往往有某些难以相互替代之处，本书以下各章中也就没有"强求"对 tacit knowledge"汉译"的统一。

物——都不但拥有丰富的"可以言传"的知识，而且有自己独具的"意会知识"。卓越人物之所以卓越，不仅在于他们拥有"可以言传"的"卓越知识"，往往更在于他们拥有"只可意会"的"卓越知识"。

在西方哲学传统和思想传统中，长期以来都忽视甚至否认这种默会知识的存在，更不要说承认其重要作用和意义了。可是，最近几十年中，由于波兰尼等学者的研究①和 OECD（经济合作与发展组织，简称经合组织）在《以知识为基础的经济》② 中对 tacit knowledge 的强调，默会知识（tacit knowledge）的意义在世界范围内有了新的广泛影响，中国人对它也有了新的认识。

在此，值得特别注意和强调指出的是，在科学知识和科学知识论领域，由于科学知识在本质上必须是全人类共同的知识，这就使科学知识必须表现为语言文字形式或其他编码形式（包括数学公式等形式）的知识，而不能表现为不可言传的默会知识的形式，这就意味着科学知识排斥和拒绝了默会知识这种表达与存在方式。可是，在"工程活动""艺术活动"和"军事活动"等领域，在工程知识、艺术知识和军事知识等知识领域，默会知识不但广泛存在而且具有深刻意义和重大影响。对于所谓工程能力、艺术能力、技术能力、军事能力的构成和表现来说，卓越工匠、卓越工程师、卓越企业家、卓越艺术家、卓越军事家的默会知识往往要成为关键要素和内容之一。当然，随着科学知识的发展，特别是"工程活动"的认知深化，某些原来处于默会知识状态的认知，也会逐步发展成为明言的显性知识、可编码的知识。

对于默会知识的意义和重要性，已经有学者进行了专题的深入研究③，野中郁次郎更为深入地研究了企业和工程活动中的默会知识问题④。最近时期，默会知识正在引起越来越多的关注。在研究

---

① 迈克尔·波兰尼.个人知识——迈向后批判哲学 [M].许泽民，译.贵阳：贵州人民出版社，2000.

② 经济合作与发展组织（OECD）.以知识为基础的经济 [M].杨宏进，薛澜，译.北京：机械工业出版社，1997.

③ 郁振华.人类知识的默会维度 [M].北京：北京大学出版社，2012.

④ 野中郁次郎，竹内弘高.创造知识的企业 [M].李萌，高飞，译.北京：知识产权出版社，2006.

工程知识和工程知识论时，工程领域的默会知识不可避免地也要成为重要内容之一。

2.2 从"物质"和"知识"的关系认识"工程活动"和"工程知识"的关系

上文的分析中强调了"工程"与"知识"的区别，指出工程活动具有物质性、知识具有精神性。可是，这个论断中绝无"物质"与"知识"、"工程"与"知识"没有联系的含义。

在认识"物质"与"知识"、"工程"与"知识"的相互关系时，一个关键点是必须注意"两类物质世界"与"知识"的关系是有所不同的。

2.2.1 "两类物质世界"与"两种知识"有不同的关系

波普尔关于三个世界的理论在哲学界和科技界都有相当大的影响。波普尔在哲学领域的一个重大贡献是区别了大脑中的精神世界（世界2）和书籍、图纸等形式的知识世界（世界3），从而推进了对精神、信息、知识问题的哲学研究；但他没有区别开"世界1"中的"天然物质自然界"和"人工物世界"，忽视了"人工物世界"和"天然物质自然界"之间还存在着本质上的区别，"人工物世界"中人是活动的主体。工程哲学在研究工程活动和工程知识时，需要和应该把对"两类物质世界"与"两种知识"的区别和联系的认识作为一个基本的出发点。

应该承认，"世界1"中的"天然物质自然界"和"人工物世界"是有本质区别的"两类物质世界"，与二者相应地，又有"两种知识"。在认识"两类物质世界"与"两种知识"的相互关系时，以下两点是最关键的内容。

第一，天然物质世界是"不依赖于认识而存在"和"无知识内蕴"的客观自然物质世界。

"天然自然界"不是人类创造活动的产物，在人类形成之前它就已经存在了，从这个意义上看，它是"不依赖于认识而存在"的。"天然自然界"的形成和演化过程中，没有任何人类"精神活动"参与其中，是完全自然演化的自然物理世界。"天然自然界"的存在和演化本身没有人类的"知识"注入其中，使它成了一个

"无目的""冷冰冰"的物质世界。所以，荀子才说出了"天行有常，不为尧存，不为桀亡"这样铿锵有力的断言。

但以上断言也绝不是说"天然自然界"可以完全与知识没有任何关系。

天然自然界始终是人类认识的对象。人类通过认识自然界和科学研究的过程，获得了基础科学的知识。可见，基础科学知识和天然自然界的关系是认识和反映性关系。例如物理学、化学、天文学、地学、生物学、数学、信息学等。天然自然界不是物理学的产物，相反，是先有了天然的物理世界，然后才有反映物理世界规律的物理学。月亮、星星也不是天文学的产物，相反，是先有了关于天体和天体运动的现象，然后才有反映天体运动规律的天文学。从这个角度看，天然自然界本身中并不依赖于人类的知识而存在。这也就是说，天然物质世界是"不依赖于人的认识而存在"和"无知识内蕴"的物质世界。

第二，人工物世界是"有人的知识内蕴其中"和"依赖于人类认识而存在"的物质世界。

与天然自然界不同，人工物和"人工物世界"是人类通过有目的的劳动、造物过程及其衍生活动所产生的结果。

与"天然自然界"作为研究对象的存在在先，而科学知识的认识和反映在后不同，在工程活动中，首先需要有人的认知、设计、计划、决策在先，并且通过后续的有意识的工程实践活动，这才制造出了自然界前所未有过的形形色色的"人工物"。

冯·卡门说："科学家发现已经存在的世界；工程师创造从未存在的世界。"① 可以认为，这句话精辟地阐述和辨析了"两类物质世界"和"两种知识"有着在性质上、过程上都迥然不同的关系。冯·卡门所说的那个"已经存在的世界"就是"天然自然界"或曰"自然物理世界"，而那个"工程师创造的从未存在的世界"就是"人工物世界"。

从"程序、过程和位置"上看，"天然自然界"是"在先"的已存在的对象，科学是"在后"的认识过程，科学知识是科学认识

---

① 转引自：路易斯·L. 布西亚瑞利. 工程哲学［M］. 安维复，等，译. 沈阳：辽宁人民出版社，2012：1.

过程的"结果"或"终点";而对于人工物的创造过程来说,却是要"先有"工程规划、工程决策、工程设计,即工程知识(包括工程规划、设计、决策等)"在先",是工程知识"位于"工程活动的"起点",人工物"位于"工程活动的"终点"。如果没有在先的"工程决策和工程设计知识",就不可能有作为目的和结果的人工物存在。

从本性上看,科学知识是对天然自然界的"反映性"知识,而工程知识——这里主要指工程设计和决策知识——是关于人工物和人类行动的"设计性"知识。如果使用哲学家常用的"实在"这个术语,我们可以说,科学知识是关于"已有的实在"的知识,而工程知识是关于"虚实在"及其"现实化"的知识。应该说,工程知识在本质上就是"设计出目前世界上'尚不存在的虚实在'并使其通过工程活动转化成'现实实在'"的知识。

这就是说,与那个自身"不依赖于人类认识而存在"并且"无知识内蕴其中"的天然物质世界(或曰自然物理世界)不同,人工物世界是"有人的知识内蕴其中"和"依赖于人类认识而存在"的物质世界。

人工物世界是工程活动的产物。从以上论述上可以看出,"工程活动过程"与"天然的自然过程"是有本质区别的过程,作为工程活动产物的"人工物"与天然的"自然物"是有本质区别的事物。而这里出现的最根本的区别,就是决策性和设计性工程知识是出现在"现实的人工物"出现之前,反映性的科学知识是出现在被认识的已有"天然物质世界"之后;在人工物本身中必然"内蕴"着人的、一定的工程知识,而天然自然界本身并无人的科学知识"内蕴"于其中。石器时代原始人使用的粗笨石器是工程活动的产物,因为其中渗透着原始人的工程知识。河床中一块偶然出现的有精妙图案的"天然奇石"与工程活动无关,因为它的形成过程与人的工程知识无关。

2.2.2 从工程活动和工程知识的关系认识工程知识的生产力属性

应强调指出,"科学知识和天然自然界的相互关系"与"工程知识与人工物(人工自然)的相互关系"之间所存在的区别是一种性质深刻、影响深远的区别。

马克思说："自然界没有制造出任何机器，没有制造出机车、铁路、电报、走锭精纺机等等。它们是人类劳动的产物，是变成了人类意志驾驭自然的器官或人类在自然界活动的器官的自然物质。它们是人类的手创造出来的人类头脑的器官；是物化的知识力量。"①

马克思明确、敏锐、深刻地指出机车、铁路、电报、走锭精纺机等是人类劳动的产物，是"物化的知识的力量"，实质上也就是肯定了生产力离不开工程知识和工程知识具有生产力属性与特征。

工程知识的生产力属性是工程知识的最本质的属性与特征。

另外也必须注意，在认识和理解工程知识的生产力属性时，绝不能把这个理解简单化和教条化。我们在关注和研究工程知识的生产力属性时必须注意生产力与生产关系、经济基础与上层建筑之间存在着密切联系和辩证互动的关系，要在生产力与生产关系、经济基础与上层建筑之间辩证关系的基础上认识和研究工程知识的生产力属性。这也就意味着在界定工程知识的内容和含义时，不但应该包含和关注那些直接与物质生产过程结合在一起的工程技术知识，而且应该包含——而绝不是排斥——与生产组织、工程管理、工程制度、工程伦理等联系在一起的知识。

从表现和相互关系上看，工程知识的许多其他属性和特点往往都是由工程知识的生产力属性所决定并随之展开的。

以下就对工程知识——例如工程设计方案形式的工程知识——中的价值性、功效利益性、责任性和问责性问题进行一些分析。

从内容上看，科学家在研究科学知识时不能根据自己的爱好而随意改变对科学规律的结论性认识，在发现的"科学真理知识"面前他"无所选择"，不是"主观上想发现什么"就可以"相应地""实际上发现什么"。在这个意义上，科学知识的发现从其本质、规律的揭示上看并不具有创造性，因为科学发现的对象是"已有"的客观存在。我们不能说牛顿"创造"了万有引力，只能说他"发

① 中共中央马克思恩格斯列宁斯大林著作编译局.马克思恩格斯全集：第46卷（下）[M].北京：人民出版社，1980：219-220.

"了万有引力定律，因为科学知识以反映性为根本属性①。相形之下，与科学家形成鲜明对比的是，工程规划者、工程设计师、工程师、决策者对于工程活动却需要和能够"提出"形形色色的多种可能方案，从中进行选择，进行决策，抉择出最终方案，并进行设计、建构，直至运行、服务。工程规划者、工程设计师、工程师、决策者不是"无所选择"而是可以"创造出""千变万化的方案"和必然有"表现主观意志的选择"。由此可以看出，工程设计以主观能动性和创造性为灵魂。②

不同于具有"答案唯一性"的科学知识，工程计划和设计的"答案"（设计方案）是面向未来的，"具有答案差异性和多样性"。这个差异的深层原因在于，科学知识的反映性决定了科学家不能因为自己的愿望和主观爱好而"随意创造科学规律"，在科学知识特别是科学规律的真理性目标前，科学家"无所选择"。而工程活动的"业主""设计师"和其他"利益相关者"在"选择""设计"和"决定""设计方案"时，却必然融入自己对工程发展的理念、愿望、价值观的认识，在工程活动进程中和工程完成后融入"对工程评价的知识"，这就使工程知识又融入和表现了价值性和功效利益性。

正因为工程知识具有主观能动性和创造性，具有价值性和功效利益性，这也就使现代社会中在对待工程知识时有了责任性和问责性的严格要求。在科学知识探索、发现、揭示的过程中，由于其本质是对未知事物、未知规律的探索过程，这就使得在对待科学知识探索失败时，可以持宽容的态度。可是，对于工程活动——特别是大型工程活动——的失败，由于工程失败必然在价值和后果上带来严重的社会危害，这就使社会不可能对之持宽容态度，而是要认真、严肃地"问责"和"追责"的。这就使工程知识的责任性和问责性凸显了出来。当然，在某些重大工程的方案试验过程中，对某些具

---

① 需要申明，这个分析和叙述中，绝不否认在另外的含义和另外的认识角度上，可以认为科学发现过程中科学家也要表现出科学思维的创造性。但必须承认，科学知识和科学思维中的创造性与工程思维和工程知识中的创造性是在许多方面都有重大区别的"创造性"。

② 显然，这个论断中绝不包含工程设计可以违反科学规律的含义。相反，工程活动中的创造性又是以遵循科学规律为前提和基础的主观能动性和创造性。

体的技术方案，人们也会采取对科学探索相似的态度给予应有的宽容。

上文分别分析了工程知识所具有的主观能动性和创造性、价值性和功效利益性、责任性和问责性。应该注意，这些性质特征不是相互孤立的，而是相互之间存在密切内在联系的。

工程知识——特别是工程设计——中蕴含和体现着设计者和工程主体的创造性。从逻辑关系和伦理关系上看，不同于科学家对科学规律的内容无法选择和必须"接受""科学发现结果"的状况，由于设计者和"工程主体"要发挥自己的创造性和自己决定工程的未来方案，从而，他们也就必须为自己的决策和设计的后果负责，而社会则会对工程决策和设计进行合理的、必要的"问责和追责"①。

3 研究进路之二：从"知识"的种类划分看工程知识与其他几种知识的相互关系

本节开头谈到可以从两个进路认识工程知识，其第二个进路就是把"工程知识"理解为"知识"的一个"子集"。以下就从这个进路进行分析和研究。

3.1 依据不同标准可对知识进行不同的种类划分

具体的知识形形色色，多种多样，为了对知识进行系统、全面、深入的认识，就必须对知识进行分类。这就像在认识生物时需要对生物进行物种分类一样。

进行分类的思路和前提是需要先提出分类的标准，然后根据这个标准进行分类。由于分类时可依据不同的标准，从而就会有不同的类型划分。对于同一事物来说，由于分类标准的不同，这个事物有可能在不同的"分类系统"中被划分到不同的类型中。

本节讨论的主题不是个别的知识究竟应该归属于哪个知识类型的问题，而是要分析"作为一个特定知识类型"的"工程知识"的

---

① 对工程知识——这里主要指工程设计和工程决策——的"问责"和"追责"是严肃的问题，但绝不是简单的问题，限于篇幅，本节不能进行更深入的分析和讨论。

"类型共性"特征问题，要在"不同知识种类的对比"中显示工程知识的"类型共性"特征。

知识分类可有多个标准，以下只谈其中的两个标准，至于其他分类标准及有关问题这里就不再涉及了。

3.1.1 分类标准之一：依据知识涉及的对象进行分类

依据这个标准，可以划分出政治知识、社会知识、军事知识、工程知识、经济知识、科学知识、技术知识、宗教知识、艺术知识等不同的类型，这些不同类型的知识涉及了不同门类的对象。

对于这个标准和在按照这个标准进行知识分类时，应该注意的是：一方面，应该承认这个分类标准不是"界限绝对分明"的标准，承认分类后的结果中会出现某些"模糊""交叉""重叠"现象；另一方面，又要承认这个标准也不是"混沌"的、"无明确核心"的标准，承认这个分类标准是"类型性界限相对分明"的标准，可以依照这个标准划分出不同的知识类型。大体而言，在按照这个标准进行知识分类时，不同类型的"形象"虽然难免有模糊和可能出现重叠之处，但其"整体形象区别"仍然是比较明确的。

3.1.2 分类标准之二：依据知识自身的表现形式和语言形式特点进行分类

知识不但要有对象，而且知识也有自身的表现形式和存在方式，从而也可以按照知识的表现形式和存在方式进行分类。

一般来说，知识最重要的表现形式和存在方式是语言，包括口头语言和书面语言，这就是"语言方式的知识类型"。但知识也有其他表现形式和存在方式，可以笼统地称其为"非语言方式的知识类型"。例如图像或图形就是一种重要的"非语言方式"的知识表现形式和存在方式。工程活动中常常使用的"图纸"和军事活动中常常使用的"地图"就是这种"非语言方式的知识类型"的典型事例。对于图像、图纸这种知识方式在工程活动中的重要性和不可替代的重要作用，工程界人士都有深刻体会，但许多非工程界的人士往往会忽视这种"非语言方式"的知识表现形式的意义和重要性。

在全部知识中，语言形式的知识不但是数量最大的一类，而且是意义和作用都最重要的一类知识。所以，以往哲学的知识论研究中，往往主要关注的只是语言类的知识形式。

对于语言知识，《以知识为基础的经济》一书又将其进一步"细分"为四类：知道是什么的知识（know-what），指关于事实方面的知识（例如纽约有多少人口、炼钢用什么原料等）；知道为什么的知识（know-why），指自然原理和规律方面的科学理论；知道怎么样做的知识（know-how）；知道是谁的知识（know-who）。①

在新闻学中，还有所谓关于"新闻六要素"（何人/who、何事/what、何时/when、何地/where、何因/why、怎样/how）的理论。很显然，我们可以把这个新闻六要素的观点借鉴来用作对语言知识进行分类的标准。

按照六要素，语言知识可以被划分为六类：关于何人/who 的知识、关于何事/what 的知识、关于何时/when 的知识、关于何地/where 的知识、关于为何/why 的知识、关于怎样/how 的知识。容易看出，这个六要素的语言知识分类比《以知识为基础的经济》一书中提出的 4K 分类更加全面而恰当。

3.1.3　可以和应该把以上两个分类标准结合起来研究"工程知识"的内容和特征

以上两个分类标准各有用途，各有优点。在进行知识论——包括科学知识论、工程知识论、军事知识论等——研究时不但可以和应该"分别运用"这两个标准，而且可以和应该"综合运用"这两个标准。

具体到工程知识论研究领域，在研究工程知识时，我们首先需要依据第一个知识分类标准划分出"工程知识"这个"特定的类型"，然后依据第二个标准把工程知识"细分"为六个"亚类"。

（1）工程知识领域的关于何人/who 的知识——谁（不但指"个体"意义上的"谁"，而且指"社会角色"意义上的"谁"）有工程知识。

（2）工程知识领域的关于何事/what 的知识——关于设计什么、"上马"什么工程项目的知识等。

---

① 经济合作与发展组织（OECD）. 以知识为基础的经济 [M]. 杨宏进，薛澜，译. 北京：机械工业出版社，1997：8.

（3）工程知识领域的关于何时/when 的知识——关于工程建设的时机、工期等问题的知识。

（4）工程知识领域的关于何地/where 的知识——关于工程建设的选址、区域布局等的知识。

（5）工程知识领域的关于为何/why 的知识——关于工程建设的目的、任务、原因、理由的知识。

（6）工程知识领域的关于怎样/how 的知识——应该怎样进行工程建设，采用什么资源、能源和技术路线，怎样筹、融资，怎样进行工程文化建设等。

对于工程知识来说，不但要分别注意以上每个维度的工程知识，更应该注意这些知识维度的"综合集成"，因为对于工程活动和工程知识来说，一个维度的失败往往不只是其本身一个方面的失败，更可能影响全局导致整体性失败。

3.2　工程知识与其他知识类型的关系：区别和联系

工程知识不是孤立存在的。研究工程知识时，必须注意分析和研究工程知识与其他类型知识的相互关系，不但分析它们的不同点，而且研究它们的相互渗透、相互联系和相互转化。

一般来说，工程知识与其他几乎所有的知识类型——甚至包括宗教知识等——都是既有区别又有联系的关系。由于其中的有些问题会在理论篇的其他章节中论及，或者由于其他原因（例如本书不拟涉及工程知识与宗教知识的关系），本节以下就只着重从"区别和联系"的角度对工程知识与基础科学知识[①]、技术知识、经济知识的相互关系进行一些比较和分析。

3.2.1　工程知识与基础科学知识的区别和联系

基础科学知识[②]与工程知识的区别主要表现在以下几个方面。

一，从知识的目标和导向来看，基础科学知识是"真理导向"的，探求基础科学知识的目的是认识真理，基础科学知识的发展动

[①]　本章多处都涉及了科学知识与工程知识的区别和联系问题，其内容绝不是有意无意的重复，而是由于这个问题太复杂，需要在不同的理论情景中从不同的视角进行分析和阐述。

[②]　这里主要是指"基础科学知识"。

力和新科学知识的形成主要是"理论逻辑拉动"的。而工程知识是发展生产力导向和"价值导向"（包括生态价值在内的广义价值）的，在工程活动中，工程知识是围绕"完成和实现工程任务"这个目标而组织起来的，在市场经济环境中，新工程知识的形成往往是由"市场需求"拉动的，就此而言，工程活动中的工程知识主要是"工程任务导向"和"市场需求拉动"的，是价值导向的。

二，从探求新知的思想动力和心理动力来看，科学家进行科学新知探索的最强大的心理动力是科学家探索自然界奥妙的"科学理想"和"好奇心"（例如爱因斯坦发现相对论时的好奇心）。而工程师、工人、工程管理者等"工程实践者"探求和利用工程知识的最强大的心理动力是"工程实践者"的"工程理想"和"责任心"（例如大庆油田开发建设者为祖国开发建设大油田的责任心）。

三，从知识进步和演化的标准来看，基础科学知识进步和演化的标准是"使已有的科学知识越来越接近真理"，换言之，是"真理性"标准。旧的科学理论之所以被淘汰，新的科学理论之所以能够"取而代之"，根本原因在于"旧的科学理论"（例如地心说）是不全面、不确切甚至是错误的，而"新的科学理论"（例如日心说）是正确的，所以，新的更接近真理的科学知识（例如日心说）取代了旧的错误的科学知识（例如地心说）。

而工程知识进步和演化的标准是"使已有的工程知识越来越有价值"，换言之，工程知识是有"价值性"标准的。在这里应该特别注意的是，从基础科学知识的角度看，那些被替代、被取代的工程知识（例如生产蒸汽机车的知识）往往并没有错误，换言之，在许多情况下，旧的工程知识（例如生产蒸汽机车的知识）和新的工程知识（例如生产电力机车的知识）往往都是正确的。那么，为什么会出现工程知识的新陈代谢呢？这里的关键点在于新的工程知识更有价值（包括经济价值、社会价值、生态价值等）。虽然旧的工程知识在基础科学的标准上也是正确的，可是，在价值标准面前，旧的工程知识只好被取代了。[①]

四，在基础科学知识领域，只有关于因果性的知识而一般不直接涉及（人的）目的性问题，而在工程知识中却既有关于因果性的

---

① 这个叙述中并不否认有些工程知识是因为存在错误成分或不合理成分而被取代的。

知识又有关于（人的）目的性的知识。上文谈到知识的分类中有一类是关于 why（为何）的知识。从具体含义上看，在问 why（为何）这个问题时，实际上可有两种不同的含义，一是问原因（"因为什么"），二是问目的（"为了什么"）。在基础科学领域，人们只能问关于自然现象的"因为什么"的问题，而不能问自然现象"为了什么"的问题（例如不能问"天空下雨的目的是什么"）。基础科学只涉及有关因果性的知识，而在工程活动和社会经济领域，则会有人文价值等"目的性"的问题，这样关于目的性的知识就被凸显了出来。

五，从知识的"时空特点"和"社会所属特征"看，基础科学知识是"放之四海而皆准"的知识，是"全人类"共有的学术公器，而绝不是"仅仅属于"某个国家或某个公司的知识。而工程知识在许多情况下是具有当时当地性特点的知识，并且有可能在一定时间段内是"只属于"某个国家或某个公司的知识。同时我们也必须肯定，工程知识不但具有当时当地性，而且同时具有普遍性。在全球化环境中，工程知识是同时具有"地方化"和"全球化"特征的知识。

六，从知识的内容和表现形式看，基础科学知识主要是关于"自然界""是什么"的知识，而工程知识主要是关于"人""干什么"和"怎么办"的知识。一般地说，基础科学知识并"不直接"告诉人应该干什么，也不直接告诉人应该怎么办①。基础科学知识通过推理可以得出人应该怎么办的知识，这就意味着，基础科学知识必须"转化"为工程知识后，人才能依据工程知识进行工程活动。

七，从知识主体和新知识创造者方面看，基础科学知识主要是科学家拥有的知识②，在基础科学发展演化过程中，科学家更是新的科学知识的探索者、发现者。而工程知识是工程师、企业家、工人、工程管理者、工程投资者所拥有的知识。在现代社会中，新的

---

① 例如，"水往低处流"的"科学知识"并不告诉人们在从事"治水工程"活动时究竟是要"堵"还是要"疏"，力学科学也不直接告诉人们在建桥时是应该建拱桥还是建悬索桥或斜拉桥。

② 这里暂不讨论科学教育和科学普及意义上的科学知识问题。

科学知识不但来自科学家个人的科研活动，而且常常来自国家或大学设立的"基础科研机构"（科学研究所、科学实验室等）。而对于现代工程知识来说，国家或企业设立的"工程研发机构"——特别是企业的研发机构——成为"新工程知识"的更加重要的"来源地"、创造者和拥有者。"基础科研机构"和"工程开发机构"是两类性质不同的"知识创新机构"，它们在知识创新目的、运行机制、创新成果标准等方面都有明显区别。前者主要是现代科学知识论的研究对象，而后者主要是现代工程知识论的研究对象。

八，基础科学知识以"独立的知识形态"——尤其是科学论文和科学著作的形态——存在，而工程知识不但可以"独立的知识形态"——例如设计图纸和操作手册的形态——存在，而且许多工程知识更常常以"物化"为有关设备、装置、建筑物等形态存在。例如，从现代工程知识论角度看，所谓数控机床、高速列车、计算机等现代设备，都绝不仅仅是"没有知识内蕴"的"自然物质"形态存在，而是"物化""凝聚"和"内蕴"了许多有关工程知识的人工"物化"形态存在。

九，基础科学知识和工程知识都是不断演化的知识系统，可是两者的演化规律和演化路径却有很大区别。基础科学知识和工程知识都是"开放的"知识系统。所谓"开放性"，其重要表现和内容之一就是每个时代的知识系统都有其"新涌现的前沿知识"。在这个方面，人们看到每个时代的"基础科学知识体系的前沿表现和前沿构成"与"工程知识体系的前沿表现和前沿构成"存在着明显的差别。从本质上看，基础科学知识是"理论标准""理论导向"和"理论形态"的知识系统，而工程知识却是"生产力标准""生产力导向"和"依附于生产力形态"的知识系统。

以上所说的主要是工程知识和基础科学知识的区别。另一方面，也必须注意到工程知识与基础科学知识还存在着密切联系，这已为人们所熟知。

对于工程知识与基础科学知识的密切联系和相互转化关系，已有许多研究成果，此不赘述，这里只强调以下三个方面的关系。

一是"从科学到工程方向"的联系和转化。在现代科学形成后，基础科学知识不但可以成为工程知识的基础，而且可以成为工程技术发展的指引力量。例如，爱因斯坦提出的受激辐射理论对激光技术发展所发挥的引领作用、生物学基因理论对基因工程所发挥的引领作用就是两个典型事例。

二是"从工程到科学方向"的联系和转化。对此，恩格斯已有精辟而深刻的阐述："如果说，在中世纪的黑夜之后，科学以预料不到的力量一下子重新兴起，并且以神奇的高速发展起来，那么，我们要再次把这个奇迹归功于生产。"恩格斯又说，"社会一旦有技术上的需要，则这种需要就会比十所大学更能把科学推向前进。"

科学史表明，生产、工程的需求往往也会转化为推动科学理论发展的强大力量。

三是以往研究较少而其意义非常重大的问题——关于"工程科学"的性质和作用的问题。

"工程科学"是基础科学和工程实践的"理论中介""转化中介"和"中间环节"。在现代工程活动和工程发展中，工程科学的发展状态往往会成为工程演化发展和产业发展的关键环节。

栾恩杰院士提出了科学、技术、工程三者存在"无首尾逻辑"的不断循环关系，三者互相依赖、互相推动，不但存在着"科学→技术→工程"方向的关系（在科学理论和思想指导下进行新技术开发，然后再运用到工程实践中），而且存在着"工程→技术→科学"方向的关系（工程实践过程中提出技术问题进而带动科学学科发展）。① 虽然这个观点中的科学也可以解释为基础科学，但更直接的理解是将其理解为工程科学。

在很多情况下，对工程实践发挥"直接引导和指导"作用的正是"工程科学"，而在解决工程活动任务中"冒出来"成为"拦路虎"的"理论问题"往往也正是"工程科学问题"，而不是"基础科学的理论问题"。

无论是对科学领域来说，还是对工程领域来说，工程科学都是一个非常重要的新问题。从工程实践方面看，它往往是工程发展——特别是重大工程和产业前沿发展——的关键；从理论方面看，它是科学的新形态（可以把工程科学看作在基础科学之外的另外一种科学类型或形态）。目前，关于发展工程科学的许多理论问题和政

---

① 栾恩杰. 论工程在科技及经济社会发展中的创新驱动作用 [J]. 工程研究——跨学科视野中的工程，2014，6（4）：323-331.

策问题都还没有解决，我们必须大力加强对这个问题的研究。

3.2.2   工程知识、技术知识、经济知识的区别和联系

工程知识、技术知识、经济知识三者也是既有区别又有密切联系的关系。

工程知识、技术知识、经济知识都是具体内容千变万化、影响巨大深远的知识，使三者形成了既相互关联、相互交叉，又相互区别、相互影响的关系。

工程知识和技术知识交叉的结果是形成了工程技术知识，工程知识和经济知识交叉的结果是形成了工程经济知识。

从逻辑上看："工程技术知识"既是工程知识的子集，同时又是技术知识的子集，这就显示了工程知识和技术知识的相互联系；"工程经济知识"既是工程知识的子集，同时又是经济知识的子集，这就显示了工程知识和经济知识的相互联系。

为了论述的方便，以下分别研究"工程知识、技术知识、科学知识三者的关系"和"工程知识、产业知识、经济知识三者的关系"。

先看"工程知识、技术知识、科学知识三者的关系"（图 1-1-2）。

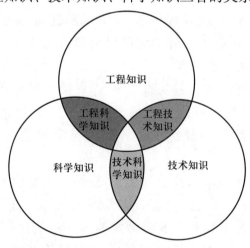

图 1-1-2   工程知识-技术知识-科学知识之间关联、交叉和并立关系

技术知识是一类方法性、工具性、手段性的知识。除"工程技术知识"外，技术知识还包括"实验室技术知识""绘画技法的知

识""管理技术知识""表演技术知识"等。在"全部技术知识"中，那些"工程技术知识"之外的其他类型的技术知识与工程知识往往有明显区别，是与工程活动相关度不大的技术，由此也可以从一个侧面看出工程知识与技术知识的区别。

在此需要对带有交叉性的"技术科学知识""工程科学知识"和"工程技术知识"三个概念进行一些概要性解释。

技术科学以基础科学为理论基础，以单一门类技术为研究对象，研究和考察各种技术门类的各自专有的规律，优化或扩充技术的能力体系，将技术的有关知识提高到理论水平。其学科内容广泛，例如工程力学、应用化学、应用数学、计算数学、工程地质学等。技术科学是专门技术与基础科学之间的中介理论体系。

工程科学是一个新概念，它是以近代自然科学中的基础科学为理论基础的，是基础科学与工程技术联系的纽带，是两者之间结合的理论中介①。可以认为，工程科学已经成为一个与基础科学、技术科学并立的学科体系。工程科学研究的对象不仅是单一专门技术本身，而是研究工程系统包含的诸多相关的、异质的、异构的技术群（集合）及相互之间的集成-协同关系——如动态-有序、匹配-协同的优化关系等。而这种集成-协同关系是比单一专门技术高一阶次的，包括系统集成性理论、协同性理论、最优化理论、权衡选择理论、开放耗散理论等诸多方面。在工程科学的理论体系中，还包括了对工程管理的科学研究，于是，在工程科学体系中，工程管理科学知识也就具有了重要位置和重要意义。

对于"工程技术知识"这个概念，有些人可能会觉得"技术知识""不言而喻"地就是指"工程技术知识"。其实不然，因为我们必须从更全面的视野看待和解释技术概念。在对技术知识的"全面认识"和"全面理解"中，"工程技术知识"是与"实验室技术知识""社会技术知识"（例如需要把"法律"理解为一种"社会技术"）并列的一种技术知识类型。后两者属于技术知识，但不属于"工程技术知识"。在"全部工程知识"中，也许可以认为：在工程活动中，工程技术知识在一定意义上往往具有"直接基础性"作用

---

① 殷瑞钰，汪应洛，李伯聪，等. 工程哲学［M］. 2 版. 北京：高等教育出版社，2013：108-109.

和地位。

再看"工程知识、产业知识、经济知识三者的关系"（图1-1-3）。

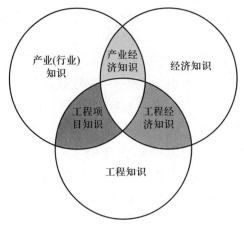

图 1-1-3   工程知识-产业知识-经济知识的关联关系

工程知识与产业（行业）知识、经济知识也有类似关系。

第一，经济知识、产业知识的内容很复杂，包括"货币知识""投资知识""税收知识""财政知识""市场知识""产业结构知识""贸易知识"等，这些知识中往往都包括一些与工程有关的知识（例如工程筹资知识、工程贷款知识等），这就显现了工程知识与产业知识、经济知识的密切联系，我们可以把这些知识统称为"工程项目知识"和"工程经济知识"。可是，"工程项目知识""工程经济知识"只是"全部经济知识"中的一个组成部分，在"全部经济知识"中还有许多与"工程经济知识"关联度不大的内容，"工程经济知识"与"经济知识"是部分与整体的关系，二者是有区别的，没有人会把二者混为一谈。

第二，如果把工程知识理解为与工程活动有关的全部知识，那么容易看出，在全部工程知识中，工程技术知识和工程经济知识是两个基础性、前提性、必不可少的重要组成部分。无论是缺少了必要的工程技术知识，还是缺少了必要的工程经济知识（例如不知道如何才能筹到必需的工程资金），工程活动都是无从谈起的。这就显示了工程知识、技术知识、经济知识的密切联系。但问题的复杂性在于，在工程活动中，对某项工程技术进行"技术评价"和对其进行"技术经济评价"并不是一回事。工程活动中的"技术经济分析与评价"不等于单纯的"技术分析与评价",也不等于单纯的"经济分析与评价",这就又显示了"工程知识"和"(单纯的)技术知识""(单纯的)经济知识"之间的区别。在进行工程的技术经济分析和评价时,要以工程本体论的视野看问题,也就是要从以工程为核心的立场出发,要根据相关的工程知识、技术知识、经济知识、社会知识等,对工程进行综合的、全方位、多视角的分析和评价。

第三,在工程活动中,对"工程目标"的认识是整个工程活动的目的和归宿,而工程技术知识的作用是解决"用什么方法和通过什么途径来达到目的"的问题。在工程知识论中,如何认识"工程目的"和"工程方法"的相互关系是一个重要而复杂的问题。

在谈到关于工程目的的知识与关于工程方法的知识的相互关系时,首先被认识到的关系就是二者"相互依托""不可分离"。一方面,工程目的离不开一定的工程方法,离开了相应的工程方法,工程目的就是无法实现的海市蜃楼;另一方面,工程方法也离不离开工程目的,因为工程方法要为实现一定的工程目的服务。二者呈现相互依托、相互渗透、相互结合的作用和关系。

在此,还有一个值得特别注意的现象:工程目的和工程方法之间既可出现"殊途同归"的关系,又可出现"同途殊归"的关系。

为了达到某个明确的工程目的,绝不是只能采用某一种技术路线,而是可能采用不同的技术路线的。例如,为了达到联系河流两岸的两个村庄或两个城市的交通的目的,既可以采用"船渡"的技术路线,也可以采用"架桥"的技术路线,甚至还可以采用"挖隧道"的技术路线。在架桥时,又有"拱桥技术""悬索桥技术""斜拉桥技术"等不同技术方案可供选择。虽然有一个共同的目的,但达到目的的方法和途径却有多种,这就是"殊途同归"关系——可以运用不同的工程技术路线达到同样的工程目的。如何判断,如何选择,这必须立足于整个工程的目的、工程的价值和工程知识来决定。

但工程技术也不是只能处于"被选择"的被动地位。在许多情况下,人们还可以运用同样的工程技术实现不同的工程目的。例如,发动机技术可以用于铁路工程,但也可用于造船工程和飞机制造工程。这就出现了"同途殊归"关系——可以运用同样的技术达到不同的工程目的。许多人都很重视"通用技术"的作用。可以看出,所谓通用技术，就是指"同途殊归"现象特别突出的技术。至于技术归向何处、归向何种工程，也一定要由工程的目的、工程的整体需要和工程的价值评估来决定。

第四，从技术和工程活动"产物"的不同类型——试验品、样品、展品、商品（批量化产品）——看工程知识、技术知识、经济知识的内容和相互关系以及工程知识的含义和形态问题。

在此应该强调指出的是，对于工程知识的含义，可有广义理解，也可有狭义理解。对广义理解的工程知识来说，不但有关商品化、批量化产品的知识是工程知识，而且有关试验品、样品、展品的知识也都属于工程知识的范围，因为通过研发过程而取得有关试验品、样品、展品的知识往往是取得规模化产品知识的前提。可是，对狭义理解的工程知识来说，工程知识又可主要指有关"商品化、批量化产品"的知识，因为绝大部分试验品、样品和展品都没有投入批量化生产，没有成为商品，没有转化为"现实的生产力"。因此，在不同的语境中，对于工程知识的含义有时可作广义理解，有时又需作狭义理解。

从创新理论、经济学、工程学和知识论角度看，制造试验品的知识、制造样品的知识、制造展品的知识和制造商品的知识是有很大区别的。

在研发过程中，在最初研制形形色色的"试验品"时，往往主要考虑的是技术上的可能性问题，而较少考虑经济性方面的问题，这就使许多"试验品"的"成本"都很高，往往是技术知识含量较高而经济知识含量较低。即使单纯从技术方面看，许多"试验品"的技术性能和技术指标往往不能完全令人满意，这意味着其技术知识更多表现出"新颖性""可能性"，而在"成熟性""稳定性"方面往往还多有欠缺。尤其是，在研发初期制造出来的许多试验品都是失败的，其中的知识往往是失败的教训。

在不断总结教训和进行新知识探索的过程中，与"试验品—样品—展品—商品（批量化产品）"相伴随，也出现了一个"试验品知识—样品知识—展品知识—商品（批量化产品）知识"的发展过程。

许多样品都不可能转化为展品，许多展品也不一定能转化为（批量化的）商品。从工程活动角度看问题，工程知识在本质上是指那些能够转化为批量化生产的知识。严格地说，如果不是关于批量化生产的知识①，而仅仅是关于制造样品的知识，那是不能当作真正的工程知识的，但可能是一种技术知识。有些人忽视了样品知识、展品知识和商品知识之间的区别，把它们混为一谈，这在"舆论领域"是很容易产生许多误导的。

综上所述，且不说不可能依据那些有关技术上失败的试验品的知识进行生产，即使是根据多次试验改进而将其变成实现了一定技术目标的"样品"，企业也不能"直接依据""样品"的知识进行批量化生产而成为商品。因为，"样品"中还未能充分考虑和解决"经济成本"方面的问题，即使解决了成本方面的问题，也可能还没有考虑"市场需求"方面的问题。从技术方面看，"样品"与"商品化、批量化产品"之间在"技术可靠性"、"技术成熟性"、"废品率"、许多具体"技术指标"等方面也会有巨大的差别。这就是说，无论是从"技术知识"的具体内容来看，还是从"物品中"所蕴含的"技术知识、经济成本知识、社会需求知识的集成形态"来看，"样品"中蕴含的"知识内容和知识形态"与"商品化、批量化产品"中蕴含的"知识内容和知识形态"之间还是存在着"质的区别"的。从工程知识论角度看问题，我们必须承认在试验品、样品、展品和商品（批量化产品）中蕴含着"不同性质"的"知识内容和知识形态"。换言之，虽然试验品、样品、展品、商品都是需要一定的知识才能制造出来的，但其中分别蕴含的具体技术知识内容和含量、经济知识内容和含量、社会知识内容和含量往往会有很大的不同，必须把关于试验品、样品、展品、商品的知识看作是蕴含着"不同形态的知识"。

第五，关于知识的价值性问题。如果说科学知识主要涉及知识的真理性问题，那么，对于工程知识、经济知识、技术知识来说，知识的价值性往往就成为更突出的问题了。

马克思在《资本论》中明确指出和分析了劳动的二重性（"具体劳动"和"抽象劳动"的关系）和商品的二重性（"使用价值"

---

①　这里不讨论例如在我国贵州建设的 500 米口径球面射电望远镜那样的"单件大科学装置"的情况。从技术上看，这种有关"单件大科学装置"的技术知识仍然属于"有保证的技术知识"，而不是"还不成熟的样品性"技术。

和"价值或交换价值"的关系）。马克思说："物的有用性使物成为
使用价值"，"使用价值只是在使用和消费中得到实现"，"作为使用
价值，商品首先有质的差别；作为交换价值，商品只能有量的差别，
因而不包含任何一个使用价值的原子。"马克思又指出，"商品的使
用价值为商品学这门学科提供材料"①。与商品学不同，经济学抽去
了商品的使用价值，以研究价值关系为基本内容。根据马克思关于
商品二重性和劳动二重性的观点，可以认为，"广义的工程知识"
是工程经济知识和工程技术知识以及其他有关知识的统一，而狭义
的工程知识主要是指关于"具体劳动"和创造"使用价值"的
知识。

价值不但是一个经济学概念，而且是一个哲学概念。从哲学角
度看，工程知识不但涉及交换价值和使用价值问题，而且涉及环境、
生态价值、伦理价值等其他方面的价值问题。

第六，关于知识应该公开还是需要保密的问题。有些知识是需
要保密的，也有一些知识是不能保密、必须公开的。对于科学知识
来说，由于从知识的社会本性看，科学知识是天下之公器，是全人
类共同的精神财富，科学知识在本质上是属于全人类的，而不是属
于某个国家或某个个人的，这就使科学知识不需要和不应该保密。
如果在科研中发现了新的科学知识，研究者就应该尽快公开发表出
来。如果他采取保密态度，那么，除了失去"科学发现的优先权"
之外，他不会有其他"好处"。而在工程领域，在牵涉国家政治、
军事、经济、市场等方面的重大利益的情况下，有关国家、机构、
企业甚至个人就会采取对有关的工程知识进行保密的态度。

由于技术知识具有价值属性，这就使应该如何合理、恰当地处
理技术知识的公开与保密的相互关系成为一个重要的社会、经济、
法律问题。在这方面，专利制度的形成是一项重要的制度设计和制
度安排。

《百度百科》词条中说："专利制度是依据专利法对申请专利的
发明，经过审查和批准授予专利权，同时把申请专利的发明内容公
诸于世，以便进行发明创造、信息交流和有偿技术转让的法律制

---

① 马克思.资本论：第一卷［M］.中共中央马克思恩格斯列宁斯大林著作编译局，
译.北京：人民出版社，1972：48-50.

度。"由此可见，专利制度的实质就是以在"专利保护期"内专利人拥有专利知识独占权为条件，换取专利知识的公开。在近现代社会中，专利制度的形成和实施对推动新技术知识的发明和工程知识的发展发挥了重要作用。虽然专利知识和技术知识之间不存在完全一致的关系，但我们也可以由此得到一个关于新知识是属于科学知识还是属于技术知识的"判定标准"和"关系原则"：如果意识到拥有的新知识属于科学知识，那就以"公开"和"尽快发表"为原则；如果意识到是新的技术知识，那就要有专利意识，要考虑申请专利的必要性了。

第二节　工程知识论的定位、基本观点和主要内容

在工程知识论领域，"工程知识"和"工程知识论"是两个最重要的概念。上一节的重点是分析和讨论"工程知识"这个范畴，本节将着重讨论"工程知识论"的定位、基本观点和主要内容。

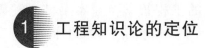

1　工程知识论的定位

1.1　关于工程知识论研究的理论性质和定位问题

在认识工程知识论的理论性质和定位问题时，应该特别注意以下两个视角的认识。

首先是"知识层次"视角的认识。

需要在此再次强调，"工程知识"本身并不就是"工程知识论"层次上的认识；工程知识论是以工程知识为研究对象的"二阶性研究"和"多视野研究"。工程师、工程管理者、哲学工作者在拥有工程知识和哲学认识之后，必须运用哲学思维对工程知识这个研究对象进行进一步的理论分析、理论研究、理论概括和理论升华，这才能形成工程知识论层次上的认识。换言之，工程知识论研究就是要把对工程知识的朴素认识提高到哲学认识的水平，把不自觉或半自觉的认识提高到自觉的认识水平。工程知识论是以形形色色、多种多样的工程知识为研究对象和研究素材的"理论体系"，研究者

不能停留在对"工程知识"的具体认识水平上，而是必须"论起来"，通过工程哲学层次上的理论思维，发现和阐明工程知识的共性特征、发展规律和运用工程知识的基本原则。

所谓"二阶性研究"不但包括分析和研究工程知识的本性、特征、内涵、形态、结构、功能、评价、演进和发展规律，而且包括分析和研究工程知识与自然、科学、技术、经济、管理、心理、社会等的相互关系、相互作用和相互影响。

其次是要从工程哲学"五论"关系的视角认识工程知识论的定位问题。

本书"前言"中指出，工程哲学理论体系是一个由"五论"——即工程-技术-科学三元论、工程本体论、工程方法论、工程知识论、工程演化论——构成的具有"整体性和开放性"的理论系统，于是，在认识工程知识论定位问题时，如何认识工程知识论和工程哲学中其他四论的相互关系就成了一个重要视角和重要内容。

由于工程-技术-科学三元论的理论旨趣重在阐述在科学哲学和技术哲学之外还可以形成与之并列的工程哲学，在本书"理论篇"第八章中将对工程知识的演化进行专题讨论，这里就不再涉及工程知识论和工程-技术-科学三元论、工程演化论的关系，以下只简要讨论工程知识论与工程方法论、工程本体论的相互关系问题。

1.2　工程知识论与工程方法论的关系

由于工程知识是工程知识论的基本研究对象和研究内容，而工程方法是工程方法论的基本研究对象和研究内容，"工程知识和工程方法的关系"就成为研究"工程知识论与工程方法论的关系"的核心内容和关键所在。

虽然人们对于工程知识和工程方法都已经有了许多"单独认识"和"单独研究"，可是，却很少有人讨论和研究"工程知识与工程方法的关系"问题。

1.2.1　从工程方法和工程知识的不同本性看工程知识与工程方法的区别和联系

本章第一节阐述了工程知识的本性，《工程方法论》一书中阐述了工程方法的本性，以下我们从工程知识和工程方法"各自的本性"的角度对工程知识与工程方法的区别和联系进行一些分析。

在认识工程知识与工程方法的区别和联系时，必须既注意从本性上又注意从描述和分类上认识二者的区别和联系，并且努力把这两个角度的分析和认识结合起来，这就可以对工程知识与工程方法的区别和联系有更具体、更生动、更深广的认识了。

工程哲学认为，从本性上看，工程知识不但涉及工程活动的认识过程而且涉及其认识结果。工程知识中不但包括对工程中介——即工程方法（工程技术）——的认识，而且包括对工程规划、工程设计、工程目的的认识。

应该怎样认识工程目的和工程中介之间既有区别又有联系的关系呢？

中国人有一个成语叫"殊途同归"，欧洲人则习惯于说"All roads lead to Rome."（"条条大路通罗马"），都是强调"为了达到同一目的可以经由不同途径和可以运用不同方法"，强调了目的的重要性和方法的多样性。

耐人寻味的是，从 1973 年出土的马王堆帛书《要》中我们知道，除"殊途同归"外，中国古人还提出了"同途殊归"这个观点。

如果说"殊途同归"强调了可以运用不同方法、通过不同途径达到同一目的，从而强调了目的的重要性和方法的多样性，那么，在"同途殊归"这个观点中，就突出了可以运用同一方法达到不同目的，从而突出了方法的"能动性"和"创造性"。

在认识工程中介与工程目的的关系、工程方法与工程知识的关系时，"殊途同归"和"同途殊归"的复杂关系和表现是一个重要内容。

在工程知识论中，不但必须深入研究关于工程方法的知识，而且必须深入研究关于工程目的（工程目标）的知识。

在此需要指出工程知识和工程工具（设备）之间有一个根本性的区别：工程知识有对或错、真或假的问题，但对于工具和机器来说，其本身只有"先进或落后""合适或不合适"方面的问题，而没有"对或错"和"真或假"方面的问题。我们可以说某些机器"落后"了，但不能说它是"假的""错误的"，而对于工程知识来说，却必须承认有些工程知识是"错误"的，并且在许多情况下，修正包含错误成分的工程知识是工程知识进步和演化的重要方式及步骤。

1.2.2 从对工程方法和工程知识的不同描述及分类看工程方法与工程知识的区别和联系

《工程方法论》一书中指出，从描述和要素角度看，工程方法是"硬件""软件"和"斡件"三要素的统一。[①]"硬件"指工程活动中使用的工具、机器、设备等；"软件"指工程活动中与硬件"配套"的"机器使用手册"、操作程序、工序知识、有关诀窍（know-how）、材料配方、设计图纸等；"斡件"指组织和管理工程活动的相关机构及制度，例如作坊制度、工厂制度、公司制度、项目部制度、总体部制度等。

从组成分类角度看，我们亦可把"硬件""软件"和"斡件"看作工程方法的三个不同的"亚类"："硬件"是"工程工具器物形态的方法"；"软件"是"工程路径、步骤、形态的方法"；"斡件"是"工程组织制度形态的方法"。这三种形态和三种类型的工程方法各有自身的"不可或缺的重要性"。在具体的工程活动中，三者相互渗透、相互影响，以"三者统一"的方式发挥作用。

从描述和分类角度看，工程知识也有不同的类型。一般地说，可将其划分为关于工程目的的知识、关于工程资源的知识、关于工程设计的知识、关于工程建构的知识、关于工程运营的知识、关于工程产品性质和功能的知识、关于市场的知识、关于工程活动组织管理的知识、关于工程心理的知识、关于工程评价的知识、关于工程社会影响的知识、关于工程生态的知识等。

在以上对工程方法和工程知识的描述和分类中，不但可以看出二者的区别，而且可以看出二者的联系。

1.2.3 工程方法与工程知识的相互渗透、相互配合、相互促进和相互转化

工程知识凝聚了工程方法的演进，引导着工程方法的进步和

---

① 殷瑞钰，李伯聪，汪应洛，等. 工程方法论［M］. 北京：高等教育出版社，2017.

革新。

在以上分析和阐述中，虽然也谈到了工程方法与工程知识的密切联系，但难免在某种程度上更加强调二者的区别。以下就着重对二者的相互渗透、相互配合、相互促进和相互转化进行一些阐述。

中国有句谚语叫"巧妇难为无米之炊"，其直接含义是强调"米"和"炊"的重要性，但它绝无否认"巧妇"重要性的含义。如果从现代观点分析和理解这句谚语的含义，可以把"巧妇"解释为"具有丰富工程知识的工程活动主体"，把"米"和"炊"（炊具，包括燃料和灶具）解释为原材料、能源和加工原材料的机器设备。那么，这句谚语的含义就可以理解为，如果只有工程知识——无论多么巧妙的工程知识——而缺少了必要的工程材料（"米"）和工程设施（"炊具"），那么，"单纯的工程知识"是不可能发挥作用的。另一方面，如果有了"好米"和"好灶"，但只有一位拙劣的厨师，那么，他手中加工出来的也只能是"一塌糊涂"的"米饭"，甚至是"不能吃的夹生饭"。这时，人们又要慨叹"米好灶好，巧妇何在"了。必须既有"好米""好灶"又有巧妇的"丰富巧妙的知识"，这才能加工出"色香味"俱全的饭菜。

很显然，对于工程活动的成功来说，必需的工程方法和条件（包括机器设备）与合理巧妙的工程知识都是不可缺少的。必须把合理巧妙的工程方法与工程知识有机结合起来，才能取得工程活动的成功。

在认识工程方法与工程知识的相互联系、相互作用时，人们也常常遇到仅有"劣势"工具设备的情况，在这时，有可能运用"巧妙的工程知识"而克服、弥补工具设备上的"劣势"。另一方面，人们更需要通过运用和发明新的工具设备（工程方法）而"弥补"和"升级"原先的"工程知识水平"。

在认识工程方法与工程知识的相互关系时，不但要注意二者的相互渗透、相互配合、相互补充，更要关注二者的相互促进和相互转化。

就相互转化而言，一方面，任何工程设备都凝结着人类的有关知识，它们都是"物化"的工程知识，是有关的工程知识"物化"的结果，其中渗透着相应的工程知识。另一方面，在新机器刚被发明出来的时候，人们往往对其缺乏全面、深刻的认识，而只有比较片面、肤浅的认识，后来才会逐步形成更加全面、深刻的认识。例如，蒸汽机刚被发明出来时被当作"抽水机"，后来才有了把蒸汽机看作"动力机"的知识。这就是说，在有了新的工程设备之后，人们必然又会在工程设备的运用中和新的工程情景中，积累和开发关于工程设备的运用、目的、价值、影响的新知识。例如，作为工程设备的数控车床本身就是许多工程知识"物化"的结果；而在数控车床的运用中，人们又积累和创新了许多与数控车床有关的新知识。

在工程方法（包括工具、手段、方法等）与工程知识相互渗透、相互转化、相互促进的过程中，二者的相互关系由于不断打破平衡然后重建平衡而螺旋式上升。工程方法和工程知识的水平也都在这个螺旋式上升的过程中不断提高和演进。

1.3　工程知识论与工程本体论的关系

1.3.1　从工程本体论认识工程知识的本质：工程知识的生产力标准、导向、目的和归宿

在工程哲学的"五论"中，工程本体论具有核心地位，我们必须立足于工程本体论认识工程知识的本质。

对于工程本体论的含义，《工程哲学》（第二版）中已有阐释。如果将其总结为一句话，那就是：工程本体论认为，工程是现实的、直接的生产力。[①]

工程，从根本上来讲，可以理解为通过工程知识和方法，利用各种资源与相关的基本经济要素在一定的环境条件下构建一个新的人工存在物的集成建造过程、集成建造效果、集成建造模式和集成建造方式的总和。工程活动是社会存在和发展的基础，它具有"本体"的位置，而不是"依附"的位置。这种唯物的、基础性的"本体性"应当作如下理解：虽然工程与科学、技术有着紧密的联系，但工程绝不是科学或技术的衍生物、派生物或者依存物。工程哲学的基本认识和基本观点就是明确肯定工程具有其独立的、作为"本

---

① 殷瑞钰，汪应洛，李伯聪，等. 工程哲学 [M]. 2 版. 北京：高等教育出版社，2013：9-16.

体"的地位。

　　真正优秀的工程都是对诸多创新性、先进的技术要素以及资源、资本、土地等相关要素的合理选择，有序、有效地动态集成，并通过合理的工程结构模式，凸显其功能与价值。这个过程实际上体现着工程集成创新。如果借用中国传统哲学中关于"体"和"用"的术语，可以认为：在工程活动中，工程是"体"而科学和技术为"用"。在认识工程知识的本质时，不但需要从"一般知识论"的角度认识工程知识的本质，更需要立足"工程本体论"认识工程知识的本质。

　　工程知识是人类知识体系中数量最大、内容最复杂的一类知识。根据工程本体论，工程知识的本质和灵魂就在于"它是可以转化为生产力的知识"和"它是与生产力活动密切结合在一起的知识"①。

　　工程知识的生产力本质决定了工程知识发展的根本动力是社会产业发展的需求，在市场经济条件下，更直接表现为市场的需求。这种需求反映在企业家、发明家、工程师、工人、管理者的思想上，使"社会责任心"成为推动工程和工程知识发展的思想动力。

　　作为对比，可以指出，基础科学知识发展的最强大动力来自对真理的追求和科学家的"好奇心"，而工程知识发展的最强大动力来自生产和市场需求的拉动以及企业家、工程师和工人等的"责任心"。

　　对于工程知识来说，转化为生产力不但是其发展动力、存在目的、未来导向，而且是其现实标准和最终归宿。在工程知识的发展中，最初往往主要考虑技术和经济指标与效果问题，现在人们愈来愈深刻地认识到还必须高度重视工程活动的生态影响和生态效果问题。我们所说的生产力只能是以保护生态环境为约束条件和重要目标之一的生产力，而绝不是那种"危害环境生态"的"生产力"。

　　在工程知识发展史中，有成功的经验，也有失败的教训。在反思其经验和教训时，可以看到成功的经验往往在于其生产力导向明确和适应了生产力发展的需求，而失败的教训往往在于模糊甚至迷

---

　　①　作为对比，可以指出，基础科学知识是与生产力没有直接联系和不以发展生产力为标准的知识。

失了发展生产力的目的，在生产力标准下遭遇了失败。①

工程知识转化为现实生产力、融合在现实生产力中是检验工程知识的标准和灵魂，而对于科学知识——主要指基础科学知识——来说，却不能依照这个标准进行检验。

1.3.2 工程知识必然同时涉及对生产力、生产关系和上层建筑的相互关系的认识

历史唯物主义强调了生产力的根本性重要作用和意义，但历史唯物主义又绝不认为可以把生产力孤立起来，相反，历史唯物主义主张必须在生产力与生产关系、经济基础与上层建筑的辩证关系中认识经济与社会发展问题。

根据历史唯物主义的这个认识，工程知识论在分析和研究工程知识时，也绝不认为工程知识仅仅限于发展生产力的知识，而是认为工程知识的系统概念中不但涉及关于生产力发展的知识，而且必然同时涉及与生产力发展有关的生产关系和上层建筑方面的知识，尤其是关于工程管理的知识、工程法律和法规的知识、工程文化的知识、工程评价的知识、工程社会影响的知识等。本书将各有侧重地从不同角度展开对这些问题的分析和讨论。

2 工程知识论的两个关键问题和有关的基本观点与认识

在工程知识论研究中，有两个关键问题：如何认识"工程知识与物质世界——特别是人工物世界——的关系"和如何认识"工程知识与工程知识主体的关系"。虽然这两个问题在本章第一节中都有所涉及，但我们还是需要在此从一个新的着眼点——工程知识论的基本观点和认识——对其进行一些新分析和新阐述。

---

① 牟焕森，郝玲玲. 铱星系统的创新过程及其经验分析 [J]. 工程研究——跨学科视野中的工程，2007，3（1）：173-182.

2.1　如何认识"工程知识与物质世界——特别是人工物世界——的关系"

2.1.1　两类物质世界和两种知识的复杂关系

上文已经指出，在知识论研究中，知识和物质世界的关系是一个核心问题。人们应该认识到，物质世界可划分为两个世界——自然物理世界和人工物世界，与两类物质世界相对应地形成了两种知识——科学知识和工程知识。科学知识是人类在"认识"和"反映"自然物理世界的过程中形成的知识，工程知识是人类在制造和使用人工物的过程中"创造"和"形成"的知识。于是，这就出现了两类物质世界和两种知识的复杂关系。

在认识上述两类物质世界和两种知识的复杂关系时，以下两点是需要特别注意的。

（一）必须注意两类物质世界的不同性质及特征对科学知识和工程知识分类的影响

科学知识和工程知识是两种不同的知识，二者都可以划分为许多"子类"。在分析和研究科学知识、工程知识的"子类"划分标准时，可以看出，二者之所以出现不同的"子类"划分，其内在原因正蕴含在两类物质世界的不同性质、影响和特征之中。

恩格斯说，"每一门科学都是分析某一个别的运动形式或一系列彼此相属和互相转化的运动形式的，因此，科学分类就是这些运动形式本身依据其固有的次序的分类和排列，而科学分类的重要性也正是在这里。"①

对于科学知识，最基本的学科分类方法是将其划分为物理学、化学、天文学、地球科学、生物学。不同的学科以不同的物质运动形式为研究对象，换言之，"不同的物质运动形式"成为科学学科分类的标准。更具体地说，物理学研究"物理运动方式"，化学研究"化学运动方式"，地球科学研究"地质运动方式"，如此等等。由于对物质运动方式还可以进行更具体、更细致的划分，学科的分类也可以更加详细，乃至一门学科可以划分为若干学科分支等。

---

① 恩格斯. 自然辩证法 ［M］. 于光远，等，译. 北京：人民出版社，1984：149-150.

对于工程知识来说，由于工程知识是与人工物的制造和使用密切结合在一起的知识，于是其最基本的分类标准和分类方法就是依据人工物的不同类型——主要表现为不同的产业类型——进行分类，换言之，"人工物的不同种类"成为工程知识分类的基础。由于在进行产业类型划分时，人工物又可划分为"作为工程设备的人工物"和"作为产品的人工物"等不同类型，并且相互之间往往会有交叉，这就使产业分类显得非常复杂和常常难以"唯一归类"。

常见的科学知识分类和工程知识分类情况见图 1-1-4。

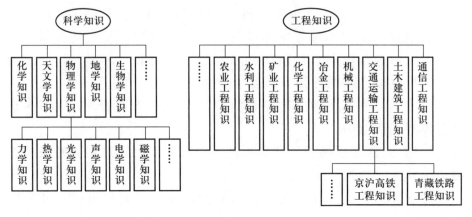

图 1-1-4 关于科学知识和工程知识的分类

在认识以上科学知识和工程知识的"子类"划分关系时，从工程知识论角度看，最值得注意的有以下两点。

（1）每个工程知识的子类都不可能仅仅涉及一种科学知识，而是必然涉及多种科学知识，例如机械工程绝不仅仅涉及物理学中的力学知识，能源工程绝不仅仅涉及物理学中的能量知识，通信工程绝不仅仅涉及信息科学知识等。由于任何人工物都同自然物有关，都要"服从"有关的自然规律，反过来说，没有任何人工物可以不服从"万有引力定律"或"库仑定律"等有关自然规律，这就使有关的科学知识可以在工程知识论中大显身手，发挥重要作用。

（2）每个科学知识的子类都不可能仅仅涉及一种工程子类，而是必然涉及多个工程知识子类。以化学知识为例，当聚焦于研究炼铁炉、炼钢炉中的化学过程时就成了冶金工程中的冶金化学知识；当重点研究发动机中燃料的化学反应问题时，就成了动力工程中的有关的燃烧化学知识；当重点研究纺织工业中的染料问题时，就成了纺织工程中的染料化学知识；当学者们发现红色染料百浪多息可以治疗败血症等疾病和进而合成磺胺类药物时，染料化学知识就转化为医药工程中的"药物化学知识"；如此等等。应强调指出的是，在以上确定工程知识的某个"具体子类"时，其依据的标准不是化学的科学标准，而是以其作为转化为人工物的不同功用为标准进行分类。

工程知识和科学知识在"子类划分"上的关系十分复杂，这里不再进行更具体、更深入的分析。

（二）在理论上，需要从"道""器"关系、"学""术"关系的角度对人工物和工程知识进行新分析和新认识

关于两类物质世界的关系和两种知识的关系，第一节中已有许多分析，这里不再重复，以下着重于从"道""器"关系、"学""术"关系对人工物和工程知识进行一些新分析和新讨论。

中国古代哲学很早就提出了"道"和"器"的关系问题："形而上者谓之道，形而下者谓之器"（《易传·系辞》）。

许多古代学者都认为，在"道""器"关系、"学""术"关系中，人工物是"器"，工程和技术都属于"术"的范畴。应该承认，由于在历史上，"道器分离""重道轻器""重学轻术"的观点占上风，因此那种"轻视技术""轻视工程"的观点也就得以在社会中长期和广泛存在。

在工程哲学开创后，工程哲学进一步发挥了中国古代哲学关于"道在器中"和"道器合一"的观点，也就是理论结合实际的观点，强调指出工程活动绝不仅仅是"器物层面"的，人工物不但是器，而且"器中蕴道""道在器中""道器合一"①，工程知识也绝不仅仅是"术"的知识，而且是"自有其学""术中有学""'学''术'合一"。

2001 年，美国著名技术哲学家皮特在《技术》杂志上发表了《工程师知道什么》一文②，重点研究了工程知识的本性和特点问

---

① 李伯聪. 以"道器合一""道在器中"的理念重塑工程教育——工程教育哲学笔记之一［J］. 高等工程教育研究，2017（4）：27-34.

② 皮特. 工程师知道什么［M］// 张华夏，张志林. 技术解释研究. 北京：科学出版社，2005：129-139.

题。这篇文章有可能是第一篇"专论工程知识本性问题"的"哲学论文",理应给予高度评价。但这篇文章却把工程知识称为"食谱知识",这就等于把工程知识仅仅理解为操作性的"术"的知识,否认了工程知识在现代已经形成了"复杂的自身理论体系"(即工程知识的理论体系),严重忽视了工程知识——特别是现代工程知识——的"自有其学""'学''术'合一"特征。

科学知识是人类追求真理、揭示本质和发现规律的结果,是关于自然物理世界"是什么"的真理性知识;而工程知识是人类生存、社会发展需求引导的结果,是关于人工物创造、生产力发展和解决现实生活世界现实问题的实践性知识和实现价值的知识。

科学知识在类型和体系结构上主要是以科学学科划分的理论知识,而工程知识在类型和体系结构上主要是以产业和/或工程项目的集成、建构和转化成生产力为特征的知识。

无论是从学科出发,从生产力出发,还是从具体工程项目出发来认识工程知识,其根本性、共性的特征是:工程知识是价值导向的知识,是有关通过选择、整合、集成、建构、运行等过程转化为直接生产力的知识。

科学知识主要表现为科学命题、科学概念、科学规律、科学体系的知识,是关于自然物理世界的"是什么"的问题,是来自"求真愿望"的知识;而工程知识主要表现为关于"工程设计"、工程运筹、工程操作、工程全生命周期、工程评估、工程系统的知识,是关于"怎么办"的知识,是关于怎样发展生产力、怎样创造"人工物"以满足人的"生活需求"和生产力发展需要的知识。因此,工程知识必然是涉及实践的,包括决策、规划、设计、建构、制造、运行、管理、服务等工程过程中的可操作且可调控的知识。科学知识主要是科学实验和科学思维的结果;而工程知识主要是工程实践和工程思维的结果。

在分析和认识科学知识的本性时,核心问题是"真理性"问题,是"真假"方面的问题;而在分析和认识工程知识的本性时,核心问题是"功效性""价值性"问题,是"好坏""善恶"方面的问题。

由于生产力与生产关系有密切联系,生产力的高度发展会对生态环境产生深刻影响,而工程是集体活动和必须进行管理的过程,因此工程知识中也包含着关于工程管理、工程生态环境等方面的知识。

工程活动离不开工程知识。工程活动是不断创新的过程，工程创新过程中离不开工程知识的创新和工程创新的知识。

作为直接生产力知识的工程知识在思维逻辑方面也包括了比较-批判-进化-创新的知识，进而扩展为想象-虚拟-进化的未来生活的颠覆性创新知识，这就形成了发散性创新思维引导下的工程知识创新和工程创新知识。

工程过程不是"纯自然过程"，而是蕴含着人类如何更好地生存、更合理地发展的理念和过程。工程活动中有"工程之道"。从另一方面看，工程活动是利用自然资源和生产资料生产各种产品的过程。生产资料和工程产品都属于"器"。工程知识中既包括关于工程之道的知识，也包括关于工程之器的知识。

工程教育是工程知识传承和发展的重要途径与重要方式。从这个方面看，工程教育研究与工程知识研究之间存在着内在关联。

工程活动和工程教育的理念应该是"道器合一"的，即"道在器中"和"器中蕴道"。道者，理也，学也；器者，（人工）物也，术也。工程是"道"和"器"、"学"和"术"相济的。工程是道理、原理和技术、装备以及各类要素合理配置所形成的实践转化能力相结合的过程和活动。工程是把各类相关要素与时代知识相互选择、配置、集成而转化为现实的、直接的生产力，因而，工程必然是实践的、实干的过程。工程知识本质上都是以实物、实践为载体的。然而，工程知识不仅是通过实践、实干而形成现实的、直接的生产力的，而且应该是在正确的工程理念指引下，通过对各类相关知识、要素的深入认识及其相互关系的研究，将这些知识、要素合理配置和集成而转化为现实的、直接的生产力。这就是"道器合一""学术相济"的体现。"道"和"器"、"学"和"术"中都有知识——工程知识。

在现实生活中，工程是发展生产力的主战场，工程创新、工程知识创新是直接推动社会经济发展的主要动力之一。

2.1.2 对"工程知识"认识的简要总结和归纳

本章前文中反复谈到了工程知识，分析角度多有不同，并且常常偏重于对比方式的分析。由于工程知识是工程知识论中最核心的概念，以下就抛开比较分析的角度和方法而聚焦于工程知识概念本身对其进行一些简要总结和归纳。

工程活动是由工程理念、工程决策、规划设计、建构、运行、制造、工程退役、工程管理等过程构成的，工程知识融合着工程生命周期各阶段相关知识的集合。无论从历史来看还是从现实来看，工程知识的来源是多元化、多样性的，其基本特征是要将各类技术要素和社会、经济要素整合集成起来并转化为有价值的现实生产力。工程知识是理论联系实践的知识，是发展生产力的知识。工程知识的基本特征有以下几点。

（1）从知识定位的视角来看，工程知识是构建人工物理世界的核心知识之一。工程知识应是不同于、独立于专门研究自然物理客观世界的基础科学的另一类知识体系。在探索和研究基础科学知识时，"好奇心"和"科学兴趣"是核心与关键。在研究和建构工程知识时，"工程价值"和"社会和谐"成为核心与关键。

（2）从工程知识的本性及其特征来看，工程知识是整合、配置各类要素进而转化为现实生产力的知识和知识群，是属于构建、制造、服务和发展人工物世界的知识体系。

（3）工程活动具有很强的社会性，工程知识不但涉及人与自然关系的知识和关于人工物的知识，而且广泛深刻涉及"人与社会关系"的知识和"人与人关系"的知识。

（4）从工程知识的来源和结构来看，工程知识的源头是多元化、多样性的，这些知识经过选择、整合、集成、建构、运行、制造等过程转化为生产力，体现着价值产生。

（5）工程知识是一个在历史上不断发展的、开放的知识体系。在工程的历史发展进程中，工程实践与工程知识之间存在着相互促进、相互引导、不断演化、新陈代谢的关系。从工程知识的发展历史进程来看，不同时代有不同的"工程知识体系"。人类工程知识体系的内容和整体特征也在不断演化之中，大体而言，可将其发展演化历程划分为以下几个主要阶段：从"以经验为核心的工程知识体系"到"以技术知识为核心的工程知识体系"，再到"强调科学基础的工程知识体系"，再到"强调当代工程系统集成的工程知识体系"。在当代，在形成"强调工程系统集成的工程知识体系"的过程中，信息科技知识发挥了重要的推动作用。就一个特定时代而言，其特定的工程知识体系中都是既有其前沿部分（例如，在当代，信息科技知识、生命知识就是前沿部分），又有其中间或中坚部分和落后部分。在研究工程知识体系时，必须高度重视对其整体结构特征和前沿方向的研究。

（6）从工程知识的形态和目的来看，一个关键问题是应该深刻认识到各个发展阶段的工程知识都是价值导向的，工程知识的形态不但可以表现为"语言或图纸"等形态，而且工程设备、工程产品等工程实物和实践也可以成为工程知识的"基本载体"。

（7）从知识内涵及其生命周期过程来看，工程知识的内涵包括工程理念、工程决策、要素选择、要素配置、优化整合、综合集成、实体建构、功能转化、价值实现与评价等过程；并体现为工程决策、工程规划、工程设计、工程建构、工程运营、工程制造与服务、工程评价、工程退役等阶段。在这些过程或阶段中，工程理念、工程管理始终贯穿在其中。

（8）在研究工程知识时，需要从"两类物质世界的区别和联系""多种知识类型的区别和联系"以及"两类物质世界和人类知识的复杂互动关系"这"三重关系"中认识工程知识。动物和植物是两类生物，猴子和大象是两类哺乳动物。不要"猴子比大象"，也不要"猴子学大象"。自然物理世界和现实的人工物世界是两类不同的物质世界，是两类不同的研究对象；基础科学知识和工程知识是两类不同的知识。研究这两类不同的物质世界和两类不同的知识时要运用和涉及不同的研究范式、范畴、概念和方法论问题。观察、研究人工现实生活世界的焦点是研究以工程活动为核心的推动生产力发展问题。研究现实人工物世界和研究自然物理世界是两类不同的研究活动和过程，虽然二者也有共同点和密切关联活动，但工程活动、工程知识更需要"想"和"做"并重，"理念"和"目标"贯通，"愿景想象力"和"现实生产力"兼顾，"价值观"与"实践性"一致。

2.2　如何认识"工程知识与工程知识主体的关系"

任何知识都是依附于一定知识主体的知识。于是，如何认识工程知识与工程知识主体的关系也就成为工程知识论中的一个基本问题。

对于"工程知识与工程知识主体的关系"的认识，应特别注意研究以下三个方面的问题。

（1）工程活动的不同从业者（不同角色和不同岗位人员）往往掌握不同类型的工程知识为同样的工程目标服务，反过来，又需要说，对于工程共同体中的不同角色和不同岗位人员会有不同的工程知识要求。然而，彼此又是相关的、合作的。例如，一方面，从现象和事实角度来看，工程师（可进一步细分为总工程师、部门主任工程师、专门工程师等）和不同岗位的工人掌握了不同的工程知识；另一方面，从角色期望和岗位要求来看，一定要掌握各自必需的"岗位工程知识"，能够被集成到同一工程系统中，才能成为合格的工程师和工人。

文森蒂写了一本颇有影响的书：《工程师知道什么以及他们是如何知道的——基于航空史的分析研究》①。这本书的书名提出了工程知识论研究领域的一个重大"研究课题"。对于这个问题，文森蒂做了有重要意义的开端性工作。但这本书主要是一本"技术史""工程史"性质的著作，有关工程知识——特别是工程知识论——的许多深层次理论问题还有待工程界和哲学界的新探索与新研究。

从工程共同体成员或工程活动角色角度来看，工程活动的主体不但包括工程师，而且包括企业家、工程决策者、工程管理者、工程投资者、工人和其他利益相关者，工程知识论中应该具体分析和研究这些不同工程角色——作为知识主体——在学习、掌握和运用工程知识方面有何共同点和不同点。

（2）由于工程活动具有既分工又合作的特点，工程共同体各个角色在工程知识方面也存在"既分化分工又互补合作"的特点，工程知识论必须深入研究工程知识所同时具有的高度专业性和高度集成性特征，必须深入研究工程知识专业性和集成性的复杂关系及其与工程角色的关系问题。

有一个成语叫"隔行如隔山"。所谓"行"，不但可以理解为行业和产业之"行"，而且也可以理解为"行当"和"岗位"之

---

① 沃尔特·G.文森蒂.工程师知道什么以及他们是如何知道的——基于航空史的分析研究［M］.周燕，闫坤如，彭纪南，译.杭州：浙江大学出版社，2015.

"行"。从工程知识角度看，这个成语所强调的正是"行当""岗位"性工程知识的高度专业性。许多工人技艺高超，有些工匠更掌握了绝活，这都是工程知识高度专业性的表现。

如果把"行"理解为行业，那么与行业知识具有高度专业性特点的同时，行业工程知识还具有高度的集成性。于是，对于行业的"领军人物"——行业中的"企业家"、工程师（特别是"总工程师"）和工程管理者来说，他们都必须对于工程知识的"集成性"（特别是工程知识中对社会知识和经济知识的集成性这个方面）有既深且广的认识。

上述专业性和集成性特点使工程从业者的个人成长道路和工程知识发展道路往往都要经历要一个"新手阶段—高级初学者阶段—胜任阶段—熟练阶段—专家阶段—大师（巨匠）阶段"[1] 的发展过程。我们不可能设想一个人从"工程界新手"直接"飞跃"为一个超大型工程项目的总设计师，但对于科学工作者而言，爱因斯坦在1905 年却因为发表 5 篇开创性论文（包括提出狭义相对论）而从一个"科学界的新手"（当时 26 岁，大学毕业 5 年，在瑞士专利局工作）"直接飞跃"为"顶级科学大师"[2]。

（3）关于工程知识的"个人主体"和"团体主体"的相互关系问题。

以上所讨论的主要都是个人主体方面的问题。由于工程活动是集体性、团体性活动，这也使工程知识的"个人主体"和"团体主体"的关系以及"团体主体"的重要性凸显出来。

所谓工程知识的团体主体，不但是指作为工程知识主体的"企业"，而且是指企业中的"研发机构"、行业的"产业研究院""中试基地"等。在以往的科学论、知识论研究中，哲学家往往只注意和强调科学家是知识创造的主体，几乎无人认识到——至少没有明确指出——企业是推动工程知识发展的主体，严重忽视了企业在创造工程知识、推动工程知识发展中的地位和作用。在这

---

① 伊万·塞林格，罗伯特·克里斯. 专长哲学 [M]. 成素梅，张帆，计海庆，等，译. 北京：科学出版社，2015：166-180.

② 约翰·施塔赫尔. 爱因斯坦奇迹年改变物理学面貌的五篇论文 [M]. 范岱年，许良英，译. 上海：上海科技教育出版社，2007.

方面，野中郁次郎和竹内弘高所著的《创造知识的企业》一书做出了开拓性的贡献，他们在书中强调指出企业也是"工程知识"的"创造者"①。

如果说在古代时期，创造工程知识的主体主要是个人，那么，在现代时期，特别是在信息时代和知识经济时代，"研发机构"等创新团体就成为创造工程知识的更重要的主体了。随之，在创造新工程知识的复杂过程中，"个人主体"和"团体主体"的相互关系问题也成为一个需要进一步研究的重要问题。其重要性的体现源于工程知识有着很重的"实践性""集成性""转化性"特征。这就使人认识到工程知识的形成或创新不仅源于"个人主体"，而且也源于"团体主体"。

经济学中对于分工与合作问题已有许多研究。在工程知识论中，又出现了工程知识的分工与合作问题。这个问题，与经济学的分工与合作问题既有同一性的方面，又有差异性的方面，值得深入思考和研究。

（4）需要深入研究工程知识的"个人主体"和"团体主体"如何认识和获得工程知识以及工程知识的发展规律等问题。

工程知识不是人类天生就有的本能知识，而是人类在后天环境中，特别是在劳动实践中，也就是在人类的生存、繁衍、发展过程中获得的知识。工程知识从"无"到"有"，从"落后"到"先进"，从"古代"到"现代"，经历了一个逐步发展和演化的过程。不但从"宏观"和"中观"上看，工程知识的获得和发展是一个曲折、艰难、复杂的过程，而且从"微观"上看，许多"具体工程知识"的获得也要经历一个曲折、艰难、复杂的过程。甚至可以说，一些表面上看来是"妙手偶得之"的工程知识，如果追寻其历史原因和深层原因，也绝不是"天上掉下来的馅饼"，而往往也是一个曲折、复杂过程的结果。在研究工程知识论时，必须高度重视对工程知识的获取、积累、集成、转化、传播、传承等问题的研究，以及对发展条件和规律等问题的研究。

―――――――――――

① 野中郁次郎，竹内弘高. 创造知识的企业 [M]. 李萌，高飞，译. 北京：知识产权出版社，2006.

3 工程知识论的主要内容和有待进一步研究的问题

3.1 对工程知识论的概要认识

工程知识论是以工程知识为研究对象的学问，是关于工程知识的共性特征、内涵、结构和发展规律的学问，是一种"二阶性"研究。从知识角度上看，现代工程知识体系是基于以专业工程学为核心的多学科的知识集成体。从工程本体论的视野上看，工程是将科学、技术、经济、管理、社会等方面的知识与资源、资本、土地、劳动力、市场、环境、生态等基本经济要素，通过选择-集成-建构-运行-制造-服务等机制进行合理配置，转化为现实的、有效的生产力的过程和结果。重在对涉及的各类资源、装备、技术、资金等物质因素、技术因素、经济要素中的知识通过"选择-整合-集成-建构-运行-制造"等机制而"转化"为现实生产力。

工程-技术-科学三元论的提出，特别是工程本体论的研究凸显了工程活动的重要性，指出工程-技术-科学三者互相关联、交叉、融合而又处于互相并立的状态，形成了新的知识形态（图1-1-5、图1-1-6）。但是从自然物理世界和人工物世界这两类不同的物质世界的立场出发思考问题，其对应的知识论则是科学知识论和工程知识论。两者有不同的理念、范畴、目标和知识体系。

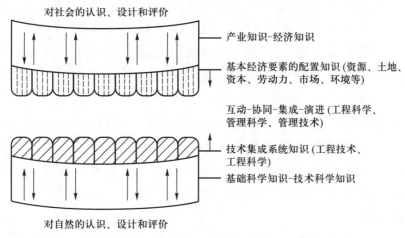

图 1-1-5 工程知识的内涵及其要素与集成

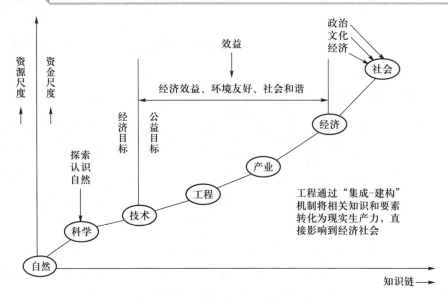

图 1-1-6   知识链的构成与资源、资金尺度扩展过程的关系

在工程知识"转化"为生产力的过程中必须创造"转化"为生产力的环境条件和机制等，工程知识才能有效地"转化"为生产力。即"转化"是要适应环境条件的，是必须找到"转化"过程的机制的，这些都是工程活动的特点，也是工程知识的特征，而不是"应用"基础科学知识就能自然而然地变成生产力的。在知识经济社会中，工程知识处于将知识转化为经济效益、社会效益、环境效益的重要位置。

从形成生产力的角度上看，局限于从科学知识的"应用"出发看问题，而忽视"转化"为生产力的"选择-整合-集成-建构-运行-制造-服务"过程和工程化机制，往往会导致"知识"与"生产力"、"知识"与"经济"脱节，出现"两张皮"的现象。并有可能助长忽视形成现实、有效生产力而"纸上谈兵"的风气。可见，工程知识（包括工程科学在内）不同于单纯基础科学知识，也不等于基础科学知识的"应用"，工程知识是以工程整体为主体对象的知识，是整体论与还原论结合的知识，是以（工程系统）整体论为主导的知识。

现代工程系统是一类复杂系统。系统工程是随着现代工程的技术复杂性、要素复杂性——特别是管理复杂性——的凸现而发展起来的组织管理技术（方法）。工程系统与系统工程是两个不同的概念、两种类型的事物，不能混为一谈。工程系统是一类实体性、整体性的系统，其知识基础是相关的工程学（包括技术在内）的知识集成体。工程系统标志着其技术要素、资源要素、经济要素、管理要素、环境生态要素和人文要素集成的实体。系统工程是针对工程系统的决策、设计、建构、运行等过程中的组织管理技术（方法），或者广义地说是对所有"系统"都具有组织管理意义的方法和理论。工程知识应该包括专业工程知识、各类有关要素知识及其整体集成知识，以及系统学、系统工程的知识。

从内容和本性上看，工程知识是关于工程系统集成的知识。工程知识论不但承认"关于工程集成的知识"是"整体工程知识"的重要内容和重要类型，而且强调"集成性"是工程知识的重要特征之一。

工程知识论是工程哲学的重要组成部分，研究工程知识论应以工程本体论作为基本立足点，结合工程方法论、工程演化论、工程知识链、工程活动模型等研究成果，进一步深化研究涉及工程知识构成的全要素、全过程和工程知识群的结构体系。

3.2　工程知识论的主要内容

工程知识是整合、配置各类要素进而在特定条件和专门设定机制下转化为现实生产力的知识和知识群，属于设计、集成、构建、运行、制造、服务和发展人工物理世界的知识体系。虽然本章前文的分析和阐述都涉及了工程知识论的主要内容问题，但这里还是有必要集中而明确地对其进行一些归纳和说明。

（1）工程知识是构建人工物世界的核心知识，是不同于、独立于专门研究自然物理世界的基础科学的另一类知识体系，工程知识论的核心内容之一便是研究工程知识的本质、特征、要素、结构及其与其他知识类型的相互关系。

（2）工程知识论的定位是研究、分析工程知识的本性、共性特征、内涵、结构、形态、功能、获取、演进和发展规律的知识论，是一种"二阶性"研究。

（3）工程知识的要素和结构研究，包括研究工程技术知识（工程化生产、制造技术知识、工程设计知识、工程构建知识等）、工程科学知识（相关的基础科学知识，特别是工程科学知识）、相关产业知识（产业或专业工程知识群）、有关的经济/社会知识（专业工程经济知识等）、环境、生态知识（行业工程环境、生态知识）、人力资源知识（专业人才和群体的知识及其管理知识）、工程管理知识、工程集成知识（工程技术集成和系统工程知识）等。

（4）工程知识形成和发展规律研究：工程知识或工程知识群之间相互作用、相互关联的特征和规律研究；工程知识的选择-整合-集成-协同-适应-进化等机制性研究。

（5）工程活动中的知识链、知识群和知识网络问题的研究。工程知识的内涵包括工程决策、要素选择、要素配置、优化整合、综合集成、实体建构、功能转化、价值实现与评价等过程；并体现为工程决策、工程规划、工程设计、工程建构、工程运营、工程制造与服务、工程评价、工程退役等阶段。在这些过程或阶段中，工程理念、工程管理始终贯穿在其中。

（6）工程知识的具体内容、形态和体系特征都是不断演化的，从历史上看其本身经历了"模糊经验型—技术支撑型—科学支撑型—再度回归集成工程型"的发展过程。

（7）工程知识的源头是多元化、多样性的，这些知识经过选择、整合、集成、建构、运行等过程转化为生产力，体现着价值产生。工程知识是不断发展的，是以生产力为导向的，必须面向生产力发展的最新形势和方向。在当前，研究工程知识论的重点应放在知识经济时代背景下的工程知识、工程知识群及其动态结构。研究工程知识论应以工程本体论作为基本立足点，结合工程方法论、工程知识链、工程活动模型等研究成果，进一步深化研究涉及工程知识构成的全要素、全过程和工程知识群的结构体系。

（8）工程知识论案例研究（包括工程项目、企业、行业等方面的案例）。

3.3   工程知识论中一些需要进一步阐释和讨论的问题

工程知识论是一个刚刚开始研究的领域，本书只是对该领域一些重要问题进行了初步研究和论述。这个领域中需要进一步阐释和讨论的问题必然还有很多，以下就罗列一二。

（1）要摆脱实证主义知识论的束缚，要立足于工程实践、社会实践、生活实践来研究工程知识论。不但要关心和研究科学命题的证实或证伪，而且要关心和研究工程规划设计及其实施、后果和评价问题。

（2）要进一步深入辨析和讨论工程是"应用科学"或"科学应用"的说法及其影响，要辨析其实质含义、局限性和某种误导。

（3）要思辨"工程知识是不同于科学知识普遍性的但又离散的知识形态"，工程知识本身也有其规律性，而这种规律是普适的。工程项目的"当时当地性"绝不等于否认工程知识有其共性特征。

（4）培根提出了著名观点——"知识就是力量"，由于知识可分为不同的类型，我们必须进一步深化对"知识就是力量"这个观点的认识，必须进一步辨析何种知识对应何种性质的力量。

（5）需要进一步深化和具体化对工程的结构与工程知识、工程知识群的内涵（工程、产业专业工程、工程项目）的认识。

第三节　研究工程知识论的意义

工程知识论研究不但具有重要的理论意义，而且具有重要的现实意义。

 研究工程知识论的理论意义

1.1　从知识论（认识论）发展史看研究工程知识论的意义

在哲学理论体系中，知识论是最重要的内容和组成部分之一。

对于"认识论"和"知识论"的关系，我国哲学界的认识和观点不完全一致。有人认为二者是同一的，也有人认为二者有一定的区别。陈嘉明（中国知识论学会会长）说："'知识论'这一概念，英文为 epistemology，或 theory of knowledge，亦可译为'认识论'。""在近代哲学那里，epistemology 研究的主要是'认识'问题，也就是有关认识的起源、根据和界限的问题；但在现代哲学中，epistemology 研究的主要是有关'知识'的定义与要素，尤其是知识的确证（justification）问题。"①

　　虽然在中国哲学发展史上，也有许多哲学家对知识论问题提出了一些深刻的见解，但古代中国哲学家往往更重视伦理问题。与中国哲学传统不同，古今的欧洲哲学家往往更加重视研究知识问题。不但古希腊和中世纪哲学已经表现出了这个特点，而且近代欧洲哲学更出现了"认识论转向"，形成了关于认识论的经验主义和理性主义两大哲学流派，涌现了笛卡尔、培根、洛克、贝克莱、休谟、斯宾诺莎、莱布尼茨等著名哲学家。康德更努力融汇经验主义与理性主义两大潮流，形成了自己的哲学理论体系。陈嘉明说："就西方哲学而言，求'真'的知识论构成了它的主流，从柏拉图、康德到胡塞尔等，几乎首先都是一个知识论的宗师。"②

　　应该注意的是，许多西方哲学家在研究知识论时往往自觉或不自觉地"设定"科学知识是唯一重要的知识形式。例如，罗素认为一切确切的知识都属于科学。③ 艾耶尔在影响颇大的《语言、真理与逻辑》中说："没有一个经验领域原则上不可能归于某种形式的科学规律之下，也没有一个关于世界的思辨知识的类型原则上超出科学所能给予的力量的范围。"④ 这就更明确地表达了认为所有的知识都是科学知识的观点。可以认为，西方"传统的"知识论基本上是"把知识等同于科学知识的知识论"，或曰"主要关注科学知识的知识论"。

　　可是，20 世纪中叶以来，西方知识论研究出现了一些新趋势。英国哲学家赖尔在《心的概念》一书中强调"知道事实的知识"和"知道怎样做的知识"是两类不同的知识，实际上是强调了"know-how"类行动知识的重要性。物理化学家、哲学家波兰尼提出了"意会知识（tacit knowledge）"这个新概念⑤，心理学家、人工智能倡导者、诺贝尔经济学奖获得者西蒙出版了以研究"设计知识"

————————

　　① 陈嘉明. 建构与范导——康德哲学的方法论 [M]. 上海：上海人民出版社，2013.

　　② 同上.

　　③ 罗素. 西方哲学史 [M]. 北京：商务印书馆，1976：1.

　　④ A. J. 艾耶尔. 语言、真理与逻辑 [M]. 尹大贻，译. 上海：上海译文出版社，1981：49-50.

　　⑤ 迈克尔·波兰尼. 个人知识——迈向后批判哲学 [M]. 许泽民，译. 贵阳：贵州人民出版社，2000.

为主题的《人工科学》①。这些关于知识概念的新认识突破了那种把
科学知识看作知识唯一重要形式观点的藩篱，在知识论领域中肯定
除了科学知识外，人类的全部知识中还有其他形式的知识——特别
是工程知识。如果说在赖尔、波兰尼、西蒙的有关理论中还只是
"蕴含性"地显示了工程知识的特征和重要性，那么航空工程师文
森蒂 1990 年出版的 *What Engineers Know and How They Know It—Analytical Studies from Aeronautical History*（《工程师知道什么以及他们是
如何知道的——基于航空史的分析研究》）一书就更直接地揭示了
工程知识的特征、意义和重要性。

　　文森蒂在这本书中感慨万千地指出，尽管工程师"付出巨大的
努力与代价去获取工程知识，但是工程知识的研究很少得到来自其
他领域的学者关注。"② 他旗帜鲜明地反对那种把工程知识归结为科
学知识的传统、流行观点，明确指出并且通过对航空工程中几个典
型案例的分析论证了工程知识是与科学知识不同的另外一类知识。

　　可以预期，通过对工程知识的哲学研究，哲学认识论将突破以
往那种仅仅把知识等同于科学知识的"狭隘知识论形态"的藩篱，
而转变成为研究包括科学知识、工程知识等多种形式知识的"全面
的知识论"。很显然，这意味着哲学领域中"知识论研究"将进入
一个新阶段。

1.2　从工程哲学的体系结构看工程知识论研究的理论意义

　　21 世纪之初，工程哲学在东西方不约而同地兴起后，理论上不
断有新进展。中国工程师和哲学工作者合作研究工程哲学领域的许
多问题，在十余年的理论开拓中显示出了以下理论进展的发展轨迹：
从工程-技术-科学三元论到工程演化论，再到工程本体论和工程方
法论。

　　随着中国工程师和哲学工作者对工程哲学理论体系内容和结构
认识的不断深入和研究工作的进展，在 2017 年出版《工程方法论》
之后，努力对工程知识论进行比较全面而系统研究的任务就被提上

---

① 赫伯特·A. 西蒙. 人工科学 [M]. 武夷山，译. 北京：商务印书馆，1987.

② 沃尔特·G. 文森蒂. 工程知识知道什么以及他们是如何知道的——基于航空史的
分析研究 [M]. 周燕，闫坤如，彭纪南，译. 杭州：浙江大学出版社，2015：1.

了议事日程。

在"工程知识论"作为一个工程哲学研究领域而明晰化和具体化之后，一个包括"五论"的"工程哲学体系框架"也明晰了起来——这就是工程知识论研究在工程哲学领域中的理论意义和价值。对于这个问题，前文已多有分析和论述，这里就不再赘言了。

 研究工程知识论的现实意义

确立并开展工程知识论的研究，不仅具有突破传统知识论藩篱的理论意义，而且在我国当前社会转型的现代化建设中更具有重要的现实意义。在众多的现实意义中，本书仅选择工程知识论与工程创新、工程教育改革和"公众的工程认知"三个重要方面来加以讨论。

2.1　工程知识论与工程创新

在我国改革开放的实践历程中，对于创新的认知与践行，经历了从技术创新到制度创新，从知识创新再到国家创新体系不断深化的发展过程。"工程作为人类的'造物'活动，是创造物质财富、实现经济发展的基本途径。因此，工程必然是各种创新活动得以发生的重要场所。"① 那么，工程创新本质上必然是实现各种创新的现实环节。如何从理论上把握工程创新的本质，进而在实践中更好地开展工程创新？工程知识论的研究对此具有重要的现实意义。

按照实证主义唯科学知识论的观点，工程知识是科学知识、技术知识的应用，那么，工程创新也不过是科学知识创新和技术创新在"造物"实践中的应用与延续，本质上仍然是科学知识创新和技术创新。如此狭隘的对工程创新的认识，在实践上势必导致两方面的问题：（1）极易把工程创新只当成从科学发现到技术发明再到工程应用的线性推进过程，仅仅把这条路径的科技创新当作工程创新的全部；（2）极易片面地挤压工程创新本身包含的丰富内容，尤其会严重忽视那些"非科技"因素导致的工程创新。

_____

① 殷瑞钰，汪应洛，李伯聪，等. 工程哲学［M］. 北京：高等教育出版社，2007：156.

按照科学-技术-工程三元论框架下工程知识论的观点，工程知识不是科学知识、技术知识的附属知识，而是在存在论上具有相对独立形态的知识系统。只有首先开展认知、设计、计划、决策、评价等一系列工程知识的系统运作，通过后续的有意识的工程实践活动，才能创制出自然界本来没有的形形色色的"人工物"。这种在工程造物实践情境中将各种知识进行综合集成的工程知识运作，既包括科技性质的知识，也包括"非科技"的人文社科性质的知识。"人工物"的存在以工程知识的运作为先行前提，进而，工程创新也必然以这些工程知识的创造性运作为先行前提。在《工程哲学》一书中，我们已经认识到："在一项工程从理念、规划、设计、实施到运行、管理的过程中，在每个环节和每个因素上都经常发生或大或小、或全局性或局部性的创新。这些发生在工程中的创新活动可以称为工程创新。这里使用工程创新一词，用来特指那些发生在工程中的创新活动，如技术创新活动、组织管理创新活动、经济创新活动（如融资创新）、社会创新活动（如工程移民）等。"[①] 当下工程知识论的研究，把工程创新与工程知识跨学科复杂交错的创造性运作联系起来，使我们更加深入地认识到工程创新的复杂性、多样性和集成性。

（1）工程科技创新：工程知识在科技层面的创新运作，既存在从科学发现到技术发明再到工程应用的路径，也存在从工程的实际需要出发，在现有的科技知识库中搜寻并加之应用，若现有的科技知识不能满足需要，则进一步开展技术研发甚至科学研究，从而形成从工程需要到技术研发再到科学研究的路径。实际上，后一路径才是工程创新活动经常性发生的主导路径。在大型工程活动中，这两种路径往往交织并用，使工程科技创新呈现复杂而有序的局面。特别值得一提的是，对多种原有技术的创造性综合集成应用，也是工程技术创新不可忽视的重要形式，正如西蒙所说："工程与'综合'有关，科学与分析有关。综合即是创造。"[②]

（2）工程管理创新：工程活动从决策、设计、建构、运行、制

① 殷瑞钰，汪应洛，李伯聪，等. 工程哲学［M］. 北京：高等教育出版社，2007：155-156.

② 赫伯特·A. 西蒙. 人工科学［M］. 武夷山，译. 北京：商务印书馆，1987：8.

造、服务到评价，从运行使用到退役全生命周期过程，构成了典型的人工造物系统。其每一个环节都离不开严格的工程管理，现代工程管理知识已经成为系统工程管理学的专业知识。工程管理专业知识、经验知识、管理技术与手段，以及管理方式、模式、制度等的不断创新，是确保工程安全、高效、按时、保质保量顺利完成、运行以及退出的实现机制。

（3）工程经济创新：任何工程活动同时也是投入-产出的经济行为，工程人工物的运行将给相关投资者带来一定的经济效益或社会效益，如何从经济投资的角度，形成效益共享、风险分担的工程投资模式？对工程的经济投资模式、效益分享模式、风险分担模式以及各种经济制度、各项经济政策的创新，直接影响着工程的投资规模和投资环境，极大地影响着那些有经济效益或社会效益的工程项目的立项和顺利推进。

（4）工程生态创新：在现代科技和现代工业基础上建造的工程人工物，都是嵌入在自然环境之中的，其运行与自然发生物质、能量、信息交换，并对生态环境产生重大而深刻的正面或负面影响。如何通过工程创新克服工程带来的负面生态效应，走上资源节约、环境友好的绿色工程建设之路，是当代生态文明建设的重要命题。

（5）工程社会创新：现代工程的建设过程及其人工物系统的运行过程，都会给工程活动的相关所在地的社会环境带来深刻变化，产生一系列正面或负面的社会问题，需要在工程活动的过程中加以妥善解决，比如三峡工程中的移民问题。因此，在工程活动展开的同时，往往也伴随着与之相应的社会工程的展开，只有解决好这些社会工程的创新，才能为工程的顺利推进提供切实的社会保障。

（6）工程伦理创新：今天，我们生活在越来越人工化的世界里，工程活动的各种过程也越来越影响人们的行为，已构成约束人们行为"物律"①。例如，在工程设计中，如何使人工物具有影响人们行为的伦理功能，使道德物化于人工物之中，是当代工程创新的崭新内容。目前，设计界推崇的"道德敏感设计"，展现了工程伦理创新的新动向。

---

① VERBEEK P-P. Moralizing technology：understanding and designing the morality of things [M]. Chicago：The University of Chicago Press, 2011.

（7）工程美学创新：工程人工物的设计与建造，不仅要使其具有满足人们种种需要的实用功能，还需要具有满足人们精神需要的审美功能。如何通过建筑设计、工业设计、产品设计及各种创意设计等工程审美创新，使人工物在形态上满足大众的审美，愉悦人们的身心，美化生活环境，是当代工程创新不能忽视的内容之一。需要强调的是，工程中的创意设计不仅带来审美功能，往往也相应地带来可观的经济效益。

（8）工程文化创新：现代工程活动从整体上深刻地影响着人的生活方式，乃至存在方式。反过来，人存在的历史性和文化性也会体现在工程活动的过程之中，使某个地区、某个国家的工程文化呈现出其独特的文化特征和地域特征。应该在整体上构造良好的工程文化氛围，使各类人工物的设计及存在具有历史与文化的继承性和创造性，使传统优秀文化凝结在新的工程人工物之中，不断焕发出新的、时代性的光彩。工程文化创新在整体上显现了一个地区或国家工程活动的特色、能力与水平。

2.2　工程知识论与工程教育改革

工程的实践本性，科技的巨大进步，推动着当代工程建造的迅猛发展。与之相应地，工程教育必须通过改革来适应这样的发展。如何推进工程教育改革？这需要从两个方面来思考：（1）厘清工程教育的历史、现状及存在的问题；（2）探求未来工程教育的目标、培养模式。这两个方面问题的解决，需要我们从思想上按照工程的实践本质以及工程教育的规律来展开思考。工程教育从本质上说就是工程知识的传承和创新能力以及工程素质的培养，因此，工程知识论的研究，将为上述两个问题的深入探讨和逐步解决提供坚实的理论根据。

近代以来，世界工程教育的发展大体上存在两条道路："一条是把'学徒制'、技术/工程学校改造提升为工科大学，走从实践到理论的'自下而上'的道路；另一条则是传统大学放下只搞纯理论的学术身价，面向产业界兴办注重实用的工科院系，走从理论到实践的'自上而下'的道路。"①前者可称为"德国模式",后者则称为"美国模式"。第二次世界大战后,随着物理学、化学以及分子生物学等现代科学理论在工程中的广泛应用,美国工程教育协会提出要建立"能够追上科学与技术飞速发展步伐的工程教育模式"。这种"科学化"的工程教育,一方面使美国的工程技术在全球引领前沿领域,另一方面,过于科学化、理论化的工程教育模式也使其培养的工程师实践能力不足,难以符合工业界的实际需要。有鉴于此,在20世纪八九十年代,美国人开始重新思考工程的实践本质,以麻省理工学院为首的一些理工院校发动了"回归工程"运动,使工程教育范式的演化进入了一个新阶段。

工程教育的历史发展告诉我们,正确处理好理论与实践的关系是工程教育改革发展的核心关键。在传统知识论的视域下,理论往往仅从科学知识、技术知识两方面去理解,而实践不过是在工程中运用科学知识和技术知识的造物活动。如此理解的理论与实践的二元关系,显然过于简单和片面。工程知识论的研究表明,在知识转化为生产力的过程中,需要将工程知识作为中介或集成途径。也就是说,要把相关的科学知识、技术知识以及"非科技"的社会、经济知识,在工程活动发生的实际境域中,综合集成在一起,形成工程知识,才能构成有效的、有价值的工程实践活动。作为独立形态的工程知识,具有将相关的、异质-异构性知识综合集成的创新特征,具有实践性、地方性、历史性、策略性、协调性等鲜明特点,需要具有卓越的工程思维,掌握相关的工程方法,才能创造性地产生并有效地应用于工程实践。工程知识论的研究,将从学理上进一步深化和增强"新工科"工程教育改革的探讨。

2.3 工程知识论与"公众的工程认知"

今天,人们生活在工程所建造的人工物世界之中。工程不仅给参与者和使用者带来合意的效用,也会给工程活动相关的公众带来种种影响。"作为纳税人与利益相关人,公众持有对工程的目的与结果的知情权,其参与决策的强烈愿望也使得工程共同体开始比以往

---

① 邓波,徐德龙.从工程哲学反思工程教育及其思想 [J].自然辩证法研究,2014(1):83-89.

任何时刻都不能忽视公众的意见与舆论。遗憾的是，很多工程与公众之间依旧保持着'谨慎'的疏离。"①

　　与"公众理解科学"主要具有精神意义不同，由于工程往往关系到相关公众的切身利益和实际影响，公众对于工程不仅要有某种精神上的理解，更主要的是应有某种程度的认知，即"公众的工程认知"，它直接影响着公众对工程的参与程度。"公众理解科学"可以通过科普知识的传播来进行，旨在培养公众追求真理的科学精神，提高公众的科学文化素质。"公众的工程认知"② 则需要在对工程有所认知的基础上，才能形成正确的理解，不仅仅是旁观式的理解，更重要的是通过认知工程而参与工程。那么，公众如何认知工程？由于工程是涉及众多专业知识的复杂综合集成，公众显然不可能从专业的深度去认知工程。如何主动地、积极地形成公众可以理解的普及性的工程知识，吸引公众参与工程决策、参与工程设计、参与工程评价等，都是工程知识论研究的重要内容。

---

　　①　李伯聪，等. 工程社会学导论：工程共同体研究 ［M］. 杭州：浙江大学出版社，2010：307.

　　②　"公众理解工程"这一概念是由美国国家工程院在 1998 年的"公众理解科学计划"中提出的，其要旨包括：（1）提高公众对工程的认识（public awareness of engineering, PAE）；（2）提高公众的工程技术素养（technological literacy, TL）。为了与"公众理解科学"更明显地区分开来，本书以"公众的工程认知"取代"公众理解工程"，强调公众对工程活动的实际参与。

第二章

论工程知识的形态与转化

第一节　工程知识的形态

在现代社会生活中，工程无处不在。人们就生活在工程世界（人工世界）之中，每项工程都需要一定的知识，因而工程知识无处不在。从本质上说，工程知识是伴随着工程实践而产生并发挥作用的独立知识形式，既不同于科学知识，也不同于技术知识，具有鲜明的情境性，是一种系统集成性、建构性知识，在工程造物实践中发挥着独特的不可替代的重要作用。

1　工程知识是关于实践方式的知识

从辩证唯物主义认识论的视角来看，认识（知识）是对客观现实的反映。工程活动是有目的、有计划地构建人工实在、人工系统的具体历史实践过程。作为这一历史实践过程及其结果的工程知识必然是实践性知识。

工程活动不同于科学活动。工程活动是价值定向的造物活动，科学活动是真理定向的探索活动。工程知识不同于科学知识。对于科学活动来说，扩展知识疆域、获取真理本身就是目的，所以科学知识是呈现为真理特征的知识，表现为概念、原理、学说等理论体系，用于描述世界、解释世界，说明世界是什么、为什么的问题。对于工程活动来说，最终目的是造物。获取工程知识不是工程活动所要达到的目的，而是实现工程目的的手段和方式，它要服务于造物目的，它的创造由目的决定，是阐述做什么、怎么做的实践性知识。工程知识是指向"工程产品"和"工程目的"的知识，是实践性知识。工程知识和一般的技术知识，组成了一种不同于科学知识普遍性的离散的知识形式，是工程师在解决问题过程中形成的特殊类别的知识。工程知识是价值定向的用以解决工程问题的行动性知识，用于解答干什么、怎么办的问题，表现为规则、程序、经验等。

如果说科学知识是关于世界是什么、为什么的描述性和解释性的理论性知识的话，那么，工程知识就是关于造什么物、如何造物（方式、方法、手段、途径等）的操作性知识，是指导人们干什么和怎么干的实践性知识。简言之，工程知识是关于改变世界的实践方式的知识。

工程知识是人类生存、社会发展需求引导的结果，是价值定向、改变世界的实践活动的观念反映，是满足生产力发展要求和解决生活世界现实性问题的实践性知识，是创造并实现人类价值的知识。因而，工程知识是价值导向性、任务实现性、问题解决性知识，是具有选择、集成、整合、建构、运行等思维特点的实践知识。

工程知识是聚焦特定人工物构建，旨在将工程理念、设计方案、理想愿景转化为预期的人工系统的关于怎么办的知识，是一种理想蓝图向工程实体的转化性知识。

工程知识必然是涉及造物实践全过程的操作性知识，包括规划、决策、设计、建构、制造、运行、维护、管理、服务等工程活动过程所包含的可操作、可调控、可物化的知识。

总之，工程知识具有鲜明的"实践性""集成性""转化性"等现实性特征。工程知识不是人类天生就有的本能知识，而是人类在后天环境中，特别是在劳动实践中，也就是在人类生存、繁衍、发展过程中探索和积累并创造出的实践性知识。

 工程知识是工程实体建造的前提

从程序、过程和关系上看，科学知识与其对象的关系是原型与模型的关系。"天然自然界"是"既成的""在先的"对象，科学是"在后"的认识过程，科学知识是关于科学对象认识过程的"结果"或"终点"。而对于人工物的创造过程来说，是先有工程知识——工程规划、设计、施工、管理等知识，即工程知识在先，它居于工程活动的起点，而后才有工程活动，人工物则是工程活动的终点。也就是说，工程知识是人工物存在的前提，工程蓝图、工程模型先于工程实体。工程的本质是造物（构造人工物），是一种"从无到有"的创造性活动。在现代社会中，知识是创新创造的基础。工程活动的结果是构建出某种合目的的工程实体。工程实体建造的过程就是主体运用工程知识并创造新知识的过程以及物化知识的现实过程。从工程活动的全视野来看，整个工程实体建造的过程，就是工程主体将工程知识与特定场域、情景条件、环境条件相结合并转化为物质实在的过程。所以，工程造物就必然以工程知识为基础，在一定的工程知识的指导下实施。

从现代工程的特点看，工程是一种有目的、有意识、有理性的知识型实践活动。因而，工程实践与工程知识无法分离。工程活动不仅建造出新的工程实体（桥梁、公路、铁路、机场等物质设施），而且在工程造物中还会创造出新的知识，包括工程组织-协调-管理知识、工程文档和设计图纸、施工知识、运行维护知识、生产工艺、创新技能、技术创新成果、环境保护知识等有形或无形的知识。所以，对工程实体建造来说，工程知识至关重要。它构成了工程实体建造的前提和基础。没有一定的工程知识，就不能完成工程活动。例如，没有桥梁工程知识，断然无法完成桥梁工程。当然，这里所说的工程知识，是指与工程活动相关的所有知识，既包括工程技术知识，也包括组织管理知识、工程活动中有关的社会知识（协商、谈判知识等）和人文知识。如果一项工程，尤其是现代大型工程，缺乏所需要的工程技术知识、施工知识、组织管理知识、社会知识，就可能导致工程失败。同时，知识的生产与转化又始终伴随着工程活动的运行。随着工程活动的实施展开又会生成新的知识，并将所有工程知识最终转化为具象化的对象物（物质实在）。可见，工程知识是工程实体建造的前提，工程活动又是促进工程知识的增长源。

工程实体中渗透着工程知识。工程建构的结果是创造出特定的工程实体。任何作为工程实体的人工物都内在渗透着知识，首先是造物的知识，其次还有组织管理与运营维护的知识等。如果没有相应的知识"在先"，"渗透其中"并进行"物化"，就不可能有人工物的存在。由此，我们可将人工物称作"有知识渗透内蕴的物质存在"。工程知识是关于"虚实在"及其"现实化"的知识，因为在工程完成之前，诸如工程规划、设计、施工、运行等知识只存在于工程主体的头脑中，尚未变为现实实在。所以，工程知识本质上是设计出目前世界上尚不存在的虚实在并使其通过工程活动最终转化为现实实在的知识。由于人工物世界本身是"有知识内蕴其中"和"依赖于人类认识而存在"的物质世界，因而，工程必然要依赖于工程知识而存在。

③ 工程知识的类型划分

在人类的知识体系中，工程知识是数量最为庞大、内容最为丰富、功能最为现实的知识系统。从科学－技术－工程三元论的视角看，工程知识是一种不同于科学知识、技术知识的独立知识形态，有着极其复杂的构成成分和表现形式。

如果把工程知识理解为与工程活动有关的全部知识的话，不难发现，具体的工程知识多种多样，纷繁复杂。为了对工程知识体系进行系统、全面、深入的认识，我们必须依照一定的标准对它进行分类。

从工程主体的角度来看，工程知识可分为个体性知识和群体性知识（企业知识、组织知识）。知识的产生来自于人的认识，知识是由个人产生的，离开了个人及其活动，组织无法产生知识。但在经济活动中，尤其是在工程实践这种自觉的大规模协作的经济活动中，群体、组织也具有自己的知识，通常表现为企业（组织）所掌握的技术、专利、生产、施工、运行和管理规程，有的已嵌入产品与服务之中。群体性知识是将个人生产的知识扩大并结晶于组织的知识网络中形成的。工程知识既有工人、工程师、设计师等个人所表现出来的具有独特个人色彩的个体性知识，也有工程企业等群体所表现出来的规则、程序、标准、指南等群体性知识。

从部分与整体的角度来看，工程知识可分为模块化知识（单元性知识）和集成性知识。所谓模块化知识，是指注重解决某一方面具体工程技术问题的知识，如设计模块知识、施工模块知识、运营模块知识等。所谓集成性知识，是指工程主体将各类知识、各个模块知识融会贯通，选择、集成、建构成知识系统而形成的知识，如桥梁工程知识等。从知识的视角看，现代工程活动是由一种或几种核心专业技术与相关专业技术及其他相关的非技术性知识相结合而构成的集成性知识体系。工程建构活动不仅是知识应用的过程，也是知识创新和知识集成优化的过程。所以，在工程实践中，大量存在且更加有用的往往是集成性知识。从"集成性"的角度看，工程知识往往是不同种类、多个维度知识的系统集成，不仅集成了多种自然科学知识、技术知识、工程知识，还集成了经济学、管理学、社会学、哲学、历史学、人类学、伦理学、文化学、美学、民俗学等多种人文社会科学知识。

从显性与隐性的角度来看，工程知识可分为显性知识与隐性知识。英国物理化学家、哲学家波兰尼认为，人类的知识包括显性知识和隐性知识两种。显性知识通常也称明言性知识，是指可以用语言、文字、数字、符号、图像等来表示、传递和共享，能够依靠逻辑推理过程得出的知识。隐性知识也叫意会性知识，或称情境性知识、实践性知识，通常是指依靠个人体验、领悟而获得的无法用语言表述的知识，其获知方式主要通过默会过程，故又称为默会知识。所谓默会知识，就是带有"默"与"会"双重特点的知识。默是沉默，难以用语言概念表达，但实际存在、可以被理解，故曰"隐"；"会"有"领会""会做"的双重含义。所以默会知识也就是难以明言、只能意会的知识。工程活动中，既存在着大量固定形式的显性知识，如工程规程、标准、设计资料、图纸、专利等，又存在着大量难以言传和编码的隐性知识，它们存在于工程师、决策者、规划师、工程家的个人头脑中，是在某种特定环境下产生的、难以正规化且难以用语言沟通的知识。这些工程知识具有与工程个体难以分离的典型特征。

从工程全生命周期的角度来看，工程知识可分为工程规划与决策知识、工程设计知识、工程施工（建造）知识、工程运行知识、工程维护知识、工程评估知识、工程管理知识、工程退役知识等。

从知识性质（属性）的角度来看，工程知识可分为工程技术知识、工程经济知识、工程文化知识、工程社会知识、工程政治知识、工程伦理知识等。工程技术知识是工程与技术相互交叉的一类知识，它是与工程活动相关度较高并服务于工程活动目的（造物）的技术知识。工程经济知识是工程与经济相互交叉的一类知识，它是关于如何解决工程的经济问题（筹措资金并合理有效利用资金等）的一类知识。工程文化知识，是工程与特定文化精神相互作用，体现在工程项目、工程活动过程中，凝结在工程实体中的文化因素的总和。工程社会知识，是关于工程与社会的关系、工程对社会的影响等方面的知识。工程政治知识，是有关工程与政治的关系、工程的公正性及其工程对政治的影响方面的知识。工程伦理知识，是工程所涉及的伦理关系的相关知识，如伦理规范、伦理准则、伦理意识等的知识。

从行业的角度来看，工程知识可分为冶金工程知识、化学工程知识、矿业工程知识、水利工程知识、农业工程知识、桥梁工程知识、航天工程知识等，它们是具有某一行业性质和特点的工程知识类型。

从硬件、软件与斡件的角度来看，工程知识可分为：① 工程硬件知识，表现为工具、设备、器物形态的知识，如挖掘机、测量仪等；② 工程软件知识，指关于工程机器的操作方法、程序、工艺规则等的知识，如工程规则、方法、标准、指南等；③ 工程斡件知识，指关于工程组织管理方法和工程组织制度方面的知识，如工程组织章程、组织机构的程序、过程、实践与惯例等的知识。

从结构的角度来看，工程知识可分为结构性知识与非结构性知识。结构性知识通常是指规范的，拥有内在逻辑的、系统的、多种情境中抽象出的基本概念和原理。非结构性知识通常是指在具体情境中所形成的，与具体情境直接关联的不规范的、非正式的知识和经验。现代工程活动需要在一定的社会规划范围内和准则约束下开展，即不仅要严格按照专业领域的技术标准进行工程设计与建造，还要遵守相关行业的政策与法规，任何一个行业的工程都必须遵守国家环境保护的政策、标准与法规。所以，这些标准、政策与法规就形成了工程的结构性知识。在工程知识中，还存在着非结构性知识。例如，在高原高寒地区的铁路工程（如青藏铁路工程）中，就存在着妥善处理高原高寒地区冻土问题而形成的情境性非结构化知识。

从事实与价值的角度来看，工程知识可分为事实性知识与价值性知识。事实性知识就是对客观事实客观反映的知识，如工程科学知识、工程技术知识、工程生态知识等。价值性知识是指包含着人们价值追求与理想的知识，即内蕴着"应该""应当"的知识，如工程规划知识、设计知识、评估知识、管理知识等。

以上所述有关工程知识的分类如图 1-2-1 所示。

图 1-2-1   工程知识分类

4 工程知识的基本形态

什么是工程知识的基本形态？所谓形态，是指事物或对象内在特定性质的形式状态，是类型和性质的统一体。工程知识的形态就是按一定性质和特点把工程知识的类型进行分类的产物。从认识的高低层次角度来看，工程知识的基本形态有理性形态（理论形态）工程知识与感性形态（经验形态）工程知识。理性形态工程知识指以工程制度、规范、规格、标准形态存在的工程知识。感性形态工程知识指以技能、直觉、操作、诀窍、体验等感性经验形态存在的工程知识。

从静态和动态角度来看，工程知识的基本形态有静态知识与动态知识。静态知识指相对固定的知识，如工程规划知识、工程设计知识、工程安全知识、工程管理知识等。动态知识指在工程活动中，为满足工程造物的目标，由工程知识的集成所形成的动态知识流。也就是说，在工程目标的引导下，在工程环境与情境的约束下，通过设计、实施对工程知识进行选择、组合、协同，整体生成符合工程任务要求的知识流，以实现工程实体建构目的。工程中的大多数知识是流动的、动态演变的，通过知识的流动与变迁以促进工程的创新。

从工程过程的关涉问题角度看，工程知识的基本形态有制造性或建构性知识和协调性知识。工程的建构过程不仅是按照规划方案、设计图纸、操作流程、实施造物的过程，需要一些制造性知识，而且工程的实施、操作、建构与运行过程还是一个充满协调性、冲突性、竞争性、妥协性的社会互动过程，需要大量的修辞、商谈、沟通、交往和斡旋的协调性知识。

从工程知识自身存在形式角度看，工程知识可以分为独立的知识形态与物化的知识形态（非独立的知识形态）。独立的知识形态表现为工程规范、标准、工程设计图纸、工程流程、操作手册等。物化的知识形态表现为数控机床、高速列车、计算机、智能手机等"物化""凝聚"和"内蕴"了许多有关工程知识的设备。在此意义上，可以说，任何工程设备都凝结着人类的有关知识，它们都是物化的工程知识，是有关工程知识物化的结果。

从工程活动与科学活动相比较的角度看，工程知识基本形态是工程模式，科学知识的基本形态是规律（科学定理、科学学说等）。工程规则，不但存在于工程组织群体的文件或档案中，还存在于工程组织机构的程序、标准、工艺、流程、指南、过程与惯例之中。规律是客观的，先在于人，人们不能创造规律，也不能改变规律，只能认识（发现）、反映并遵守规律，按照规律办事。规则是人为的，由人制定的，依赖于人。规则作为工程知识的基本形态和主要内容，集中体现了工程知识的主客观统一性。工程规则是在工程活动中由人（工程主体）制定和使用的，体现人的意志，满足人的工程构建愿望。但规则的产生又要遵循客观规律并按规律办事，实现人的意志（合目的性）与客观规律（合规律性）的辩证统一。

第二节　工程知识与工程实体的相互转化

工程知识是工程实体得以建造的前提条件，工程实体是工程知识的最终落脚点和检验依据，又反过来推动工程知识的创新和发展。两者之间的相互转化关系恰如认识与实践的相互转化关系一样，推动着人类文明的进步和实践水平的提升。

工程知识向工程实体的转化是工程实践的核心

建造工程实体是工程知识研究的最终目的。工程实践的目的是在人的本质力量对象化的过程中实现对客观世界的改造。在改革自然界、利用自然界的过程中，使之打上人类实践活动的烙印并推动人类社会的进步。工程实体是自然事物向社会事物转化的重要标志物，体现了人类转化能力的水平高低与范围大小。在工程实体的构建中，工程知识发挥着指导性作用。在工程知识所揭示的工程规律的指导下，工程实体的构建从想象转变为可能、从设想转变为现实。进而，工程实体作为自然界中原本并不存在之物，既逐步成为人类社会与自然界的区隔标志，又成为自然界与人类社会的整合标志，为人类的进一步实践活动提供了物质基础与实践基础。

工程知识不是工程实践的终结，更不是工程实践的最终目的；从工程知识到工程实体的转化才是工程活动的核心环节。

工程实体是工程知识最为有效的物质表达形式。与文本形态、图纸形态、软件形态不同，工程实体对工程知识的表现更为直观、具体、全面、系统，更加能够体现出工程知识的集成性与实践性特征。只有达致工程实体形态，工程知识才能得到更为有效的呈现，使知识话语所指称的对象转变为具体可感的客观对象，主体的把握可以凭借感官与思维逻辑达致更为全面而生动的层次。以实体为对象的工程知识的探究与演进可以更为深入，更具实践色彩。

工程实体是工程知识最为有效的检验方式。只有应用工程知识建为工程实体，工程知识才能得到最全面的检验。工程知识与其他知识不同，更加适合在复杂环境、多元因素和具体运行条件下检验。所以，工程知识的检验难以采用一般知识的检验方式。科学知识可以通过极限条件的实验证明原理的真实性，而工程知识的检验要依靠工程知识集成转化成工程实体的效果来检验。

总之，工程知识到工程实体的转化是工程实践系统中至为重要的一步。只有这一环节实现了突破，工程实践的闭环结构才能完整，从知识到实践再到知识再到实践的循环才能顺畅开展。人的本质力量对象化及向着自由全面的发展才获得了基本保障。

集成各方面知识是完成转化的基本思维方式

工程实践是集成性活动，是将工程实践中所涉及的各方面因素及各种不同规律乃至价值选择、目标取舍的综合性辩证统一。在工程实践中，只有坚持并突出综合集成的思维方式才能维护和确保工程实践走向成功。由此形成的知识形式归属清晰、类别明确，彼此之间的领域界限分明。工程实践是基于人类所掌握的相应知识由简到繁、自理念到方案到框架再细化补充终成实体的转变过程，在这个过程中，分属不同领域的知识以及不同层次的因素等被综合集成在一起，在明确且统一的目标统摄下进行组合与配置任何一个工程都可以被概括一个工程理念，而理念又是对概念的综合集成。没有以概念为基础的集成，理念无法形成。

由于工程活动是技术因素、经济因素、管理因素、社会因素、审美因素和伦理因素等多种要素的集成，这就决定了工程思维也必然是以集成性为根本特点的思维方式。这种集成特点要求各方面的知识转化情况必须要以整体系统功能最佳化为目标，以实现最终工程方案为标准。因此，这就意味着各方面知识的发挥过程不能脱离系统内其他方面的知识，不能仅限于满足在最简模型或抽象理念层面的单一维度要求。

具体来说，各方面的工程知识要在工程实践目标的总指引与统摄下与更多、更具体、更复杂的实践要求相结合。各知识之间要有因相互配合、相互促进、相互激发而形成的配合意识，相互抑制、相互影响、相互抵消而形成的规避意识，以及由此而形成的整体的、系统的协调意识。只有坚持以一个目标为指引集成多方面知识才能让工程实践顺利开展。离开不同方面知识所构成的"君臣佐使"的体系格局，工程实践就无法开展。在实践中，相当一部分工程活动失败的根本原因就是片面地采用某一方面的知识，或者忽视了知识之间的矛盾关系，将工程实践中的知识集成简单地理解为知识的累加。

在人类工程发展史上，集成知识的意识自觉性呈逐步提升的发展走向，在当下达到了自觉且高度自觉的程度。在人类工程实践的早期阶段，工程知识的有限制约了工程蓝图的规模大小和复杂程度，所要建造的工程实体只需要少量工程知识就足以实现。所以，这一阶段的知识集成意识也主要表现为偶发的或经验的。随着工程知识的演进，综合集成性越来越得到凸显，也越来越成为工程知识有别于其他知识的重要特征。人们在工程实践中的综合集成意识也从自发走向自为，具体表现在工程蓝图的设计、工程施工的方案、工程资本的管控、工程评估的指标等多个领域。工程管理学科的出现更是当代工程实践中知识集成意识高度自觉的集中体现。

3 工程知识分类与工程知识体制的合作是实现转化的必要条件

工程知识分类是按照一定的标准和范式对工程知识进行类别划分的结果。工程知识体制就是工程知识的产生、保存、运用、交流等活动所对应的规则制度。

工程知识的分类与工程知识体制的合作是工程实践中知识集成的外部社会形态。以此为条件，工程知识的转化才能实现。工程知识的分类有助于各领域知识向纵深领域迈进，为知识集成提供更为逼近客观世界本质的规律性认识；知识体制的合作是不同方面知识所对应社会群体组织之间的交流沟通、分工协作，是知识集成得以实现的现实机制保障。这两者与知识集成是一体两面的关系。知识集成是工程知识转化的重要思维方式，工程知识分类与知识体制的合作就是这一思维方式得以顺利开展的基本组织形式与具体发生基础。

工程知识的分类有助于知识的进一步深化探究。虽然同属知识，但是不同方面及领域的知识存在研究领域、研究对象、研究范式等差别，难以按照统一的标准为规范。在不断深化和探究的过程中，各领域矛盾的特殊性势必逐渐暴露，从而呈现出百花齐放的景象。知识类别的差异在破除统一性所造成的束缚过程中，会按照本领域个性构建更具针对性和特殊性的范式。更具针对性与特殊性的范式可以更为高效地推进相关领域知识的探究，使之朝向更具体、更深入、更细致的领域发展，推动本领域知识的持续更新。工程知识同样不能例外，按照不同方面的界别对知识进行分类，并在适用于本方面的知识范式指导下推进知识的发展创新，是时效与实效的必然选择。各方面知识的范式差异，为知识的集成提供了参照依据。在差异化的整合过程中，不同方面的知识可以得到有机配置与应用。当然，这也说明，工程知识分类是在尊重统一性基础上对差异性的重视，而非忽视或抹煞各方面知识的共通性。如果没有了统一性的基础，各工程知识之间的集成也就失去了基本前提与可能性。

知识体制的合作确保了集成的操作性与现实性。理论上的可能性要转变为现实性，离不开现实实践的条件支持。知识体制之间的合作就是各方面知识集成的体制机制保障，是知识集成的物质基础与现实依据。可能性转化为现实性的基本要求就是条件。知识体制是知识集成得以进行的现实条件。知识体制在实践中表现为多层次、多维度的立体结构，所以合作形式也比较多样，既有按照单位归属形成的部门合作机制，也有按照学科门类或研究领域形成的学科合作机制，还有嵌套于我国现有体制内的政治、经济、社会、生态、文化等合作机制，以及国际交往中以国家为主体的国际合作机制。不同形式的机制各有特点，对于工程实践的推动效果与方式存在差异。任何一项工程实践活动，都要充分考虑这个问题，按照自身的要求提出或设置相应的合作体制。

工程知识与工程实体相互转化蕴含着知识创新

工程实体与其他的实践活动的显著差别，就是工程实体具有"当时当地性"。任何一项工程实践都是具体场景中工程知识的转化结果，在每一次转化过程中所凝结的工程知识都存在差别，不可能完全雷同。越是复杂而庞大的工程，涉及的因素越多、场景越复杂，越难采取"一招吃遍天下"的方式重复不断地套用现成模板。受这一特点的影响，工程知识向工程实体的转化在很大程度上依赖着工程知识自身的创新程度。几乎每一项工程实体建造背后的主因都是工程知识的创新。尤其是在工程实体日益规模化、复杂化的今天，每一项工程实体都是对现有工程知识提出的挑战，要求工程知识在转化为工程实体的过程中进行知识创新。在工程知识向工程实体转化的过程中，还伴随着体制机制创新、思维范式创新、基础学科创新等各方面的知识创新。离开了这些知识创新，工程知识向工程实体的转化过程就会遇到障碍，难以开展。

工程实体的建造过程推动新的工程知识的产生，就是工程实体向工程知识的转化。工程知识向工程实体的转化活动就是新的工程实践，因此，这种转化本身又促进新的工程知识的产生。实际上，任何工程活动都不能提前在规划阶段穷尽所有可能的因素与情况，势必面临着在工程推进过程中进一步细化和深化的问题。实践是认识的来源，工程推进过程中的细化和深化，甚至必要时的调整和优化，都蕴含着工程知识创新。通过科学总结与反复检验，最终都会上升为新的工程知识。只有工程创新才能消除工程知识向工程实体转化的困难和障碍，推动工程知识向工程实体转化的进度，同时也推动知识创新的进程。所以工程知识与工程实体的相互转化过程，也就是认识与实践的相互转化过程。这是认识与实践辩证关系在工程领域的客观表现。图1-2-2为工程知识转化与创新的结构关系。

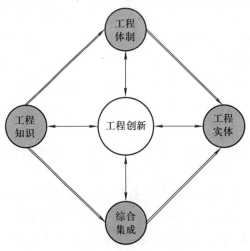

图1-2-2 工程知识转化与创新的结构关系

第三节 显性知识与隐性知识的相互转化

工程知识按照知识的符号化程度差异，可以区分为隐性工程知识与显性工程知识，二者在工程知识系统中可以进行相互转化，由于该转化并没有超越工程知识这一范畴，我们将其称为工程知识的内部转化（图1-2-3）。内部转化包含两个过程，一个是由显性知识向隐性知识转化的过程，另一个是由隐性知识向显性知识转化的过程。无论是显性知识还是隐性知识，都可以通过工程实践转化为工程实体。从工程知识到工程实体的转化为外部转化。内部转化与外部转化的逻辑关系是显而易见的：内部转化过程具有良好效果时，就能有利于推动外部转化；同样，外部转化也会有利于推动内部转化。所以说，工程知识的内部转化和外部转化是相互促进的。

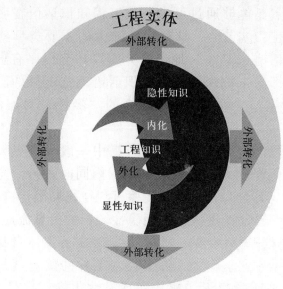

图 1-2-3　内部转化和外部转化

1　隐性知识向显性知识转化

自从隐性知识的存在被证明以来，研究学者们一刻都没有停止思考隐性知识向显性知识转化的过程。这个原因是多方面的，首先从隐性知识的作用来看，隐性知识对于工程实践具有重要意义。

例如从工程知识的角度出发，"经验"是工程实际中一个非常重要的概念，包括如结构设计中某些安全系数的计算、测量控制中阈值的界定和状态的判断，这些过程往往都凝结着工程师或研究工作者的"经验"。对于可以表达的、经过总结和升华的经验，我们将其归结为显性知识。而关于工程师某种经验的来源过程，尤其是无法向他人道明的一刹那的灵感闪现，就是我们所谓的隐性知识。

以符号化为标准，隐性知识可以进一步划分为"具有言述可能的"与"不具有言述可能的"。能够向显性知识转化的隐性知识，主要是指那些本身具备符号化转化可能且转化条件充分的隐性知识。这种知识虽然一般表现为非显性形态，在日常的传承与交流中，也并不常见于符号形式，但是就其实质而言，符号足以对其内容进行较为准确和全面的表达。这种具备转化可能与转化现实条件的隐性知识的表达特点是能够通过可理解的工程知识话语在明确的范围内充分表达。在工程实践中，这种隐性知识的主要类型就是工程实践中可以用日常话语"隐喻"地传达并辅以环节程序有限的动作示范类的知识——即尚未被现有工程知识话语范式统摄的隐性知识。其存在方式往往是工程师或实践操作者的"经验""习惯""窍门""秘诀"等。

就传媒手段而言，显性知识在传播中一般具有更大的优势和便利性，其可视化程度高，容易在大范围内同时进行。隐性知识的主要载体是个人，其自身特点导致传播过程往往局限于少数个体之间，传播方式单一，传播难度大，因而隐性知识的信息流通性较差。

阻碍隐性知识显性化的一个主要原因在于主体自身的符号掌握程度与逻辑归纳水平。例如，许多技术工种的诀窍就是典型的受操作主体认识水平所限而无法成功实现显性化的"隐性知识"。然而在工程师或学者的帮助下，这些方法完全可以被解释为一系列工序流程或不同工序的操作环境要求，以及一般注意事项等符号化内容。而基于非理性的感知，即从其认识论源头就与符号化要求相冲突的知识，则不具备这种可能性。部分隐性知识虽然事实上可以被符号化，即存在转化可能性，但是，如果这种可能性仅限于理论上、逻辑上，并不能实际地发生，因而同样也归为不可转化的隐性知识。

常言道，实践出真知，普通实践者对绝大多数工程问题的初期认识常常是以隐性知识的形式存在，需借助其他知识结构转化为显性知识。通过内部转化，经验、体会、直观感受等理性与感性混杂且更加偏向感性形态的知识可以得到清晰而系统的梳理和总结，内容更加明确、对象更加清晰、条理更加有序、逻辑更加严密。同时，传播性和普及性显著提升，个体知识可延伸至普适层面。事实上，只有确保传播的标准化与操作的可重复性，知识在工程实践中的作用才能切实得到发挥，为工程师所用，并进一步推广和深化。所以，促进现有隐性知识向显性知识的转化是当前推动工程创新、工程知识创新的重要着力点。

隐性知识与显性知识是相伴相随的。在某种意义上，人们掌握的显性知识越多，潜在的隐性知识也越多。在世界庞大的知识体系中，人类很难说自己已经掌握了大部分的内容，古希腊的埃利亚派哲学家芝诺曾提出"知识圆圈说"——人的知识就好比一个圆圈，圆圈里面是已知的，圆圈外面是未知的；你知道的越多，圆圈也就越大，你不知道的也就越多。即使目前我们拥有相当可观的知识体量，能够被编码为显性知识的部分还是少之又少。

隐性知识的上述特点，一方面表征了隐性知识传递的必要性和重要性，另一方面又说明了隐性知识传递的可行性。为了更好地传递工程知识，惠及后人的工程建设，隐性知识显性化是一个非常关键的工作。

工程知识中的隐性知识经过显性化处理，可以将个人智慧分享成为集体共同拥有的生产资料。更重要的是，显性化的过程可以使隐性知识跨越必须口传心授或亲身感受的传播障碍，被编码后搭载、互联网等多种传播路径以复制扩散。显性化后的隐性知识被获取的成本更低，但学习的效果却更强。并且由于受众的大量增加，不同个体知识的碰撞和融合会更加激烈、频繁，这个过程往往也是创造力最活跃的阶段，激发出更多的新知识。隐性知识显性化能够让知识的记录和保存更加独立，不再受隐性知识拥有者的客观条件限制。

2 显性知识向隐性知识转化

显性知识向隐性知识的转化是指将已有的可描述的技能等经过知识接受者的理解和消化，最终成为带有知识接收者个人特性的隐性知识。显性知识隐性化的过程被称为"内化"。内化往往需要在一个"场"中进行，这个"场"被定义为"练习场所"。知识接受者在"练习场所"内通过观察、模仿以及不断重复的演练或操作逐渐深化对显性知识的思考，并融入个体的行为习惯、做事风格和价值判断等主观意志及情感，最终成为寄寓在知识接受者大脑中的隐性知识。

显性知识在传播的过程中往往伴随着显性知识隐性化过程。首先，从显性知识具有的概括性和抽象性特点来看。这种特点难以表述和揭示知识载体的全部细节。人们学习的知识一般都是经过对数据和信息进行归纳、整合、提炼、升华等一系列操作后所形成的具有一般性特点的成果。在处理的过程中为了更好地发现知识或理论的本质，知识的创造者和研究人员常常会对知识的来源——问题进行简化。这一简化是应对问题的复杂结构的合乎实际的处理能力，特别是对于显性知识的形成而言，为了能更加方便地进行编码和传播，问题在演化过程中会逐渐忽略特殊性的成分。所以，形成显性知识的过程一定是经过了抽象概括和简化的，关注的重点应该是可描述的要点或实质。因而可以说，显性知识是共性内容的提炼，具有高屋建瓴的作用和意义。正因如此，面对自然界和人类社会中多种多样、复杂多变的因素，人们可以用有限的知识快速地认知和分析其中关键点，并较为准确地运用知识解决问题，这也是知识存在的作用和意义。

但是，需要说明的是，就显性知识本身而言，其并不具有普遍应对任何细节问题的能力，因为显性知识在产生的过程中没有完整地考虑实际问题的特殊性所在。打一个比方来说明显性知识的共性和特殊性问题，显性知识就好比导弹的战斗部，任何问题的精确打击都离不开导弹战斗部的贡献。但是针对不同的攻击目标，不同型号的导弹战斗部在结构上其实存在明显的差异，这方面的差异是导弹设计者根据导弹的实际意图对导弹战斗部进行合理改造。当然，万变不离其宗，作为具有确定功能的导弹组件，任何改造就是在其原本的基础上进行的，这就体现了不同型号导弹的战斗部之间共性和特殊性的差异。显性知识缺乏的特殊性，其具体表现主要是没有考虑可能面临的问题实际，以及问题所在环境的复杂性和独特性。因此，显性知识在解决问题的时候并不能直接生搬硬套，否则可能达不到预期效果。

从知识接受者来看，个体本身在面临问题、理解问题和运用知识解决问题时有自己的特质，包括能力、习惯、思想和情绪等。正如"一千个读者就有一千个哈姆雷特"，工程实践也是如此，任何显性化的工程知识都具有不同层次的一般性，但它的应用场合是千变万化的，且不同工程师的理解和把握方式也因知识水平和场域情景不同而有差异。加之并非所有条件都能完全满足某一确定知识的前提或假定，因而个体需要对知识融会贯通，这是知识接受者需要进行知识内化的另一个原因。

古人云"授人以鱼不如授人以渔"。从知识传播的过程来看，"鱼"就好比是价值明确的显性知识，只有当传授者将显性知识的"渔"之道传授给知识接受者，知识接受者才能保证永久受益。"鱼"可以类比为显性知识，"渔"可以类比为应用显性知识的方法和技巧以及独特的感悟。从"鱼"到"渔"，其实也是显性知识隐性化的一种表现，因为人们在将知识转化为技能的过程中需要对知识进行不断的练习和调整。由此可见，显性知识向隐性知识的转化在知识的传播和学习中具有非常重要的作用。

其实，显性知识向隐性知识转化的过程也是"再创造"的过程。世界上没有两片相同的树叶，每个知识接受者在进行知识学习前所具备的基础都是存在差异的。这一事实促使个体在进行显性知识隐性化的过程中会参考自身以往的经验和教训，在不违背大的目标和方向的前提下，可以在一定的发挥空间内进行知识的延展和合理的再创造。因而可以说，显性知识向隐性知识转化的过程其实也是一种知识创新的过程。

 双向转化的方法论特点

显性知识与隐性知识的相互转化存在多种途径和方法。这些方法形式多样，结果却异曲同工。由于它们都遵从了一定的规则和理论，因而显性知识、隐性知识的双向转化可以形成方法论。图1-2-4

图1-2-4　显性知识与隐性知识的相互转化

展示了日本知识管理专家野中郁次郎和竹内弘高曾提出的知识转换的四种模式。他们指出，知识创造是一个隐性知识与显性知识持续相互作用的动态过程，这种相互作用由知识转换的不同模式之间的转变所塑造。

显性知识可以通过观察、感悟、学习、练习、思考、应用、比拟等方法转化成为隐性知识。具体来说，像俚语中的"practice makes perfect"（"熟能生巧"）以及中国古代"庖丁解牛""百步穿杨"的成语故事都是显性知识隐性化的途径和典型范例。

隐性知识可以通过观察、推理、理解、模拟等方法转化为容易编码与表述的显性知识。尤其是在现代社会，通过利用计算机信息技术和互联网技术等先进的手段，以及数据分析、数据挖掘等一系列大数据分析的工具和方法，知识创造者可以量化隐性知识中能够观察却难以解释和表达的关系。而知识管理者通过建立知识管理系统和知识交流平台，能够进一步促进显性化后的知识交流。

显性知识向隐性知识转化具有强烈的个性化特点，要结合个人实际，包括个体内部情况和外部环境把一般知识操作化并进一步把操作过程技巧化。由于转化的结果——隐性知识只能依附于某一确定的个体，且隐性化过程发生的"场"不可复制，因而无论是采用何种显性知识隐性化的方法，在转化的过程当中，显性知识都受该个体自身特性和练习、应用的场景影响。

显性知识向隐性知识转化的方法论特点，主要是非逻辑性。个体在练习和思考的过程中，由于受到不同的客观环境影响，导致主观感受存在差异，因而形成的隐性知识趋向多样化，并非逻辑所能解释。试想，如果某一确定的显性知识其隐性化的方法具有相对固定的逻辑，即不同的知识接受者都采用同样的逻辑方法进行知识转化，那么输入相同的显性知识，不同个体必然会得到相同的隐性知识，内化的过程也就丧失了创造性的功能，既失去了个性特点，超出了隐性知识的范畴。

隐性知识向显性知识转化的过程，是基于共享的理念要求实现概念化，利于表达、交流和传播。因此，无论是采用何种显性化的方法，在转化的过程中，隐性知识需要被剥离不可共享的方面，比如个体在形成隐性知识时所受环境的影响或个体自身的特质。

隐性知识向显性知识转化的方法论特点，与显性知识隐性化的方法论特点相似，主要体现在逻辑性上。因为隐性知识显性化的实质就是表达。表达作为一种带有目的性的行为，其本身可以没有逻辑，这往往取决于表达的能力。但是，无论是有逻辑的表达，还是无逻辑的表达，其内容必然包含物、事、情、理的一种或者多种情况。但对于接受者而言，有价值和意义的信息表达一定是有清晰逻辑的。从隐性知识向显性知识的转化是一种不改变知识属性的过程，该过程所涉及的表达就必然是有逻辑的。而为了形成有逻辑的表达内容，隐性知识在概括、抽象和概念化、命题化等显性化操作中，必然会有逻辑地提取物、事、情、理等内容并依照逻辑关系进行安排，进而形成可编码的显性知识。

另外，还有显性知识之间的转化问题和隐性知识之间的转化问题。显性知识之间的转化主要表现为组合的过程，也就是综合集成、相互推进的过程；隐性知识之间的转化主要表现在由浅到深的推进。

 ## 4　内部转化是工程知识进步的形式

知识的发展如同自然界或人类社会的形态，通常也是在新旧更替中不断地向前推进。工程知识的进步主要表现为对工程规律的认识深化扩大以及自觉性的提高。

工程知识的进步首先一定要伴随着知识真实性或准确性的提高。对于工程知识来说，现存的多数理论大都是在一定的假设条件下成立，工程中一个非常重要的观点就是接受"近似"。研究人员之所以采用假设，是因为人们在有限的技术条件下，难以对复杂的现实问题进行完美的探索研究，而工程项目的建设乃至整个社会文明的进步却不能因为知识理论的缺失或研究工作的中断而停止。因此，在假设条件下采用"近似求解"常常是工程实践中一种十分合理的方法及手段，也是目前大部分工程知识的研究来源。

在这里，我们没有用"正确性"加以描述，因为实际工程中很多理论无法用非黑即白的绝对性观念进行判断。一般认为，恰当的能够满足工程需求指标的知识往往就是合理的。当然，随着科学技术的快速发展，假设的约束可以逐渐被放松，解决问题的方法或技术甚至可以完全被推翻，因而人们对于同一理论的态度会转变，以往的知识会被逐渐代替。然而这些都不能说明我们否定了以往知识的合理性。事实上，正是因为有了前人的研究结论作为基础，新的研究才能更接近问题的本质，新的知识才可以使研究结果更加真实或研究方法更加准确，工程知识才得以实现进步。而这种可以一步步提升的空间或者说是工程知识的余量，也成为激励研究人员们努力奋斗的动力，推动着工程知识逐渐趋于更加合理和完善的地步。

其次，从工程知识的技术形态来看，工程知识的技术形态更新推动了时代的发展，这也是工程知识进步的一种表现。机械工程知识、自动化工程知识、信息化工程知识、智能化工程知识的演进就体现了工程知识的进步，也反映着人的发展与社会进步。

最后，从知识体量来看，工程知识的进步还应伴随数量的增多，这是一个显而易见的结论。无论是新理论还是新成果的诞生，"新"作为进步的一个最基本的标准，意味着以往从未出现。而知识自身的特性也表明，"旧"的内容并不会如氧化的苹果一样腐烂、变质，更不会随着时间消逝。因而一旦出现新的知识，必然会导致知识总量的增加。同时，正是由于新知识揭开了更多自然或人类社会的奥秘，解答了更多人类在生存发展中产生的疑惑，所以我们认为知识的增长是知识进步的一个非常直观的表现和特征，也激励着广泛的群体锲而不舍地进行知识探索。

如果上述关于工程知识进步的描述是值得肯定的，那如何实现工程知识的进步便有章可循。

首先依据对知识的真实性或准确性的要求，我们需要在实践中不断对知识进行修正，这是促进知识进步的一个基本手段。尤其是对于工程知识来说，由于其直接或间接地参与或指导工程建设中的实际操作，因而一种结论在成为工程知识前如果没有经过现实过程的验证，那么即使理论证明给予它足够高的认可，它对工程的实践人员没有说服力，也就难以称得上属于工程知识的范畴了。工程知识的价值在于解决现实问题、满足实践需要。所以，实践是检验真理的唯一标准，也是促进知识进步的基本途径。

依照知识进步的时代性要求，人们在创造或改进工程知识时应充分考虑当前的时代环境、科学技术等客观条件。依据"工程-技术-科学"三元论，科学是发展技术和建设工程的基础，技术是完成工程建设和拓展科学内容的手段，工程是科学研究的实现和技术方法的应用，三者相辅相成，互为一体。通过发现新时代出现的各类科学问题，结合当前人类社会的发展背景和自然环境，科学家们可以整理出融入时代元素的科学知识。而后，经过在实际工程中的合理运用，并采取先进的技术方法，工程师们便能总结出顺应时代发展方向的工程知识。

为了能够源源不断地对工程知识体量进行有效扩充，鼓励和培养具有探索精神的科学研究人员以及高素质工程师是推动工程知识进步的重大战略。人才是兴国之本、富民之基、发展之源。工程知识由人创造，又回馈于人。因此，人对于工程知识的发展起到至关重要的作用。为了培养更多人才，教育是根本大法。良好的教育体制能够激发更多人探索研究的兴趣和热情，训练出高效的思维方式，培养恪尽职守、以身作则的高尚品格。

其实，上述促进工程知识进步的措施在内部转化的过程中都可以实现，因而我们认为内部转化是实现工程知识进步的形式。

首先，内部转化的过程一定有人的参与，而依据前面的内容可知，人在工程知识进步中承担着举足轻重的作用。人既是工程知识的创造者，也是工程知识的践行者。在内部转化的过程中，人需要首先学习显性知识，这方面目前主要依靠系统的教育体系。其次，内部转化需要在"场"中练习，通过结合实际，知识接受者可以不断调整显性知识中落后于时代的内容，提高知识的准确性和真实性。最后，内部转化是知识创造的过程，创造能够增大工程知识的体量，是工程知识进步的标志。

 内部转化体现了工程智慧

智慧，通常是指某个人的思维具有领先的水平。对于工程智慧，其内容应包括工程建设中所运用的巧妙构思，以及所产生的不同凡响的工程结果。

李伯聪在《工程创新：突破壁垒和躲避陷阱》中认为工程智慧直接表现为造物的智慧，具有对于特定主体和当时当地的严格依赖性。在这里，人作为造物的主观能动体，通过发挥个体或集体的才智，有效地完成各项改造自然、惠及众生的工程，因而工程智慧其实质体现的是人的智慧。

内部转化体现了工程智慧，因为内部转化在工程建设中能够创造独一无二的美。工程建造者们在工程修建过程中，将普世的显性知识通过内部转化，结合天时地利，形成了独特的隐性知识，并通过含蓄的表达促进工程结果给人产生一种和谐的、神奇的感受，这就是工程智慧的美。都江堰的修建、万里长城的崛起等，这些伟大的工程无一不是给人以美的体验。美是一种独特的创造，对工程建设来说，它是一种境界，可以体现出工程结果的珍贵。能被无限复制的事物很难被称赞是美，可以假想如果世界上的水利工程都如同都江堰般绝妙，也许今天就不会有如此多的游客去欣赏它的美。

内部转化体现了工程智慧，因为内部转化是众人智慧的合理应用。工程智慧强调集体智慧，因为大部分的工程建设都有多人参与。即使在人类历史早期，一些小型的工程活动看似只由一人完成，但其背后往往还是有多人智慧的支撑，这就是由于知识的内部转化。工程实践者在学习知识阶段，通过教育的途径获取充足的显性知识。这些显性知识往往不止一条，是来自众多思想者的智慧。即使是某一条确定的显性知识，它的形成往往也是由多人参与研究和传承，因而知识本身就是集体智慧的凝结。但这里，我们也不能忽视个人智慧的作用，事实上，在一个集体当中，往往存在一个领袖式的人物对工程智慧的把握起主导型的作用。

同知识的创造相比，知识的改进不仅需要智慧，更需要勇气。内部转化一个很重要的问题，就是需要有质疑精神。智慧能让工程师们发现问题，但勇气才真正促使他们大刀阔斧地进行实践。为了更好地发挥工程智慧在工程建设的作用，工程建设者们在夯实工程知识的基础时，一定要善于思考，并勇敢地对显性知识进行环境适应性的调整。

第四节　工程知识创新与工程创新

工程知识创新和工程创新之间具有紧密的内在逻辑关系：工程创新是工程知识创新的源泉，而工程知识创新则是工程创新的结果之一。一般说来，在工程创新过程中，工程知识创新的最初表现形式可能是隐性知识创新，即存在于创新者头脑之中的一些模糊的想法、经验、感觉或判断等；随着工程创新的不断推进和逐步实现，这些新的知识逐渐可以系统地用语言和符号来表达，进而转化为可以存储、传播、学习的显性知识。在通过工程创新完成工程知识创新的过程中，工程目标创新是工程知识创新的根本方向，工程实践创新是工程知识创新的发生场域，多方共同参与创新是工程知识创新的社会条件，社会体制创新是工程知识创新的实现保障。工程知识创新与工程创新相关要素的关系如图1-2-5所示。

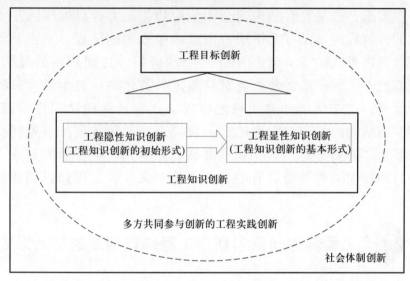

图1-2-5　工程知识创新与工程创新相关要素关系示意图

 工程目标创新是工程知识创新的根本方向

从哲学的视角看，工程是人类有目的、有计划地集成各种要素，创造性地构建人工实在的实践活动过程及其结果。工程的本质是集成和构建，集成和构建的过程及其结果共同组成具有结构、功能、效率、价值的动态有序系统，这一系统是他组织与自组织相结合的动态系统，目的是满足人类的生产、生活和其他方面的各种社会需要。工程知识创新具有合目的性，就人类的工程实践活动而言，工程作为一种对象而存在，其现实的基础是造物。换言之，工程作为人类与自然界发生关系、改善其生存环境的实践活动，是一种有目的的活动。工程知识创新的合目的性就包含着构建一个新的存在物的内在可能性依据，脱离了造物这一目的，工程知识创新就失去了它存在的意义。在工程知识创新中，把合目的性用来表示一切趋达工程目标的控制机制，通过专业性非常强的工程知识和其他技术手段，以及非技术手段对实施风险进行识别、规避和控制，排除技术故障和缺陷，通过控制使实践活动不断逼近目标，并最终趋达目标。

功用性是工程目标的特有性质，旨在符合知识的内在价值的目标要求，是工程存在的价值所在：一是有实用价值和满足工程内在及外在需求；二是具有结构安全和使用功能。工程目标应满足人类需求的价值取向，没有无使用价值或功能效用的工程。工程要讲求效率和经济性，追求一定约束条件下的极值，达到效用的最大化。非但如此，工程还蕴含着人类对自然世界的认知、对生活世界的理解及呈现，这一切都非常明确地体现了工程目标的功用性。因此，工程实践活动的目标是明确的，一般说来，工程实践在事先就有明确的要求，需要特定工程知识的集成，这有别于科学家的探索。工程的目的性使工程活动具有明显的价值意义，为工程知识创新指明了方向。

 ## 2　工程隐性知识创新是工程知识创新的初始形式

隐性知识产生于人类的社会及生产实践活动，是意识与实践相互作用的结果。隐性知识往往是人脑意识对实践活动的总结整理，在人脑中形成长期积累并进行加工和升华后，产生的尚无法明确表达的新知识。在工程实践中，隐性知识通常与团队或个人的技术特点、认知习惯及经验有关，是企业内部员工各方面积累的综合体现，与工程实施中各类人员在从事具体工作时的表达、处理、协调和总结等方面能力相联系，同时也与工程实施的环境和条件有一定的关联，必须经过长期的实践和积累才能获得，这是工程知识创新呈现的初始形式。

有两种隐性知识创新产生的途径。一是经验生成性隐性知识，即从实践到意识的过程。这类隐性知识本来没有，创新者通过自身实践活动，在头脑中形成新的灵感及经验，并与已有的知识结合创造出新的隐性知识。实践型隐性知识获得依赖于创新者对工作情景的感悟，具有高度的个人依附性，最为普遍的即为创新者所积累的经验，在工程师们看来，经验是一切实用性工程知识的来源，工程知识因此也带有经验属性。二是经验传授性隐性知识，即从意识到意识的过程中，通过他人的传授而获得的隐性知识。隐性知识的拥有者结合自身的体会与经验，将所掌握的隐性知识通过口述及亲身示范等方式传授给其他人，知识接受者通过学习再结合自身的知识背景将其转换成自己的隐性知识，最为普遍的是"师傅带徒弟"的传授形式。

根据组织中知识主体所处的层次来看，隐性知识创新又可划分为个体层次的隐性知识创新、团队层次的隐性知识创新和企业层次的隐性知识创新。个体层次的隐性知识创新是依附于个人的、具有高度个人化的知识创新，它是个人长期实践经验的积累和创造的结果；团队层次的隐性知识创新是团队中的个体由于所在环境和经历类似，加上彼此间的互动和沟通，通过模仿与练习、感悟和领会，逐渐形成了彼此能够意会却不可言传的隐性知识创新，这种隐性知识创新体现为团队成员基于长期合作所形成的默契和协作能力；企业层次的隐性知识创新，是在对个体和团队隐性知识创新有效融合的基础上形成的，它依附于一定组织，是某一组织区别于其他组织的人格化的特征。

隐性知识创新的产生需要经历内隐化—外部化—组合化—再内部化—进一步深化的过程，实现个人、团队和组织知识的传递，最终又创造出新的隐性知识。当个人的隐性知识创新完成了这样一轮传递后，知识创新的过程又会开始新一轮的循环。在这个知识创新的过程中，新的知识对原有的知识中合理的、积极的内容进行继承，对于阻碍发展的或不合理的部分进行否定，并创造出新的合理的知识成分，实现了知识的自我超越与创新。工程建设及运行过程涉及面大，每个环节都会生成大量的信息，工程企业的大量员工拥有不同的知识背景和工作经历，他们分布在组织的各个层级，在从事工程施工作业的过程中，积累了大量的工作经验，能够创造出大量的隐性知识，从而为工程的创新奠定了基础。

 ③　工程显性知识创新是工程创新的基本形式

显性知识是隐性知识的外在化表现，工程隐性知识的显性化主要是指在工程这一特殊情境下，实现知识从拥有者到接受者的传播，将大量有价值的工程知识进行扩散与共享，实现个人与组织的共同进步和发展。隐性知识向显性知识的转化是工程知识的产生过程，即工程创新过程中主体之间的知识流动过程，也是不断地使用原有知识产生新知识的过程。显性知识的产生，是以理论知识和实践经验为基础，在头脑中建构成模型，再将其具体化为方案。创新者在工程实践中将科学发现知识、技术发明知识等集成为工程知识汇入知识流，这是一个抽象的建构过程，最终显性知识可以通过书本、流程、表格等方式进行传递和保存。显性知识具有客观存在性、实践来源性、静态存在性和可共享性等特点，通过言传、身教或依附于某种介质上的编码等方式表现出来，它不依赖于个人而客观存在，不随时间或环境的变化而变化，一旦表达出来就不再变化，可以被传播并共享。

工程显性知识创新的产生途径包括连续式转移和近距离转移等方式。连续式转移方式适用于将一个特定的团队在某一个工程任务中获得的知识转移到同一个团队在下一个类似的任务或项目中。例如某个团队在完成一个项目之后，积累了一定的经验和资料，这些常规的知识就会在团队中分享并保存起来，再进行下一次使用或传递给新加入者，从而提高知识的重复利用率和团队的技术持续能力。近距离转移方式适用于将某一个团队或个人在长期从事某一项重复性的工作中获得的显性知识转移给从事相同或相似工作的团队或个人再次利用。例如同一项目部或不同项目部的财务人员、工程技术人员互相交流专业知识和经验，既可防止出现由于某个个人离开团队而导致知识流失，也可以让一个团队的知识转移到另一个团队。

显性知识转化的困难表现在技术层面和其他非技术层面。显性知识转化壁垒之一来自工程知识的选择，工程知识模块之间不协调，以及与其他要素的不协调，这种不协调表现为工程的设计方案实施受阻、领先或落后，不能与其他要素如管理、市场、环境等相匹配，进而导致显性知识转化失败。显性知识转化壁垒之二来自工程知识的集成，工程创新的多主体致使各参与企业知识整合与协调面临挑战，由于承担知识集成工作的组织来自不同领域，不同组织之间的协调和沟通难免较为复杂，而且知识本身的跨学科性也使知识集成变得困难，这也为显性知识的转化带来了阻碍。

因此，显性知识创新需要工程知识库的建立和知识信息管理系统的支持，这个系统一经形成就能稳定地发挥辅助工程知识转化的功能。工程的建设过程没有一个固定的、可遵循的模式，且风险性、复杂性及管理要求也因工程而异，面对不断变化的工程环境，已实施过的工程所累积的经验知识显得尤为重要，这些知识是解决新工程中新问题的重要借鉴资源，它们不仅可以降低新工程的风险性，还可以提高解决新工程问题的效率。知识信息管理系统作为知识转化的重要工具，其主要的作用在于辅助显性知识的集约、应用与交流，包括知识的存储与编码、表达与查询，形成一个系统的工程知识体系。借助于知识信息管理系统，工程人员既可以及时提取所需知识，满足个性化需求，也可以及时更新和共享知识，满足普遍化的需求，实现个人知识、组织知识、项目知识和外界环境变化信息四个方面的经验积累，使工程人员能很快地掌握项目涉及的各种信息和专业知识。同时，通过获得、创造、分享、整合、记录、存取、更新等过程，达到知识不断转化和传播的目的，并回馈到工程系统内，有效地促进工程知识创新。

 工程实践创新是工程知识创新的发生场域

　　实践是人类探索世界的社会活动，作为人的有意识、有目的、最活跃的活动，是一种探索性的、创造性的、认识的和组织的活动。工程实践创新中包含着包括理论探索活动在内的多种认知活动，这种立足于现实世界的工程实践创新，才是工程创新和工程知识产生的基础。从实践论与知识论的视角来看，工程创新活动的根本目的在于建造新的人工物，而不在于工程知识本身的生成，所产生的工程知识是以实践为目的的，是作为实现工程创新目的的手段而生成的。

　　知识的创造与传播情境称为场，知识的创造是主体与场之间相互作用的产物。工程实践创新具有场境性，处于特定的自然环境和社会环境中，包括特定的自然因素以及该地区的社会因素等，在这些特定场境下所产生的工程知识具有针对当时当地的具体场境性，需要结合具体的场境来实现。所以，在工程创新活动中，普遍的技术知识必须融入具体的工程场境中，并随着场境的变化做出相应的调整。因此，场境因素由工程创新活动的外部环境约束条件，转化成具体工程技术活动的内在要素，产生出有效的工程知识。

工程实践创新并不是直接在客观自在的自然物理世界和社会环境中发生的，除了境域化的场域外，还必须有情境为中介条件，才能与自然环境、社会环境发生相互作用，从而变革环境。因此，要想让工程实践创新在空间场域与时间情境中顺利展开，必须对工程发生的场域与情境条件以及自然环境与社会环境进行综合的、系统的评价，工程主体必须从自身的知觉和体验出发，对工程发生的场域与情境条件有所评判、有所把握，才能保证工程活动的有效开展。工程实践创新是人类为改善生存而主动选择的活动，因而它的好坏取决于人类的评判标准，即使是工程的某一同一特性，它的好坏也取决于不同的社会变量，工程实践创新不仅是应用知识的活动，还是创造知识的活动，所以，它是工程知识创新的发生场域。

 ## 共同参与创新是工程知识创新的社会条件

工程构建是一个需要从多水平、多层次、多含义上来研究的运作和过程，其目的是更好地建造出一个服务于社会物质生产与生活的、动态运行的有序人工系统。工程建构具有投资巨大、体量庞大、结构复杂、公共影响广泛、政府主导等显著特征，因此，工程创新通常具有多学科、跨领域、分散式分布等特征，所需要的要素错综复杂、多种多样，应该充分考虑各方面的工程知识、力量和资源，客观合理地进行选择，实现共同参与创新。

工程知识创新是在众多参与方的协同配合下实现的。事实上，基于工程知识创新的合作并不仅仅局限于工程本身，而应着眼于创新网络参与者的长期战略性合作。工程知识创新具有环境敏感性，因此，影响创新的因素随组织变化而变化，随产业环境变迁而改变，而共同参与合作被认为是工程知识创新的一个重要方面，企业及个人间紧密的耦合关系有利于工程知识创新的实现，良好的跨组织合作是提升工程知识创新的重要途径，集成与领导力是进行创新的两个重要推动力。

多方参及协同创新在工程知识创新中处于核心地位。首先，工程，尤其是重大建设工程涉及领域多、覆盖面广，所面临的环境如政治环境、自然环境、经济环境和人文环境等纷繁复杂，这就决定了其价值目标是多维度、全方面的，每项工程的成功实施均需解决一系列技术和管理难题，简单的技术创新、管理创新显然无法满足重大建设工程的需求，因此需要实现协同创新。其次，工程的"一次性"特点并不意味着工程参与者可以采取短期性、掠夺式的合作方式，相反，工程的参与各方必须实现紧密协同，才会有助于推动工程创性和整个行业的良性发展。最后，根据事物普遍联系的基本原理，解决工程中遇到的技术问题，离不开工程各参与方的精细管理、资源的合理调配等；而解决工程管理问题，离不开技术的革新与进步、组织的建设与变革等，只有管理和技术的协同配合，才能实现工程知识创新。

社会体制创新是工程知识创新的保障条件

工程知识创新是一个由多种知识、技术、资源相互配合的复杂的集成再生产过程，是各参与方体现社会责任的所在，因而需要完善的社会体制为工程知识创新提供坚实的保障，否则，很容易因为各方利益冲突而造成意外损失，甚至完全失败。社会体制是社会领域的组织体系及运作系统，是社会组织体系和系统各种运行机制的综合。社会体制既有内部关系也有外部关系，其内部关系是各种社会组织之间的关系，其外部关系是社会与政府和经济之间的关系。在工程知识创新过程中，对于社会体制创新作为工程知识创新保障条件的作用、意义和重要性，人们已经有了越来越深入的认识和体会。

第三章

论工程知识的系统集成

工程是人类运用各种知识和必要的相关资源、资金、劳动力、土地、市场等要素并将之有效地集成、综合、建构起来，形成一个人工物，以达到一定目的的、有组织的社会实践活动①。任何一个工程，都会涉及多要素、多类知识的配合、协同和集成，需要应用多项技术知识及管理知识，特别是在大型工程中，综合性技术群的应用和集成非常普遍，甚至在具体工程进行过程中，有时还会因工程的需要而催生出新的技术、新的方法、新的知识。在工程的全过程中，技术系统和技术方案要按照工程的整体目标和步骤对不同技术单元进行综合集成，使之有效地实现工程目标。通过系统集成的过程，形成一个新的、具有一定结构和功能的工程实体，实现工程的总体目标。工程活动的最主要成果是成功建构一个有序的、协调的结构，并实现所需功能运行的系统。工程成果从形态上表现为各类制造过程以及多种产品的集成，然而，每一种产品是知识的表达形式，是工程技术人员利用技术设计规范、生产工艺规范、验证实验验收规范、性能指标的公式表达、概念性的提炼等创造出的人工物，因而工程成果内在地是多种知识的集成。

系统性和集成性具有不可分割的内在联系。一方面，就任何系统都是不同要素的集成而言，系统性概念中必然内在地蕴含着集成性；另一方面，就要素的"集成"不能"杂乱无章"而必须以系统性为"目的"和"标准"而言，集成性概念也与系统性具有"本质一致性"和"内在统一性"。可是，在不同语境中，系统性与集成性也可能侧重于强调不完全相同的含义。例如，有时可以在使用系

① 殷瑞钰，李伯聪，汪应洛，等.工程方法论［M］.北京：高等教育出版社，2017：76.

统性这个术语时特别强调其"要素组成性"，在这种语境下，系统性和集成性的含义就又有了一定的差别。一般地说，在使用"系统集成"这个术语时，往往会更关注和强调其"系统整体性""关系性""集成过程性"等方面。

虽然人们广泛使用了"集成"这个术语，但从理论上对"集成"这个范畴进行具体、深入分析和阐述的理论论著并不多见。本书是一本研究"工程知识论"的专著，本章将围绕和聚焦于工程知识的"系统集成"进行研究和讨论。

第一节　工程知识的系统性、目的性和跨学科性

工程知识是人类知识中的一个基本类型，具有本体性地位，它来自工程活动并且服务于工程实践。这个认识论特征反映和决定了工程知识与工程实践的不可分割的密切联系和互动关系。这个特征不但决定了工程知识必然具有整体性、系统性和目的性，而且决定了工程知识必然具有跨学科属性。

1　工程知识的整体性、系统性和目的性

1.1　工程知识的整体性和系统性

工程活动和工程知识都具有整体性、系统性。如果工程活动在整体性、系统性意义和标准上有了欠缺，工程活动就要失败，于是，整体性和系统性也顺理成章地成为工程知识的内在本性。

随着人类社会的进步和科学、技术、工程的发展，工程活动和工程知识的系统性不但表现为"简单系统"，更表现为"大系统"和"超大系统"，出现了形形色色的其新性质不能由子系统解析而来的"涌现"（emergence）现象，这就使工程活动和工程知识的系统集成也变得更加重要、更加复杂、更加困难。

现在我们已经普遍接受系统论、整体论这样的理念，因为大量的现实都在说明，从整体的行为、整体存在的状态、整体演变的过程、整体遇到的矛盾和问题、整体带来的挑战和机遇都不同于单元

个体的情况。整体大于部分之和这个命题是普遍存在的。在研究工程知识时，我们也必须把工程知识的整体性和系统性当作一个头等重要的问题进行分析和研究。

根据系统科学理论，系统 S 是系统状态与相互之间关系的函数：$S = \langle A, R \rangle$。系统 S 是由元素集合 A 及关系集合 R 共同决定的，在 A、R 之间存在着诸多状态的随机性、表述的模糊性、信息的失稳、不可预测的混沌（chaos），以及分岔点上的突变（sudden change）。特别是在工程系统中，系统的突变往往是灾难性的，比如桥梁突然断裂、房屋突然坍塌、炉罐突然爆裂、飞机突然失速。

系统的宏观整体性和微观结构性是辩证的统一。《中庸》有一句名言："致广大而尽精微，极高明而道中庸"。如果将其应用在工程哲学和工程知识论中，可以将其解释为必须把以还原论方法尽其"精微"和以整体性、整体论研其"广大"有机结合起来。

工程活动和工程知识的整体性、系统性与工程知识的目的性是密切联系的。在一定意义上，甚至可以说，正是目的性成为工程活动和工程知识的整体性、系统性的灵魂。如果离开了或失去了目的性，相关的工程知识就会成为一盘散沙，其整体性和系统性往往就要分崩离析，逐渐瓦解。

1.2 工程知识的造物目的性

工程活动是有造物目的性的活动，工程知识也是有造物目的性的知识。我们可以从以下三个方面认识工程知识的目的性。

第一，从工程知识的来源和产生过程认识工程知识的造物目的性。

工程知识和科学知识都是人类思维活动的产物，但其来源和产生过程却颇有不同。科学知识的思想来源是人类的"好奇心"，其思想动力来自人类探索"自然奥妙"和"自然规律"的心理，而"自然奥妙本身"和"自然规律本身"并不与人类的实践目的有明确的联系。可是，工程知识——例如建筑知识、水坝工程知识、纺织知识等——却是由于要"解决人类的实践需要问题"而产生的造物知识，其在产生时都有明确的造物"目的指向"和"目的蕴含"。

第二，从工程知识的性质和功能中认识工程知识的目的性。

虽然科学知识和工程知识都很重要，但二者在自身特性和功能上又有很大区别。相形之下，科学知识是没有造物"直接目的性"的知识，而工程知识却是有造物目的性内蕴其中的知识。例如，我们不能说"万有引力定律""库仑定律"或"量子力学"中蕴含了什么目的性①；可是，在工程知识——例如"工程规范""工程标准"以及其他类型的工程知识——中却必定蕴含着一定的造物目的性，可以说，不可能存在"没有一定的造物目的性蕴含其中"的工程知识。

第三，需要从"工程知识的实际运用"中认识和把握工程知识的造物目的性。

在理解和把握工程知识的造物目的性时，最根本、最生动、最直接的方面是需要从"工程知识的实际运用"中认识和把握工程知识的造物目的性。如果说，在阐述以上两个要点或方面时往往需要对造物"目的性"这个概念做比较"广义"的解释，那么，在涉及"工程知识的实际运用"时，就需要从工程知识的"具体目的"——而不仅仅是"目的性"——来认识工程知识的性质和功能了。在这个从"广义的目的性"到"具体目的"的"词语变化"中，可以看出工程知识目的性的"最根本、最生动、最直接的表现场所"就是"工程知识的实际运用"——造物。

❷ 从工程能力分析看工程知识的跨学科属性

2.1　工程知识与工程能力

工程能力和工程知识是两个既有密切联系又有重要区别的概念。一方面，任何一种工程能力都离不开相应的工程知识，不存在不包含"相应工程知识"的工程能力，离开了相应的工程知识（包括"默会"形态的工程知识），也就不可能有相应的工程能力。另一方面，又需要承认，工程能力和工程知识并不是"完全相同"的概念。人们必须既承认二者之间存在着的密切联系，同时又重视二者之间存在的重要区别。

首先，工程知识是工程能力实现的基础，工程能力就是工程知

---

① 　这个分析中绝不否认科学知识"转化"为技术和工程知识后，可以有目的性。

识的体现。工程知识是人类在开展工程实践中所需的认知，也是在开展工程实践中产生的认识，所以需求是工程知识的发源处。人类需求中所表达出的各类目标，正是对某种或某些功能的描述，或者说目标的实现就是这些功能的实现。功能要基于"能力"而实现，包括"人"和"物"的能力，而能力的基础和支撑则是"知识"，是关于"人"和"物"的全面知识。工程知识是实现工程能力进而实现工程目标的基础。在这个逻辑关系链中，知识既是工程的基础又是工程的前提，在工程实现的过程中，没有知识就不能形成工程能力。但工程知识本身并不"直接等于"工程能力，工程知识需要经过"转化"变为工程能力。在工程活动中，工程知识通过与工程能力的有机结合就会成为"活知识""有生命力的知识"，工程知识就有了用武之地，工程知识又可以成为工程能力的体现，可以充分发挥其作用。反之，如果工程知识不能与工程能力有机结合在一起，那些不能与工程能力结合在一起的知识就会成为"死知识""无生命力的知识"。这种知识"丧失了知识发挥作用的目的和对象""丧失了知识发挥功能的场域和条件"，这种"不能与工程能力结合在一起"的"无生命力的知识"常常会对工程实践产生危害。

其次，工程系统的功能流程，也是知识能力的流程。结构是实现功能的基础。一切工程系统都是其组成部分的动态-有序组合。工程系统的各组成部分的动态-有序组合称为产品分解结构（product breakdown structure，PBS），而产品分解结构与相应的系统工程的工作结构称为工作分解结构（work breakdown structure，WBS）。[1] 工程系统的各组成部分都是为完成工程系统的功能而存在的，是为实现工程系统总目标而设计并建造出来的，所以，系统功能分析是为了保证总目标的完整实现而进行的。根据系统性能指标向下流动的要求，其功能有一个从上到下的流程，即功能流程。[2] 在这个意义上，无论是产品分解结构还是工作分解结构，都是由相应的功能流程组成。在功能流程中，一个系统要达到的总目标所应具有的所有操作就是工程能力，而工程能力的实现绝不是单一的、同质性的知识集合，而是多种相关、不同类型知识的有机地、系统地集成的结果，

---

[1]　栾恩杰.航天系统工程运行［M］.北京：中国宇航出版社，2010：246.

[2]　栾恩杰.航天系统工程运行［M］.北京：中国宇航出版社，2010：256.

因而一定是工程知识的集成实现。

　　再次，工程知识在工程能力实现中的基础和创新发展的双重作用。工程知识是从工程实践和工程理论研究中产生和提炼的，由于工程的目标设定和实施条件、环境的差异，工程知识的提炼必有与具体工程相适的归纳，而这个归纳对别类工程或同类工程的别类环境也必有其不适应之处。我们可以视之为"工程知识归纳的局限性"。在新工程任务不断产生、新工程能力不断出现的今天，成功的工程知识的不充分性问题会更加显著地表现出来。在不断变化的条件下，新的知识需求和新知识的产生则是与工程共生共进的。值得注意的是，工程知识扩展及集成的创新功能是在工程运行中产生的，这是系统工程学中"运行学派"区分于其他理论学派的特点所在。"工程实践带动创新的发展"，工程系统运行时不断创新（适应性、扩展性、革新推动性）知识发展，即需要知识与创新知识的双重作用。

　　最后，如果以工程能力为标准，可分别出"工程能力强"的人和"工程能力弱"的人。

　　对于所谓"工程能力强"的人，又有两种不同的类型。第一种类型不但具有渊博的"理论知识""命题性知识（knowing-that）"，而且同时具有丰富的"实践知识""能力之知（knowing-how）"。他们不但具有丰富的"明言性工程知识"，而且具有丰富的"默会性工程知识"，能够把"理论智慧"与"实践智慧"结合起来、把"命题性知识"与"能力之知"结合起来、把"明言性工程知识"与"默会性工程知识"结合起来，于是，他们在处理实际工程问题时就能够"应付自如、得心应手、如鱼得水"，表现出很强的"工程能力"。第二种类型是可能并不具有渊博的"理论知识""命题性知识"和"明言性知识"，但却具有丰富的"实践知识""能力之知"和"默会知识"。他们在面对和处理实际工程问题时，虽然说不出"理论知识"方面的道理，但能够运用自己"丰富的实践经验、能力之知和默会知识"解决工程实践问题，也表现出很强的"工程能力"。以上两种类型的"工程能力强"的人所具有的"知识结构"有所不同（可能具有渊博的理论知识，也可能不然），但二者必然都具有丰富的"能力之知""默会知识"和"实践智慧"。

　　所谓"缺乏工程能力"的人，也有两种类型。第一种类型是虽然不缺乏"理论知识""命题性知识"，但却缺乏"实践知识""能力之知"和有关的"默会性工程知识"。于是，他们在面对实际工程问题时便束手无策了，或者只能纸上谈兵，提出"夸夸其谈、脱离实际、海市蜃楼"的意见。第二种类型是既缺乏"理论知识""命题性知识"，又缺乏"能力之知"，"默会知识"更无从谈起，于是，就成了"一问三不知""无知无能"的人。

从以上对四种不同类型的人的分析中，不但可以看出工程能力与工程知识的密切联系，也可以看出二者的区别。

2.2　工程知识的跨学科属性

对于工程活动的推动和进行来说，工程活动主体的工程能力是根本基础和必要条件。如果缺乏相应的工程能力，没有一定的工程能力作为工程活动的基础和前提条件，工程活动就只能是"空中楼阁"。

从工程能力角度看，可以把现代大型工程看作由一系列能力组成的目标系统。这个定义初看起来似乎只是将"能力"作为一个概念单元来表述工程系统。实际上，在这个定义中，更应当重视的是"一系列"这三个字。从工程系统组成的纵向剖面看，它是由数层子系统组成，即由数层"能力"组成。工程目标无疑是要实现一种功能，而工程能力则要提供实现这种功能的能力，所以从工程目标实现这个剖面分析，必然是以"一系列能力"来定义的。

一个工程，从其组成架构而言，是"系统—分系统—子系统—单元—器体"组成的；从其功能架构而言，则是"工程目标—分系统功能—子系统功能—部件功能"支撑的；从其能力架构而言，则是由各层次的"一系列能力"集成而实现的。

如果比较和分析其有关的工程能力与工程知识问题，可以看出，其知识层面的架构里，每种能力的实现所需的知识、所属行业和领域、学科和专业都有所差异，大多是跨领域、跨学科和跨专业的知识集成。没有一种工程能力是仅仅涉及"单一学科知识"的。换言之，任何一种工程能力——更不要说"综合工程能力"——都表现出了"跨学科知识"和"多学科知识"的属性，是"跨学科""多学科"融合的结果。如果对上述"工程能力"的"分类结果"进行"工程知识学科"角度的分析，可以看出就知识的学科分类和学科结果而言，都绝不仅仅涉及了某一个"一级学科知识"，而是分别涉及了许多的"一级学科知识""二级学科知识"甚至"三级学科知识"，则其涉及的知识关系将呈现链式反应式的扩展。

通过对工程能力问题的分析，现代工程知识的跨学科集成性得到了淋漓尽致的揭示和展现。

第二节 工程目标牵引下的工程知识集成

基础科学知识的研究对象是自然物理世界的本质、构成和运动规律；工程知识揭示的是人工物理世界，以解决阻碍人类建构满足社会需求的人工物理世界目标实现的工程问题为目的，以有机功能连接为特点。工程目标牵引就是工程实践的牵引、现实生产力的牵引，工程知识集成的目标牵引是工程知识的基本内容和重要特征。工程知识集成的机制是通过选择、集成、构建、运行从而体现功能。

不但现代工程知识具有明显的集成特征，考察中外古代工程知识，亦可以证实古代工程知识同样具有明显的集成特征。古代社会中，早就出现和形成了建筑工程、冶金工程、水利工程、纺织工程等多种不同的工程样式。这些工程需要多种知识的支撑，如建筑结构知识、地理知识、水文知识、材料制备知识、工具制造知识、施工操作知识等。总而言之，集成性是一切时代的工程知识的基本特征。

"集成"是一个涉及面宽泛、内容丰富、含义深广的概念，它不但可以指形态、结构、功能和结果，而且可以指方法、过程、途径和机制。

如果说，许多科学知识的主要形成路径是观察与实验，许多技术知识的主要形成路径是实验与试验，那么，许多工程知识的主要形成路径就是综合与实践。

 工程知识是目标牵引下相关不同知识的结构性集成

工程知识集成不是各类知识的机械地、简单地拼凑，而是不同知识要素有机结合、有机集成的过程和结果。工程知识系统的集成性和工程知识系统的"有机性"是"融合性"的。

1.1   工程目标和工程知识体系的本体

（1）工程目标作为工程知识体系本体的哲学依据

工程活动是从设定工程目标开始的，目标一旦设定后，它会在整个工程活动中发挥导向性的作用。在哲学中"目标"通常也可以被称为"目的"。目的是人类活动的全部"动机"。所谓"动""机"就意味着牵一发而动全身之"机"，人类活动由其而起。从这个意义上说，目的就是人类活动的起点。目的之所以是目的，在于具有归宿意义。此一目的尚是潜在的存在。这种潜在的目的，需要自为活动的发挥，而目的经过发挥得以实现，这时潜在的目的得以现实化。由目的始，至目的的实现，即结果终，人类活动的轨迹呈现出一个圆圈。"由于结果是返回于自身，那么结果，或者说最后的，也就是最初的，就是产生运动的起因，就是它所实现了的目的。"① 目的达到结果才是完成和实现，人类理性活动是一个从目的到结果的完整运动过程。

目的引领活动，工程的共性目标是形成现实的、直接的生产力。工程活动过程的是从规划阶段开始的，而规划工作又是以设定目的作为开端的。目的设定之后，它就要在整个工程活动过程中发挥一种导向性的作用了。所以在整个工程过程中，目的不但发挥着"第一推动"的作用，而且发挥着"最终导引"的作用。

工程活动的共性目标是形成现实的、直接的生产力，此目标引导着工程活动、工程知识、工程能力、工程功能及其发展，并以此为归宿。

（2）目标引领下的工程知识集成

工程作为一个系统当然有自身的本体。工程活动是人类社会存在和发展的物质基础，工程的本体被精辟地表述为工程是直接生产力，即劳动力、劳动工具、劳动对象的现实性结合。此一表述告诉我们，工程系统的终极目的是形成直接生产力。鉴于不同的工程系统实现直接生产力的方式不同，因而，对于具体的工程系统而言，直接生产力的表现形式不同，进而细化为具体的工程目标。因此，

---

①   黑格尔.精神现象学［M］.贺麟，王玖兴，译.北京：商务印书馆，1979：13.

形成特定生产力的工程目标是工程知识集成的本体。工程知识集成
为特定知识系统，任何系统均呈现出特定结构。工程知识集成的有
机性就是在工程目标的牵引下，系统结构内各组成部分的功能的有
序性、协同性、融合性。

知识是指人类理性活动及其结果，工程知识是指工程理性活动
及其结果，而理性活动的逻辑起点是目的。由工程目的（标）出
发，由工程目的（标）统领，经过选择、整合、设计、建构、运行
等集成机制，诸多不同知识范畴相互联系而成为一个工程知识体系。
工程知识体系的功能是实现工程目标，即转化预期工程结果。

1.2　工程目标的设定与工程知识集成的一般原则和要求

（1）工程目标的设定应具备必要的知识条件

没有目标，就没有工程。工程目标的确立源于需求，而需求的
满足受必要知识条件（可能性）的约束，亦即合理的工程目标应以
成熟的科学知识、技术知识、工程知识、经济知识、管理知识及社
会知识为前提条件。有关工程的知识达到一定的"成熟度"是工程
目标设定的必要条件。

（2）工程知识集成应满足工程目标的综合性要求

工程尤其是现代工程的目标往往是兼具科学目标、经济目标、
社会目标、政治目标、生态目标等的多元综合目标。这是工程活动
的内在要求。工程知识的集成应保障工程目标综合性的实现。三峡
工程投资巨大，防洪、发电、通航是该工程的三大目标，每一个目
标均有其相应的社会经济效益。与工程目标相应，其工程知识是航
道设计建设知识、大坝设计建设知识、水轮发电设计建设知识等知
识群的合理、有效的集成。

（3）可靠性是工程目标设定及相应工程知识集成的内在要求

安全可靠是对于工程实体、工程运行及其产品质量的基本要求。
现代工程知识的重要特征之一是跨学科、跨领域的知识的集成，具
有多环节的复合性特征。可靠性原理告诉我们，环节越多，越易导
致可靠性降低，不同类型知识交叉作用的工程知识系统在现实运行
过程中会呈现出结果不确定的特点。这就要求工程的知识群集成应
体现出相互联结、相互包容、相互匹配、相互协同、相互制约等关
系。否则一个环节的异常将使整个工程系统紊乱失效。从可靠性的

角度来看，工程系统并非越复杂越好，相反，在满足功能要求的前提下，工程系统的集成环节越少越好。

（4）工程知识集成的协同原则

在工程活动的复杂知识系统中，如何将多元化的知识要素组合起来，如何使不同的工程单元的知识相互兼容，就需要遵循协同性原则，使不同工程知识要素按照工程的总体目标协同动作，这是工程活动的本质规定之一。从工程的系统集成性特征可以看出，工程活动的不同阶段和不同层面都会涉及多种技术方案、不同专业领域的知识和环境影响，为保证工程建设的效率和进程，必须对以上各种知识要素进行匹配与协同，使之能合理搭配和相互协调，这是保证工程顺利推进或协同运行的重要条件。在工程规划、设计、建设、运行和过程管理中，都有不同层面的工程知识协同问题，需要用协同性理论指导具体工程知识的匹配。

（5）工程知识集成的动态有序连接原则

工程活动是在时间序列中进行和展开的。如果有关的诸多环节和工程运行在时间上脱序或混乱，这是工程总体容错技术和恢复技术的设计没有实现的结果，这在工程运行中是绝对不允许的。在正常的工程活动中，工程各组成部分通过动态有序的连接来"实现"工程目标。在工程实践中，工程知识体系的动态有序连接原则往往首先表现在工程活动的程序设计和工程进度的"总体知识"上。

（6）工程知识集成的系统优化原则

工程知识的复杂性和系统性要求将最优化理论作为工程知识匹配的重要原则。最优化理论追求通过最先进的认知操作方法，尽可能做到最有效、最小能耗、最大效益、最低风险。通过对不同工程知识要素和工程知识运用过程的优化配置，以最少的人、财、物和信息投入，获得最大的经济效益、社会效益。最优化原则包括工程目标确立的最优化、工程规划设计的最优化、工程实施与调控的最优化、工程运行与管理的最优化等。工程的最优化是一种理论的、理想的要求。

工程知识系统的原理性知识群与相关的构成性知识群

工程目标的实现可以存在多种途径，每种途径均有其相应的知识基础，即系统原理性知识。系统原理性知识的展开需要辅以相关的构成性知识。系统原理性知识与相关的构成性知识集成而为工程知识系统。

2.1　工程知识系统由系统原理性知识及相关的构成性知识组成

工程目标需要相应知识的支撑；工程目标的实现过程是相应知识的集成过程及其结果。在工程目标的牵引下，多种知识集成而为一个有机的知识系统，该系统的一般结构可以划分为两个部分，即系统原理性知识及相关的构成性知识。承载着系统目标的系统原理性知识需要其他相关知识——亦即实现工程目标所必不可少的、相关的构成性知识——的协同才能实现自己。工程方案就是系统原理性知识与相关的构成性知识的有机结合。工程原理性知识及相关的构成性知识，通过设计、建造、运行、维护等环节进行合理配置、修正、补充，形成了一个集成性的知识群。这个过程不是一个简单拼凑的过程，而是一个对于既有知识（群）的理解和再认识、再创造的过程。

2.2　工程知识系统集成的行业性特点

工程是划分为不同行业的。不同行业的工程有不同的工程目的和行业特征。在认识和分析工程知识的系统集成时应该特别注意工程知识系统所具有的行业性特点问题。

上文谈到工程知识系统由系统原理性知识及相关的构成性知识组成，对于不同行业的工程知识系统来说，不但其所依据的系统原理性知识会有明显不同，而且其相应的构成性知识也会有所不同，各具特色。

不但能源工程、交通工程与制造工程要依据不同的原理性知识，就是同为交通运输工程的公路工程与铁路工程所依据的原理也有很大区别。

至于不同行业的工程在相关的构成性知识方面的差别更是明显的。虽然不能否认在许多情况下，某些行业之间也有某些"共同的相关构成性知识"，但在进一步剖析和考察这些"共同的相关构成性知识"时会发现，其在不同行业中的"具体功效"和"具体作用"仍然会有很大差别。

2.3   工程知识的"综合性"横向集成和"层次性"纵向集成

如果使用系统论的"语言"和分析思路，无疑地可以把工程知识系统看成一个有关工程知识要素纵横交错集成起来的"二维矩阵型"的工程知识系统。

在这个矩阵型的知识系统中，不但有"同一水平"上的"同层次"的工程知识的横向集成，而且有"不同水平"和"不同层次"的有关知识的纵向集成。

容易看出，这个关于"工程知识系统横向集成和纵向集成"的问题与关于工程管理模式和工程管理制度的问题之间有密切的、内在的联系。虽然不能认为这两个问题是"合二而一"的问题，但工程管理的层级性与工程知识的层次性之间、工程管理"平行部门"的分工与工程知识的横向结构之间，显然具有内在的密切联系。限于篇幅，这里就不再对这个问题进行进一步的具体分析和阐述了。

③ 工程知识集成与工程知识解析的辩证统一关系

在工程活动中，不但有工程知识的集成问题，而且还有工程知识的解析问题，二者相互渗透，相互促进，相辅相成又相反相成，形成了辩证统一的关系。强调工程知识系统集成的重要性绝不意味着忽视工程知识解析的重要性。

工程知识的解析指的是将一个复杂的工程知识系统拆解为多个相关的工程知识子系统进行分析。就工程知识解析的具体内容而言，不但可以指工程原理知识的解析，而且可以指工程结构知识的解析。这些子系统还可以进一步解析为更低层次的子系统。

现代工程知识是跨学科、跨行业、跨领域的高度集成的复杂系统，要想对这样一个复杂系统进行深入认识，一个重要途径是把复杂系统解析成若干相对独立的子系统，分别研究每个子系统的性质和特征，解决相应的问题，实现"分而治之，各个击破"。

工程知识解析往往是工程知识集成的来源和基础，只有分别对"合理拆解后"的要素知识、部件知识、子系统知识分别进行攻关，取得相应突破后，才能实现工程知识的集成和创新。工程知识的集成与工程知识的解析是辩证统一的关系。不能没有集成，也不能没有解析。我国神舟飞船的研制工作经验也证明了这个道理，只有将整体研制目标解析为多项关键技术进行攻关和突破，才能有效地实现工程创新。

在认识工程知识解析时，必须牢记工程知识集成是工程知识解析的最终目标，而不能离开——更不能"忘记"——这个目标。在研究工程知识解析的过程中，要防止忽视或漏掉对"接口""耦合"等结构-关联性单元的研究，也就是说，研究工程知识的解析时，不能采用简单的分类方法。这就意味着必须正确认识和处理工程知识集成与工程知识解析的辩证关系，但也应该承认对工程活动而言，工程知识的集成是一个更根本的方面。

第三节　工程知识的集成性和工程创新的活力

对于"创新"成为现代社会的一个流行观念，熊彼特是一个关键人物。1912 年，熊彼特在 *Theory of Economic Development*（《经济发展理论》）① 中提出，创新是指把一种新的生产要素和生产条件的"新结合"引入生产体系。它包括五种情况：引入一种新产品，引入一种新的生产方法，开辟一个新的市场，获得原材料或半成品的一种新的供应来源，新的组织形式。可以看出，熊彼特理论中的"创新"主要是一个面对生产力发展的经济学概念。可是，在后来的经济、社会、文化、科技、思想、理论发展中，"创新"的内容、对象、含义被大力"推广"，于是，知识创新、制度创新、文化创

---

① 约瑟夫·熊彼特.经济发展理论［M］.何畏，易家详，等，译.北京：商务印书馆，1990.

新等"新术语"也被广泛使用和流行起来。① 由于本书以研究工程知识论为旨归，这就决定了本书对"创新"的研究也要主要"限定于"——或曰"聚焦于"——对"工程知识创新"的研究。在本节中，"工程知识创新"这个主题又要再进一步"聚焦于"——或曰"限定于"——"集成性工程知识创新"这个主题。为了行文简洁，本节以下所谓"集成性创新"往往就是指"工程知识的集成性创新"，但在另外某些语境中，"集成性创新"也可能是指"工程实践的集成性创新"。

1 工程知识在生产力中的融合与集成

1.1　工程知识的集成性创新和工程实践的集成性创新

工程知识的集成性创新和工程实践的集成性创新既有密切联系又有重要区别，二者的相互关系是一个重要而复杂的理论问题和现实问题。一方面，就工程实践包括知识因素、资金因素、原材料因素、设备因素、工艺因素、伦理因素、生态因素等多重重要因素而言，知识要素只是工程实践的组成部分之一，工程知识只是"集成在"工程实践中的要素之一。现实生活中经常出现的"有知识而缺钱的困境"表明"并非有知识就有一切"。另一方面，不但设备要素、工艺要素中都渗透着相应的知识要素，而且现实中常常出现的那种"有资金（或资源、设备）而不知如何使用资金（或资源、设备）"以及甚至出现"错误使用资金（或资源、设备）""抱着金饭碗要饭"的情况又表明"没有知识就没有一切"。

马克思在《资本论》中高度评价了"协作"的意义和作用。马克思说："即使劳动方式不变，同时使用较多的工人，也会在劳动过程的物质条件上引起革命。""一个骑兵连的进攻力量或一个步兵团的抵抗力量，与单个骑兵分散展开的进攻力量的总和或单个步兵分散展开的抵抗力量的总和有本质的区别"。对于生产中的协作来说，"这里的问题不仅是通过协作提高了个人生产力，而且是创造了一种

---

① "Innovation"曾经被许多人译为"革新"，实际上是主要关注其"技术革新"的含义。但在最近时期，已经普遍使用"创新"这个词汇了，罕见有人把"Innovation"译为"革新"了，对于创新的对象和含义，也很少有人仅仅将其局限于技术革新的范围了。

生产力，这种生产力本身必然是集体力。"①

如果说仅仅同类要素的"协作"就有可能由量变引起质变，那么，不同种类要素的"集成"无疑地就更可能引起质变了。从创新的角度看，这就意味着不但"集成本身就是创新"，而且集成性创新还有可能是具有革命性的创新。例如，在技术创新领域，计算机断层扫描（CT）的发明就是一个主要以"集成"方式实现的革命性技术创新。

虽然从现实角度看，必须承认"集成"也是一种重要的创新方式和途径，但有些人却往往只重视单元突破方式的创新而轻视集成创新方式的重要性。有鉴于此，就有了需要加倍强调"集成性创新"的重要性和必要性，这不但是重要的理论问题，而且是重要的现实问题。

集成性创新和单元突破性创新是对立统一的关系。一方面，常常存在"如果没有单元突破性创新，就没有整个系统性质功能的革命性质变"的情况；另一方面，在有了单元突破性创新后，如果没有把这种单元性突破与相应的其他知识集成为一个完整的工程知识系统，没有把单元突破"融入""集成"在"整个工程系统"和"工程知识系统"之中，就仍然没有更为系统的、更高层次的、影响力更为深远的"工程创新"。这就是说，如果没有实现单元突破与其他要素的有机"集成"，那种"游离在系统集成之外的单元突破"就只是"工程侦察兵的成就"，而不是"工程主力军的成就"。更具体地说，由于所有的现实工程都必然是多因素、多层次的系统集成，这就使"工程知识的系统集成"和"工程实践的系统集成"不但是工程知识与工程实践发展的必由之路，而且是所有工程知识系统和工程实践系统的"现实存在方式"。

1.2 知识的不同形态和作为工程知识灵魂的"工程知识在生产力中的融合与集成"

在如何认识"集成性创新"和"知识的形态、意义和作用"时，"工程知识在生产力中的融合与集成"是一个关键问题。为此，

---

① 马克思. 资本论：第一卷［M］. 中共中央马克思恩格斯列宁斯大林著作编译局，译. 北京：人民出版社，1972：360，362.

需要从知识的不同形态说起。

知识有不同的类型和形态。一般地说，知识有三种存在形态：一是存在于人的大脑中的知识，也就是波普尔所说的"世界2"中的知识；二是存在于书籍、文章、期刊、图纸、网络、工程规范、存储器、专利库、数据库等中的知识，即波普尔所说的"世界3"中的知识；三是以物化和融合在人工物中的知识为典型代表的工程知识，例如物化在发动机、数控机床、手机、汽车中的知识，以及关于这些人工物的生产、操控和使用的知识。这三种形态的知识有密切联系，不能把它们割裂开来，但也不能把它们混为一谈，不能否认三者之间存在根本性的区别。

在分析和认识知识时，不但需要注意在知识形态方面的区别，而且要注意知识在内容和类型方面的区别。例如，科学知识和工程知识就是有重要区别的两类知识。

不同类型和形态的知识与生产力之间可能有不同的关系。

虽然基础科学知识有可能通过转化环节和转化过程影响生产力，但基础科学知识本身与生产力之间没有直接联系①，而工程知识却与生产力有着密切联系，是以各种方式集成和融合在生产力中的知识。对于科学知识特别是基础科学知识来说，"文本形态"（例如学术著作和论文）的知识是其最重要的存在方式和表现方式。可是，在认识工程知识时就要注意以下两点。其一，虽然工程知识也有其"文本形态"，并且文本形态的工程知识也是工程知识的重要形态之一，但工程知识在"文本形态"上与"科学知识文本"有很大的不同。因为工程知识虽然也可以表现为著作、文章形态，但还有许多工程类"文本知识"表现为"图纸""专利""手册""工程文件""工程标准（规范）"（国家标准、行业标准、企业标准）等形式。在"评价"工程知识时，不但要注意正确评价著作、文章形态的工程知识，而且要注意正确评价"工程标准（规范）"等形式的工程知识，绝不能把文章形态的文本当成工程知识表现的唯一形态。其二，更重要的是，工程知识不但可以表现为"文本知识"，更可能表现为"物化"在工程设施、工程产品中的知识，这是"活跃"在

---

① 说基础科学知识与生产力没有直接联系绝不意味着可以贬低基础科学知识的意义和作用，因为基础科学知识的重要作用和意义表现在其他方面。

工程实践中的知识，是与"工程实践"结合在一起的知识，总而言之，是融合和集成在生产力中的工程知识。

应强调指出的是，"在生产力中的融合与集成"是"工程知识"的本质与灵魂，是评价工程知识的"基点"和"基本标准"；"系统集成的工程知识"是工程知识在现实生产力中的现实表现方式。

❷　集成性创新是工程知识的内在禀赋和社会活力表现

2.1　从基础科学知识到工程知识是知识内容和形态的转化与跃迁

有些基础科学知识，例如关于宇宙大爆炸的理论知识，大概很难设想它能转化为生产力，但人们绝不能因为它不能转化为生产力而贬低它的成就和意义。另外一些基础科学知识是具有影响生产力发展的潜能和潜力的，但这种潜能和潜力必须经过转化过程和环节才能发挥作用。这个转化过程和环节非常重要、非常复杂，有时甚至极其困难。以爱因斯坦关于质能转换的基础科学知识为例，这个基础科学知识中蕴含着以关于原子核可以裂变或聚变的知识为理论基础而制造核武器或建设核电站的理论可能性。但人们不可能仅仅依据这个基础科学的理论知识而制造核武器或建造核电站。只有在经历了一个复杂艰苦的研发过程之后，只有在"发明和掌握"了有关制造核武器或建设核电站的技术知识群和工程集成性知识之后，才有可能根据有关工程知识系统集成制造核武器或建设核电站。

从知识形态方面看，关于质能转换方程的基础科学知识与建设核电站的工程系统集成知识是"内容和形态都不同"的两类知识，但许多人往往严重轻视甚至忽视了这两类知识的区别以及从科学知识向技术知识和工程知识转化过程的复杂性和困难程度，认为这个转化过程和环节是很简单的、轻而易举的事情，这就不对了。

2.2　工程知识集成是工程知识创新的内在禀赋和必然取向

工程是现实的生产力，工程活动是技术要素与许多非技术要素的集成和统一，从而，工程知识集成也就成为技术知识和许多非技术知识的集成和统一。由此，工程知识集成也顺理成章地成为工程知识创新的内在禀赋和必然取向。

科学知识是不断发展的，工程知识也是不断发展的。在发展过程中，"原先的科学知识"发展为"新的科学知识"，"原先的知识"和"发展后的知识"都是科学知识，这里没有出现"知识形态"上的变化。可是，在工程知识的发展过程中，许多工程知识是由科学知识或技术知识"转化"而来的，这就意味着这里发生了"知识形态"上的变化。

对于这个知识形态上的转化或变化的性质、过程和特征，目前还不能说已经有了比较深刻的认识，相反，其中的许多问题都还没有搞清楚。但在此可以大胆断定的一点是，在这个从科学知识和技术知识向工程知识转化的过程中，有关的"集成"成为关键环节，发挥了关键作用。

上文谈到，"在生产力中的融合与集成"是"工程知识"的本质与灵魂。这个观点不但不否认而且完全承认科学知识和技术知识可以通过转化过程和环节而成为工程知识。但是，也必须看到从生产力标准上判断，科学知识（特别是基础科学知识）和工程知识（包括工程科学）是两类不同形态、不同性质的知识。

在知识类型中，技术知识是一种重要类型。在技术知识中，又有不同的类型和形态，例如研发实验室中获得的技术知识、中间试验的技术知识、批量化生产的技术知识就是三种不同形态的技术知识。虽然三者有密切联系和相互转化关系，但三者"确实有"并且"必然有"许多知识内容和知识形态方面的区别。由于三者存在着内容上和形态上的不同，这就使研发实验室中获得的技术知识不可能"全部转化"为中间试验的技术知识，中间试验的技术知识不可能"全部转化"为批量化生产的技术知识。上文中的"确实有"三字是对事实和现象的描述，而"必然有"三字则是对这种事实和现象背后存在着深层原因和本质根据的提示和揭示。

许多实验室技术知识不能直接运用和集成到工程实践中，常常首先是因为这些技术知识还仅仅是"纯技术知识"，未能和有关的非技术知识进行"集成"。以效率问题为例。就技术知识而言，无疑地要以"技术效率"为基本标准。在技术知识范围内，当然只考虑技术知识而不考虑经济效率问题。由于只考虑技术标准，在技术实验室阶段，解决了技术效率问题的技术知识就可以被认为是成功的技术知识。可是，当面对工程投产和工程实践问题时，就必须把技术效率和经济效率问题综合考虑和衡量了。那些仅仅技术效率高而经济效率低的技术往往就要被束之高阁了。由于在进行工程知识的系统集成时提出了"同时考虑技术效率和经济效率的双重标准和双重要求"，这就对"究竟哪些实验室技术知识才可以被集成到工程知识系统中"进行重新认识和重新评价了。

许多实验室研发出的技术知识不能直接运用和集成到工程实践中，还常常因为这些技术知识不成熟、有缺陷。这些不成熟的技术知识只有在提高水平后，才有可能被集成到工程知识系统和工程实践中。例如，技术研发知识在实验室取得初步成功后，如果废品率很高，那往往是不能贸然将其作为"投产"的"知识依据"的。

在把技术知识和非技术知识进行集成时，一方面，往往会对技术知识本身的成熟性、效率性、合理性提出新要求；另一方面，由于工程集成是一个新任务、新形势、新标准，也可能会有一些很好的技术知识由于其他方面的原因——例如资金原因或原材料方面的原因——而不能被集成到工程知识系统中。而更加耐人寻味的是，在对工程知识进行系统集成时，如何处理"成熟技术"和"新技术"的相互关系——包括比例关系和耦合关系等——又成为"工程知识系统集成"中的一个"新问题"。

工程系统和工程知识系统是特定类型的系统。按照系统论的一般原理，系统的最优化不等于系统各要素各自最优化的"拼凑"。因为工程知识系统集成的结果是形成了新的知识体系，我们也必须在"系统集成整体"和"系统要素"辩证关系的框架中分析、认识"工程知识系统集成"与"作为工程知识要素的技术知识""作为工程知识要素的非技术知识"的相互关系。

2.3　工程知识集成是工程知识社会活力激发、表现和实现的必然形式

工程知识必须在具体的社会环境和条件下表现活力。而工程知识活力的根本表现形式和实现方式就是在生产力发展中"表现自己"和"证明自己"。

从社会意义、社会功能和自身本质上看，工程知识是服务于和

存在于工程活动中的知识。工程知识的活力必须"体现在"和"实现在"工程实践和生产力的发展之中。

本章中多次谈到知识有不同的形态。不同形态的知识——例如科学知识和工程知识——都既有可能是"静态的知识",也有可能是"动态的、有活力的知识"。

要把静态的知识变成有活力的知识,需要有一个"激发"和"现实化"的过程。科学知识可以被激发而变成生气勃勃的知识,工程知识也可以激发而变成充满活力的知识。但科学知识和工程知识在"知识活力激发""活力实现"的性质、过程、特征和表现上都有许多不同。二者的区别在于:科学知识活力的激发和体现可以是对"人类思维方式的变革"和"理论兴趣的促进",它不一定表现为对生产力的直接促进;而工程知识活力的激发和体现却必须表现在促进生产力的发展上。由于与现实生产力结合在一起的工程知识必然是集群性或系统集成形态的知识,这就使工程知识的系统集成成为工程知识社会活力激发、表现和实现的必然形式。

3 工程知识集成的基本机制和环节

工程知识系统之所以不是原有知识要素的简单拼凑,不仅在于原有的知识要素在"进入""工程知识系统"时往往会发生一定的"变形",更在于在工程知识集成过程出现和产生了一些"新环节"和"新问题"。以下只谈三个问题。

(1)工程知识集成中知识要素的"选择"

"弱水三千,只取一瓢饮"本是佛经中的一句话,因为《红楼梦》中引用了这句话而被更多的人所熟知。这里不讨论这句话在佛经里的含义和它有关爱情的含义,这里只强调这句话形象地突出了"选择"的重要作用和重要意义。

在达尔文的进化论中,"自然选择"是一个关键环节和核心概念。在西方经济学领域中,许多经济学家都认为经济学是选择的科学①,萨缪尔森和诺德豪斯在其著名的经济学教科书中也表达了这

---

① 詹姆斯·M.布坎南.经济学家应该做什么[M].罗根基,雷家骕,译.成都:西南财经大学出版社,1988:24.

个观点①。

"选择"是一个重要的哲学概念②。如果说进化论、经济学关注的是"生物界的进化选择"和"经济选择"问题，那么工程界关心的就是"工程要素"和"工程知识要素"在工程集成过程中的选择问题了。

在进行工程知识集成时，集成者面对是"海量的技术知识"和"海量的非技术知识"，如何从"海量的备选知识库"中"选择"出合理的知识要素，显然不是一件容易的事情，但它却是一个对集成的成败有重大影响的关键环节。

（2）工程知识集成中的"接口"和"耦合"

在工程活动中，必须合理解决不同技术要素、技术环节之间的"技术接口"和"技术耦合"问题。工程技术人员在工程活动中经常都在面对和解决这些有关不同技术要素之间的"技术接口"和"技术耦合"问题。

在工程知识论研究中，特别是在研究工程知识的集成时，需要把"技术接口"和"技术耦合"问题"推广"为更具一般性的不同类型的知识要素的"接口"和"耦合"问题。对于"技术知识集成"中的"技术接口"和"技术耦合"问题，已经有了许多研究和解决的办法；而对于更广泛、更一般性的"工程知识集成中诸多不同类型的知识要素的接口和耦合"问题，目前虽然在技术层面已经形成了很多研究成果，但是还鲜见有从集成的视角进行的研究。

（3）工程知识集成中的"权衡"和"协调"

在集成过程中，"权衡"和"协调"既是重要的"原则"，又是重要的"机制"。

对于权衡的重要性，孔子说："可与共学，未可与适道；可与适道，未可与立；可与立，未可与权。"（《论语·子罕》）在这段话中，孔子认为学习过程和人生过程都要经历四个阶段——"共学""适道""立""权"。如果把"适道"解释为"掌握规律"，那么，这段话中最发人深省和耐人寻味之处便是孔子认为"权"（知道正

① 保罗·A.萨缪尔森，威廉·D.诺德豪斯.经济学［M］.北京：北京经济学院出版社，1996：36.

② 李伯聪.选择与建构［M］.北京：科学出版社，2008：10.

确地进行权衡）是比"适道"（理论上掌握"掌握规律"）更难的
事情和更高的阶段。

从基本语义来看，权衡是指称重量的秤和秤杆。孟子说："权，
然后知轻重；度，然后知长短。"（《孟子·梁惠王上》）由此可知，
权衡就是要进行比较。一般地说，进行比较的"前提"和"含义"
就是要对"同类""同质"的事物进行比较。可是，工程活动中的
权衡却常常是要在"不同类型"和"不同质"的要素之间（例如技
术效率和经济效率之间、经济效果和社会效果之间、义和利之间）进
行比较，这就成为工程集成时权衡异常困难的焦点所在和意义所在。

协调和权衡密切相关，但二者的含义并不完全一样。布希亚瑞
利在 *Engineering Philosophy*（《工程哲学》）中说："协调的问题超
过优化问题"。[①]

实际上，许多工程的领导者、决策者、设计者、指挥者都对权
衡和协调的原则与机制的重要性有深切的认识体会，可是对工程集
成中包括工程知识集成中的权衡和协调问题的理论研究目前还处于
初级阶段。

第四节　工程知识集成的主体

第一章中已经谈到工程师和工程共同体是工程知识的创造者[②]，
本节进一步着重于从工程知识系统集成的角度对此进行一些新的分
析和阐述。

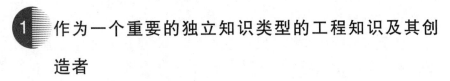 作为一个重要的独立知识类型的工程知识及其创造者

对于科学知识与工程知识在知识形态和知识功能上存在明显的

---

① 　路易斯·L. 布希亚瑞利. 工程哲学 [M]. 安维复，等，译. 沈阳：辽宁人民出版社，2008：34.

② 　工程共同体由工程师、工人、工程管理者、工程投资者、其他利益相关者构成。工程共同体的各类型成员都是工程知识的创造者，限于篇幅，本节在阐述中以工程师为工程知识创造者的代表，但绝无否认工人和工程共同体的其他成员也是工程知识创造者的含义。

区别，人类自古就有直观的感受，特别是在现代社会中，人们对此有了更深刻的感受。换言之，人们在直觉上和直观上都承认工程知识和科学知识是两类不同的知识，它们各有自身特定的本性、特征、社会意义和社会功能。可是，由于多种原因，不少人又有意无意地、或明或暗地认为科学知识是"高级知识"而工程知识是"低一级的知识"。

人们看到，现代社会中，不但在欧美发达国家而且在中国，都广泛流行和传播着一种似是而非的观念：认为工程知识只不过是科学知识的"单纯"应用，是从科学知识中"衍生"出来的一类知识。这种观点的实质是否认了工程知识是一种独立类型的知识。而与这种观点密切关联、互为表里甚至可以说"合二为一"的观点是：有意无意地只承认科学家和科学共同体是知识的创造者，而否认工程师和以工程师为代表的工程共同体也是知识的重要创造者。

美国工程师文森蒂 1990 年出版了 *What Engineers Know and How They Know it—Analytical Studies from Aeronautical History*（《工程师知道什么以及他们是如何知道的——基于航空史的分析研究》）一节。1997 年，该书荣获 ASME 国际历史与传统中心的工程师历史学家奖，目前已经成为一本技术史的名著。文森蒂"是一名职业工程师，20 世纪 40 年代至 50 年代曾任美国航空顾问委员会航空研究工程师和科学家，掌管过国家超音速风洞实验，在航空与航天飞机的设计上取得过重大成就。"[1]

文森蒂这本书第一章的标题是"导论：作为知识的工程"，而其开头第一段更感慨万千地说："尽管工程研究人员付出巨大的努力与代价去获取工程知识，但是工程知识的研究很少得到来自其他领域的学者的关注。在研究工程时，其他领域的大多数学者倾向于把它看作是应用科学。现代工程师们被认为是从科学家那里获得他们的知识，并通过某些偶尔引人注目的但往往智力无趣乏味的过程，运用这些知识来制造人工物（引者按：material artifacts，原译为'具体物件'）。根据这一观点，科学认识论的研究应当自动包含工程知识的内容。但工程师从自身经验认识到这一观点是错误的，近

几十年来技术史家们提出的叙述性与分析性的证据同样也支持这种
看法。"①

文森蒂在随后的五章中具体分析了五个案例——戴维斯机翼与
翼型设计问题、美国飞机的飞行品质规范、控制体积分析、杜兰德
与莱斯利的空气螺旋桨试验、美国飞机的埋头铆接革新。通过对这
五个案例的具体分析,文森蒂雄辩有力地论证和阐明了两个重要观
点。第一,工程知识是不同于科学知识的一类独立类型的知识,不
能把工程知识单纯地归结为科学知识,不能认为工程知识是比科学
知识低一等的派生性、从属性知识。第二,工程师与科学家一样也
是知识的创造者,绝不能否认工程师所具有的工程知识创造者的作
用和地位。

回顾历史和反思现实,可以看到工程知识和工程知识创造者一
直未能受到正确、公正的评价和认识。

这种认为理论知识比实践知识"高级"的传统观念在 20 世纪
以新形式表现出来,即把技术和工程知识说成是科学知识的单纯应
用或衍生品。

究竟应该怎样认识工程知识的性质和工程知识与科学知识的相
互关系呢?

文森蒂主要是从技术史和以案例分析的方法来回答这个问题,
在文森蒂之后,美国著名技术哲学家皮特是直接地以哲学分析的方
法回答了这个问题。

2001 年,皮特撰写了"What Engineers Know"(《工程师知道什
么》)一文,从哲学上分析了工程知识的性质和工程知识与科学知
识的相互关系问题。皮特认为,从本性上看,科学知识是理论定向
的 (theory-bound),而工程知识是任务定向的 (mission-oriented),
这是两类不同的知识。皮特批评了那种认为科学知识比工程知识更
高级、更可靠的观点。他说:"相对于科学知识来说,更广、更高的
要求在这一基础上形成了,工程知识被证明要比科学知识更可靠得
多,从而揭穿了在传统观点中认为科学是我们最好的、最成功的生
产知识手段这一谎言。"对于皮特的这个新观点,有些人大概会觉得

① 沃尔特·G. 文森蒂. 工程师知道什么以及他们是如何知道的——基于航空史的分
析研究 [M]. 周燕,闫坤如,彭纪南,译. 杭州:浙江大学出版社,2015:1.

有些矫枉过正了。皮特的另外一个观点可能显得更加公允："没有事实根据说科学和技术每一个都必须依靠另一个，同样也没有事实根据说其中一个是另一个的子集。"①

工程知识、技术知识、科学知识的关系是一个非常复杂而重要的问题，绝不能把对这个问题的认识简单化和教条化。2015 年，栾恩杰发表了《国家重大工程是科技进步的牵引力——再论工程技术科学的关系》② 一文，对于工程、技术、科学的关系——包括工程知识、技术知识、科学知识的关系——进行了更加全面而辩证的分析，把对这个问题的认识提高到了一个新水平。他在文章中提出了科学、技术、工程三者存在"无首尾逻辑"的不断循环关系，三者互相依赖、互相推动，不但存在着"科学→技术→工程"方向的关系（在科学理论和思想指导下进行新技术开发，然后再运用到工程实践中），而且存在着"工程→技术→科学"方向的关系（工程实践过程中提出技术问题进而带动科学学科发展）。

在古代社会中，科学研究常常来自科学家的个人兴趣和爱好，而不是科学家本人的谋生手段。在现代社会中，科学家成为一种重要的"职业"，除了少数例外，现代科学家都是"职业科学家"了。作为科学知识的探索者，科学家享有崇高的社会声望，这是理所当然和势所必然的。

在现代社会中，工程师也是一种重要的社会职业，他们是工程知识最直接的、最重要的创造者。可是，由于多种原因，对于"工程师是工程知识的重要创造者"这个常见的基本事实，许多人却采取了视而不见的态度，在许多人的心目中和传媒的报道中，工程知识的创造者被说成是科学家而不是工程师。于是，工程师的"作为工程知识创造者"的身份和作用就被有意无意地"剥夺"了，工程师成了单纯的知识执行者。戴维斯在《像工程师那样思考》中说："工程师们常抱怨说，当一项新技术成功的时候（比如宇宙飞船），常常是科学家能得到赞扬；而当它失败的时候，却是工程师受到责

---

①　转引自：张华夏，张志林. 技术解释研究 ［M］. 北京：科学出版社，2005：133.

②　栾恩杰. 国家重大工程是科技进步的牵引力——再论工程技术科学的关系 ［J］. 工程研究——跨学科视野中的工程，2015，7（4）317-322.

备。"① 在这个问题上，按照实事求是和责权利相应的原则，作为工程知识创造者的工程师，既应该享有工程知识创造成功的荣誉和利益，也必须承担工程知识失败的重任。

② 现代工程技术知识和工程创新人才的类型

现代工程技术知识有不同的类型，现代工程人才也有不同的类型，二者之间存在着相互联系、相互渗透、互为因果、互为条件的密切联系。

从工程知识所具有的知识集成的复杂性，以及一个具体工程所涉及的"知识域"中的知识所具有的技术成熟性来看，可以把工程技术知识分为三类：通用技术、成熟技术和工程所需的待开发技术。

通用技术不是某一具体工程所独有的，对于工程知识而言，它属于常识性一类，有一整套规范约定，是执行性的知识群。

所谓成熟技术，它有类似工程的案例经验、有比较完整的可借鉴的方法和手段，这些成熟的知识在具体工程任务的实施中进行适应性的完善，其应用是可信的。

所谓工程所需的待开发技术，则是在工程可行性论证中确认可以在工程任务实施周期内实现突破的新技术，大部分表现在技术状态和技术指标的要求与现有成熟技术相比有较大的提高，或虽缺少成熟的国内案例支持，但有突破该技术的知识基础、设施以及基本明确的技术路线。

工程技术人员也有不同的类型，例如研发工程师、设计工程师、生产工程师、技术员、技师、技术工人等。对于不同类型的工程技术人员，要求他们具有不同类型和不同结构的工程技术知识。例如研发工程师承担着探索新技术知识的任务，生产工程师虽然在某些情况下也需要承担首先在生产中运用新技术知识的任务，但一般来说，他们大量运用的是成熟技术。

对于工程活动和工程技术人员来说，如何正确认识和处理工程活动中通用技术、成熟技术和工程所需的待开发技术的位置、作用

---

① 迈克尔·戴维斯. 像工程师那样思考 [M]. 丛杭青，沈琪，译. 杭州：浙江大学出版社，2012：35.

和相互关系，不但是一个重要的理论问题，更是一个重大的现实问题。以下仅简要讨论工程活动中与成熟技术和新技术有关的一些问题。

应强调指出的是，绝不能轻视和贬低成熟技术知识在工程活动中的作用和意义。对于"工程"或"已确定的工程"而言，由于它的目标已经被确定，它的规模是被限定的，它的经费数是被约束的，它的可靠性、安全性、运行保证都有严格界定的条件，所以它不允许进行无限期限的探索，它必须建立在通用、成熟和可预期突破、无颠覆性失误的技术支撑下进行①，这就是说，具体的工程活动中必然要大量运用"成熟技术知识"和"通用技术知识"。

另一方面，也绝不能忽视探索新技术知识的重要性。工程创新、工程发展、工程演化常常都以新技术知识的发明为关键动力和发展的突破口。

在历史上，新工程知识的创新引领技术发展和工程发展的实例屡见不鲜。关键技术的突破和社会需求推动着新技术的研究和工程实现，在工程实现的过程中也同时实现了新技术的基础理论、基础工艺、基础条件的成熟。在技术发展史和工程发展史上，在新技术的引领下，出现了一波又一波的波浪式前进的发展图像。

以空军军事技术和航空工程为例。第二次世界大战时期，空战作用的强化、制空权的需求推进了航空业的发展。各类战机的威慑又促进了侦测技术——雷达的出现。雷达系统的成熟和部署，构成了防空系统的完善和对空中战机生存能力的挑战，从而激起了对雷达隐身技术的研究。在这种需求推动、技术创新的博弈下，空中武器系统、地面防御系统的军事工程在"需求—创新—新需求—再创新"的反复中实现着航空器（飞机）和探测器（雷达）的不断进步。我们现在仍处在"现代工程知识的创新需求"一个波次接着一个波次的浪潮中。现在这个浪潮的波峰是"轻质、高强、多批、有人/无人机动、高超音速"的空中系统，以及"广域、广谱、快速反应、多目标预警和有效打击"的地面系统的工程知识创新。

在矛盾中产生动力，在困难中逼出方向。在技术进步中探索出

___

① 栾恩杰.国家重大工程是科技进步的牵引力——略论工程技术科学的关系［J］.工程研究——跨学科视野中的工程，2015，7（4）：317-322.

路，在工程实践中获得成果。在积累知识的过程中，人类在不断进步；在集成知识的创新中，社会在飞跃发展。

把以上所说的两个方面结合起来，可以看出，在工程实践中如何正确处理成熟技术与新技术的相互关系（包括二者的"比例关系"）已成为一个决定工程活动成败和工程发展进程的关键问题。在这方面，中国航天工程已经在发展中总结出了自己成功的经验。

以某航天型号工程为例，其每个新技术战术指标下的型号系统大约有十几项关键技术需要突破，约占型号系统重大技术项目数的30%，成熟技术、通用技术占70%左右。大体而言，如果新技术数量少于10项，其继承性较好，但整体指标的先进性和博弈的优势可能难于实现。如果新技术大于30%，则其突破关键性技术的目标难度会增加，可能给工程带来较大风险，出现"进度后推、指标下降、经费超支"的问题。这种尴尬局面在工程实践和工程创新过程中并不罕见。

3 工程知识集成的主体：设计师、管理者、研发机构和现代企业

随着历史的发展，不但工程知识的创造主体在不断变化，而且工程知识的集成主体和工程知识集成的"组织和制度形式"也在不断变化。

在古代社会，工程知识的主要创造者和集成者是工匠。他们进行工程知识创造和工程知识集成的基本方式是"个体创造和集成"。

在古代的农业社会中，从事工程活动的主要角色——社会学含义的"角色"——是工匠和个体劳动者。虽然古代社会中，也出现了如埃及金字塔、中国长城那样的由国家组织的大型工程，但社会中的常规工程活动方式是个体劳动方式，社会中从事工程活动的典型组织方式是"手工业作坊"。在这种"工程角色结构"和"工程组织方式"条件下，工程知识集成的基本主体是工匠，工程知识集成的基本方式是"由个体进行集成"。

在第一次工业革命之后，古代工程活动方式逐步演变为现代工程活动方式，古代社会中"成员结构或角色结构比较简单"的工程共同体演变成为"成员结构或角色结构复杂"的现代工程共同体。

　　由于现代工程共同体有了更复杂的角色结构，其内部的不同成员也有了更细致和更多样化的岗位分工与知识分工。于是，与"知识分工"形成对立统一关系的"知识集成"也变得更加重要了。在现代工程共同体中，设计师和管理者成为承担工程知识集成的重要主体和典型角色。

　　在设计师和管理者的诸多职责、功能中，进行有关工程知识的集成是其突出而重要的职责和任务之一。于是，设计师和管理者也就成为体现和实现工程知识集成的重要主体。离开了有关工程知识的集成，设计和管理都会成为无稽之谈和无本之木。

　　由于工程知识的集成越来越复杂、越来越精细、越来越重要，工程知识集成主体的"组织方式"也从古代社会中的"个体集成方式"发展为现代社会的"集体集成方式"。

　　所谓在现代社会中对工程知识进行"集体方式的集成"，是指设计工作不但可以由"个体设计师"进行，更要由"设计机构"（设计室、设计院等）进行工程知识的"集体集成"。

　　应强调指出的是，在认识和解释工程知识的现代"集成主体"时，不但要承认设计师、设计院是工程知识集成的主体，而且必须承认现代研发机构和现代企业也是工程知识集成的重要主体。

　　就知识增长的"速度和成果"而言，现代社会的工程知识集成与古代社会的工程知识集成是不可同日而语的。而造成这种区别的直接原因是在现代社会中，不但形成和出现了集成工程知识的"新角色"——专业设计师和职业管理者，而且形成和出现了新型的工程知识集成的组织方式和制度方式——工业研发实验室和现代企业。

　　许多人都知道爱迪生是伟大的发明家，但从知识集成的组织方式看，爱迪生最重大的历史贡献是他于 1876 年建立了美国第一个工业研究实验室——门洛帕克实验室。在这个实验室中，爱迪生领导的研发团队发明了世界上第一台留声机和第一个可供商业生产的电灯泡，还有许多其他震惊世人的发明，获得了数以千计的专利。应强调指出的是，爱迪生的伟大之处不但在于他有了众多的"单项发明专利"，更在于他的这个工业实验室"标志着集体研究的开端"，在以"集体组织方式进行工程知识集成"方面走出了一条新路。正是由于有了这种新型的创造、集成工程知识的组织方式和制度方式，20 世纪的工程知识集成才能出现"爆炸性增长"，才能创造出古人无法想象的数不胜数的工程知识奇迹。

工业实验室和科学实验室（例如卡文迪许实验室）是两类不同性质的实验室。前者以创造工程知识并转化为直接生产力为基本目的，后者以创造科学知识、建立基础科学理论为基本目的，二者在资金来源、评价标准、人员结构、管理运行方式上都有很大的不同。

在第一次工业革命中形成了工厂制度。在其后的历史发展中，工厂制度取代手工作坊成为现代生产活动的主要组织方式和制度方式。工厂制度进一步又发展成为现代企业制度。

虽然从事实上看，现代企业一直是创造和推动现代工程知识发展的重要组织方式和制度方式，可是，很多人往往对此缺乏应有的明确认识。直到 20 世纪末，野中郁次郎和竹内弘高出版了 *The Knowledge-Creating Company*（《创造知识的企业》），OECD 发表了 *The Knowledge-Based Economy*（《以知识为基础的经济》），这才促使人们更明确、更深刻地认识到：现代企业和现代工业研发机构是现代工程知识的基本创造主体和集成主体。

在工程知识论领域中，工程知识的"集成过程"和"集成主体"都是重要问题，有待进行更深入的分析和研究。

第四章

论工程决策知识与工程评估知识

工程决策是工程活动的首要关键，是工程实施和运行的前提，正确决策对于工程活动的成功与否意义重大。决策者需要根据工程前评估报告，慎重研究后做出关于该工程的最终决策。必须以科学、缜密、合理的评估为基础，才能做出正确的决策，否则就难免会出现"盲目决策""冲动决策""片面性决策"等决策错误。工程决策与评估均需要有相应的全面、准确、及时的工程知识支持。从现实方面看，工程决策和评估知识是"进行正确决策"的知识基础和前提，从而使其成为影响整个工程活动成败的"第一环节和要素"；从理论方面看，工程决策和评估知识也顺理成章地成为工程知识论领域的重要研究对象和研究主题。

第一节　论工程决策知识

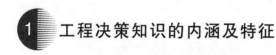 **工程决策知识的内涵及特征**

1.1　工程决策知识的内涵

工程决策一般是指围绕某一（或某些）工程项目及工程活动所进行的决策。工程决策不仅包括工程项目规划设计阶段基于不同方案技术经济比较进行的判断和抉择，也包括工程实施阶段对决策方案的跟踪反馈和优化完善。因此，工程决策是一种覆盖整个工程项目全过程的行为。

工程决策知识包括用以指导和支持决策者针对工程活动进行决

策的工程经验、理论知识、价值观、情境信息及专业洞察力等方面的知识。

（1）工程经验。工程经验是从工程实践活动中获取和总结的信息或默会知识，日积月累的经验不断深化后有可能上升为理论。工程经验是一个人面对工程实践活动中经历的诸多问题能够及时做出正确反应或有相应解决问题的意识和能力的体现。整个工程活动全过程是一个需要不断做出决策的过程。拥有丰富的工程经验有益于工程决策者快速而准确地做出各项决策，并且可以避免一些不必要的错误，降低工程风险和损失。从某种程度上讲，工程经验的多寡影响着工程决策者水平的高低。工程经验是在工程实践中不断积累的有助于工程决策和工程实践的知识。但同时也必须强调，工程决策知识不能局限于过往经验，要避免经验主义"陷阱"，要倡导采用科学方法获取实际经验，而且要力戒"照抄照搬"，基于工程实践经验做出具有前瞻性的科学决策。

（2）理论知识。工程决策过程需要理论知识的支持。对于某一工程项目的理论知识而言，应该包括与工程相关的专业理论知识、装备知识、产品知识、专业管理知识，以及相应的法律、法规知识等。缺乏或者忽视这些与工程项目有关的理论知识是难以做出科学、合理的工程决策的。

（3）价值观。价值观是人们对客观世界及行为结果的评价和看法，反映人们的认知和需求状况，支配和调节着人们的社会行为。工程决策行为受决策者个人价值观以及其所处时代社会价值观的指导和支配。随着经济发展和社会进步，工程活动已从追求高速度转向高质量发展，从最初主要考虑经济效益转向综合考虑经济效益、社会效益和环境效益，以促进可持续发展。工程决策也已从注重工程项目本身经济价值转向同时兼顾工程活动的社会价值和环境价值，这充分体现了价值观对工程决策的指导作用，也体现了工程价值观的战略意义。

（4）情境信息。情境信息是指关于事物未来发展态势的信息。工程决策知识中的情境信息既包括工程本体的政治、经济、社会、技术、自然等环境信息，也包括政府、公众、工程活动参与方等利益相关者的需求信息。缺乏完整、及时的情境信息，难以进行正确的工程决策。在群体决策中，多渠道信息融合不足和决策主体信息不对称均可能造成决策者获得的情境信息不全面，进而导致决策片面甚至决策失误。情境信息是工程决策知识的重要组成部分，只有充分、全面、及时掌握工程情境信息，才能为成功的工程决策奠定良好的基础。

（5）专业洞察力。专业洞察力是指分析和判断工程问题的综合能力。工程决策所需的专业洞察力既有可言传的显性知识成分，也有不可言传、只可意会的默会知识成分。《孙子兵法》有云："举秋毫不为多力，见日月不为明目，闻雷霆不为聪耳。"真正的专业洞察力不只是灵光一闪式的顿悟，更是一种全新的思维方式。洞察力是一种透过表面现象看到事物本质、预见发展趋势的能力，这种能力可以改变世界。工程决策者经常需要用专业洞察力去解决工程活动中的诸多问题，其中包括战略思维能力、利弊权衡能力，特别是工程集成创新的洞察能力，这些能力对工程决策者十分重要。工程决策者需要综合考虑复杂的政治、经济、社会、技术、生态等因素，还要考虑工程安全、可靠、耐久等因素，从长远和全局角度，在权衡利弊得失的基础上，对关系工程建设的重大根本性问题做出科学决策，从而决定工程活动走向。

1.2　工程决策知识的特征

工程决策需要决策者高瞻远瞩，在错综复杂的环境中进行全面分析和做出抉择。工程决策知识具有以下主要特征。

（1）开放性。工程决策知识能够直接推动决策者行为，引导和支持决策行动。决策者以其所掌握的工程决策知识为基础和依据，按照科学程序进行工程决策。但决策知识不可囿于"先入为主"，应基于工程决策知识进行客观决策，因而该过程具有开放性。一方面，决策者需利用现有知识，对不同工程方案进行技术、经济、社会影响等方面的比较判断；另一方面，决策者也需要依靠知识对工程方案进行动态跟踪评估。工程决策知识不仅应回答"要不要做"的问题，也应回答"如何去做""效果如何"等问题，从而直接推动决策者行为。换言之，工程决策知识决定了工程决策的范围及方向，但决策者应在开放性工程决策知识中进行科学选择①。工程决策一般是在现有决策知识允许的范围内进行，如果超出既有知识范围，就需要发展或引入新的决策知识来支撑工程决策。

（2）动态性。工程决策知识并非一成不变，会随着工程活动、科学技术、社会发展等因素的演变而不断更新和发展，在应用和交流过程中也会不断丰富和拓展。纵向来说，随着时间推移、科技进步、社会发展及工程活动增多，工程决策经验会逐渐积累并丰富，工程价值观也会随着社会观念转变发生变化。新形势、新技术、新产品的涌现，都会推动工程决策知识的不断更新和修正。横向来说，越来越多的工程体现出建设规模大、技术集成度高、社会影响广泛等特点，工程决策逐渐由单一决策向群体决策转变，并经历反复论证完善过程。在此过程中，不同的决策知识交融汇集，有效支持着整体工程决策。不同决策者的认知冲突，有利于促进决策者对不同观点的思考和判断，加大知识加工深度，从而做出更好的决策。因此，要充分认知工程决策知识的动态性，不断推动工程决策知识的丰富完善，这是决定工程决策质量的关键之一。

（3）默会性。知识可分为显性知识和隐性知识（默会知识），工程决策知识也不例外。显性知识通常存在于文件与知识库中，而默会知识有着较强的隐蔽性，但其作用和意义绝不可忽视或低估②。从个人层面看，工程决策知识中有许多是高度个人化的知识，隐含在个人经验中并涉及个人看法、价值观等，不易学习和传递；从组织层面看，工程决策知识是组织内部的一种集体性共识，其中包括着许多组织长期积累传承且不易表达或传播的宝贵知识。

（4）综合性。工程决策对工程全生命周期综合效益和战略方向起着决定性作用。工程决策不仅要基于全生命周期考虑工程本身的经济效益，还要考虑工程对国家、地区、社会的贡献及环境效益，因而需要综合利用多学科知识进行决策，服务于工程决策的理论、方法、数据和工具等也会涉及多个领域。

---

① 李迁，盛昭瀚．大型工程决策的适应性思维及其决策管理模式［J］．现代经济探讨，2013（8）：47-51.

② 梁婷，刘晓逸．面向工程项目的隐性知识管理［J］．江西建材，2016（5）：283，289.

2 工程决策知识的要素

工程决策是一个系统分析和判别过程，需要决策主体（群体决策者）按照决策程序和原则，在预测和综合分析工程技术、经济、环保、节能、安全等因素及利益相关者需求的基础上，采用科学方法进行工程方案抉择，并跟踪决策方案实施情况，在必要时根据反馈信息对决策方案进行调整或修正，以实现预期目标。在上述工程决策闭环管理全过程中，需要有完备、合理的工程决策知识引导和支持。工程决策知识由"基础和背景知识"与核心知识组成。

2.1 工程决策基础和背景知识

政治、法律、社会、人文、伦理、艺术等基础和背景知识对于工程决策的引导与支持的意义和作用不可忽视，这些知识要素能够直接影响甚至改变工程决策者的方案抉择。其中，政治、法律、社会、人文等是工程决策必须考虑的社会环境因素，由这些社会环境因素综合交融作用，会产生不同的工程方案。脱离这些社会环境因素进行工程决策，必然导致脱离实际的盲目决策。工程伦理关系到工程决策的基本准则和价值取向，在很大程度上决定了工程活动的社会价值和战略意义。工程艺术也是多数工程决策不可忽视的因素。工程活动的主要目的是造福于人类，但同时又可能会影响甚至破坏环境。为了促进经济社会可持续发展，工程决策者需要担负起社会责任和历史责任。只有将人造工程"艺术化"，使其与自然环境和社会环境浑然一体、和谐共生，才能实现工程活动价值最大化。因此，工程决策者必须在结合工程本体个性特征的基础上，掌握政治、法律、社会、人文、伦理、艺术等知识，这是工程决策科学化的根本条件和保证之一。

2.2 工程决策核心知识

在工程决策过程中，工程科技知识、工程经济知识和工程管理知识密切联系、相辅相成，是支撑工程决策者进行科学决策的三大基石，因此也是工程决策的核心知识。

（1）工程科技知识。工程科技知识是指围绕工程系统及工程活动的科学技术知识。例如，高速铁路工程中的高速铁路建造技术、装备技术、运输组织技术、安全保障技术、维护保养技术等方面知识；载人航天工程中的航天器制造技术、集成测试技术、发射回收技术、测控通信技术、运营管理技术等方面知识；北斗卫星导航系统中的卫星导航芯片技术、卫星精密定轨技术、实时定位技术、星座自主导航技术、遥感和地理信息技术、通信技术、定位系统监测技术等方面知识。

工程系统的实践活动是以工程科技知识为核心而实施的活动，工程决策也不例外。任何工程决策均需要充分结合工程本体特点及工程科技进行，应用可靠的工程科技造福于人类。工程科技知识是做工程决策时所需要和所依赖的核心性知识。以京沪高速铁路工程决策为例，在评估和决策过程中，各方专家对采用轮轨技术还是磁悬浮技术进行了十余年的反复论证，从技术安全性、稳定性、可行性等方面进行了全方位对比，并结合工程造价、运营维护费用等因素，最终选定符合现有国情的轮轨技术进行建设。实践证明，京沪高速铁路的技术决策是正确的，其实施和建成运营对我国经济和社会发展意义重大。

（2）工程经济知识。所谓工程经济知识，是指围绕工程方案进行技术经济分析比较的知识，可以为工程决策提供经济方法论和知识论的支撑。由于追求最佳、合理的经济效果是工程决策的基本要求，这就使工程经济知识也成为工程知识的核心内容之一。工程经济知识包括费用-效益分析指标及方法、投资效益估算方法、全生命周期成本分析方法、价值工程、工程评估理论与方法等。

（3）工程管理知识。工程决策所应用的管理知识，是以工程学知识和管理学知识为主导的多学科综合知识。在工程决策中，工程管理知识主要包括：统计分析理论与方法、预测理论与方法、决策理论与方法、风险管理理论与方法、计算机辅助决策技术，以及管理决策经验和技能等。就决策理论与方法而言，其内容在不断丰富、不断发展，例如，新形成的确定型决策分析方法、风险型决策分析方法和不确定型决策分析方法，还有多目标决策分析方法。工程决策有定性决策分析，也有定量决策分析，通常需要将定性决策分析与定量决策分析相结合。随着工程规模不断扩大和技术含量日益加大，工程风险越发凸显，工程风险管理知识也越来越成为重要的工程决策管理知识。总之，工程决策离不开工程管理知识。

 3 工程决策程序的知识

工程决策应遵循科学的决策程序。在决策程序上科学、完整、合理、合规是工程决策正确的重要保证，也是工程决策科学化的重要特征之一。虽然不同机构的具体决策程序在细节上可有许多差异，但科学决策的基本原则和基本环节是一致的。科学、合理、完整的工程决策程序应是一个提出问题—分析问题—解决问题的动态过程，主要包括分析工程问题、明确决策目标，拟定工程方案、评估优选方案，动态跟踪反馈、优化完善方案等环节。遵循科学的工程决策程序原则，对于规范工程决策行为、提高工程决策质量和效率具有决定性作用与意义。

3.1 分析工程问题、明确决策目标

分析工程问题、明确决策目标是工程决策的首要环节，也是获得工程决策理想结果的重要前提和基础。

（1）分析工程问题。分析工程问题就是要在搜集和调查与工程问题相关数据资料、情境信息的基础上，提出工程决策问题，界定工程决策范围，分析工程决策问题可能导致的后果及其产生原因等。运用大数据、现代预测决策理论和方法等进行产业发展及行业投资方向的宏观分析，还要进行工程活动（工程项目）路线的微观分析。

（2）明确决策目标。分析梳理工程决策面临的问题后，接下来需要明确决策目标。明确决策目标是工程决策的中心环节。目标一旦确定，就为工程决策指明了方向，为提出工程方案提供了依据，也为有效控制决策进程、提高决策效能建立了基准。如果工程决策目标失误，差之毫厘，失之千里，将会对经济社会及环境产生严重影响。为此，工程决策目标要明确具体，不能抽象空洞，含糊不清，更不能在目标定位和目标方向上出现错误。由于要解决的工程问题复杂多样，目标又有近期、中期、远期之分，因此要考虑与目标相关的各种复杂情况，权衡轻重缓急，分清先后主次，形成合理的决策目标体系。

3.2　拟定工程方案、评估优选方案

工程方案是实现工程决策目标的核心与关键。没有系统可靠的工程方案，工程决策目标将成为"空中楼阁"；缺乏与工程决策目标协调一致的工程方案，工程决策目标与方案将"南辕北辙"。为此，需要结合工程决策目标，拟定多种工程方案进行比较，并通过科学分析评估优选出最佳方案。

（1）拟定工程方案。工程方案的拟定要紧紧围绕工程决策目标，并充分考虑工程本体及内外部经济社会环境，对工程全生命周期内有决定性影响的重要问题做出基础性、全局性抉择。通常情况下，要拟定多个工程方案。拟定的工程方案要在工程全生命周期内保持其功能的长期适应性，这不仅要求工程方案对经济、社会、生态环境变化具有稳健性，而且要求避免工程方案实施后诱发经济、社会、生态环境新的破坏性问题。由于工程实施的复杂性、不确定性，需要工程决策者以情境预测性、情境鲁棒性等知识为依托拟定工程决策方案。①

（2）评估优选方案。评估优选方案是指工程决策者在综合评价备选工程方案的基础上，遵循对比择优原则优选工程方案的过程。解决多个决策目标之间的矛盾以及决策目标与工程方案之间的矛盾，是整个工程决策的核心内容，也是工程决策过程的本质内容。工程决策通常是一个多目标决策问题，要善于抓住主要矛盾，同时处理好次要矛盾，使矛盾得到辩证统一。决策目标与工程方案之间相互作用、相互制约，同时又要相互协调。为此，需要工程决策者科学地掌握和运用切实可行的评估优选方式。根据工程决策类型不同，备选工程方法评估优选可采用不同方式。可以直接将工程决策目标作为评估优选工程方案的主要标准，凡是符合决策目标要求，科学地设计了实现决策目标的途径、方式、程序和措施，具有最佳时间效益的方案，可认为是最佳方案。也可以设定综合评价指标体系，比较鉴别各备选工程方案，全面权衡各备选工程方案利弊、优劣后做出最后决断。还可以在优选利弊不一的各种工程方案中，对工程

---

① 徐峰，盛昭翰，丁敏，等.重大工程情景鲁棒性决策理论及其应用［M］.北京：科学出版社，2018.

方案进行修改、补充和综合，使之成为推荐的优化方案。

3.3 动态跟踪反馈、优化完善方案

工程决策并非一劳永逸。由于工程决策目标的多元性、决策环境的复杂性、决策信息的不完整性和决策者知识的局限性，还需要动态跟踪优选工程方案的实施过程，反馈实施情况，并根据需要优化完善工程方案，从而实现工程决策闭环管理。

（1）动态跟踪反馈。工程方案实施的动态跟踪反馈，具有监测、纠偏、促进和制约功能，贯穿工程方案实施全过程。工程方案实施的动态跟踪应关注工程方案实施效果与决策目标的符合程度、工程方案实施成本和效益、工程方案实施带来的长远影响和负面因素，以及主要经验、教训和措施建议等。应建立完善的动态跟踪反馈机制，及时将工程方案实施情况反馈和报告给工程决策者，这是工程决策持续改进的重要基础。

（2）优化完善方案。在动态跟踪反馈工程方案实施情况的基础上，优化完善工程方案应是一个持续推进的过程。随着工程方案逐步实施，工程决策目标达成度日趋清晰、决策信息完整度不断提高，决策者知识的局限性也在降低，使工程方案进一步优化完善成为可能。因此，要注重工程方案实施中的持续改进，这是不断提高工程决策水平的根本保证。

4 工程决策知识管理

工程决策知识量大、来源广泛，需要建立科学的知识管理机制。实现工程决策知识的积累、存储、共享和应用，使之能够更好地为重大工程智能群体决策提供支持。

4.1 工程决策知识管理机制

有效的工程决策知识管理，不仅在于建立和完善知识库，获取和积累工程决策知识；而且要通过构建知识管理平台，实现工程决策知识共享和利用，最终为工程决策提供知识支撑。

（1）构建知识库，积累工程决策知识。构建知识库，是实现工程决策知识管理的重要基础。知识库应以积累工程决策知识内容为

导向进行构建，而工程决策知识梳理需要依照一定的逻辑思路和方法进行，要使工程决策知识体系化、完整化。结合知识库构建，需要从海量工程数据中获取和整理内容丰富、涉及面广泛的工程决策显性知识，同时要尽力将工程决策隐性知识显性化，不断积累工程决策知识，通过再建构和创新工程决策知识，丰富工程决策知识库，为正确的工程决策奠定基础。

（2）构建知识管理平台，共享和利用工程决策知识。知识管理平台是工程决策知识的重要载体。当今世界，没有知识管理平台这样的知识载体，工程决策海量知识管理就只能是乌托邦式幻想，共享和利用工程决策知识进行科学决策也将受到极大影响。构建工程决策知识管理平台，不仅需要充分利用现代信息技术，而且需要不断提升工程决策相关方的知识管理意识和能力。工程决策知识管理平台要与工程决策知识库紧密结合，要在合理分类工程决策知识的基础上，设计工程决策知识地图索引；要对工程决策知识管理平台进行动态更新维护，使工程决策知识与时俱进，与发展中的工程决策相适应。

4.2　现代信息技术在工程决策知识管理中的作用

物联网、大数据、云计算、人工智能等现代信息技术快速发展，不仅对于辅助工程决策作用巨大，而且对于工程决策知识管理的作用也不容忽视。展望未来，现代信息技术将会在工程决策知识管理中发挥更大的作用。

（1）有利于高效获取知识，丰富工程决策知识库。在知识激增时代，高速有效地获取所需知识是进行工程决策的必然要求。物联网、大数据、云计算作为现代信息技术，能够为建立和完善工程决策知识库提供有效技术支撑。应用物联网、大数据技术，可更加有效地获取工程决策知识，云计算具有时间和空间双重灵活性，云平台又能够存储海量信息资源，用户只需一个上网设备，就可以在任何时间、任何地点获取工程决策所需知识。同时，工程决策知识在云平台上不断汇集，可形成工程决策知识库，可以更加便捷地为决策者提供有针对性的工程决策知识。

（2）有利于科学搭建平台，促进工程决策知识广泛应用。知识信息的指数级增长和异构性特点给知识管理带来严峻挑战。现代信息技术快速发展和广泛应用，可以极大地提高工程决策知识管理水平。工程决策者可借助云计算技术搭建工程决策知识管理平台，并运用人工智能技术整合和分类工程决策知识，有助于工程决策知识的有序和快速流动，实现工程决策知识管理增值。

（3）有利于积累海量知识，促进工程决策知识创新。现代信息技术快速发展，不仅可以存储海量知识信息，还可运用数据挖掘与分析技术，挖掘工程大数据中隐含的复杂关联信息，分析和发现工程决策新知识，达到创造知识附加值的目的。同时，基于工程决策知识库，借助人工智能模拟，建立一个具有感知、推理、学习和联想，甚至是智能辅助决策系统，实现工程决策知识创造、演化、转移和应用，从而促进工程决策知识创新，推动工程决策精准管理。

第二节　论工程评估知识

评估是对特定事物进行判断、分析并得出结论。工程评估是根据特定尺度或标准，对工程活动所进行的价值审视[1]，即具有相对独立性的评估专家或评估机构，确定工程目标和功能定位，采用更优的工程途径、工程措施和工程方法，从技术、经济、社会、资源、环境等角度，对相关规划、项目论证文件所开展的再分析论证，为工程决策和项目管理提供依据的一系列智力活动。[2] 工程评估知识是在工程评估专业行为中，评估专家或评估机构所采用的包括工程目标、产出市场、工程设计、建设施工、运营维护、产品生产、组织运行、资源环境、经济社会等内容的知识体系。

工程评估是工程项目生命周期中重要而独特的组成部分，决定着工程评估知识的独特属性及其特定的演进规律，并形成相对独立的知识体系和表现形式。

---

[1]　殷瑞钰，汪应洛，李伯聪，等. 工程哲学［M］. 3 版. 北京：高等教育出版社，2018：124.

[2]　ROSSI P H，FREEMAN H E，LIPSEY M W. Evaluation：a systematic approach［M］. 6th ed. Sage Publications，Inc.，1999：4-10.

工程评估和评估知识的主要特征

我国的工程评估是伴随着我国经济社会的进步和经济体制的变革从无到有、从小到大发展起来的，特别是工程项目可行性研究和先评估后决策制度的建立与实施，使工程评估在推进决策民主化科学化过程中发挥了重要作用。

1.1   工程评估的属性、价值内涵及主要特征

工程评估通过引入多学科专业知识，开展工程多元价值的评价与塑造，既要提升工程正面价值，也要规避工程负面作用。由于工程评估涉及"人与自然的关系""人与人关系"和"人与社会关系"，因此离不开主体的价值判断标准以及工程优化所指向的目标。

1.1.1   工程评估的属性和价值内涵

工程活动作为一种专业行为，是集成各类知识、优化配置各类要素使之转化为现实生产力的活动过程。工程活动是一种可以被价值评价的活动。[1] 就此意义而言，工程评估的本质可以理解为依据一定的价值体系，对工程活动进行价值评判，目的是进行进一步的优化。

工程评估的价值内涵涉及以下三个方面。

（1）价值体系。工程的价值不是单一维度的，而是涉及技术、经济、社会、环境等多维度的，而且不同工程在这些维度上的具体要求又各有差别的，也可以说既相互联系又相互区别，形成一个有机体系。对工程价值体系的认识决定了工程评估知识体系的构成。以我国改革开放以来的工程评估实践为例，20 世纪 80 年代主要强调技术与经济评估；90 年代以后，市场、融资、财务等评估得到重视；进入 21 世纪，工程对生态、资源、社会等方面的影响日益受到关注，特别是新时代创新、协调、绿色、开放、共享的新发展理念的提出，进一步拓宽和深化了工程评估的内容和视野，成为开展评

---

① Van de POEL I, DAVID E, GOLDBERG D E. Philosophy and engineering: setting the stage [M]. Dordrecht: Springer, 2010: 4.

估工作的重要指南。

（2）价值判断。工程价值判断有三个方面。一是对工程绝对价值的判断。所谓绝对价值，是指工程满足其对人类福祉的贡献程度，这既涉及工程自身目标的合理性，又涉及与其他相关工程的匹配关系。二是对相对价值的判断，即基于设计功能目标，分析工程技术功能指标的完成情况和最终功能效果的实现情况，估计工程投入产出效率，强调资源投入的优化配置。三是动态价值判断，主要分析工程价值在生命周期不同阶段的分布情况，从而对其与需求的匹配程度做出判断，评估工程的可持续性。

（3）价值优化。工程评估不应局限于被动地、静态地对工程进行估值，而是要主动地、动态地在估值的基础上，提出价值优化建议。价值优化一般表现为三种形式：一是价值增加，通过评估提出完善工程目标及其配套的工程关系，从而提高工程的绝对价值，更好地满足社会需求和公众利益；二是资源节约，即通过评估提出优化规划设计、工程技术和建设方案，从而避免资源浪费，提高投入产出效率；三是价值匹配，即通过评估提出改进工程实施的措施建议，确保工程产出与需求在时间、空间上实现更有效的匹配。虽然工程评估必须通过影响工程决策和工程设计才能最终转化为现实价值，但工程评估已经内化成为工程价值创造活动的重要源泉。

1.1.2 工程评估的类型

工程全生命周期各个环节需要开展一系列工程评估活动。在工程决策前开展的评估工作称为前评估，在工程活动其他环节开展的评估工作包括中期评估和后评估等。其中，前评估主要为工程决策提供支撑，具体表现为项目建议书或可行性研究的评估，以及初步设计和工程概算评估等形式，是工程评估最常见的形式。中期评估是在工程实施过程中，对工程执行和实施前景进行的阶段性评估，目的是通过系统、客观分析工程实施情况，完善工程方案，优化后续实施活动。后评估是在工程建成并运行一段时间后，对工程目的、执行过程、效率、效果、影响和可持续性进行分析评估，旨在总结经验教训。对于运行结束的重大工程，当地政府或项目实施机构可根据需要对工程移交或退役①方案开展专项评估，这是工程后评估的一种表现形式。

根据评估内容不同，工程评估可分为综合评估和专题评估两大类型。综合评估是对工程的技术、经济、环境、社会等方面进行全方位评估②；专题评估则是根据决策需要，对工程某个环节，特定维度所进行的专门评估，如风险评估、技术评估、经济评估等。

根据评估目的不同，工程评估还可以分为以推动更好实现工程目标的形成性评估（formative evaluation）和以总结经验教训为主要目的的总结性评估（summative evaluation）。

各类工程评估虽然角度不同，目的各异，评估方法也存在一定差别，但其所遵循的知识体系整体相通。

1.1.3 工程评估的主要特征

工程评估服务于工程决策和实施各阶段的利益相关主体，其表现形式多种多样。相对于工程生命周期各环节的其他活动，工程评估具有以下主要特征。

（1）评估主体的独立性。工程评估是由具有相对独立性的评估专家或机构所开展的专业咨询论证活动，评估活动相对独立于工程过程的其他环节。评估不是对工程方案的再规划、再设计，而是从独立第三方的视角，对工程既有方案及其执行情况的再评判和再优化。因此，评估工作必须具有独立的视角，评估工作的实施主体与其他环节工程活动的主体具有明确的分野。需要强调和说明的是，在工程规划、决策、执行等环节中，不同主体均需要对工程价值进行不断的再认识、再分析，在不同程度上借用了工程评估的知识和方法，但其不具有独立性，因此不能视之为工程评估活动。

（2）评估对象的复合性。工程方案的实现路径不是唯一的，在评估中不可能穷举各种路径，而必须以可行性研究等工程活动提出的有限选择作为主要对象开展评估工作，评估的基本对象是工程方案；同时，评估最终又要服务于"形成一个更有价值的世界"，不

① 范春萍. 工程退役问题 [J]. 工程研究——跨学科视野中的工程，2014（4）：83-95.

② 叶文虎. 可持续发展的新进展：第2卷 [M]. 北京：科学出版社，2008：94-102.

能回避对工程价值优化或最大化的追求。因此，工程评估不能局限于既有方案，还应对其他可能的更优路径进行揭示甚至是深入论证，评估的对象又是工程本身，这是一个辩证统一的关系。

（3）评估方法的系统性。虽然工程评估活动早期起源于"第三方"经验判断，但是随着理论与实践探索的发展，对评估工作的系统性要求越来越高，对评估内容的系统性、评估技术的系统性、评估结论的系统性等又有更高的要求。系统性要求不只体现在对评估对象整体-局部关系的把握，而且体现在将技术、经济、社会、环境等多元视角有机纳入评估过程，从而对工程价值形成系统化的认知。

（4）评估标准的多元性。工程项目往往需要满足不同利益相关主体的需求。这些利益相关主体的需求是多元的，各自具有不同的利益诉求及价值取向。因此，对工程价值的判断与优化没有放之四海而皆准的标准，必须依据特定工程的参与主体进行分析，重点关注政府部门、社会公众、金融机构、工程建设、运营维护等不同利益主体价值诉求的共同点，妥善处理不同主体价值诉求的差异，从而实现价值的整体优化。

（5）评估过程的动态性。在工程生命周期中，需要进行事前、事中、事后等一系列评估活动，这些活动虽然具有相对独立性，但是它们之间又有内在的有机联系，出现了复杂的"前馈"和"反馈"关系。工程评估与其他环节工程活动的反复互动过程，反映了对工程价值的认识—实践—再认识—再实践的过程，是认识论在工程评估活动中的重要体现。

（6）评估依据的客观性。工程评估所依据的数据资料必须是可检验的真实数据和真实情况，对将来的预测也必须以历史情况及评估时点的现实情况为基础，评估所采用的数据、资料、方法，及其来源、甄别、加工都必须坚持科学严谨、实事求是，否则就无法保证评估工作的质量。

（7）评估成果的反馈性。评估的目的是改进和完善工程方案及其实施过程，要达到这个目的，必须将评估的成果进行有效反馈。如果不能充分反馈，评估的价值就无法实现，评估工作本身也就失去了作为工程生命周期内的一个环节的存在意义。

1.2   工程评估知识的构成及其属性

1.2.1   工程评估知识的构成

工程评估的本质是对工程活动进行价值判断和价值优化,工程评估知识围绕这一目标而展开,是对人工物制造和使用知识的重构优化。工程评估知识主要涉及从抽象和具体层面识别工程价值体系的知识,评价各价值要素水平的知识,确定工程整体价值的知识,以及从评估角度提出工程价值优化的知识。具体而言,工程评估知识主要包括以下四个方面。

(1)构建工程价值体系的知识

工程评估必须重视对工程价值的系统性认知,这种对价值体系构成及各价值要素相互关系的认识,形成工程评估的价值框架,是评估知识的逻辑构建。

工程评估价值框架由四个层面知识组成。一是工程投入的评估知识,即为实施工程而投入的各种有形、无形资源的适当性价值判断知识;二是工程产出效率的评估知识,即通过工程活动直接产出的有形实物或无形服务的效率价值判断知识;三是工程直接目的实现程度的评估知识,即对工程希望达到的直接目标的效果价值判断知识;四是工程宏观目标实现程度的知识,即通过工程的实施所引发的影响价值判断知识。这四个方面的价值判断知识不是静态不变的,还需要考量在较长时间内的工程价值动态演化情况,特别要从可持续发展的角度,进行全生命周期的动态价值认识①。这些工程价值要素之间既有相互联系又相互独立,往往需要从人-自然-经济-社会系统有机统一的角度进行综合价值判断。

(2)分析工程价值要素的知识

在既定的价值框架基础上,工程评估重点回答五个方面的问题。一是工程投入的适当性,即工程投入相对于实现工程目标是否适当;二是效率,即工程投入转换为工程预期或现实产出的效率是否合理;三是效果,即工程直接目的的实现情况;四是影响,即工程宏观目标的实现情况;五是可持续性,即在工程项目的生命周期过程中,

---

① 钟茂初.可持续发展经济学 [M].北京:经济科学出版社,2006:271-298.

工程投入、产出、效率、效果、影响的动态变化及可持续情况。

工程的适当性知识主要指工程目标、工程方案及决策过程的合理性、合规性的判断依据和标准，涉及宏观、中观与微观三个层次。宏观层次应重点关注工程是否符合整体战略规划和社会需求；中观层次主要评估工程是否符合产业及区域环境条件；微观层次应关注工程立项、决策等程序是否符合法律法规和管理要求。

工程效率知识是指投入资源及其产出的产品或服务之间关系的比较。效率评估的目标是确定工程能否以较低资源投入实现预期的工程产出，包括对投入物和产出物的定性和定量分析比较，评估工程活动的资源配置及工程管理效率。

工程效果知识是衡量工程产出预期可能带来的直接结果及其可实现程度的判断知识。评估效果的基本逻辑是归因，即观测到的改变在多大程度上归因于拟建工程活动，评估工程活动所产生的直接效果。受制于评估时间等限制，效果评估更多地强调这种因果关系存在的可能性大小。

工程影响知识是对工程实施对经济、社会、生态等方面产生的外部性作用的认知，包括影响的领域范围、广度深度以及持久性。对于工程活动所产生的影响，往往重点关注间接影响，其影响结果是众多要素共同作用的结果，拟建工程仅对该类影响做出一定的而非全部的贡献，不能将其影响结果全面归因于拟建工程。影响评估知识应关注两个方面：一是判断影响的范围，即确定将哪些影响纳入评估的分析范围；二是确定影响的程度，同时对影响的产生原因予以关注。工程活动影响是多方面、多层次的，往往很难用单一知识全面概括，因此要强调评估内容与评估信息预期用途的一致性。

工程可持续性评估是评估工程在一定的经济、社会、环境条件下实现长期可持续自我发展与自我完善的条件和可行性，做出趋势性预测和评估。可持续性评估应基于对未来发展趋势的预测，同时也要关注对经济社会、工程主体、目标群体可持续发挥作用的能力建设，分项评估拟建工程的投入、产出、效果、影响的可持续性。

（3）形成价值综合评价的知识

在对工程活动的适当性、效率、效果、影响和可持续性进行分析评估的基础上，应系统归纳评估观点，对工程进行整体判断，形成对工程价值的整体性评估结论。评估所涉及的适当性、效率、效

果、影响和可持续性都有各自的很多具体指标，在形成总体评估意
见时需要对各项子目标的重要性加以判断，从而综合形成评估总体
意见，并反馈到执行主体及各利益相关者，进行反馈和修正，从而
实现工程方案的动态优化。

(4) 提出价值优化建议的知识

工程评估应通过与其他工程的横向、纵向比较，结合评估专家
的经验及知识积累，判断工程价值进一步优化的可能性，从而推动
工程价值的进一步提升。工程评估对工程价值的优化知识应用应区
别于工程规划和设计。工程评估以工程方案为基础，通过对工程活
动所包含的一系列价值要素进行综合优化来实现，如在物质价值与
社会价值之间的优化、在近期价值与远期价值之间的优化等，这是
工程评估知识综合应用的重要体现，也是工程评估活动提升和创造
工程价值的重要体现。

1.2.2　工程评估知识的属性

工程评估的本质和目标决定了工程评估知识具有以下属性。

一是评估知识的系统性。无论是构建工程价值体系，还是对各
价值要素进行汇总评价，都需要评估知识具有高度的系统性，应涵
盖一整套不断完善的评估理念、评估理论、评估方法和评估参数等
要素共同构成的有机整体，这些要素之间具有清晰的层次结构特征，
其中的评估理念是评估知识体系的核心并直接关联"顶层设计"。
同时，这些知识又具有严密的衔接性，相辅相成，体现出整体的系
统功能特征。

二是评估知识的多领域集成性。随着人类工程实践的不断深化，
越来越多的专业知识被纳入工程评估活动之中，工程评估知识越来
越体现出跨学科、综合性的特点。同时，工程评估知识的发展不只
是跨学科知识的简单组合叠加，更要对这些知识进行反复的选择-整
合-集成-建构，并在实践中加以运用，使其呈现出相互融合的态
势，成为评估知识不可分割的组成部分。

三是客观与主观相结合。虽然在操作层面，评估强调以客观事
实为基础，采用经检验证明可靠的客观性方法，但并不可能将主观
性完全排除在外。究其原因：一方面，评估的本质是价值判断，而
对价值的认识不可能完全脱离主观因素，特别是工程相关利益群体

的主观因素，例如拟建工程所在地区特定的民族宗教、风俗文化可能对工程方案产生的影响；另一方面，评估多维度价值要素的整合，也涉及评估主体的主观取舍，例如对重大工程生态环境影响及生物多样性保护的取舍问题。

四是动态性与前瞻预测性。工程评估活动要判断拟建工程的价值现状，更为重要的是，还要判断拟建工程的未来价值。由于工程未来状态具有不确定性，需要在一定前提下做出合理推断，并需要相应的评估知识及方法论支持。同时，工程评估是伴随拟建工程生命周期动态推进的过程，与之相应地，工程评估知识也应包含一系列围绕工程选址、决策、规划、设计、实施而动态推进的组成部分。

2 工程评估知识的表现形式及演进规律

工程评估要求对拟建工程进行价值判断和方案优化，与其对应的评估知识有其自身的具体表现形式及演进规律。

2.1 工程评估知识的表现形式

2.1.1 工程项目周期不同阶段的评估知识表现

从工程全生命周期看，工程评估知识的内涵包括了工程决策、工程规划、工程设计、工程建构、工程运营、工程制造与服务、工程评价、工程退役等阶段评估工作所需要的专业知识集成。[①]

简略地说，工程项目周期可划分为决策阶段、准备阶段、实施阶段和运营维护四个主要阶段。[②] 工程项目周期不同阶段评估知识体现为不同目的的项目文件，均需要评估专家或评估机构在调查研究的基础上，综合运用长期积累的专业知识和实践经验，采用科学的论证方法，形成具有内在逻辑的专业评估报告或建议。

工程项目决策阶段，评估知识文件主要体现为项目建议书、可行性研究报告等前期文件的评估报告，重点是评估论证项目投资建

[①] 殷瑞钰，傅志寰，李伯聪. 工程知识论：工程哲学研究的新边疆——工程论研究之二［J］. 自然辩证法研究，2019，35（8）：45.

[②] 中国工程咨询协会. 工程项目管理导则（试行）［M］. 天津：天津大学出版社，2010.

设的必要性和可行性，为工程决策提供专业支撑。

工程项目准备阶段，评估知识文件主要体现为开工前的各项准备文件，如初步设计、施工图设计的审查，以及建设规划许可证、建设用地使用权证等外部约束条件的评估文件，为工程开工建设打下基础。

工程项目实施阶段，评估知识文件主要体现为工程实物形态形成过程中的各类监测评估成果，评估的重点是工程建设投资、进度、质量、安全等目标的控制情况，为项目实体建设提供跟踪管理的依据。

工程项目运营维护阶段，评估知识文件主要体现为投资建设过程总结评价、运营绩效评价、项目全过程跟踪及后评价等报告，评估的重点是经验总结、发现问题和持续改进，为工程可持续运营提供建议。

在工程项目周期四个阶段的评估中，前期阶段的评估尤为重要，是工程决策的直接参考依据。前期评估知识文件应观点明确、重点突出、逻辑性强，能够回答工程决策所关注的各类问题。对于高度专业化问题的阐述，应力求深入浅出、通俗易懂；对关键内容宜重点分析，以利于工程决策人员准确理解和把握。

2.1.2　工程评估的理念创新

工程评估理念是工程评估知识的核心，指引工程项目周期不同阶段的评估工作。工程评估理念需要从经济、政治、文化、社会、生态文明五个方面统筹推进工程项目落实新发展理念的战略目标，这是工程评估活动的总体要求和行动指南。更具体地说，要特别关注以下几个方面。

一是从提高投资效益、规避投资风险的角度出发，贯彻国家相关产业政策和发展规划，更加注重市场的深入分析、技术方案的先进适用性评估，优化产业、产品结构，促进物质文明建设。

二是从以人民为中心的角度出发，坚持民主决策，维护非自愿移民、贫困人口、妇女儿童、少数民族等群体的合法权益，开展参与式评估，体现人民意志，激发人民创造活力，关注多元化合理诉求，促进政治文明建设。

三是从高质量发展的角度出发，关注工程建设对所涉及人群的生活、生产、思想、文化、教育等方面所产生的影响，改善当地科技文化和教育培训等条件，提高自主创新能力，促进精神文明建设。

四是从公平正义的角度出发，重视工程项目社会评价和社会稳定风险评估，加强和创新社会治理，在发展中补齐民生短板，使人民群众的获得感、幸福感、安全感更加充实和更有保障，促进社会文明建设。

五是从可持续发展的角度出发，践行"绿水青山就是金山银山"的发展理念，统筹考虑工程建设中资源、能源的节约与综合利用以及生态环境承载力等因素，发展绿色经济和循环经济，促进生态文明建设。

2.1.3 体现不同价值形式的工程评估知识表现

工程评估是对工程价值的再认识和再判断，涉及多个视角和不同维度的专业知识，其价值理念和价值评判体现在以下几个方面。

（1）以工程人工物为"实体"的技术价值。工程活动中创造出了原先不存在的具有一定价值的人工物。自然科学知识是通过思维对自然存在的反映，具有"描述性的"（descriptive）特征；技术知识具有"规范的"（normative）或"行动性的"（conductive）特征。技术知识以规则形态呈现，其判断标准为"有效性"。[①] 工程评估知识对工程价值的判断虽然体现为多维特征，但离不开工程人工物"实体"本身所体现的技术价值，这是对工程活动其他价值判断的基础和前提，其主要工作是对工程技术方案的评估，这是一个对产品、技术效益、影响和市场等众多因素综合评判的复杂过程。从技术角度对工程实体进行评估，体现出技术角度的价值思维和技术方面的价值评判。

（2）以货币计量为指标的经济价值。在对工程进行经济维度的评估时，通常需要以货币单位作为计量尺度，对工程方案的投资、成本、税收、利润等直接成本和收益，以及对工程活动的外部经济性和外部不经济性进行货币量化分析，评估拟建工程的财务价值和经济价值，对其投入产出效率及区域经济布局、产业发展及宏观经济价值进行判断，这就体现出了经济维度的价值思维和功利方面的

---

① 潘天群. 技术知识论［J］. 科学技术与辩证法，1999，16（6）：32-35.

价值评判。

（3）以人民为中心的社会价值。工程建设的出发点和归宿点应体现以人为本的理念。马克思主义认为："人的本质不是单个人所固有的抽象物，在其现实性上，它是一切社会关系的总和。"① 在进行工程评估时，不但需要进行技术价值和经济价值的评估，而且必须进行社会价值的评估。必须从人-技术-经济-社会的系统角度对工程活动的人文价值及社会影响效果进行评估，必须坚持以人民为中心的发展理念，体现出社会和谐的价值思维和以人为本的价值观。

2.2   工程评估知识的专业性及其体现

工程评估知识是专业性非常突出的知识，其专业性表现在许多方面，此处仅简要地分析以下几个问题。

2.2.1   工程目标及建设必要性的评估知识

在工程评估中，在规划背景、产业政策及行业准入分析的基础上，需要对拟建工程预期达到的目标以及建设的必要性进行总体分析和评估论证。

按照期限划分，工程建设目标包括战略目标、阶段目标和近期目标，其中战略目标的评估知识涉及国民经济和社会发展宏观环境以及投资主体的战略意图等因素，据此判断工程项目在宏观或长远目标中的地位和作用。按照评估内容划分，工程建设目标包括技术目标、经济目标、环境目标、社会目标等，需要评估具体方案优劣及其优化建议。

工程项目必要性评估，应对工程项目是否符合现行规划和政策的总体要求，该项目是否已被纳入相关建设规划，与工程项目所在地区发展规划、国土空间规划、区域规划及相关专项规划的衔接情况等提出评估结论。

2.2.2   技术方案的评估知识

技术方案主要指生产方法、工艺流程、技术路线选择等。技术

---

① 马克思.关于费尔巴哈的提纲［M］// 中共中央马克思恩格斯列宁斯大林著作编译局.马克思恩格斯选集：第一卷.北京：人民出版社，1995：18.

方案是衡量工程项目技术水平的标志，往往决定工程项目的经济合理性。技术方案的评估，需要具有相应的专业知识以判断是否满足技术先进性、适用性、可靠性、安全性以及经济合理性等要求。

生产方法评估应具备研究与该工程项目功能有关的各种生产方法是否符合生产过程合理先进，产品质量达标可靠和节能环保等要求以及技术来源的可得性等方面的知识。

工艺流程和技术路线方案评估应具备研究工艺流程对项目功能和效率的保证程度、各环节之间衔接的合理性、主要运行参数的稳定性等方面的知识。

2.2.3　工程方案的评估知识

工程方案评估是在工程建设规模和技术方案确定的基础上，总体体现包括技术方案集成、经济要素协同等内容，应遵循适用、经济、合理、符合工程美学原理等原则，评估工程建造方案的各项内容（包括工程标准规范、工程结构、外观形式和风格以及工程量等）。这个过程涉及许多专业知识，例如，一般民用建筑的工程方案评估中涉及建筑物形式、体量、结构、装饰等知识；铁路项目工程方案评估涉及线路、路基、轨道、桥涵、隧道、站场以及通信信号等知识；水利水电项目工程方案评估涉及枢纽布局、水坝水库选型和容量、防洪除涝工程以及输变电工程等知识，尤其需要具备评估水库淹没区移民安置方案的专业知识。

2.2.4　设备方案的评估知识

设备方案评估是在技术方案评估的基础上，对工程所需设备的数量、性能、来源、价格等进行研究，提出比选方案，主要比选各设备方案的技术性能成熟性、质量可靠性、检修便利性、价格经济合理性等，这些都需要相应的专业知识支持。

2.3　工程评估知识的发展和演进

纵观人类工程的发展史，工程评估知识是一个不断发展、演化的过程。相对于工程周期的其他环节，工程评估作为一项独立活动虽然产生相对较晚，但通过大量实践，工程评估的知识体系得以快速发展，可以看出一些较为清晰的演进规律。

2.3.1　工程评估知识的"独立个性"日趋鲜明

工程评估活动是从工程设计与执行过程中分化出来的，但随着工程评估实践的推进，工程评估发展出了一系列专门技术和方法。这些成果使工程评估进一步独立出来。早期的工程评估实践具有极强的模糊经验性特征，这种评估活动实质上是由其他从事工程设计、施工组织的人员，依托其知识和技能对工程前景进行预测与判断，所依托的知识、方法主要来自其他工程环节。随着实践的不断深入，工程评估逐步摆脱了依靠经验和类比模拟的思维框架，形成了独立于工程设计与实施的知识体系，如国际咨询工程师联合会——菲迪克（FIDIC）组织发布的《工程咨询业质量管理指南》、中国工程咨询协会组织编写的咨询工程师（投资）职业水平考试教材等。工程评估与项目可行性研究、规划设计、工程施工等环节呈现出"锐角"关系，两者从不同立足点出发，服务于共同的目标。随着信息技术的发展及工程知识体系的不断完善，人们对工程价值的认识更加深入，工程评估理论和方法体系不断得以创新，知识体系的独立性进一步彰显，工程评估"见微知著"的能力更加凸显，工程评估知识的重要地位和作用更加突出。

2.3.2　工程评估知识范围不断拓展

人类认识工程价值的视野不断进化，工程评估的视野也相应地不断拓展。国际上，最初的工程评估更多局限于技术、效益层面，主要是对拟建工程的技术前景、财务效益进行预测，而后逐渐将经济、社会、环境等因素引入评估知识体系，这种引入首先在横向上拓展了工程评估知识的范围，同时随着对工程本质认识的拓展，相关知识在纵向上也日益得以深化。随着联合国可持续发展目标（sustainable development goals，SDGs）这一共识的形成，气候变化、性别平等、生物多样性、韧性城市与社区等可持续发展目标日益被纳入工程评估知识的范畴，其相关内容成为工程评估知识体系的重要组成部分。

2.3.3　工程评估知识的"社会性"因素日益受到重视

早期的评估知识主要围绕工程技术、经济价值等人与自然的关系、人与人工物的关系展开；但是随着对工程认识的深化，工程的社会性因素日益引起重视。"人与社会的关系""人与人的关系"成为关注的重要方向，很多社会科学最新研究成果，如移民安置计划、社会稳定风险评估等专业知识，逐渐被吸收到了工程评估知识体系之中。在此方面的一项重要成果就是工程项目的社会影响评价（social impact assessment，SIA），其作用在于分析、监测和管理由工程活动所引发的社会影响，包括预期的和预期之外的、正面和负面的社会影响，以促进一个可持续的、公平的自然和人类环境，实现正面社会影响和社会价值的最大化，将负面社会影响降至最低。

2.3.4 评估知识的技术支撑更加完善

信息技术的发展，极大地丰富了工程评估知识的实践应用。以此为基础，一些抽象的理论知识转化成直接指导实践的应用性知识，推动了工程评估知识的丰富。例如评估中大量涉及对工程未来发展状况的模型分析，这种分析手段最初较为原始，主要依靠对少数变量的回归等方法进行简单预测，准确性较差，但是随着现代计算机技术的发展，预测中纳入的影响因素越来越全面，计算分析方法更加科学合理，且运算效率更快。在此条件下，一些专业科学技术知识逐渐转化为工程评估知识，而且随着人工智能、云计算、数据挖掘等大数据分析方法的逐步完善，未来的知识创新和转化水平还将迈上更高的台阶。

2.3.5 对工程活动规律的认知逐渐深化

工程评估必须重视研究工程领域的重要规律性问题，如投资与消费的关系、投资对经济增长的拉动作用，如何确保工程建设的高质量发展，如何协调经济社会发展与人口、资源、环境之间的关系，如何有效规避境外投资工程建设的国别风险等。通过对工程活动规律性的深入研究，可以对工程活动所涉及的重点、热点、难点问题提供有价值的咨询评估建议。

第五章

论工程规划知识和工程设计知识

工程规划和工程设计是在工程评估并对工程实施做出明确决策的基础上，对工程实施计划所进行的谋划和设计。其中，工程规划是对工程项目未来实施计划所进行的系统性谋划，涉及工程未来的实施目标、工程任务、实施进度、工程效果、环境对工程活动的要求以及为此而规定的工程实施程序和步骤等一系列系统性谋划过程。[①] 工程设计是工程规划方案的具体落实，是为制定工程实施计划而进行的具体谋划。工程规划与工程设计是有整体目标和具体目标的谋划活动，需要将众多工程要素进行整合，遵循其特定的理论、方法、规范，拥有与此相关的知识体系。工程规划和工程设计不仅是工程全生命周期的关键环节，而且是最能体现工程哲学思想的展示载体。工程规划知识和工程设计知识在工程知识体系中具有特殊重要地位。

第一节 论工程规划知识

工程作为人类获得并不断发展现实生产力的实践性创造活动，在保持人类生存、繁衍和推动人类社会不断取得进步的同时，也对人类社会的可持续发展产生各种影响，这就使人们开始用哲学思维来审视工程本身，以发挥哲学对工程活动的指导作用。工程哲学研究的兴起，不仅对丰富和发展哲学学科、树立科学的工程观和发展观，而且还对正确认识和处理人与自然、工程与社会的相互关系等

---

① 殷瑞钰，汪应洛，李伯聪，等. 工程哲学 [M]. 2 版. 北京：高等教育出版社，2013：7.

产生重要影响。工程规划强调宏观性、整体性、系统性、长远性的谋划，是工程哲学发挥作用的重要领域。以工程哲学为基础的工程规划知识，对人类工程知识的丰富和创新具有非常重要的促进作用。我们生活在一个以人工物为标志的工程时代，工程活动已经渗透到社会生活的各个方面。随着经济社会的迅猛发展，特别是数字经济及新技术革命的快速推进①，工程规划的思维方式也必须进行系统性变革，从工程哲学的角度反思工程建设的规划思想，完善工程规划的知识体系，以促进以人为本及工程可持续发展目标的实现。

工程规划及其知识体系的基本特征

1.1 工程规划的基本特征

工程活动是人类建造人工物的物质性实践活动，是人类为了维持生存、繁衍和发展而进行的一项基本物质性实践活动。工程规划是对拟建工程所进行的系统性谋划。作为创造和建构新的存在物的人类物质生产实践的一种具体形式，工程规划的本质是将各种工程要素的集成方式、集成过程与集成模式进行统一谋划的过程。现代社会的工程活动极大地改变着人类社会的物质面貌，塑造着现代社会的文明样态，使工程规划体现出鲜明的专业性时代特征。

1.1.1 工程规划是对工程实体系统和实体形态的谋划

工程规划是对即将进行的工程活动的一种系统性谋划。从工程理念开始通过集成各类要素、各类知识向实物和实体形态转化的过程就是工程活动。工程规划知识用于指导、安排这类转化过程，需要涉及多种资源的整合与知识要素的集成，需要对工程活动的实体系统和实体形态进行专业性、系统性的谋划，以实现特定的工程目标。离开工程实体系统和实体形态的谋划，就失去了工程规划的物质基础。

围绕对工程实物形态的谋划，工程规划涉及对工程方案的研究（research）、开发（development）、设计（design）、构建（construction）、

---

① 王安. 数字智库推动产业和企业数字化转型［EB/OL］.（2018-05-24）.

生产（production）、操作（operation）、管理（management）和其他
功能的谋划。合理的工程规划要根据所要规划的工程内容，整理出
当前有效、准确及翔实的信息和数据，并以其为基础进行定性与定
量的预测，明确工程目标及具体实施方案、步骤。作为工程实施具
体行动的基础，工程规划方案应符合工程技术标准及相关规范要求，
充分考虑工程实际情况及未来变动趋势，并对未来可能出现的情况
及具体应对措施进行谋划，以降低工程规划存在的漏洞或避免实际
行动中可能发生的风险。

1.1.2　工程规划属于情境性工程实践活动

规划是具有长期性、战略性、整体性特征的行动计划，是对未
来整套行动方案的思考和谋划，是融合多种要素、多项知识形成的
发展愿景。这种愿景的形成，不能孤立于其所处的外部环境条件。
工程活动需要针对特定的工程目标，结合工程实施的外部环境因素，
进行系统综合的统筹谋划。离开了情境性的工程谋划，工程目标将
无从依据并难以实现。

工程方案会随着其所处情境的改变而改变。工程活动的实施过
程会因情境的变化而不断提出对工程规划方案的修改和变更，不可
能完全按照固定不变的模式进行。在工程决策、规划、设计、建造、
运行、管理、评价等具体行动中，许多问题往往只有在工程活动进
行到一定的阶段时才会显现出来，从而给整个工程活动过程带来不
确定性，使工程活动成为情境性的、不确定性的实践活动。因此，
工程活动是一种边界条件多变、工程目标多元化的动态情境活动。
不确定性就意味着某种程度上的不可预见性。

工程规划必须深入到具体的社会、经济、文化、历史等情境中，
去开展"过程中"的动态规划行动，注重运用过程应对机制，协调
好不同利益相关主体的利益诉求。在这个过程中，尤其要重视规划
活动的情境变异性特征，不断根据具体情境的变化来调整工程规划
方案，以满足工程规划动态性的内在要求，从而保障工程规划目标
的适时性实现。

1.1.3　工程规划的唯一性及不可复制性特征

工程规划一般是对具体工程项目方案及其推进路径、实施步骤

的谋划，需要准确而实际的数据信息以及运用科学的方法进行从整体到阶段性的工程方案谋划，依照相关技术规范及标准制定有目的、有意义、有价值的工程实施行动方案，包括推进路径和分阶段实施步骤。作为工程实施的行动计划，工程规划对工程设计、工程建设及运营管理发挥指导作用。每一个工程项目的具体情况都存在差异，具有当时当地性特征，世界上不存在两个完全一样的工程，针对特定工程项目的规划方案具有唯一性及不可复制性特征。寄希望于套用标准模板对特定工程提出所谓标准化的规划方案是不现实的。

现实的工程活动总是为了建构某个满足特定主体特殊需求的人工物①，这个人工物又总是处在某种特定的社会环境与自然环境中，而这种特定的社会环境与自然环境是作为工程活动的内在构成要素存在，而不仅仅是传统观念所认为的是工程活动的外部约束条件。因此，工程活动具有明显的空间场域性特征，从而决定了工程活动的唯一性、特殊性和不可重复性等内在特征。工程规划必须考虑特定工程所处的环境条件，综合考量各种相关因素，追求工程项目规划方案的个性化、合理化诉求，为特定工程谋划出一个量身定做的工程方案，以实现特定工程项目的特定目标。这就决定了工程规划知识的形成，既要反映工程活动的实物形态性特征和工程过程的动态情境性特征，还应体现各类工程丰富多彩的专业化特征。

1.2 工程规划知识及其主要特征

1.2.1 工程规划知识的主要类型

工程规划知识是工程知识体系中的重要组成部分，具有一般性知识的基本特征。工程规划知识是人类在工程实践中认识客观世界的智慧成果，是人类从工程实践的各个途径中获得的经过提升总结和凝练升华的系统认识，包括针对工程实施的事实、信息的描述或在教育和实践中获得的专业知识技能。从工程哲学的角度看，关于工程规划知识的研究属于工程规划认识论的范畴，工程规划知识是人类认识工程规划的成果或结晶，包括经验知识和理论知识。工程

---

① 殷瑞钰，李伯聪. 关于工程本体论的认识［J］. 自然辩证法研究，2013，29（7）：43-48.

规划知识的获取涉及关于工程规划的感觉、交流、推理等众多复杂的认识过程。

工程规划需要对特定工程活动全寿命周期过程的工程活动进行谋划。从工程实施的过程看，工程规划包括五个主要阶段的知识：（1）工程问题及目标的界定；（2）工程规划方案的确定；（3）工程规划方案的评估；（4）工程规划方案的实施；（5）工程实施效果跟踪监测及评价。按照不同的认知标准，工程规划知识可以分为单元知识和复杂知识、独有知识和共有知识、具体知识和抽象知识、显性知识和隐性知识、陈述性知识和程序性知识等。

1.2.2   工程规划知识的主要特征

（1）目标性特征。工程规划及其知识是为特定工程目标服务的，具有鲜明的目标导向性特征。工程规划知识的构建，必须服务于工程规划的目标导向。人们对工程目标的认识，需要反复论证的过程，针对工程规划目标的识别有时具有一定的隐蔽性，因此，需要进行归纳和提炼；不同的群体对工程规划目标的理解都存在个体性差异，具有主观意愿色彩；对工程规划目标的认知必须经过工程规划专家的心智内化，真正理解，才能被准确运用于工程规划实践之中。工程的目标往往是多元的，而且在不同时空环境条件下，其中相互权重是复杂多变的，但均应服务于特定目标。

（2）系统性特征。工程规划及其知识包含了众多的具体要素，工程活动的整体并不是这些要素的简单加和，而是通过其相互联系、相互作用所形成的具有一定组织性、功能性、结构性的复杂系统。工程活动属于典型的人工系统，是典型的工程系统，工程活动必须与其所处的生态、经济、政治、社会、文化等环境相协调，需要系统工程思维模式的指导。切斯托特认为，系统工程是"对某一系统进行构思、定界、设计、建造、操作和检验一系列活动过程。所谓系统，就是将多种相互作用的人、机因素结合在一起，通过对人力、装备、工艺、材料、能源和信息的调配与控制，以实现某些设想的目标。"[①] 工程规划运用系统论、信息论、控制论等系统分析与理性规划理论，运用系统方法对工程项目的构成要素、预期目的、结构

---

① 郭贵春，魏屹东.科学大战与后现代主义科学观［M］.北京：科学出版社，2006.

功能、演化过程、约束环境等进行客观的和实证的分析与处理，从而对工程方案做出科学的、理性的系统性谋划。

（3）前瞻性特征。工程规划及其知识需要对拟建工程的未来实施计划进行系统性谋划，对工程本身及其外部环境的未来变化趋势进行预测、分析和判断，适时提出应对措施，贯穿于工程规划实践的整个过程。人类社会不断发展、科技创新日新月异，工程规划知识需要体现对科技创新及工程实践未来发展趋势的判断和把握，以及趋势变化对工程实践活动产生影响的预见和掌控，体现时代特色、地域环境特征及人类认知水平的提升。在工程实践中，工程规划的理念、理论及方法体系，应根据趋势变化进行不断创新。"工程的唯一性、一次性、不可重复性特质，决定了它没有可完全照搬的范例或固定不变的操作规程与规范，必须通过不断的创新才能实现前期确立的目标"①。对工程活动趋势性的把握，不仅包含新技术的应用与工程产品的创造，也应包括各种成熟技术的集成及优化应用，以及工程行为与经济社会环境之间关系等方面的模式创新和前瞻性谋划。

（4）场域性特征。工程规划知识是在特定自然及社会环境条件下所形成的建造人工物的知识。工程活动本身所具有的场域性特征，决定了工程规划知识的构建，应能体现工程活动的场域性所体现的空间维度特征，以反映工程活动所在特定地区的地形地貌、生态环境、自然资源、气候条件等自然因素，以及产业结构、经济结构、社会组织、文化习俗、政治环境、宗教礼仪等社会因素，并不断进行更新和修正，以更好地适应工程实践的场域性要求。

（5）情境性特征。工程规划及其知识是面向未来的谋划活动，体现对未来工程活动的预期和判断。但是，"当前预期出现的状况"和"未来出现和发生的实际状况"之间往往会有不同程度的——有时甚至可能是很大程度的——偏差。在进行工程规划时，必须"预见"到在"未来"会出现"这种偏差"，并且必须对这种可能出现的偏差做出相应的谋划，这就需要有相应的知识支撑，以确保预期工程目标的顺利实现。工程规划知识应满足工程活动的情境性所体

---

① 哈罗德·切斯托特.系统工程［M］// 邹珊刚.技术与技术哲学.北京：知识出版社，1987：395.

现的时间维度，必须在规定的工程情境下发挥作用，人类工程规划知识的选择，必须进行时间维度中的情境对比。

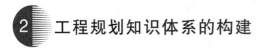

2 工程规划知识体系的构建

2.1 工程规划知识体系的构建路径

2.1.1 系统性集成

纯粹的科学知识本身不是工程知识，纯粹的社会知识、人文知识也不是工程知识，与工程相关的多种知识的集成才是工程知识。以复杂适应理论为核心的现代系统科学，为解决工程规划中的工程、技术、经济、社会、资源、环境和生态协调发展提供了科学范式，同时也为工程规划知识体系的构建奠定了科学知识和科学方法的基础。

工程规划知识是综合集成性知识。系统性集成是工程规划知识体系构建的基本路径。所谓工程知识的系统性集成，不是各种知识及相关经验的简单堆砌，而是将它们进行有机的结合，并转化为适应工程实际情境的可行的、可靠的方案等，形成系统性工程规划知识体系。

工程规划知识体系的具体构建过程中，需要集成应用科学知识、技术知识等自然科学知识，以及社会学、经济学、历史学、管理学、政治学、心理学、哲学、文化学、宗教学、考古学等多种人文社会科学知识。工程规划知识的集成不是将各种知识进行简单加总，而是把这些知识进行有机的结合与转化，最终形成与具体工程的现实境域相符合，具有可操作的程序、方法、规则、指南、规范等工程规划知识体系。

从系统性分析框架的角度看，工程规划的具体活动涉及工程目标定位、外部环境分析、工程问题识别、规划方案提出、决策模型构建、工程方案决策及工程组织实施等具体步骤和环节，各个步骤和不同环节具体活动的顺利实施，都需要相应的专业知识。工程活动的系统性特征，决定了工程规划知识体系的系统性集成特征。具体工程项目内部各子系统存在紧密的内在联系。通过工程规划与管理制度创新，工程活动与当地社会文化、产业经济、物质环境和自然生态等子系统之间的相互作用大大加强①。未来的工程规划将更加强化土地、建筑、交通、公共设施等物质系统与社会、经济、文化、管理和生态环境等非物质系统之间的耦合联系，更加注重以人为本及社会、环境融合发展，实现工程活动各子系统的均衡协调与可持续发展，所需的学科专业知识更为复杂，系统性集成在工程规划知识体系的构建中的作用愈加重要。

2.1.2　实践性提炼

工程活动是一种具有群体性、目的性、实物性特征的社会实践活动。从结构上讲，工程行动是由工程主体、人工物、决策行动、设计行动、实施操作行动、评价行动、场域与情境条件、自然与社会环境等构成的复杂结构。由不同的工程主体构成的工程共同体需要通过个体之间互为主体性的实践交往才能实现。通过相互之间的交往行为，各工程主体之间才可以进行充分的沟通、协作，进而达成工程目标共识，确保人工物建造的完成。哈贝马斯认为，"交往行为的核心是行为者采取相互理解的态度达到对情境的解释和理智的界定，以便相互合作。"② 在工程实践的具体活动中，各相关群体的认识水平、能力、精力参差不齐，文化观念、价值标准、利益诉求均存在差异，使工程规划活动中对工程规划知识的实践性提炼显得尤为必要。

世界上的工程千差万别，但作为人类智慧结晶的工程规划知识，是人类在工程实践活动中对工程方案进行系统性谋划的相关知识的智慧结晶，是人类从工程实践活动中获得的经过提升总结和凝练升华的工程规划系统认知，是人类工程知识宝库的重要组成部分。工程规划知识在应用、交流的过程中，不仅不能消失，而且还能被不断地丰富和拓展，产生倍增效应。对于大型、复杂的工程项目群，需要运用科学的、系统的、逻辑的、理性的方式，利用基于工程科学的规划知识和运用数量模型的规划技能对其构成要素及多维目标

---

① 张文忠，等. 产业发展和规划的理论与实践［M］. 北京：科学出版社，2010：7-9.

② 尤尔根·哈贝马斯. 交往行为理论［M］. 曹卫东，译. 上海：上海人民出版社，2004：85.

进行系统分析，统筹考虑生态环境、资源能源、可持续发展等相关知识，对特定工程方案进行系统性优化，确保工程规划知识在遵循普适性思维逻辑、价值导向及程序方法的基础上，在特定工程实践中获得有效应用。

工程活动不以工程知识作为最终目的，而是将其作为实现工程目标的手段来服务于整个工程过程。工程目的与实现工程目的所处的实际情境共同决定了工程知识的创造。工程规划必须充分认识到规划情境及其具体实践的重要性，要深入到工程项目所处社会环境的具体过程中去把握适应这种不断变化的情境，结合工程实践的实际问题，通过对境域性工程知识的提炼和总结，凝练成相应的工程规划知识。各工程主体之间只有通过相互交往及具体的实践行为，才能进行充分的沟通协调，进而做到目标共识、决策合理、方案优化、操作协调、评价客观、控制适当。对丰富多彩的工程活动实践经验所进行的积累和总结是工程规划知识体系的主要来源。

2.1.3　多学科融合

工程规划知识作为一种综合性、实践性很强的知识形态，其知识体系的构建必定需要融合多种学科的知识成果。从哲学角度看，可以划分出工程规划涉及的两大类要素：物质要素与非物质要素。前者指特定空间场所的物质设施等，后者指从事工程设计、建设、运营、管理等各种活动的人群以及有关的社会、经济、文化、制度和生态环境等要素，二者都有相应的专业知识类别。工程规划思维中不但包括以"物质形体规划"为主线的"工程蓝图"式规划思维，而且包括融入有关人文社会学科的思维，要融入系统性"持续规划"的思想逻辑，考虑可持续性的客观要求，思考并安排好涉及社会、经济、资源、生态与环境等复杂的系统关系。于是，工程规划知识体系的构建就成为一个开放性的学习借鉴以及多学科专业知识相互融合的过程。

我国是一个重视规划的国家，要求必须牢固树立新发展理念，落实高质量发展要求，理顺规划关系，统一规划体系，完善规划管理，提高规划质量，强化政策协同，健全实施机制，加快建立制度健全、科学规范、运行有效的规划体制，把工程规划知识作为引导投资方向，稳定投资运行，规范项目准入，优化项目布局，合理配置资金、土地（海域）、能源资源、人力资源等要素的重要手段。相关专业知识的研究成果，可为工程哲学视野下的工程规划知识体系的构建提供借鉴。

2.2　工程规划知识的表现和呈现

工程规划的具体知识围绕着三个方面予以表现和呈现：一是满足工程质量要求所需要的规划知识，包括工程技术、工艺方案、节能环保及经济社会影响效果等不同层面的质量要求；二是满足空间合理布局所需要的规划知识，包括工程项目与周边环境的协调布局、空间规划，工程活动内部各环节的总图布局，涉及物流、信息流、能量流等方面的优化配置，景观和场所美化，以及产业、区域的相互协调；三是满足时间衔接合理需要所需的规划知识，包括工程活动与周边产业、区域发展时序的优化，工程建设及运营周期的优化，产品研发及生命周期的优化等。

工程规划涉及工程法规、工程技术和工程效果等多个维度，工程规划知识也必然表现和呈现为对应维度的知识，具体的工程规划活动必须做到法规符合、技术可行和效果合理。

2.2.1　工程法规性知识

工程规划必须按照相关政策及法律法规的要求进行，因此涉及产业政策、环境政策、节能政策、土地利用政策、技术政策等各方面的政策法规性知识。应该特别强调和特别关注的是，与工程有关的法律法规绝不是"仅有一项的法律法规"，而是包括方方面面的法律法规，这就使工程法规性知识成为一个同时具有头等重要性、高度复杂性和高度专业性的问题。

工程法规性知识旨在解决工程规划的合法性、合规性等问题。与工程活动相关的各类政策及法律规定，是开展工程规划活动必须遵循的行动准则。法律法规执行不到位，不仅可能导致资产损失，工程安全、生态环境的损害，以及危及工程规划目标的实现，还将导致相关利益主体必须承担相应的法律后果。

工程法规性知识可以体现为各种方面法律法规的专业知识，比如针对环境保护、能源节约、产业发展等方面的法律法规；或者体现为各种准入性法规要求，包括工程项目在技术、工艺和设备参数等方面的要求，环保、节能、土地利用、工程安全等方面的规定，以及企业、产业、工艺、装备等市场准入法律法规政策；也可以体现为各种管理规定，如市场垄断、外资进入、行业发展等方面的规范类管理法规等。

在工程法规性知识的应用方面，重点需要审视工程产品、产业布局、工艺装备的选择是否合法合规，特别是要分析是否符合环保、能耗、安全等方面的要求。法律法规会随着经济社会环境的发展而逐步做出调整，但工程规划需要具有前瞻性特征，在实际应用层面会存在现有法规性规定不符合工程未来发展需要的情形，这就需要结合工程规划的情境性要求进行前瞻性预判，既要满足现有法律法规的刚性要求，又要根据未来变化趋势对非刚性政策及法规性规定做出灵活性应对处理。

2.2.2　工程技术性知识

工程规划需要在遵循相关政策及法律法规要求的前提下，通过各种工程手段实现相应的工程目标。工程技术性知识是与工程规划活动相关的各类工程技术知识，在工程规划知识体系的构建中居于核心地位，涉及内容十分广泛。这里仅论述工程选址、工程工艺、节能工程、工程环保四个方面的工程技术性知识。

（1）工程选址知识

工程规划是经济社会发展规划、国土空间规划、区域性规划和专项规划的具体延伸，需要做好工程选址与相关规划的衔接工作。作为工程规划活动的重要组成部分，工程选址需要考虑自然、生态、人文、经济、社会、法律等众多因素，涉及多专业相关知识[1]。工程选址知识的掌握和应用，对工程项目的顺利落地及工程规划目标的实现发挥着基础性作用。

工程选址知识应包含从宏观到微观不同层面多维度的各类专业知识，主要包括经济社会发展知识、区域或城市规划知识、产业发展及专项规划知识、经济地理知识、资源开发利用知识、交通运输知识、自然条件（包括工程地质、水文地质、海洋潮汐、气象气候、

---

① 叶敬忠，刘燕丽，王伊欢. 参与式发展规划 [M]. 北京：社会科学文献出版社，2005：1-8.

洪涝灾害等）知识、生态环境保护及可持续发展知识、相关工程（包括水利工程、给排水工程、供配电工程、土木工程、防灾工程等）专业知识、工程技术经济知识等。

（2）工艺技术知识

工艺技术知识在工程规划知识体系的构建中发挥着主导作用，直接涉及资源、能源以及制造流程和总图等领域的相关知识，包括工程设计、总图物流、信息管控等相关知识。按照不同工序或工程环节，可细分为若干工序及相关的工艺知识。不同专业工序知识之间互相衔接、协调匹配，系统集成为工艺技术知识。例如钢铁工程，工艺知识包括烧结球团知识、焦化知识、炼铁知识、炼钢知识、连铸知识、轧钢知识等；再如港口工程，工艺知识包括航道工程知识、码头水工工程知识、岸线工程知识、物流集疏运知识等。

（3）节能工程知识

节约能源是我国的基本国策，工程规划必须考虑能源的节约和有效应用。在工程规划实践中，要保障燃气、热力、电力等能源的安全供应，实现设备运行中的能源有效消耗，确保各项用能指标和能源消耗指标满足相关产业政策、标准规范的要求，尤其是强制性规范的要求；将节能理念贯彻到工程装备选型、工艺结构、物流运输等各个环节。

与能源利用相关的知识，包括能源基础管理、能源管理体系建设、能源管理措施、重点节能技术、能耗指标评价等知识。能源基础管理知识包括能源计量系统与管理、能源规划与计划、能源统计与核算、能耗指标管理、节能监测等知识；能源管理体系建设包括能源管理组织结构模式、能源管理体系管理制度、运行模式等知识；能源管理措施包括能源综合平衡、能效对标、热平衡测试、能源审计等知识；重点节能技术包括工艺节能技术、余热余压等二次能源回收利用技术、高效水泵电机等知识；能耗指标评价包括有关法律标准规范、能源利用指标计算与评价等知识。在能源知识的应用中，应根据工程技术方案所提出的主要能源消耗指标，从节能角度进行分析评价，选择先进适用的节能路线，配备经济合理的节能设施，建立科学有效的能源管理体系，对能效指标进行对标评价，以便确保工程规划方案符合节能规范要求。

（4）工程环保知识

工程规划中的生态环保目标实现，是在工程所在地区环境承载力分析的基础上，通过对原材料、燃料、生产工艺及装备、污染物排放及治理措施进行优化设计，确保达标排放及工程生态功能免受损害。与之相关的工程环保知识涉及的内容十分广泛，属于跨学科领域的知识范畴，既包含物理、化学、生物、地质、地理、资源技术和工程等学科，也包括资源管理、人口统计、经济科学、政治和伦理等社会科学，通常包括清洁生产知识、循环经济知识、环境监测知识、气象知识、环境影响评价知识、废气治理知识、废水治理知识、固体废弃物治理知识、噪声治理知识、生物多样性保护知识、环境工程学知识、环境经济学知识、环境法学知识等。

工程环保知识在工程规划中的应用，应根据工程项目所在区域的地理位置、气象气候、水文地质、生态环境、区域大气、地表水、地下水、土壤、噪声环境质量现状，以及区域自然保护区、历史遗迹、居民聚集区等环境敏感点状况，对区域环境承载力进行分析，提出工程项目存在的环境风险；对于环境风险严重且难以规避的工程项目，应建议工程终止或另外选址，避免项目损失的发生；对于环境风险可以规避的项目，应从污染物产生的源头、过程控制和末端治理等全流程提出环境风险防范的技术措施并进行工程技术经济评价，对工程项目建成后的环境质量影响进行预测，对工程项目运行过程中的环境管理、环境监测和环境风险应急预案提出建议，确保工程规划生态环境目标的实现。

2.2.3　工程效果性知识

工程效果性知识是工程规划在满足法规性规范及技术性要求，提出工程实现方案的基础上，对工程目标的实现程度及其效果进行分析评价的相关知识。具体包括工程方案能否满足需求，工程方案的适宜性及其经济、社会、环境等效果评价及管理知识。

（1）需求满足的知识

对工程规划方案的需求适应性进行判断和评价，核心是要对工程项目产品市场容量、供需情况、产品需求趋势、价格现状及趋势、行业竞争格局等进行调研、分析和预测，并据此确定工程项目的目标市场、产品方案、建设规模和工艺装备等，掌握相关的市场知识，涵盖目标产品市场消费现状、未来需求趋势、产品发展趋势和竞争格局等知识[①]。

（2）技术适宜的知识

技术适宜性是评价工程规划方案所采用的工艺技术是否适宜、技术的成熟程度、创新技术的应用前景及主要风险。技术的适宜性受到生态环境、能源资源、地域文化、技术转化、产业生态等多种因素的影响。技术适宜性评价知识是多学科知识集成的产物。对工程规划方案的技术适宜性进行评价，是检验工程规划技术方案是否可行的重要手段。

（3）经济效果的知识

工程规划方案的经济效果，包括规划方案的财务盈利能力、债务清偿能力及经济影响效果，涵盖区域、产业及宏观经济影响效果，从经济资源优化配置的角度分析判断工程规划方案的合理性、可行性和可持续性，将工程与经济相结合，研究工程技术、工程产品的经济效果[②]。工程规划的经济效果评价知识包括投资管理、资金筹措及使用、成本、税收、利润、资金使用等专业领域，主要涉及财务、金融、统计、经济等专业知识。

（4）社会效果的知识

社会效果的知识包括工程规划方案的实施对项目所在地可能产生的正面及负面社会影响效果，以及可能带来的社会效益，工程方案与当地社会环境的相互适应性，项目建设可能涉及的社会风险及其应对措施方案的影响评价等相关知识。对于可能涉及环境污染、贫困人口及非自愿移民等的工程建设项目，应进行专业性的社会影响评价[③]。对于可能引发社会纠纷及明显冲突的工程项目，应进行社会稳定风险评估，确保工程规划方案的实施能够促进社会和谐稳定。针对社会影响评价及社会稳定风险评估等专业领域的相关知识，在工程规划知识体系中正在成为越来越重要的组成部分。

---

① 《投资项目可行性研究指南》编写组. 投资项目可行性研究指南［M］. 北京：中国电力出版社，2002：5-10.

② 邵颖红，黄渝祥，邢爱芳，等. 工程经济学［M］. 5版. 上海：同济大学出版社，2015：165-182.

③ 拉贝尔·J. 伯基. 社会影响评价的概念、过程和方法［M］. 杨云枫，译. 北京：中国环境科学出版社，2011：43-45.

（5）环境效果的知识

环境效果的知识包括工程规划方案的生态环境影响情况、治理方案的可行性及治理效果，地质灾害影响，历史文化遗产、自然遗产、风景名胜和自然景观等特殊环境影响效果的分析评价相关知识。

第二节   论工程设计知识

工程规划是对工程活动的宏观性、整体性、系统性、长远性谋划。工程设计是工程规划的具体延伸、展开。工程设计是工程知识创造的主要形式，工程设计知识是工程知识的重要源头和重要组成部分，因此必须加强和深化对工程设计知识的哲学研究。

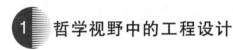 哲学视野中的工程设计

1.1   工程设计是工程的"元工程"

从哲学层面上看，设计的本质是对人类生存方式、生产方式和生活方式的抉择行为。工程活动以设计为思想前提和基础，只有在完成了工程设计之后，才能够进行"设计之后"的工程实践活动。从这个意义上看，可以认为设计是将各类物质、经济、社会要素，相关的知识、各类信息，生态环境等有目的地组织起来，进而通过建构、运行等过程转化为现实生产力、直接生产力的"元工程"。

如果说，在原始社会和古代社会，设计往往还没有形成工程活动中的"独立环节"，那么，随着人类文明的进步和工业革命的推动，设计已成为工程活动中的一个"独立环节"，出现了"职业设计师"和"专业设计机构"。在设计新的人工物时，设计工程师必须在给定的条件下独出心裁地、创造性地将各类要素、各种技术、各类信息、各类知识按照一定的规则和秩序有效地集成起来，成为一个有结构的整体，并能有效地产生符合价值要求的功能，满足工程、产业的目标。设计是工程活动的重要组成部分，是工程"物化"过程的始端，体现着工程的本质和工程的理念，即通过判断、选择、整合、集成、构建、运行等过程转化为有价值的生产力，即

重在谋划和转化。

工程设计是工程活动"物化"过程的一个起始性、定向性、指导性的环节，具有特殊的重要意义，凸显了人的创造性和能动性。成功的设计是工程顺利建造和运行的前提、基础和重要保证；平庸的设计预示着平庸的工程；而拙劣甚至是错误的设计，则会导致未来工程的过失甚至失败。从某种意义上讲，工程设计是对工程构建、运行过程进行先期虚拟化的过程，设计人员应该既重视创新性，又重视规范性，并把规范性与创新性统一起来。

当代工程设计的概念已从产品设计、器物设计扩展到制造流程和/或建造人工物的整个物化过程，包括工艺过程、方法、工具、装备、制造流程、时间-空间网络、调控程序及其结构化和功能化等内涵。

工程设计过程中，人们的思维和行为是互动的，并且是始终围绕着"整体和部分""手段和目的""主体和客体"等范畴展开的。这些思维和行为的互动，体现着"谋划与转化""选择与集成""结构与功能""方法与目的"之间的辩证关系。

简而言之，工程设计是把一种计划、规划、设想通过图形、表格、文字、符号等直观形式表现出来的活动过程。人类通过劳动改造世界、创造文明、创造物质财富和精神财富，而最基本、最主要的创造活动就是人工造物，设计便是对人工造物活动进行预先的计划。实践证实，工程设计是产品竞争的起点和始端。工程设计是竞争的起点，是工程的元工程，是科技创新体系中不可或缺的重要组成部分。设计创造未来，设计引领未来，战略设计引领战略未来。

在市场经济中，在产品竞争表象的"背后"可以发现，决定产品竞争力的"深层力量"是工程设计，产品制造的工程设计才真正是产品竞争力的起源和始端。

1.2　工程设计是工程理念的载体

工程设计是设计的重要分支之一，就制造业而言，产品设计主要面向的是消费者用户，而工程设计主要面向是产品制造的企业用户。工程设计是工程建造的关键环节，是整个工程建造的灵魂，是承载工程理念的重要载体，是对工程建造进行全过程详细策划和实现工程建造理念的过程，是科学、技术、工程转化为现实生产力的关键环节，是涉及技术、工程和经济多重属性协同-集成的过程，更是关系到能否实现工程建造多目标协同优化的决定性环节。因此，工程设计的目的是保证工程系统的整体功能和效率，从而集成地体现为高效率、低成本、功能完善、价值优化的工程系统。

工程设计具有判断、选择、权衡、集成的特性。工程设计是成本、质量/性能、效率、过程排放、过程综合控制、环境、生态、安全等多目标群集成优化的过程。在做出选择和判断时要充分考量与权衡相互矛盾的各种要素，包括技术、经济、质量、成本和生态环境等诸多要素。在给定的时间边界和空间范围内选择一个兼顾各方面要求的、经过权衡比选的优化方案，这种选择（或决策）往往贯穿于整个工程设计过程之中。

工程设计具有多目标群集成优化的特性。现代工程设计并非单一目标，而是要实现多目标的集成优化。工程设计的目标一般包括以下内容：

（1）符合国民经济和社会发展的需要，并且要符合国家及地方的法律法规要求；

（2）生产规模、产品方案、产品质量要符合市场需求，并且应具有市场竞争力；

（3）采用先进、适用、经济、可靠的生产工艺技术和装备；

（4）工程建成以后，资源、能源的供给和相关配套条件必须满足连续稳定生产的需要；

（5）工程建成以后，经济效益、社会效益、环境效益等应满足各方面的需要；

（6）工程建造的资金投入和各项建设条件应满足项目实施的需求；

（7）能识别出工程建造过程中的各类风险并能够采取行之有效的规避措施；

（8）工程设计方案必须经过多方案权衡、比选、综合、集成，采用最优化的设计方案；

（9）工程设计应达到生产效能高、产品质量优、能源消耗低、过程排放少、生产成本低、环境/生态友好等多目标群优化效果。

由于工程设计的独特性和复杂性，可以将其基本特点归纳为四个"C"：

（1）创造性（Creativity）：工程设计需要创造出原来不存在甚至在人们观念中都不存在的现实；

（2）复杂性（Complexity）：工程设计中总是涉及具有多变量、多参数、多目标和多重约束条件的复杂问题；

（3）选择性（Choice）：在各个层次上，工程设计师都必须在许多不同的解决方案中做出选择；

（4）妥协性（Compromise）：工程设计师一般需要在许多相互冲突的目标和约束条件下进行权衡、妥协和取舍。

工程设计是工程建造、工程运行的灵魂，是工程理念的重要载体，是对工程建设进行全过程的详细策划和表述工程建设意图的过程，是科学技术转化为生产力的关键环节，是体现技术和经济双重科学性的关键要素，是实现工程建设目标的决定性环节。没有现代化的工程设计，就没有现代化的工程，也不会产生现代化的生产力。科学合理的工程设计，对加快工程建设速度、提高工程建设质量、节约工程建设投资、保证工程顺利投产以及稳定运行并取得较好的经济效益、社会效益和环境效益具有决定性作用。企业的竞争和创新看似体现在产品和市场，但其根源却来自设计理念、设计过程和制造过程，工程设计正在成为市场竞争的始点。工程设计的竞争和创新，关键在于工程复杂系统的多目标群优化，这些目标群的优化和集成，直接反映出工程理念。

1.3　工程设计的本质

如前所述，工程设计是指设计工程师运用各学科知识、技术和经验，通过统筹规划、制定方案，最终用设计图纸与设计说明书等设计文件来完整表达设计者的思想、设计理念、设计原理、整体特征和内部结构，甚至是设备安装、操作工艺等的过程。换言之，工程设计就是对工程技术系统进行构思、计划并把设想变成现实的工程实践活动，其根本特征就是创造和创新。①

工程设计的实质是将知识转化为现实生产力的先导过程，在某种意义上，也可以说，设计是对工程构建、运行过程进行先期虚拟化的过程。工程设计是工程总体规划与具体实现活动结果之间的一

---

① 李喜先，等. 工程系统论［M］. 北京：科学出版社，2007.

个关键重要环节，是技术集成和工程综合优化的过程。工程设计不是简单地把已有的设计图纸或文件"复制"或"克隆"，而是必须结合某个具体工程的实际条件，遵循设计规范和标准，有的放矢地进行工程设计的创新。在工程设计过程中，设计工程师应当既重视规范性又重视创新性，并把规范性与创新性统一起来。

由于工程活动是有目的、有组织、有计划的人类行为，现代工程活动中，工程设计工作是一个起始性、定向性、指导性的"物化"先导活动，具有特殊的、不可或缺的重要性。进而言之，工程设计是在工程理念指导下的思维和智力活动，属于工程总体谋划与具体实现之间的一个关键环节，是技术集成和工程综合优化的过程。工程设计体现了工程智慧的创造性和主动性，从知识范畴上看，工程设计过程中，包含了对各类知识的获取、加工、处理、集成、转化、交流、融合和传递。在工程设计过程中，知识活动体现在：

（1）对工程活动初始条件、边界条件、环境条件等与工程相关情况的调查；

（2）工程设计、工程建造、工程运行相关新知识的获取、收集、处理过程；

（3）各专业、各门类工程设计知识的优化集成过程；

（4）确定把相关知识转化为工艺、装备并固化到工程中的流程、网络或程序；

（5）将各类工艺、装备、运行过程等方面的知识动态化、图像化、可视化的虚拟软件开发；

（6）对未来市场和工程运行状况的评估预测；

（7）其他方面的相关知识，特别是设计专家的经验、感悟等无法用语言和文字表达的隐性知识。

1.4　工程设计是工程知识创造的主要形式

1.4.1　工程设计知识——结构化的集成知识

工程方面的知识，特别是工程设计方面的知识，需要突出强调其结构化、层次化，属于工程系统的知识特征，工程设计知识不能是那种片段的、局部的、孤立的、不能有效"嵌入"工程系统的、不能转化为现实生产力的知识。

　　工程必须通过结构化的集成，体现因果规律、相关关系和目的性。因果规律体现了必然性，相关关系体现了优化可能性。因果规律（功能性因果与效率性因果等）和相关关系不仅影响要素的选择和构成，而且影响要素之间合理配置和运动的结构。因此，需要将相关的、异质、异构的工艺技术和装备进行集成，实现结构化，以此作为"因"，才能得到有效的、卓越的功能与效率，这是"因"之"果"。在工程活动中因果关系和相关关系常常表现得非常复杂，不但同样的"因"可能会有不同的"果"、同样的"果"可能来自不同的"因"，而且还会出现预料之外的"果"。在工程中，特别是在工程设计过程中，由于外界环境条件不同，或由于工程系统内部的关联关系不同，不能把因果关系简单化、线性化；在因果关系和相关关系的共同作用下，会出现"一因多果"或"一果多因"的现象[①]。因此，在工程设计中要高度注意结构化集成。

　　就信息而论，世间的信息其实可以分为两类：一类是"碎片化"的信息，另一类是"结构化"的信息。在信息化互联网时代，最关键的学习能力应该是建立"关联"的能力，并使不同类型的、相关的知识关联成结构化的知识，进而可以转化为现实可用的生产力。

1.4.2　碎片化知识与结构化集成

　　一般地说，人们最初学习和掌握的知识往往是局部的、碎片化的知识。碎片化的知识只能在条件限定的小范围内适应，有时甚至由于其局限性而产生错误导向。碎片化的知识要和结构化的集成知识结合才能发挥有效的工程化作用。由结构化集成知识所形成的整体性知识是本，碎片化知识只是枝叶，是整体知识的组成件，结构化是碎片化知识整合于整体知识的桥梁。

　　整体性结构的功能是多目标的、集成性的、战略性的。工程设计过程，实际上就是将不同学科、不同门类、不同专业的碎片化知识进行有序化、结构化的集成过程，这就如同工程本体就是结构化集成的结果一样，工程设计中必须将工艺设计、设备设计、总图设计、土建设计、电气及自动化设计等各门类的知识有效、有机地集

---

①　殷瑞钰，李伯聪，汪应洛，等. 工程方法论［M］. 北京：高等教育出版社，2017.

成起来，才能完成整体工程的设计。

从工程设计知识的获取、提炼、收集、传播的过程来看，设计工程师起初所获得的通常是一些碎片化的知识，而非结构化的系统知识，然而这些碎片化的知识却是构成集成性工程设计知识的基础，也是设计工程师必须认知、学习和掌握的基本知识，甚至可以说是从事设计工作的"入门知识"。工程设计通常是多学科工程知识的集成，不仅涉及科学知识、技术知识，还涉及工程知识。因此，必须把这些碎片化的、无序化的各门类、各学科知识进行有序化、结构化集成，在工程设计中熟练掌握和充分运用各种相关知识，从而使工程设计能够满足多目标的集成化要求。

1.4.3　工程实体结构设计

现代工程设计不应停留在各组成单元（工序/装置、元器件、部件等）的简单堆砌、叠加、拼凑，而应以整体论、层次论、耗散论为基础，通过动力论、协同论等机理研究，构建起合理的、动态-有序、匹配-协同的结构，来实现特定的功能和卓越的效率。

所谓结构，是指工程系统内具有不同特定功能的单元构成的集合和相关单元之间在一定条件下所形成的非线性相互作用关系的集合。工程系统结构的内涵不只是工程系统内各单元的简单的数量堆积和数量比例，更主要的是各组成单元功能集的优化，相关单元之间关系集的相互适应（协调）性，时-空关系的合理性和工程系统整体动态运行程序的协调性。因此，工程系统内各组成单元的功能应在工程系统整体优化的原则指导下进行解析-集成，即以工程系统整体动态运行优化为目标，来指导组成单元的功能优化和相关单元之间的关系优化（体现为顶层设计和层次结构设计），并以单元功能优化和相关单元之间关系优化为基础，通过层次间的协调整合，促进工程系统动态运行优化，甚至出现"涌现"效应和工程设计知识创新。具体包括如下理论和方法：

（1）选择、分配、协调好不同单元各自的优化功能（域），这些单元的功能（域）是有序、关联地安排的，进而分别建立起解析-优化的单元功能集合；

（2）建立、分配、协调好相关单元之间的相互联结、协同关系，构筑起协同-优化的相关单元之间关系集合；

（3）在单元功能集的解析-优化和相关单元之间关系集的协调-优化的基础上，集成、进化出新一代工程系统的单元集合，即实现工程系统内单元组成的重构-优化，力争出现工程系统整体运行的"涌现"效应，并推动新一代工程系统结构的涌现和工程设计知识创新。

1.5 工程设计的内容

在工程活动中，工程设计工作具有特殊的重要性，人们的主观能动性和工程理念通常集中地体现在工程设计之中。因而，从工程哲学的视角看，工程设计工作中常常出现许多需要认真研究的哲学问题和方法论问题，与此同时，工程设计还是承载工程理念、实现工程多目标优化的重要载体，工程设计是一个具有起始性、定向性、指导性和统领性的环节，是将工程理念、设计理论、设计方法和设计知识等集成一体的造物过程的关键重要环节[1]。工程设计是现代社会工业文明最重要的支柱之一，是工程本质和工程理念的主要载体，是工程创新的核心关键环节之一，更是现代社会生产力发展的始端和源头[2]。工程设计的水平及其能力是一个国家和地区综合创新能力与竞争能力的决定性要素之一。

一般地说，工程设计是指根据工程建造、工程运行的总体要求和目标，通过对工程建造、工程运行所需的工艺、装备、资源、能源、环境、经济等各种条件进行综合分析和科学论证，形成和制定出设计文件/图纸的工程活动。进而言之，工程设计是设计工程师在工程理论的指导下，以工程规划为依据，在给定的条件下运用工程设计知识和方法，有目标地创造工程产品的构思和实施的过程，而这一活动几乎涉及人类活动的全部领域。

由此可见，工程设计是对工程建造、工程运行提供具有技术依据的设计文件/图纸的活动过程，是整个工程建造生命周期中的重要环节，是对工程项目进行具体实施、体现工程理念、实现工程多目标优化的重要过程。工程设计是科学技术转化为生产力的纽带和桥

---

[1] 殷瑞钰，李伯聪，汪应洛，等. 工程方法论［M］. 北京：高等教育出版社，2017.

[2] 殷瑞钰，汪应洛，李伯聪，等. 工程哲学［M］. 2 版. 北京：高等教育出版社，2013.

梁，是协调处理技术与经济关系的关键环节，是确定与控制工程造价的重要阶段，是将工程理念转化为现实的主要载体。与此同时，工程设计是否经济合理，对工程投资的确定与控制同样具有十分重要的意义。

2　工程设计知识的内容与特征

2.1　工程设计知识的内容

工程设计知识的内容具有专业领域特性，从产业门类上可以划分为流程制造业（如冶金、化工、水泥等）、装备制造业、交通运输、通信、矿产资源、土木建筑、水利、农林等不同的专业工程，工程设计知识是与工程领域密切相关的知识，必须满足不同专业技术领域的要求，同时应与工程设计思维方式和工程设计方法密切结合。

工程设计知识类型很多，依据不同标准可有不同分类，例如可划分为设计对象属性及其关系的知识、设计对象发展规律及设计控制进程知识、技巧或经验类知识、设计常识和设计知识的组织知识等。根据知识属性可划分为描述设计对象的静态知识和描述设计过程的动态知识等。根据获取途径可划分为工程示例知识、工程规范知识和设计经验知识等。

2.1.1　工程设计原理

工程设计原理是在工程领域长期发展过程中形成的某一专业领域最为核心的原理性设计知识。设计原理是指导和确定工程设计的思维理念、理论基础及其设计方法。例如冶金流程工程学[①]、冶金流程集成理论与方法[②]就是冶金工程技术领域的设计原理和理论，是指导冶金工程概念设计、顶层设计和动态精准设计的核心理论和方法。应当指出的是，设计原理具有层次性，对于具体的专业工程或单元设备/装置的设计，也有具体的设计原理和理论方法（如机械

---

① 殷瑞钰.冶金流程工程学［M］.2版.北京：冶金工业出版社，2009.
② 殷瑞钰.冶金流程集成理论与方法［M］.北京：冶金工业出版社，2013.

设计原理等)。设计原理是工程设计的理论基础,是保证工程设计正确性的根本基础和前提,是指导工程设计的总体思想理念、技术路径和工程方法。

2.1.2　典型工程知识

典型工程示例应用的可行性和有效性是得到实践证明的,一般是同类相似或相近工程可供参考借鉴的工程设计的成功范例,这也是专家经验的一项主要来源。例如,京沪高铁工程就是铁路工程建设的一个典型范例,为其他相似工程的设计建造提供了宝贵的经验和参考。因此,典型工程示例一般又被称为"样板工程"或"工程范例",典型工程的范例知识是一种特殊的专业设计知识,它的应用一般体现在初始设计阶段(如概念设计、顶层设计阶段)对各工程设计整体的构思、总体设计方案以及主要设计参数的初步拟定,还包括构造设计过程中工程结构形体和构造细部尺寸的设计、结构分析阶段的模型构造、设计图纸的表达等过程,这种知识具有遗传性、继承性和推演性,就如同是工程设计知识的"范例"或者"例题"。

2.1.3　工程设计规范知识

工程规程规范、设计标准和设计手册是工程设计的重要依据,也是工程设计的准则以及典型工程设计经验的总结。设计标准规范具有法律性和约束性,规定了在进行工程设计对需要满足的设计要求和具体的设计方法。不同专业领域的设计都有相关的设计规范、设计手册,例如《公路桥涵设计通用规范》《钢筋混凝土高层建筑结构设计与施工规程》等。工程的标准规范是工程设计中一类重要知识,且具有"当时当地性",不同时期、不同国家或地区都会有不同的工程设计标准规范。工程设计的标准规范,具有法律约束意义,是工程设计过程中,必须遵守的设计准则,因此工程设计必须保证设计成果符合设计标准规范,使工程设计具有规范性和统一性,因而对于设计工程师而言,工程标准规范知识的学习、理解、掌握和运用是需要持续进行的。

2.1.4　专家经验知识

经验类知识是工程技术领域的设计专家和设计工程师经过反复

实践后归纳总结出来的工程设计经验，是得到诸多设计实例验证的具有很高参考价值的知识。专家经验的利用有助于得出合理设计框架（雏形），明确设计难点和重点，较好地解决工程设计中的某些关键问题。专家经验还包括通过长期设计实践总结得出的经验公式、经验数据、叙述性经验和对工程设计问题的简化设计方法以及复杂工程问题的解决方案等。一般而言，设计专家的经验知识包含着许多隐性知识。

2.1.5　设计图形知识

图形（图纸）是工程设计产品的一种特殊的表现（表达）形式。通常工程设计是通过几何图形、图示的方法将虚拟人工物的几何尺寸、空间关系、结构参数、制造要求等工程技术要求表达出来，从而直观地描述设计参数、具体结构及其特殊要求，图形知识（如机械制图、建筑制图等）是工程设计工作中不可或缺的重要的基础设计知识，绘制工程设计图纸（即所谓的"工程制图"）是任何一位设计工程师必须熟练掌握的基本知识和基本专业技能。进而言之，图形（制图）知识是工程设计活动中必须熟练掌握和运用的知识，是工程设计最重要的基础知识和"入门知识"。

2.2　工程设计知识的特征

2.2.1　图示（图形）

工程设计知识不同于一般语境的科学知识。科学知识常常通过概念、公式、定理、公理等形式来表征，工程设计知识除了以概念、公式等作为载体外，其主要表达方式则是采用图示或图形的方法，如工艺流程图、工程施工设计图、设备制造图、工程总平面布置图、工程施工建造网络图，以及专项施工方案涉及的各种施工图（包括结构详图、节点大样图）、电路图、管网图等。从思维方式来看，工程思维也是通过绘图、图示的方法等形象思维来生成工程知识的，设计的过程就是将工程思维转换为工程图像的过程，即把创造性构思进一步具象化、物化的过程。并且，相比文字而言，借助于图形、图示等符号语言往往更能准确、清晰地表达比例、结构-功能的关系。以土木建筑工程为例，施工图设计是对建（构）筑物、桥梁、设备、管线、道路等工程对象的几何尺寸、选用材料、强度等级、结构、构造、布置、相互关系和施工及安装质量要求的详细图纸与技术要求，是指导工程建造和施工安装的直接依据。

图示的要素与工程系统的组成部分存在着相互对应的关系和一致性，图示就是通过图形、线弧等符号语言按照一定的比例，排列-组合起来描述工程实体的结构形式。图示是工程设计知识的显著特征，在工程领域中，离开了图示（图形）等工程知识的语言形式，工程甚至是无法实施的。工程的建造施工，主要依据就是设计图纸（图集）、工程规范标准等设计文件，即通常所说的"按图施工"。应当说图示方法的运用为工程建造提供了直观、方便、简洁、精准的知识形式。

2.2.2　设计标准、规范与操作程序

工程图是二维的，在工程活动中，其核心内容就是要把"二维变成三维"，更具体地说，就是要通过建造（操作）把"二维"的图纸变为"三维"的人工物实体。没有实际的、程序化的操作，工程就只能停留在工程思维阶段或工程设计阶段。工程设计必须通过工程建造（操作），才能形成工程实体。于是，操作活动就成为工程造物活动的基本内容。

程序性知识是一套关于工程的操作步骤和过程的工程知识，主要用来解决"做什么"和"如何做"的问题。工程的操作程序性知识，要遵循工程学原理和运行程序（步骤），其认识和操作过程呈现程序化、流程化特征。

工程设计标准、规范是指导工程建造的基础和依据，工程设计的程序控制包括施工建造程序和工程投产后的运行程序等。在工程建造过程中，施工工序的控制是保证工程质量、安全的过程控制。如果出现不合格的检验结果，分项工程严禁转入下道工序，否则，就只能通过纠错、验算或补强、拆除重建合格后才能转序，其过程的控制是极其严谨和有章可循的。在工程标准等程序性知识中，有强制性标准和推荐性标准以及标准中的强制性条文，标准条文因严格程度不同，用词语境是有明确规定的，这些用词说明表达了程序性知识的规范性要求。

2.2.3 编码

编码是符号学和计算机科学中的一个重要术语。编码是指信息（知识、数据、文字）从一种形式或格式转换为另一种形式的过程，人们在使用符号的时候，往往要对符号进行编码，将符号组合成代码，来表达事物（语言）的意义。实际上，在工程规则（如规范、标准）、工程图纸等工程知识的表述中，大量使用代码、叙述、数值、信息等编码的形式，使其层次体系清晰、结构逻辑严谨。现代工程设计、工程建造和工程管理普遍采用数字化、信息化技术，编码是现代工程设计中不可或缺的基础知识。按照系统学的方法，将工程项目和设计单元进行工作分解，通过对工程学结构逻辑与功能条件进行编码，产生出标准化信息代码——技术代码、句法代码和语义学代码，应用代码联系各知识要素的方法建立起技术性要素与非技术性要素之间的联系。

技术代码是在工程领域用技术上连贯的方式解决一般因果关系、逻辑类型和控制形式的问题，这种解决方式为工程活动提供一个范式或样本。代码设计的原则包括标准化、通用性、唯一性、稳定性、便于识别与格式统一。无疑，编码在工程知识中具有重要的意义和作用，通过编码将程序性的知识按照一定的逻辑和事实属性进行编排、选择和组合，从而形成规范化、定制化、导向化的工程知识，用以指导工程设计和施工作业。

2.2.4 可视化

可视化技术最早被运用于计算机科学中，并形成了重要分支——科学计算可视化。近年来，可视化技术已开始被运用于工程设计和施工建造中，正在引发工程界的一次革命性变革，可视化已逐渐成为工程知识的重要特征。工程可视化利用现代计算机科学和技术，能够把工程数据（包括所获得的数值、图像）或是工程设计、施工计算中涉及和产生的工程信息变为直观的、以图形图像表示的、随时间和空间变化的工程具象或工程量，使之能够模拟和计算，其目的在于工程场景的实时生成并显示。可视化的模拟和计算大幅度提高了工程控制的可预见性。从工程哲学的视角看，工程的可视化是工程现象的一种本质还原，把工程具象还原为一般本质，即把可能在现实中存在的事物还原为意向的本质，寻求虚拟世界与现实世界的关联性、一致性。

从普遍意义上讲，工程的可视化知识具有普适性，能够跨越各个工程领域传播与使用。其中，可视化技术在土木建筑工程得到最广泛应用的实践就是建筑信息模型（building information modeling BIM），可以通过 BIM 优化设计与施工，确保设计的可施工性和施工资源优化配置，通过"五维技术"——"3D+时间+成本的模拟和计算（虚拟施工）"能够发现不合理的施工程序、不合理的资源配置、设备（管线）交叉碰撞、安全隐患、作业空间不够等问题，及时调整和优化技术方案，减少或杜绝工程设计和施工的缺陷，有助于实现设计和施工过程中"零碰撞、零冲突、零返工"，从而建成高质量工程、"零缺陷"工程。BIM 技术通常包括建筑构件建模、施工现场建模、施工设备建模、施工方法可视化、施工方法验证过程、工作空间可视化等。

可视化促进了工程思维与工程实践相互转化的现实可能性，使工程知识在人脑与计算机之间实现有效的互动与应用，是工程设计和工程管理现代化的重要标志，是未来工程设计智能化的主要发展方向之一。

3 工程设计知识的结构及其若干重要关系

3.1 工程设计知识的主要类型

工程设计知识是人类在工程活动中不断积累、传承、应用、发展、创新而形成的一种独特的知识体系，工程设计知识不同于一般的知识体系。由于工程的行业属性和功能不同，工程设计知识也具有多层次、多行业、多学科的特征，包括一般性的工程设计知识，行业性、专业性的设计知识和具体工程项目的设计知识和设计知识集等。工程设计知识是为了满足工程活动的要求而获取、集成、应用、发展和创新的知识。工程设计知识的分类可按照工程的产业或行业属性类别划分，也可按照工程设计活动的层次和阶段划分。工程设计知识的层次性框架如图 1-5-1 所示，工程设计知识的层次和阶段性划分如图 1-5-2 所示。

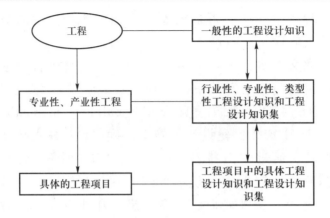

图 1-5-1   工程设计知识层次性框架

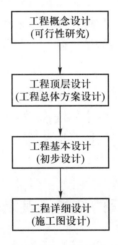

图 1-5-2   工程设计知识的层次和阶段性划分

　　由于工程设计知识具有产业性、专业性属性，而工程的实现过程具有集成性和创新性，因此按上述分类的工程设计知识具有普遍联系和集成的关系。同时更要注意在工程活动中，因工程或工程实现方法的创新和对工程创新的认识，工程设计知识也在创新和发展，因此工程设计知识结构也在不断地丰富、完善、解析重构。

　　从工程设计活动的认识角度看，可以把工程设计知识分为设计对象的知识、设计过程的知识、设计专家的隐性知识、设计管理知识四类。设计对象的知识包括工程设计中的行业规范和标准、工程设计的约束条件、工程的各项功能、技术经济指标、加工及装配和安装环节对工程设计的各种约束和要求、工程设计过程中长期积累下来的工程实例等。设计过程的知识包括可视化的绘图知识（三维/二维）、设计手册、设计任务书、工程设计公司（设计院）的图纸图集、制图规范、技术资料、设计规定、经验数据、计算模型、仿真软件、工程设计案例的经验总结、设计方案评价标准等。工程设计是人的活动，设计专家和设计工程师的隐性知识在判断设计方案取向和决策具体参数都起到至关重要的作用，这些隐性知识实际上是设计专家在工作经验积累的基础上，经反复思考和对比类似工程后对特定要求实现方案的一种判断，也就是说工程设计中遇到的问题不可能都可以文字或图纸的形式留存下来，因此工程设计知识中专家的隐性知识应归为一类。同时，工程设计是众多专业的众多人员围绕共同的工程目标进行的协同活动，因此优秀的工程设计管理与组织对工程达到功能上、经济上、时间上的要求是非常重要的，所以工程设计管理知识是工程设计过程中特有的知识，因设计工作管理不当导致失败的工程屡屡皆是，造成工程投资超出预算、延误工期的案例数不胜数。所以，专业化的工程设计公司（设计院）对于设计管理形成了一整套设计管理体系及文件（如质量管理体系、环境管理体系、职业健康安全管理体系，即所谓的"三标管理体系"），主要规定了工程子项分解的方法、设计管理流程和逻辑顺序，确定了实现子项参加的专业。这些设计管理知识是必不可少的，其本质是实现工程的设计集成。设计管理和设计管理知识对于现代化的工程设计公司（设计院）是至关重要的，优秀的设计管理是实现优秀工程设计的基本保障之一，从设计策划、设计输入、设计分解、设计接口、设计过程、设计审核、设计评审、设计验证等的全过程对工程设计的范围、质量、进度、费用等进行多目标的管理和监控。

智能设计是未来设计技术的革命性变革，是具有方向性和引领性的前沿技术。从工程设计的发展阶段来看，基于 BIM 的设计技术可被看作智能设计的初级阶段。BIM 技术是以虚拟的工程实体三维模型为载体，将工程设计（包含工程设计参数和信息的三维数字化模型）、建造、交付以及运行维护的信息整合在一起，以完成对整个工程生命周期的管理。BIM 技术具有可视性、仿真性、协同性等特点，世界各国通过建立标准、发布政策等方式大力推进 BIM 技术在工程中的应用。

工程设计过程中，依托于 BIM 技术，将行业规范、标准、工程设计的约束条件等设计对象知识，通过规则、语义，定制于 BIM 设计软件中，为工程设计活动提供约束；将设计单位的图库（图集）、制图规范、技术资料内容规定等设计过程知识，通过元件库、数据库，定制于协同工作空间中，将工程设计活动标准化、规范化；将不断积累的工程数据（隐性知识）存储于协同空间中，形成庞大的工程产品库，通过数据分析，为后续工程设计提供方案取向和决策信息；将设计流程、子项分解、人员权限等定制于协同空间中，形成程序化的设计流程，利于实现工程的设计集成。如此，以规则约束为基础，以标准化为手段，以工程产品库为经验参照，以程序化的设计流程进行组织，是实现智能设计的必经之路。设计、施工、运营及业主多方人员基于协同平台共同工作，将有利于工程的成本控制、进度控制、质量控制，有利于工程的信息管理及组织协调，有利于实现工程全生命周期的可持续发展。

工程，特别是大型工程，对人类生产力、经济、社会具有重大影响。工程设计的科学性、经济性、合理性原则贯穿始终，贯彻到每个细节，工程设计中的每个角色都负有自身的责任。了解工程设计活动、组织运行的规律，对研究工程设计知识结构具有很大帮助。

工程设计活动一般划分为设计前期工作和设计阶段工作。设计前期工作主要属于工程规划咨询的范畴，本节着重阐述设计阶段的主要工作。按照设计阶段的层次和逻辑顺序，其一般划分为概念设计（可行性研究）、顶层设计（总体方案设计）、基本设计（初步设计）和详细设计（施工图设计）四个层次。

不同行业领域的工程设计，如交通、机械、冶金、化工、农业、环境、轻工、纺织等工程，都具有总体设计的环节和概念设计研究的过程。概念设计研究是着眼于工程全局性、根本性的工程科学层次重大问题，建立工程理念的过程，提出工程设计方案的概念、目标、设想和总体框架。概念设计研究是工程设计根本的基础，需要具有丰富的行业知识、专业知识、工程知识、技术知识、经济知识、社会知识等各门类的综合性知识，而且要融会贯通、集成应用，概念设计知识是典型的复杂交叉学科知识集群，这是工程设计第一层次的知识。

大型复杂工程的顶层设计是确定大型工程项目总体方案和总体

技术途径的设计过程。其顶层设计的特征是做到"五个确定"，即确定总工艺流程、确定总体空间布局、确定组织结构、确定工程总投资、确定工程总进度。可以说，这"五个确定"是初步设计输入的条件，所有的设计都要在此确定的框架下进行，也就是确定了设计的主要参数和边界。由此可见，顶层设计阶段形成的成果必然是描绘整个工程系统的特有的知识，对于特定工程而言，其他设计知识在顶层设计和空间布局基本确定后才能逐层次进入角色，因此将顶层设计知识定义为第二层次的知识。

　　顶层设计完成后，进入工程基本设计（初步设计）阶段。因顶层设计中已对工程中子项单体明确了要求，所有子项单体的工艺人员将根据总体要求进一步细化工艺配置和布置设计，确定工艺参数、配置和布置方案后，向下游专业如能源介质供应专业、通风采暖专业、土建专业、电气控制专业、计算机专业、技术经济专业、环保专业提计算说明及任务要求。上述下游专业设计的工程部分若存在继续逐层要求其他专业配合时，再以其为子项逐层为其他专业提出设计资料展开，最终使得所有工程子项都有施工图（蓝图）描述子项的构建内容及空间位置。研究这一设计活动过程后，可知工程基本设计知识是能转化为子项的工艺设计知识和能源介质供应设计知识、电气及自控设计知识、计算机设计知识、环保设计知识、技术经济知识等。工程基本设计知识是以专业工程知识为主的知识，涉及专业工程、工艺技术、设备和材料选型、主要设计参数确定、工程概算造价等一系列的工程知识，这是工程设计第三层次的知识。

　　进入工程详细设计阶段，因各子项方案都已确定，主要设计活动就是施工图的详细设计和绘制施工图，这一阶段工程建造的施工图纸将最终完成。因此工程详细设计的知识主要包括：设备知识、材料知识、安装知识、设计手册、编程知识、（管网）布线知识、制图知识等。这是工程设计第四层次的知识。

　　贯穿各设计阶段的还有工程设计的管理，因此可把设计管理知识作为纵向知识。

　　综上所述，在揭示了工程设计各阶段设计活动的内容后，将工程设计知识划分为四个层次和一个纵向知识。第一层次的工程设计知识是工程系统的全局性、战略性知识集，是各门类知识融会贯通的综合知识集；第二层次的工程设计知识为总体设计和空间布局知识；第三层次的工程设计知识为工艺设计知识和能源介质供应设计知识、电气及自控设计知识、计算机设计知识、环保设计知识、技术经济知识；第四层次的工程设计知识为设备知识、材料知识、设计手册、编程知识、布线知识、制图知识、美学知识等；纵向知识为设计管理知识。这种分类方法能够更加清晰地把工程设计知识系统地表现出来，并且通过不断认识，发现规律，成为一门学科；同时，也有利于从哲学角度分析工程设计的演化过程及其规律，从而指导人们更好地组织工程设计活动。

3.2　工程设计知识的结构

综上所述，根据工程设计的层次和阶段，工程设计知识可划分为四个层次的知识结构和一个贯穿始终的工程设计管理知识，工程设计知识的层次结构如图 1-5-3 所示。

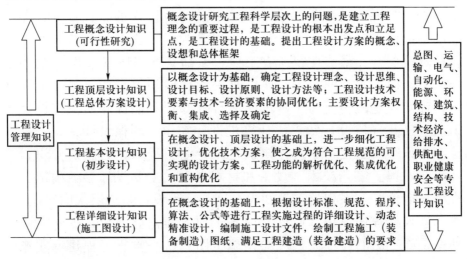

图 1-5-3　工程设计知识结构示意图

在认识工程设计知识结构的基础上，以下再讨论各种知识的作用。纵向的设计管理知识的作用是科学的组织设计工作，使设计工作有序地层层展开，最终形成可供工程建设的蓝图，同时也确保设计结果满足各层次的质量要求、进度要求。

第一层次的工程设计知识的作用是辨识清晰工程的要求，明确工程系统的主要参数，进一步以文字、图纸的形式表达出工程系统的整体和主要经济技术指标，并明确工程总体与子项的设计参数传递关系，其意义在于参加设计活动的各个角色对工程系统有一个清晰的认识，并就此可以开展设计工作。任何一个工程都是在有限的空间布局内完成，空间布局知识在合理布置构成工程系统各子单体位置的同时，也传递了对子项单体空间限定性的约束。可以看出，这一层次的知识类似于人体的头脑和躯干。

第二层次的工程设计知识的作用是确定工程总体中的局部设计知识。专业原理性知识是这一层次设计知识的基础，主要工艺过程计算、工艺布置、主要设备参数确定及向下游提出设计任务是这一层次活动的主要任务。这一层次的设计活动将清晰地描述出局部工程的情况，并向总体设计反馈局部设计对总体设计的满足情况和协调要求。可以看出，这一层次的知识类似于人体的器官和四肢。"器官"不健全或者"四肢"与"躯干"不协调，整个工程系统要么不能工作，要么"不高效"或者"不美观"。

第三层次的工程设计知识的作用是完成工程的基本设计（初步设计）。长期以来，基本设计是工程设计承上启下的重要环节，工程重大设计方案、工艺流程、设备选型等都要在基本设计中确定。基本设计在概念设计、顶层设计的基础上，进一步细化工程设计，优化技术方案，使之成为符合工程规范的、可实现的设计方案。工程功能的解析优化、集成优化和重构优化等工程设计的重要内容也是在这个阶段中完成。

第四层次的工程设计知识的作用是完成施工图（蓝图）设计，用于建设单位能够按照蓝图构建出意识中的工程。这一层次的知识更具有工具知识的特色，人使用工具（绘图知识、设计手册、设备及材料知识、美学知识）按照确定的方案描绘出实物构建的图纸。

3.3 工程设计知识间的若干重要关系

不同的工程设计知识存在着宏观相关性和差异性。其宏观相关性在于宏观的工程设计知识具有统领性和普适性，适用于不同层次的工程设计；其差异性在于不同的工程设计知识都有各自的学科体系和专业门类；不同的工程设计知识的共同之处还表现在经过选择集成后都为共同的工程活动服务，相互之间耦合关系紧密。同时，要强调的是工程设计知识和设计经验越丰富，也就越有助于实现工程的多目标要求，从而更加有助于达到工程的完美。不仅是工程系统的构建要有设计知识，还要对工程建成后的运行以及对周边、对社会、对经济的影响有清晰的认识和相应的知识。

在分析、认识和研究工程设计知识之间的相互关系时，以下几个关系需要特别注意。

（1）工程设计知识中总体与单体的关系

工程设计中的总体设计和单元设计之间存在着相互依存、相互支撑、相互制约的重要关系；专业分工与协作关系渗透到设计过程的每一个阶段和环节。工程设计知识中典型的关系之一是总体设计知识与单元设计知识的关系。一方面，总体设计知识的产生和发展离不开各单元的设计知识；另一方面，单元设计知识的进步推动着总体设计知识的发展。总体设计知识以不断丰富的单元设计知识提供的知识为前提；总体设计知识虽然是以具体设计知识为基础，但是也有自身的研究内容和理论基础；总体设计知识的发展也对其他单元设计知识起到指导和促进创新作用。工程设计中，如何认识和把握总体设计与单元设计的关系、共性与个性的关系，是最核心、最关键的问题。

由于工程设计知识具有专业性，不同行业如航天工程和冶金工程在专业领域的工程设计知识必然存在很大差别，因此，各工程领域对总体设计知识的具体认识会有许多不同，但从总体设计知识的作用以及总体设计知识与单元设计知识的关系研究来看，不同行业对总体设计必然有"系统性""共性"的认识。实际上，某领域总体设计知识的形成是经过系统特征研究及设计实践得出的设计理论和方法。以冶金工程领域为例，传统的总体设计是以钢铁厂生产规模为主要参数，各单元以实现规模而"加总"成工程整体的模式，当论及工程系统时，不知道用什么参数或者系统物理量来表达工程整体，反映出了对工程系统缺乏深刻认识。而冶金流程工程学的创立，揭示了冶金工程的物理本质，指出了冶金工程应具备的三大功能，使总体设计的目标、任务、内容随之清晰而准确，实现了工程系统指标的全面提升。由此，总体设计从简单规模参数的衡算（静态的物料平衡和能源平衡）发展为以全流程为关注点，形成了以"流""流程网络"和"运行程序"为核心的设计思维理念。工程总体描述从规模参数发展到了制造流程结构、能源流程结构、信息流结构的描述，制造流程中各环节有了时间、温度、组分的匹配问题，单元与单元之间的衔接问题，运行过程中的动态问题，以及工程与外部的关系问题等。也就是说，对工程系统有了更深刻的认识和描述，这种认识和描述在设计上形成工程模型、匹配计算后，继而形成了总体设计知识。目前，冶金行业内普遍用到了冶金流程工程学的理念和语汇，专业人员都知道其科学意义是什么、描述的是什么问题、这样设计会带来什么样的价值。总体设计知识有了基础理论、系统分析方法、计算模型、仿真方法、结果文件、评价依据后，在冶金行业内被广泛接受和认可。

值得注意的是，总体设计知识的发展促使其对单元专业化设计知识的重新认识，使总体设计中确定的制造流程和参数更科学、经济、合理，对系统与局部关联的要素把握得更精确，所以说总体设计知识既具有集成性又具有独立性，其独立性表现在总体设计研究与单元设计知识有不同的重点、本性和旨归。正是由于有了总体设计知识，工程系统的认知及优化才有了正确的方向，所以总体设计知识必须依托最先进的设计理念和知识。

另外，总体设计知识的动态、有序、精准等对单元专业设计知识有指导和启发作用，促进了单元设计知识的创新和完善，单元设计知识不再是静态地或是独立地自我发展，而是有目标地与整体协同地发展。需要强调的是，不同层次的工程设计知识之间存在嵌套关系，需要根据解析的要求，再逐层分解下去。

（2）工程设计知识中继承与创新的关系

工程设计知识是不断发展的，如何正确分析、认识和处理工程设计知识中继承与创新的关系就成为研究工程设计知识时的一个重要问题。一方面，传统设计知识中有许多内容和方法都是长期设计实践经验的总结，这些内容和方法没有过时，在现代条件和环境中仍然需要保持和继承。另一方面，工程设计知识需要创新，工程设计也必须进行创新。工程设计是具有唯一性和创新性的，世界上没有完全一样的工程设计。在工程设计知识的发展进程中，继承性和创新性表现出了辩证统一的关系。

在分析和研究工程设计中继承与创新的相互关系时，出现了一个重要而复杂的具体问题——应该如何认识工程设计中"必须遵循和依照设计规范"与"在必要时敢于突破有关设计规范"的关系问题。一方面，具有约束性、法律性的设计标准和规范既是工程设计知识的重要部分，也是保证工程设计安全、可靠、依法、合规的重要前提，因而遵循设计标准和规范是每一个设计工程师必须具备的职业素养和要求。另一方面，工程设计师必须有严谨认真的态度和敢于创新的精神，在必要时应该敢于突破已有工程设计标准和规范的约束，遵循科学原理，以求真务实的精神，运用新的知识、理论和方法，与时俱进、持续创新，及时制定、修订新的设计标准规范。因此，工程设计中遵循工程设计标准和规范与工程设计的创新、创造和突破是矛盾统一的，必须以辩证唯物主义的观点、思维和方法，实事求是地把握和处理好这种关系。这实际上也正是工程设计知识发展的重要表现，是工程设计知识中继承与创新的辩证统一关系的具体表现。

（3）工程设计知识的相互联系和普遍关联问题

工程项目的实现是工程设计知识群集成的产物，单独一种工程设计知识难以满足现代复杂工程的需要。从工程设计的展开过程来看，总体设计知识、单元设计知识、辅助工艺设计知识等紧密地联系是通过设计要求的传递和方案匹配而实现的。具体地讲，例如上游专业对下游专业提出设计要求，下游专业再根据所给的边界条件，向上游专业提供解决方案，得到相互之间匹配、协同后，下游专业再向后续所需专业提出要求，直到不能再分解为止，要说的是，当存在设计、衔接、嵌套、循环等关系时，工程设计经验知识、仿真设计等办法都可解决这些关系问题。

（4）虚拟设计知识与实体设计知识的相互关系

虚拟设计技术是由多学科先进知识形成的综合系统技术，其本质是以计算机支持的仿真技术为前提，在工程设计阶段，实时地、并行地模拟出工程建造的全过程及其对工程设计的影响，预测工程效能和投资以及工程的可实施性、可维护性和可拆卸性等，从而提高工程设计的一次成功率。它也有利于更有效、更经济灵活地组织工程设计，使工厂和车间的设计与布局更合理，以达到工程的开发周期及成本最小化、工程设计质量最优化、生产效率最高化的目标。

虚拟设计技术的科学性、可靠性及成熟度决定了其在工程实体设计上的价值。若说虚拟三维设计解决了工程上的干涉及高效问题，那么虚拟仿真技术则解决了很大一部分未探索过的工程设计问题。若按传统设计方法，则很多工程在设计的过程中要做很多的"中间"试验，因此，虚拟仿真代替了一大部分试验，从而有效地确定了设计参数，大大缩短了设计周期，减少了设计过程中的费用。

应当指出的是，第四层次的工程设计知识中，许多绘图软件都具备集成手册、常用模块、常用标注的功能，具备点选功能，可植入实体设计知识，提高设计效率和质量。另外，丰富的设备知识、材料知识对工程全生命周期设计具有现实意义。这一阶段的工程设计，摆脱了传统设计模式，面向数字化、信息化、智能化。动态精准设计是未来工程设计的重要发展方向，更是实现智能化的基础和前提。没有智能化的工程设计知识，就难以实现智能化的工程。

第六章

论工程管理知识

从哲学视角看，"工程管理"是关于工程活动中人的地位与作用，人与人、人与工程、工程与社会、工程与自然的关系和互动的科学、技术与艺术①。这一定义表明工程管理的三个关键点：其一，人的主观能动性和创造性是工程管理的关键；其二，认识工程所涉及的要素的关系和互动是工程管理的前提；其三，工程管理是科学、技术、艺术的集成体。"工程管理知识"是与工程管理相伴生的知识，它是以工程学知识和管理学知识为主导的多学科知识化合反应的产物，其作用是为有效的工程管理实践提供思想、方法及工具，其内容围绕工程管理的管理者、工程要素及关系以及各类知识的融会而展开。工程管理知识既是实践的基础，又是实践的成果，工程管理知识的有效运用是提升工程管理水平和丰富工程管理知识共同的关键环节。

工程知识论是以工程知识为研究"对象"的哲学"理论"，其关键之处就是不能停留在具体工程知识的水平上，而要"论起来"，升华到哲学认识和理论的水平。对于本章来说，就是要以工程管理知识为对象而"论起来"。换言之，本章要以"论工程管理知识"为基本主题，从工程管理知识的本性、特征、结构及具体内容等方面分析通理与具象，把握其内在的逻辑性和系统性，为工程管理者掌握和运用工程管理知识提供指导。工程管理知识作为与工程决策知识、工程评估知识、工程规划知识等同级的工程知识子类，既需要在一般分析中明确工程管理全寿命周期的特性，又需要在具体分析中限定以受众相对较大的工程实施阶段的知识为主。本章采用由

---

① 何继善，等. 工程管理论［M］. 北京：中国建筑工业出版社，2017：23.

一般到特殊的逻辑，首先介绍工程管理知识的本性、特征与结构，再基于结构层次分别介绍工程管理知识的具象表现。

第一节　工程管理知识的本性、特征和结构

"工程管理知识"是人们在长期的工程管理认知实践与教育传承中发现、积累、梳理、总结、升华、创造而成的有关工程管理的概念、原理、方法、规律等的集合，工程管理知识的学科归属是"工程管理"，这是一门随着专业分工深化而出现并在现代化的大规模工程实践中得以迅速发展的新兴交叉学科。

1 工程管理知识的本质属性

1.1　工程管理知识的产生逻辑：学科融合与工程实践的共同产物

（1）工程管理知识是基于工程管理实践凝练的原生知识

辩证唯物主义认为，实践是认识的基础和源泉，人的认识随实践产生，为实践服务，随实践发展，并接受实践检验①。工程管理知识的产生遵循这一规律。

工程管理实践是工程管理知识产生的起点，"实践-认识"的交替循环既为知识的客观性提供检验，也是知识积累的基本途径。第一，实践产生了对知识的需求，即通过实践产生了认识的需要，而认识必须通过一定的认识工具实现，这一工具即知识。第二，实践为知识提供了基础与素材，一方面实践为认识提供了可能，通过实践创造的物质条件为认识过程提供支持与保障；另一方面实践是认识的来源，通过实践，主体与客体直接接触，使客体的黑箱逐步明朗，其真实状态、属性、关系、本质和规律得以充分显现，同时也使主体获得直观的感觉经验，从而催生出能够转移、传承的知识。第三，实践检验知识并推动知识增长，由于实践是检验真理的唯一

---

① 陶德麟，汪信砚.马克思主义哲学原理［M］.北京：人民出版社，2010.

标准，实践为知识的客观性、真理性、适用性等提供检验，同时也通过这一过程实现知识的更迭与增长。工程管理知识是基于工程管理实践凝练的原生知识，并在实践中实现自身的丰富与发展。

（2）工程管理知识是一种学科融合背景下的"化合知识"

基于工程管理史观视角，可以发现工程是管理的重要实践场所。中外管理理论的奠基者均拥有工程管理实践背景，其主要理论成就都是基于工程管理，如"科学管理之父"泰勒的管理实践是冶金工程、"管理过程学派开山鼻祖"法约尔的管理实践是采矿工程、"现代管理学之父"德鲁克的管理实践是制造工程、"中国控制论奠基人"钱学森的管理实践是航天工程等。项目管理早期的突破性、奠基性的著名案例也都属于工程管理，如美国的军事工程北极星导弹、航天工程阿波罗登月计划等。可以说，科学管理和项目管理均源于工程管理实践[1]。

科学管理的发展逐步形成了管理学知识体系，项目管理的发展逐步形成了项目管理知识体系，但两者均未促进工程管理学科的成立。工程管理学科是当代社会技术与管理协同发展、有机结合的产物，体现了学科融合的时代特征，技术、经济、管理、法律四者在工程管理内部的交叉组合可以产生新的交叉学科和专业[2]，逐步形成并丰富工程管理知识体系。由此可推论，工程管理知识是建构在基础科学知识之上的"化合知识"，但是，化学原理表明，化合产物虽有化合原料的基因，其本身却是一种全新的物质，因此这个论断与肯定工程管理是原生知识并不矛盾。

1.2　工程管理知识的作用重心：服务于秩序构建和资源管理

工程管理以实现工程目标为根本任务，在工程实践中同时具有主导地位和服务地位，分别承担主导角色和保障角色[3]，前者通过构建组织秩序解决工程管理实践中的群体实践问题，后者通过资源管理解决资源有限问题，而工程管理知识则为两类角色发挥作用提供原理、方法和技术的支撑。

---

① 何继善，等.工程管理理论［M］.北京：中国建筑工业出版社，2017：26.
② 汪应洛.工程管理概论［M］.西安：西安交通大学出版社，2013：5.
③ 殷瑞钰，李伯聪，汪应洛，等.工程方法论［M］.北京：高等教育出版社，2017：134.

（1）工程管理知识服务于秩序构建

群体实践是工程管理的根本出发点。工程是大规模的群体性实践活动，人是实践的关键要素，一方面，人类依赖自身的自然力和习得能力提出改造客观物质世界的需求、创意和实施方案，工程管理知识将辅助激励职能发挥作用；另一方面，人类个体的个性使群体工作需要管理的辅助，工程管理知识将辅助协调职能发挥作用，使参与工程实践的群体的能力远超个体能力之和，且能完成个体不能胜任的工作。

秩序构建分为虚、实两个部分。实体秩序表现为"流程化"和"结构化"两方面：流程化是横向秩序，着眼于工程活动的逻辑顺序，从宏观角度考虑是工程基于寿命阶段的大流程，从微观角度考虑则是具体工艺流程、工序流程或办事流程；结构化是纵向秩序，着眼于工程组织整体的层级架构，包括责权体系和报告体系。虚拟秩序表现为方向性和向心力，方向性来源于目标，引导组织成员向同一个方向努力，减少内耗的不经济性；向心力强化组织的凝聚力，使组织成员同心同德，提升组织整体士气。

（2）工程管理知识服务于资源管理

资源有限是工程管理的刚性约束，包括工程占用资源有限和总体资源有限双重含义。现代工程规模大、投资大、资源巨量消耗，按计划推进工程是承担社会责任和经济责任的根本保障，而资源持续供给与合理配置是工程持续推进的重要前提。工程资源主要包括人员、物资设备、资金、技术等。

资源管理分为开源和节流两个部分。开源是从组织外部大量引入优质资源，是资源稳定供应的保障，工程管理知识为"开源"途径的选择提供思维方式引导；节流则基于组织内部需求合理优化资源配置和资源节约等问题，是资源高效利用的保障，工程管理知识为"节流"方案的制定提供基础和技术支持。

1.3 工程管理知识的发展关键：工程管理者

"工程管理者"被界定为从事工程管理工作的工程人员，是工程管理知识的创造者、使用者和传播者，决定其生命力、活力与影响力。创造者角色赋予工程管理知识生命力，关系知识本身的科学性（质量）；使用者角色赋予工程管理知识活力，关系知识运用的有效性（效果）；传播者角色则扩大工程管理知识的影响力。认识工程管理者的管理层次、职责、技能和素质与工程管理知识的关系，有助于甄别知识与丰富知识。

（1）工程管理者的管理层次和职责与工程管理知识的关系

按管理层次可将工程组织中的工程管理者分为基层、中层和高层三类，各阶层管理者的责任和权限不同，但这并不意味着管理工作本质的差异，而是其工作的侧重点和程度的差异。故而，所有管理者都要履行计划、组织、领导、控制四大基本职能，但不同管理者花费在每项管理职能上的时间不同，不同层次的管理者有不同的知识需求和知识储备①。例如在重大工程的管理组织中，高层管理者包括总经理、总工程师、总经济师等，总经理是"全面管理者"，总工程师是"工程技术管理者"，总会计师（或总经济师）是"工程经济管理者"；中层管理者包括各个部门的经理，是高层与基层的桥梁，依据分工合作的原则分别承担着不同的工作和责任，如港珠澳岛隧工程项目部就包括总工办、工程部、质检部、HSE 管理部、物资设备部、计划合同部、财务部、综合事务部等管理部门；基层管理者包括各个工区负责人或施工队负责人，就专项施工任务进行管理。

基于上述认识，处于不同层级、从事不同工作的工程管理者，在使用知识的过程中会根据工作类型对相关专业知识有所侧重，进而影响其创造新知识的性质。因此，在工程管理知识创造者角色发挥作用时，工程管理者有义务根据自身的实践领域来发展和完善工程管理知识体系，做到"在其位谋其政"，并在科学哲学和工程哲学的指导下对知识的科学性进行甄别和扬弃。

（2）工程管理者的技能和素质与工程管理知识的关系

工程管理者需要掌握专业技术、人际交往、理性想象和方案设计四种技能②，这些技能在不同管理层次上的相对重要程度存在差别，专业技术技能对基层管理人员最为重要，理性想象和方案设计技能对高层管理更为重要，人际交往技能对所有管理者都很重要。

---

① 海因茨·韦里克，马克·V. 坎尼斯，等. 管理学——全球化、创新与创业视角 [M]. 北京：经济科学出版社，2015：5-6.

② 同上。

这一现象表明，随着管理层级的提升，管理的艺术性比重逐步提升，实践中要求工程管理者具有更高的综合素质和更广的知识领域，更高的综合素质能提高管理者的应变能力，而更广的知识领域能拓宽管理者的视野和思维，两者都能使管理实践更有创意。

基于上述认识，拥有更多技能和综合素质的工程管理者，在对知识的运用上更为灵活，能更好地实现目标。因此，在工程管理知识使用者角色发挥作用时，工程管理者需要结合自身体会，总结凝练工程管理知识运用的原则与方法，拨开工程管理艺术性的迷雾，使管理经验得以大范围传播与迁移。

2 工程管理知识的特征

工程管理知识的产生逻辑、作用目的和发展关键决定了工程管理知识的基本特征——包括融合创造性、目标增值性、时代人文性三大方面。

2.1 融合创造性

工程管理知识"化合"与"原生"共存的特性决定了其融合创造性的特征。这一特征表现在两个方面。第一，工程管理的交叉学科属性。工程管理学科是调和社会分工趋精趋细和复合型人才需求攀升两者矛盾的产物，是新兴的工程技术与管理的交叉复合性学科。随着工程管理理论和方法的全面发展，工程管理专业已逐渐发展成为一个相对独立、稳定和成熟的专业，多学科的理论知识是工程管理专业人才培养的重要基础之一，如《高等学校工程管理本科指导性专业规范》中提出："工程管理专业人才应掌握土木工程或其他工程领域的技术知识，掌握与工程管理相关的管理、经济和法律等基础知识。"[1]

第二，工程管理实践是一项复杂的创造性工作。现代工程管理活动是一项领域复杂的社会活动[2]，其复杂性决定了工程管理实践

---

[1] 高等学校工程管理和工程造价学科专业指导委员会. 高等学校工程管理本科指导性专业规范 [M]. 北京：中国建筑工业出版社，2015.

[2] 殷瑞钰，李伯聪，汪应洛，等. 工程方法论 [M]. 北京：高等教育出版社，2017：134.

需要充分发挥管理者的主观能动性，综合运用多学科知识并将其融会贯通；同时，工程管理也是涉及整个工程系统的综合性工作，包含工程造物活动的全过程和各专业的管理，跨越工程、管理、社会、经济、文化、伦理、生态等诸多领域①。实践是产生知识的沃土，基于工程管理实践实现学科知识融合，把理论知识转化为处理实际问题的能力，从而赋予知识活力。

2.2　目标增值性

工程管理工作是一种增值服务工作②，其目标导向的特性决定了工程管理知识的目标增值性特征，该特征应理解为工程管理知识可以增加工程目标的附加价值。这一特征表现在两个方面。第一，工程管理知识可提高工程造物活动的效率，也就是提高生产力转化的效率。彼得·德鲁克最早提出"知识生产力"③ 这一概念，认为知识生产力已经成为生产力、竞争力和经济成就的关键。在如今的知识经济时代，知识已成为生产力结构中的主导性因素④。作为工程知识的一种重要形式，工程管理知识在工程造物实践中发挥着不可取代的重要作用。与工程技术知识可通过改进工艺技术和/或机械设备进而提高生产力转化效率不同，工程管理知识很难与机械设备等生产工具相结合，其主要作用是通过充分发挥人的主观能动性对已有资源进行优化配置等方式提高生产力转化效率。在这一转化过程中，科学技术的运用起到了巨大的促进作用，比如人工智能、物联网、大数据、云计算、区块链等技术的蓬勃发展极大地提升了工程管理知识的生产、传播和使用的效率，由此，工程管理知识对生产力转化的促进作用也大大提高。

第二，工程管理知识的增值性还体现在其可以更好地保证工程目标的实现，进而提高工程价值。需要说明的是，这里的"价值"是指包含了经济价值、社会价值、科技价值、文化价值、生态价值

---

① 殷瑞钰，李伯聪，汪应洛，等.工程方法论［M］.北京：高等教育出版社，2017：137.

② 丁士昭.工程项目管理［M］.北京：中国建筑工业出版社，2006.

③ DRUCKER P F. The age of discontinuity: guidelines to our changing society［M］. London: Heinemann, 1969.

④ 刘启春.知识生产力的哲学思考［D］.武汉：华中师范大学，2012.

和人才培养等多个方面的"多元化价值"①。与科学知识进步的"真理性"标准不同，工程管理知识更替的关键在于使已有的知识越来越有价值，即"价值性"标准。在现代工程多元化价值体系中，不同维度价值准则之间的关系和矛盾错综复杂，而以"价值性"为标准的工程管理知识正是协调与提升工程多元化价值的基础。因此，在工程实践中，应树立"以人为本、天人合一、协同创新、构建和谐"的工程价值观②，充分合理运用工程管理知识，全面审视与系统整合工程实践的多元化价值，从而实现工程价值最大化。

2.3　时代人文性

工程管理者是工程管理知识传承与发展的主体，其所处的时代背景和人文背景决定了工程管理知识的内容与表现形式，这一特征界定为时代人文性，表现在两个方面。第一，工程管理知识反映时代特色并紧跟时代前沿。工程管理的历史可以追溯到我国古代农耕文明时期③，原始社会，人类在以生存为目的的工程实践中，不自觉地运用了经验性的"工程管理知识"，但还没有形成清晰知识的形态。随着古代工程的发展，比如灵渠、都江堰、万里长城、京杭大运河等，形成了古代工程管理知识。古代时期进行工程设计主要依靠人的主观感受与认知④，但注重工程与自然的巧妙结合，映射着系统整体的工程管理思维。鸦片战争后，我国传统建筑的生产与组织管理方式发生了翻天覆地的变化⑤。伴随着西学东渐，我国在工程管理制度建设及实施方式方面得到了长足发展，此时的工程管理知识带有一定的西方资本主义色彩。随着新中国的成立，工程管理知识取得了突出性成就，"系统论"和"双法"理论的发展对我国工程管理实践具有重要的方法论意义，建设单位自营、基建处、工程指挥部等建设组织模式的出现也促进了我国工程管理实践的发展。改革开放之后，随着建设管理体制的改革、项目管理理念与方

---

① 何继善，等. 工程管理论 [M]. 北京：中国建筑工业出版社，2017：262.

② 何继善，等. 工程管理论 [M]. 北京：中国建筑工业出版社，2017：28.

③ 成虎. 工程管理概论 [M]. 北京：中国建筑工业出版社，2007.

④ 何继善. 中国古代工程建筑特色与管理思想 [J]. 中国工程科学，2013（10）：4-9.

⑤ 同③。

法的推行，我国工程管理理念趋于科学化、方法趋于专业化、价值趋于多元化。我国工程管理学科从单纯的建筑管理或土木工程管理转变为广义的工程管理，工程管理理论和学科日趋成熟与完善；推行了招标投标制、合同管理制、建设工程监理制和项目法人责任制等一系列建设管理制度，出现了 BOT、BOOT、BT、BLT、PPP、PFI 及 ABS 等融资模式；组织管理模式从传统走向了项目法人责任制、PM、CM 及代建制等模式，承发包模式也出现了 DBB、DB、EPC、PMC 等模式。进入 21 世纪信息时代，工程管理知识也坚持与时俱进，将信息管理知识纳入自身知识体系，并密切参与研究前沿技术的产业化应用。

第二，工程管理知识反映文化传统和价值观。中国自古就有大型工程实践基础，如长城、都江堰、故宫等，传承了丰富的史料知识与独特的工程哲学思想，如以人为本、天人合一、因地制宜等，这些工程哲学思想铸就了中国工程管理的人文基因。

3　工程管理知识的结构

知识是人类进步的阶梯，在求知的历程中，知识日积月累，逐步发达，在拓宽人类视野与能力的同时，也能更好地指导实践。然而，庞杂无序的知识不利于知识的学习、传播与传承，构建知识体系的框架结构，依类分理，各有归属，建立起次序化、规范化、系统化的知识世界，既是学习知识的有效方法，也为知识的选择与运用提升了效率[①]。故有必要对工程管理知识进行分类，并形成知识体系。

追本溯源，知识起源于人们的日常生活需要。"古代科技文明最先发展起来的是与人们的生产、生活密切相关的学科或技术，其特点是经验性、技术性、实用性，其目的和价值就是满足当时人们最朴素的生活和生产的需要。"[②] 知识的原始分类实质上就与知识的起源密切相关。"许多现存的专门学科是从日常生活的实际关注中发展

[①]　陈洪澜. 论知识分类的十大方式 [J]. 科学学研究，2007，25（1）：26-31.

[②]　林慧岳，孙广华. 后学院科学时代：知识活动的实现方式及规范体系 [J]. 自然辩证法研究，2005，21（3）：32-36.

出来的，对此没有严重异议：几何学发源于土地测量和勘定；力学产生于建筑和军事技术中提出的问题；生物学起因于人的健康和家畜饲养问题；化学肇始于冶金和印染工业提出的问题；经济学发端于家政和政治管理问题，等等。"① 当今的专业知识有许多都是随着社会的自然分工而自然形成的。英国科学史家 W. C. 丹皮尔也说："常识性的知识和工艺知识的规范化和标准化，应该说是实用科学的起源的最可靠的基础。"②

　　知识的分类没有统一的、唯一的标准，而上述以知识的来源与效用为核心的知识分类方法，已经成为当代一种重要的知识经济社会理论③。考虑到这种知识分类方法的简洁性、系统性和工程管理知识的三大特征，可将工程管理知识按来源和效用分为工程管理基础知识、工程管理技术知识、工程管理人文知识。三类知识均是在"实践-认识"的循环中总结、凝练、升华而形成，并通过实践检验的知识系统。它们之间相互独立，但在实践中的一定条件下可以实现相互转化。基础知识的具象化可以形成技术知识，如决策理论与决策技术；技术知识的一般化可以升华为基础知识或人文知识，如网络计划技术与计划理论、安全制度与安全文化等；人文知识可以辅助技术知识发挥作用，与基础知识互为启发。工程管理知识概貌如图 1-6-1 所示。

　　总体而言，工程管理的基础知识、技术知识、人文知识在整个知识体系中的角色与作用④分别是：

　　（1）工程管理基础知识是整个工程管理知识的基础，也是工程管理知识与其他学科知识交流融会的结果，体现工程管理学科与其他相关学科错综复杂的关系，具有稳定性、根本性、普遍性的特点，起到基础性的作用；

　　（2）工程管理技术知识是工程管理知识的中坚力量，也是工程管理实践的直接武器，体现工程管理学科的技术性与能动性，具有

　　① 欧内斯特·内格尔.科学的结构——科学说明的逻辑问题 [M].徐向东，译.上海：上海译文出版社，2002.
　　② W. C. 丹皮尔.科学史及其与哲学和宗教的关系 [M].李珩，译.桂林：广西师范大学出版社，2001.
　　③ 陈洪澜.论知识分类的十大方式 [J].科学学研究，2007，25（1）：26-31.
　　④ 何继善，等.工程管理论 [M].北京：中国建筑工业出版社，2017：91-93.

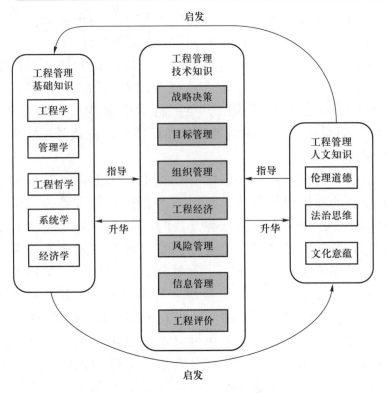

图 1-6-1   工程管理知识概貌

实用性、经济性、成熟性和集成性等特征，能够增强工程管理实践的主动性，促进工程管理技术创新发展；

（3）工程管理人文知识是工程管理的调和剂，是工程哲学知识的重要具象反映，体现工程管理学科的社会属性。工程管理人文知识是工程管理活动的"是非""成败"的另一决定性因素，以人为工程活动的关键要素，坚持"以人为本"的基本理念，通过影响人类的非智力性因素间接影响工程效率，也直接影响着人类文明的进步与发展。

第二节   工程管理的基础知识

工程是工程管理的主体，是工程管理的逻辑原点。工程不是单一学科的理论和知识的运用，而是一项复杂的综合实践过程，它具有巨大的包容性和与时俱进的创新性。相应地，工程管理也是一个十分复杂的过程，需要多种知识的交融支撑。细梳人类工程实践的发展历史，这些知识主要包括工程学知识、管理学知识、工程哲学知识、系统科学知识和经济学知识等。

1　工程学是工程管理的基础之一

工程学的跨学科性和整体性表明工程是按照一定的目标和规则对涉猎的不同学科要素进行重新有机整合。每项工程不是只有一个确定的解，而是有多个解，从而为工程实践提供了由多种可能性构成的"可能性空间"，作为工程管理者，就可以在这个"可能性空间"里选择适合自己的最优解。

这个"最优解"的选择要有多维度的考量。首先要考量其科学性。工程不是技术和设备的简单堆砌，有其自身的理论、原则和规律，任何恣意的行为都会受到惩罚。任何工程活动所面对的对象物作为系统都具有多方面、多层次的特性，诸多方面和层次间的交互作用使事物不断地变化和发展，始终处于一个动态的过程，这也造成事物本质和规律的暴露表现为一个过程，相应地，人们对其本质和规律的认识也要有一个过程。当工程活动对象物的现象未能最大限度地展现在人们面前的时候，人们的认识易于被对象物的表象（假象）所遮蔽，以致可能造成对对象物的本质特征形成错误或片面的认识。其次，工程学多学科交叉的复杂性，要求工程管理者在设计和实施工程时需要综合各类知识，找到它们的最佳集成方式。再次，任何工程活动都不是孤立的，它存在于错综复杂的社会关系中，尊重、协调处理好各种利益与关系，既是工程活动自身存在与发展的需要，也是工程活动作为经济社会组织内在应当具有的道德需要和道德责任。一个有道德责任感的工程组织，在决策和实施过程中，必须考虑公众的利益与情感，顾及社会的影响和反映，承担必要的道德义务，从而消弭或合理调解可能发生的利益冲突。我们强调工程的社会性，并不是否认工程的经济性。相反，一个没有经济效益可言的工程，它的存在价值的基础往往也就丧失了，一定经济效益是实现其社会效益的前提。故而，在工程管理中，必须有效地利用资源，用较低的投入获取更高的经济收益。

2 管理学是工程管理的基础之二

人类以组合协作的方式发展和延续，这种组合与协作就是人的社会化过程。人的社会化过程不会自然而然形成，它需要必要的组织协调，这就是管理。至于究竟什么是管理，近 70 年来许多学者都根据自己的研究做出了解释，总结起来大致有以下几种具有代表性的观点。

第一，管理是由计划、组织、指挥、协调及控制等职能为要素组成的活动过程。这是由现代管理理论的创始人法国的亨利·法约尔于 1916 年在 *General and Industrail Management*（《工业管理和一般管理》）一书中提出来的，他还首次系统阐述了管理过程的职能划分。他的解释经过几十年的实践检验，总的说来概括了管理的基本要义，已经成为今天管理定义的基础。

第二，管理是指通过计划工作、组织工作、领导工作和控制工作的诸过程来协调组织的所有资源，以便达到组织的既定目标。此定义的代表者是亨利·西斯克，其代表作是《工业管理与组织》。他把管理看成一个过程，其内容包括三部分：一是协调资源，即资金（Money）、物质（Material）和人员（Man）三方面的协调，简称"3M"；二是计划工作、组织工作、领导工作和控制工作等管理职能是协调资源的手段；三是管理是一个有目标和有目的的过程。

第三，管理是一项任务或一项活动，这个过程需要具备一整套专业技能，采用某种方法来执行若干种职能。美国学者 M. K. 巴达维提出，管理任务或活动是指管理者担负的计划、组织、指导和控制等职能，管理应具有的专业技能则是指管理者利用恰当的管理手段和方法把知识转变成行动的能力。

第四，管理是一种以绩效责任为基础的专业职能。这是美国哈佛大学教授、管理学大师德鲁克提出的观点。他认为管理是一种实践，其本质不在于"知"，而在于"行"；其验证不在于逻辑而在于成果；其唯一权威就是成就，是以知识和责任作为实践的基础去追求成就。德鲁克的定义淡化了管理的社会属性而特别强调了管理的自然属性。

第五，管理就是决策。这是 1978 年诺贝尔经济学奖获得者美国学者西蒙提出来的。以他为代表的决策理论学派认为决策过程分为四个阶段：第一阶段，调查情况，分析形势，搜集信息，找出决策的理由；第二阶段，制定可能的行动方案，以应付面临的形势；第三阶段，在各种可能解决问题的行动方案中进行抉择，确定比较满意的方案，付诸实施；第四阶段，了解、检查过去所抉择方案的执行情况并做出评价，制定新的决策。这种观点认为，决策实际上是任何管理工作解决问题时所必经的过程。任何组织、任何层次的管理者在进行管理时都要经过这种决策过程，所以从这方面看，可以说管理就是决策。

工程管理是对工程活动的管理过程。根据管理学的释义，我们可以对工程管理做四维定义：一是从哲学价值层面看，工程管理是关于工程活动中人的地位和作用，涉及人与人、人与工程、工程与社会、工程与自然的关系；二是从工程管理的职能层面看，工程管理是对工程的决策、计划、组织、指挥、协调与控制；三是从工程的过程来看，工程管理是一个持续的全生命周期的管理，从决策到实施、评价，直至退役，甚至包括工程退役后的反思；四是从工程管理的要素来看，工程管理是工程活动中的组织、质量、成本、安全、环境保护、经济效益、工程文化等综合的集成管理。[①]

总之，工程管理最显著的特征是整体性和主导性，它规定着工程活动中主体和客体的地位、关系及各自权利、义务的基本界定，它也规定着自己特定的体系运行程序和方式，也有着与之相适应的特定的管理手段和方法。

③ 工程哲学是工程管理的基础之三

现代工程的鲜明特点是以高新技术为基础，以创新为动力，打破了传统的农业工程、工业工程固有的边界，将各种资源、新兴技术与创意相融合，向技术密集型、知识密集型方向发展。面对系统性、复杂性不断加强的知识、技术性造物活动，合理、科学的工程管理能够使工程实践中的工程效应以乘数甚至以指数效应倍增，并能以战略统筹的高度整合工程实践的多元价值目标。因为现代工程

---

① 何继善，等. 工程管理论［M］. 北京：中国建筑工业出版社，2017：23.

管理活动已远远超出了经济与技术的范畴，成为一项复杂的综合活动。立足于时代的高度，需要我们从更高的维度对工程管理活动予以关注与思考，以辩证的哲学思维方式审视现代工程管理活动中的问题，从而在工程管理理论与工程管理实践的循环推进中，厘清与推动工程管理理念与工程管理技术深度融合、工程管理体系与工程管理细节协调统一、工程管理规范与工程管理创新互相促进、工程管理队伍与工程管理制度共同提升，只有这样才能促进和形成工程管理活动与自然经济社会的和谐发展。①

不仅如此，当今世界工程的数量、规模和复杂程度都达到了历史上从未有过的高度，工程在人类生活中的影响力早已突破了纯粹经济的范围，日益伸展到社会的方方面面，包括政治、文化、自然等，甚至对人的精神和心理层面也激起了波澜。同时，特别应当看到，相较于以往的工程，现代工程在显现造福人类的正面效应的同时，负面的影响也在不断加深，从而迫使人们把工程问题上升到工程哲学层面来认识，对工程与自然、工程与社会以及工程与人的心理的关系做更清晰的廓清，工程哲学的认识将推动工程活动过程中集成过程、构建过程、转化过程、管理过程、评价过程的认识深化。

4 系统工程是工程管理的基础之四

系统是事物内部相互联系的若干要素按照一定的方式或结构所组成的有机整体，它的最重要的特点是整体性，其追求的目标是实现 1+1>2 的系统功能最大化。系统的思想来源于人类早期的社会实践。

系统工程在工程管理中的运用，促使我们在工程管理中侧重根本原则的廓清、基本方法的确立，为此，工程管理必须在整体上实现结构合理、过程畅通，各要素、诸环节才能各得其所、各安其分，才能生成"整体功能大于部分之和"的系统效应。以当代的管理理论来界定，能否确立一个完整的工程管理系统属于战略层面的工程管理考量。现代大规模复杂工程系统的结构正在出现由简单结构向

---

① 杨善林，黄志斌，任雪萍. 工程管理中的辩证思维 [J]. 中国工程科学，2012 (2)：14.

复杂结构、层次结构向网络结构、静态结构向动态结构、显性结构向显-隐结合等的新的变化态势，这些都将对工程管理提出时代性的挑战。基于此，一个完善的工程管理系统的确立要具有高度的战略意识，要有宽阔的胸襟和长远的目光，以感性与理性交融的视野，冲破传统的束缚，抓住工程活动中不断变化和产生的深层问题、主要问题。围绕工程的决策管理、研发管理、计划管理、设计管理、施工管理、生产经营管理、产品管理、生态环境管理等各部分的内容，厘清工程活动的现实市场需求及潜在市场需求、现实竞争对手及潜在竞争对手、现实生产资源及潜在生产资源、现实自身优势及潜在自身优势、现实核心问题及潜在核心问题等；同时还须观照到这些问题之间的相互影响、相互依存、相互关联，因为各部分、诸环节的变化都会影响到其他部分或环节，甚至可能改变整个体系的质态，必须高屋建瓴地将各部分、诸环节统摄为一个整体，才能形成一个完整规范且具有自组织生成能力的工程管理系统。一个"活"着的工程管理系统不是封闭的、孤立存在的，而是存在于不断变化的市场与行业环境之中的，它必须系统思考自身所处的环境状态，包括政策环境、社会环境、经济环境、技术环境等，并需要随着内外环境的变化做到及时调整。

⑤ 经济学是工程管理的基础之五

工程是以为人类服务为宗旨的，它内蕴着人类的诸多诉求，对于许多工程项目来说，创造经济效益便是其中一个非常重要的方面。在应用经济学知识的时候，关键在于厘清两个关系：工程直接经济效益与间接经济效益的关系，工程近期经济效益与远期经济效益的关系。

（1）工程直接经济效益与间接经济效益的关系

工程项目的直接经济效益是指工程项目本身可以直接为社会提供的经济效益的货币表现形式。除了一些特殊的社会公益性工程之外，工程管理作为一种经济组织行为，其本性之一是"逐利"，它不能逾越其经济目的，应该而且必须要有盈利，因为利润是经济组织存在与发展的前提和基础，是经济组织行为的基本动因，一定量利润的实现有助于其未来经济和社会功能的承担。工程管理如果不能实现与投资相对应的利润，不但工程自身将失去动力、难以为继，而且其社会功能将受到窒碍，与其社会功能相连接的大众利益和福祉也将成为奢谈。所以，客观地评价工程的直接经济效益，对于提高工程项目投资决策的科学化水平、减少或规避投资风险、引导和促进资源的合理配置、最大程度地发挥工程项目的综合效益具有重要意义。

然而，工程项目的决策和实施不能只满足于直接经济效益的量，世界是普遍联系的因果链，有时在第一个因果链所取得的经济量会在以后的因果链中被销蚀掉，甚至最终出现整体经济效益为"负数"的结果。对此，恩格斯在《自然辩证法》中的论述充分表达了人类必须处理好行为的"直接"与"间接"的关系："我们不要过分陶醉于我们人类对自然界的胜利。对于每一次这样的胜利，自然界都对我们进行报复。每一次胜利，起初确实取得了我们预期的结果，但是往后和再往后却发生完全不同的、出乎意料的影响，常常把最初的结果又消除了。美索不达米亚、希腊、小亚细亚以及其他各地的居民，为了得到耕地，毁灭了森林，但是他们做梦也想不到，这些地方今天竟因此而成为不毛之地，因为他们使这些地方失去了森林，也就失去了水分的积聚中心和贮藏库。"

工程项目的间接经济效益主要体现在四个方面。一是科学技术上的间接效益。某一工程项目在建设过程中可能会因工程建设的需要组织攻关，诞生一些新技术、新专利，这种新技术和新专利的意义绝不仅限于该工程项目，它对于未来相类似的工程活动也具有直接的运用价值，并且还可能进一步产生技术的扩散和溢出效应，使在一次项目工程中诞生的新技术和新专利的经济效益倍增。二是提升人力资本水平意义上的间接效益。任何一次工程项目都可能带出一支高水平的专业队伍。所谓"人才"不能仅仅停留在理论层面，只会动嘴不会动手的专业人才不能产生现实的生产力，唯有做到理论与实践有机结合的人才才是真正有价值的人才。工程项目为人才的快速成长提供了实践平台。三是管理水平上的间接效益。每一个工程项目在决策和实施管理过程中，都会给未来的工程决策和建设带来一些经验和教训，它会使企业的管理水平呈螺旋式增长的良性状态。四是企业品牌建设上的间接效益。企业的品牌是靠优质的工程树立起来的，一旦品牌形象建立起来，企业就具有了竞争的核心价值点，其所带来的间接经济效益是无法估量的。

（2）工程近期经济效益和远期经济效益的关系

处理好工程活动"远"和"近"的经济效益的辩证关系，有助于我们在工程项目决策和实施中培养战略眼光与思维。近期经济效益是指工程竣工后即能取得的经济效益；远期经济效益是指工程竣工以后一定时期（时间跨度视工程项目的特质而定，可以是数年、数十年，甚至是数百年、上千年）所能取得的经济效益。从最佳的追求目标来说，是能够实现近期目标与远期目标的契合，旨在既能在近期取得不菲的经济效益，又能惠及子孙后代。

第三节　工程管理的技术知识

工程管理是以工程为对象的管理，即通过计划、组织、协调、领导、控制等职能，设计和保持一种良好环境，使工程参加者在其中高效率地完成既定的工程任务①。这一定义表明了工程管理的实用导向特征，呼应了工程管理知识的目标增值性特征。我们据此将该类知识界定为"工程管理技术知识"，是一种直接服务于工程管理实践的知识，也是工程管理专业的核心技能，其本质是一种管理技术，而非工程技术，是一种应用型知识。论工程管理技术知识，就是分析讨论该知识的建构逻辑、主要内容以及表现形态。

 工程管理技术知识的建构逻辑

工程管理技术知识的管理技术本质决定了其管理学知识基因，其实践应用性质决定了其可评估性和可塑性，两者为分析工程管理技术知识的内容和知识体系建构逻辑提供了借鉴，主要范本包括管理学专著和工程管理相关职业认证知识体系指南。从管理学和职业认证的性质来看，管理学是理论性研究，是基于管理职能和过程建构知识体系；职业认证是应用性研究，是基于工作内容建构知识体系。

---

① 汪应洛. 工程管理概论［M］. 西安：西安交通大学出版社，2013：6.

1.1   基于管理职能和过程的管理学知识体系分析

从管理学视角分析，管理学流派众多，研究焦点迥异，孔茨称之为"管理理论的丛林"，并将各类研究观点按管理职能及其过程串联形成体系，成为管理学教科书编排的基本范式。基于管理学基本观点，管理的任务是有效地将一定的投入高效率地转化为产出，虽然不同的管理学派从不同的角度讨论管理的转化过程，但最全面、最有用的方法是运用计划、组织、人员、领导、控制这五种管理职能作为集成管理知识的框架，如图 1-6-2 所示①。

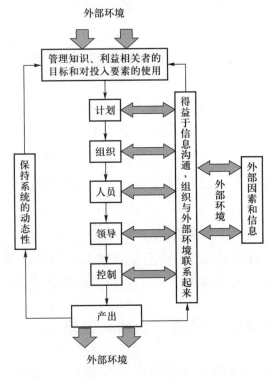

图 1-6-2   管理的系统框架

在该系统框架下，将管理知识归类到五个职能之下，具体见表 1-6-1。

---

① 海因茨·韦里克，马克·V. 坎尼斯，等. 管理学——全球化、创新与创业视角 [M]. 北京：经济科学出版社，2015：25-28.

表 1-6-1　基于职能的管理知识归纳

管理职能	计划	组织	人员	领导	控制
具体知识	计划与目标 战略 决策	组织性质 组织部门结构 组织权责结构 组织文化	人力资源管理 绩效评价 人员教育	激励理论 领导理论 集体决策 沟通	控制系统 控制方法 全面质量管理

除上述内容之外，沟通系统贯穿于整个管理过程，一方面将管理职能协调融合成一体，另一方面把组织与所处的外部环境联系有机起来，根据环境变化调整内部结构实现动态适应。

1.2　基于工作内容的职业认证知识体系指南分析

从职业认证视角分析，目前较为成熟的职业认证有两大类型——工程管理认证和项目管理认证。前者主要指国际工程管理认证，是专门面向工程技术人员及工程管理人员的权威认证，该认证同时得到了美国五大工程师学会的大力支持；后者则包括项目管理专业人士认证（PMP，美国项目管理协会）、国际项目经理资质认证（IPMP，国际项目管理协会）、受控环境下的项目管理认证（PRINCE2，英国商务部）等，均各自出版了相对应的知识体系指南。

1.2.1　工程管理知识体系指南

美国工程管理学会（American Society for Engineering Management，ASEM）将工程管理定义为：对具有一定技术含量的业务活动进行规划、组织、分配资源，以及指导和控制这些活动的一种艺术与科学。[①]基于该定义，《工程管理知识体系指南》（EMBOK）[②]知识领域的提炼遵循规划、组织、资源配置、指导、控制等工作归属，同时兼顾工作的人文属性，分别从领导力和组织管理，战略规划，财务资源

---

① 希拉·莎，沃特·诺沃辛. 工程管理知识体系指南（原著第四版）[M]. 何继善，等，译. 北京：中国建筑工业出版社，2018.

② 基于美国机械工程师协会（American Society of Mechanical Engineers，ASME）旗下指定的国际工程管理认证（Engineering Management Certification International，EMCI）编写的初版《工程管理知识体系指南》（A Guide to the Engineering Management Body of Knowledge，EMBOK），美国工程管理学会持续改进，不断为 EMBOK 提供素材，更新内容。

管理，项目管理，质量管理、运营管理与供应链管理，工程组织的营销与销售管理，技术管理、研究管理与开发管理，系统工程，工程管理的法律问题，职业伦理与行为规范十大领域分述工程管理知识。

不难发现，在该知识体系中，工程管理技术知识集中于前八领域，另外，由于本节对工程管理限定于工程实施过程中的管理，故将营销相关内容排除在外。各领域具体知识如表 1-6-2 所示。

表 1-6-2　基于管理工作的工程管理技术知识归纳

知识领域	具体知识
领导力和组织管理	集成管理模式、管理思想学派、管理和激励知识型员工、组织结构、管理系统和系统思考、领导力、人力资源管理、团队
战略规划	战略规划过程、战略管理、战略制定、战略实施、战略绩效管理
财务资源管理	会计、财务、预算、工程经济、成本效益估算
项目管理	项目管理知识体系、项目管理过程组（启动、计划、执行、监控、收尾）、敏捷项目管理
质量管理、运营管理与供应链管理	质量管理及其工具、过程改进及其工具、运营管理、库存管理与供应链、设施管理、供应链绩效测量
技术管理、研究管理与开发管理	技术创新战略管理、最佳创新实践模式、创新实现流程
系统工程	系统工程方法、系统工程实施、系统工程前沿领域

1.2.2　项目管理知识体系指南

项目制是工程实施的主要管理模式，通过边界清晰的项目分解实现化整为零，多线推进，协同合作，极大地提升了管理效率。项目管理是工程管理的重要实践形式，在特定情形下，项目管理等价于工程管理，一般称之为工程项目管理。故而，项目管理知识体系指南对分析工程管理技术知识有重要的借鉴作用。相较于工程管理，项目管理学科确立较早，国际范围影响大，经过多次讨论、反复完善和修订，其知识体系已具备完善的逻辑架构、完整成熟的知识体

系，现已形成包括 PMBOK①、APMBOK②、IPMA-ICB③、PRINCE2④、
C-PMBOK⑤《中国工程项目管理知识体系》⑥ 等在内的完整项目管
理知识框架。不同的知识框架有不同的受众和侧重点，而 PMBOK
知识体系中包含的十大知识领域为独立划分，逻辑清晰，知识领域
全面，要素之间通过"输入-输出"模型进行描述，着重描述了项
目管理的专业知识、方法与技术，对其他项目管理知识体系的构建
影响深远，本节仅以 PMBOK 为主阐述。但 PMBOK 对一些管理因
素、商业环境、项目和企业战略之间的关系、项目环境不够重视⑦，
未明确管理的组织结构与角色定义，在借鉴时需要注意其局限性。

　　美国项目管理协会将 PMBOK 定义为描述项目管理专业范围内
知识的术语，是组织制定实践项目管理所需方法论、政策、程序、
规则、工具、技术和生命周期阶段的基础⑧。PMBOK 认为项目管理
的实质是"按时、按成本、按范围完成项目的目标"，在这种任务
导向思想的指导下，PMBOK 围绕不同的知识领域组织业务流程，将
项目管理内容概括为十大知识领域，具体内容如表 1-6-3 所示。

---

　　① 美国项目管理协会（Project Management Institute，PMI）于 1984 年在总结项目管
理实践中成熟的理论、方法、工具和技术的基础上提出《项目管理知识体系指南》（*A
Guide to the Project Management Body of Knowledge*，PMBOK），经过多次修订，逐渐形成了相
对完善的知识体系。

　　② 英国项目管理协会（Association for Project Management，APM）是影响力仅次于
PMI 的国家项目管理专业协会，于 1992 年发行了首版 APMBOK（APM Body of Knowledge）
并不断修订完善，该体系成为德国、法国、瑞士、奥地利等国的项目管理知识体系的基础。

　　③ 国际项目管理专业资质基准（IPMA Individual Competence Baseline，IPMA-ICB）是
国际项目管理协会（International Project Management Association，IPMA）基于英国 APM 知
识体系、法国 AFITEP 评估标准、德国 PM-ZERT 项目管理标准、瑞士 VZPM 评估结构形成
的能力标准。

　　④ PRINCE2（Projects in Controlled Environments，受控环境下的项目管理）是英国政
府采用的项目管理标准，最早应用于 IT 项目中，随着英国商务部的不断改进，逐渐成为通
用项目管理方法。

　　⑤ 中国项目管理知识体系（C-PMBOK）是由中国（双法）项目管理研究委员会发
起并组织实施的，最新版为 C-PMBOK2006。

　　⑥《中国工程项目管理知识体系》由中国建筑业协会工程项目管理委员会出版，以
PMBOK 为主，同时部分借鉴 IPMA-ICB、PRINCE2 等。

　　⑦ 高照兵，徐保根. 论项目管理的知识体系［J］. 项目管理技术，2008（7）：22-27.

　　⑧ Project Management Institute. A guide to the project management body of knowledge
（PMBOK guide）［M］. Pennsylvania：PMI，2017.

表 1-6-3　PMBOK 知识体系

知识领域	具体内容
整合	制定项目章程、制定项目管理计划、指导与管理项目工作、管理项目知识、监控项目工作、整体变更控制、结束项目或阶段
范围	规划范围管理、收集需求、定义范围、创建 WBS、确认范围、控制范围
时间	规划进度管理、排列活动顺序、估算活动持续时间、制定进度计划、控制进度
成本	规划成本管理、估算成本、制定预算、控制成本
质量	规划质量管理、管理质量、控制质量
人力资源	规划资源管理、估算活动资源、获取资源、建设团队、管理团队、控制资源
沟通	规划沟通管理、管理沟通、监督沟通
风险	规划风险管理、识别风险、定性风险分析、定量风险分析、规划风险应对、实施风险应对、监督风险
采购	规划采购管理、实施采购、控制采购
利益相关者	识别相关方、规划相关方参与、管理相关方参与、监督相关方参与

　　基于表 1-6-3 可以得出，项目管理各知识领域知识要点明显呈现出项目管理的五大过程组，即启动过程、规划过程、执行过程、监控过程、收尾过程。这些过程组在项目管理中紧密相关，相互重叠于整个项目管理活动中①。在项目管理十大知识领域中，整合管理是项目管理的指导思想，要求通过协调项目中的全部要素来实现项目范围、时间、成本、质量的综合最优；范围管理、时间管理、成本管理、质量管理、风险管理旨在确定项目的范围、时间、成本和质量目标，并用合理的方法来实现；人力资源、采购管理、沟通管理和干系人管理，则是要根据项目目标确定所需的内外部人力资源，并通过协调管理这些资源来确保项目目标的实现，这些知识领域之间的关系如图 1-6-3 所示②。

　　从图 1-6-3 可以观察到项目管理的两个中心，即目标和资源，一切知识均围绕这两个中心建构。

---

　　①　希拉·莎，沃特·诺沃辛. 工程管理知识体系指南（原著第四版）［M］. 何继善，等，译. 北京：中国建筑工业出版社，2018：156.

　　②　汪小金. 项目管理方法论［M］. 2 版. 北京：中国电力出版社，2015：16.

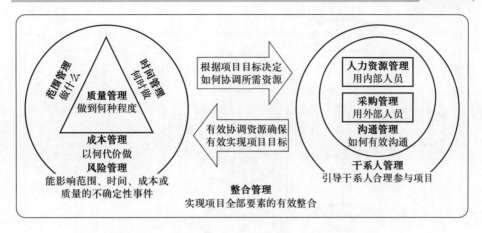

图 1-6-3 项目管理十大知识领域之间的基本管理

1.3 工程管理技术知识的建构分析

基于上述分析，提出工程管理技术知识的建构原则，包括：

（1）基于管理职能（计划、组织、协调、领导、控制）和管理过程（PDCA[①] 循环）的归类是工程管理技术知识分类应遵循的原则；

（2）基于工作内容的归类是工程管理技术知识分类应遵循的原则；

（3）工程管理技术知识的范围应紧扣其管理技术本质；

（4）工程管理技术知识应围绕"目标"和"资源"两大管理中心建构；

（5）工程管理技术知识需要与时代接轨，反映社会先进生产力工具。

基于上述原则，将工程管理技术知识分解为战略决策知识、目标管理知识、组织管理知识、工程经济知识、风险管理知识、信息管理知识与工程评价知识七个知识领域，如图 1-6-4 所示。

工程管理技术知识的建构逻辑体现了从前期决策到实施的程序路径。

（1）战略决策知识在工程管理前期工作中被运用。

---

① 即 Plan-Do-Check-Action（计划—执行—检查—处置）。

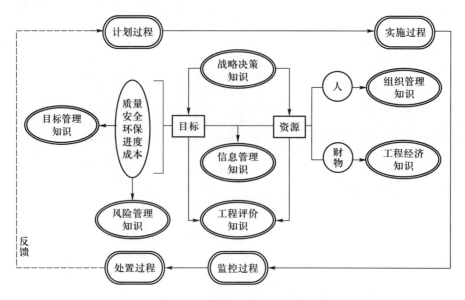

图 1-6-4   工程管理技术知识的建构逻辑

（2）目标管理和资源管理是工程管理实施过程中的两个重点。质量、安全、环保、进度、成本是工程管理的目标，目标管理知识是对质量、安全、环保、进度、成本等目标进行管理的方法和技能。人、财、物是工程管理的主要资源。

（3）组织管理知识是以人为中心，在组织结构设计、流程设计、环境构建等过程中被运用以实现资源要素的合理配置的经验、方法和工具。

（4）工程经济知识主要解决以财、物为中心的管理问题。在这个过程中，人是调动其他资源的关键，围绕人的特点进行组织设计以发挥人的主观能动性，从而实现其他资源的配置。

（5）风险管理知识是对引起目标偏差的对象的一种管理评价控制技能和方法。

（6）信息管理知识是以目标和资源为管理对象，有效利用信息化工具对工程信息进行管理，是提升工作效率的关键工具。

（7）工程评价知识用于判断工程目标实现程度及有效配置资源，以对工程活动进行价值判断和优化。

工程管理技术知识的主要内容

基于上述分析，工程管理技术知识可归纳为战略决策知识、目标管理知识、组织管理知识、工程经济知识、风险管理知识、信息管理知识与工程评价知识七大知识领域，各个知识领域的内在逻辑与效用范围呈现出不同内容。

2.1 战略决策知识

战略决策知识是关于工程管理前期工作的原则、标准与流程等的知识，主要包括战略规划知识、实施计划知识、工程决策知识、最优化方法知识和价值工程知识。工程项目首先需要通过战略规划指导项目全局性、高层次、长远性的大方向，形成工程构思、定义及长远目标。因此，战略规划知识不仅是一种规划类型知识，也是一种工作方法知识，立足于企业的宗旨与使命，应用于战略的制定、评价与选择，为总方案策划提供保障。实施计划知识是以战略规划知识为指导，对工程总目标进一步分析研究并应用于工程具体计划性工作的知识，是围绕工程目标、组织、经济、风险、信息及评价等实施过程进行计划、组织、协调、控制的知识，是工程顺利实施的前提条件。工程策划、设计、实施及运行使用等阶段均涉及工程决策[1]，工程管理活动必然也会运用工程决策知识。工程决策知识是将最优化方法、价值工程等方法性知识应用于工程中的各种决策活动，最终得出最优方案的知识。其中，最优化方法知识是关于解决最优化问题的思维、经验与方法，价值工程知识是可显著降低成本、提高效率、提升价值的一种管理技术知识，主要服务于技术经济决策过程，二者均适用于工程决策活动中。

2.2 目标管理知识

目标管理知识是工程管理技术知识的核心内容，是一个复杂的集合体，主要包括成本管理知识、进度管理知识、质量管理知识、安全管理知识、环境保护管理知识。工程成本、进度、质量、安全、

---

① 何继善，等.工程管理论［M］.北京：中国建筑工业出版社，2017：159.

环保五大目标，是一个互相影响、互相制约的有机整体。目标管理是工程管理的本质要求，工程质量是整个工程管理的重要内容，安全管理和环境保护管理是工程管理的法定职责，进度管理和成本管理是工程管理的效益体现。

工程管理者在工程管理中既要运用成本管理知识以取得较好的成本效益和社会效益，又要运用环境保护管理知识以追求工程与社会、与环境的和谐发展，降低对生态环境的不良影响，维护社会公平和稳定，促进可持续发展，体现工程的历史责任和社会责任；在工程实施过程中，既要运用质量管理知识和安全管理知识以保证工程的质量与安全，又要运用成本管理知识和进度管理知识以满足成本与进度的要求。通过对目标管理知识的综合运用，全面实现工程总目标。

2.3   组织管理知识

组织管理知识要围绕工程目标，汇集各方力量，高效地实现人、财、物、信息和时间等资源优化配置的规律、原则、方法等，包括组织结构设计知识、流程设计知识、环境构建知识等内容。组织管理是工程管理中不可或缺的重要部分，只有充分运用组织管理知识，将工程实施过程中的各方资源进行科学规划和安排，充分发挥人的主观能动性，使人尽其力、物尽其用，充分发挥生产效率，才可以更好地指导工程施工工作的展开，为工程的高质、高效竣工奠定扎实的基础。①

人力是工程组织的最大资源，是工程组织造物能力的源泉，良好的人员管理可以满足工程对人员的需求，充分发挥人的创造性，最大限度地发挥团队效益，更好地为工程管理服务。组织结构设计知识是设置岗位结构与人员安排的规则和程序，主要解决工程管理中的责权关系、职能分工、任务分工等问题；流程设计知识用于解决工作任务分解、构建管理流程责任分配矩阵等问题；工程组织是一个与外部环境相互作用的开放系统，总是处于一定的自然、经济、技术、社会、政治等环境之中，环境构建知识用于实现与环境保持相互联系和相互作用。

① 何继善，等.工程管理论［M］.北京：中国建筑工业出版社，2017：215.

2.4　工程经济知识

工程经济知识是指围绕工程管理过程中的财、物等资源，在实现工程质量、安全、工期和环保管理目标的基础上，通过经济学知识和财务知识对工程进行降本增效与优化管理以实现最大效益的理论、方法与工具等，包括工程经济分析知识、工程财务知识和工程造价知识等内容。工程管理活动作为一种经济组织行为，应该而且必须具备营利能力，研究如何使工程获得最佳的经济效益是工程管理的重要内容。工程管理者需要运用工程经济知识解决工程的资金筹措、合理有效利用等经济问题，为工程管理提供技术支撑。工程经济分析知识是对拟建工程的财务可行性和经济合理性进行分析的方法，以提高工程投资决策的科学化水平，减少和规避投资风险。工程财务知识是分析预测工程财务效益与费用、盈利能力和偿债能力等方法，据以判断工程的财务可行性。工程造价知识是用于推测、判断和计算工程最可能实现的价格的方法等，以促进资源的合理配置，充分发挥工程项目的经济效益。

2.5　风险管理知识

工程风险的客观性与普遍性、情境性与不确定性、连带性决定了工程风险普遍存在并贯穿于工程活动的整个过程之中①，工程的风险管理知识被应用于工程活动的决策、设计、施工、使用与评价等阶段。风险管理知识具体指组织对工程活动中涉及的风险进行识别、分析，并制定相应的对策，以最低的风险成本实现工程价值最大化过程中所运用的思维、经验及具体的方法与工具。风险评估与控制知识是风险管理知识的关键，是对风险可能造成的影响进行定量判断，并根据判断结果，利用科学的方法应对可能产生的风险并进行风险监控的方法性知识。其中，风险评估知识包括风险识别知识、风险分析知识；风险评价知识，风险控制知识包括风险应对知识与风险监控知识。

2.6　信息管理知识

当今的时代是数据爆炸的时代，各种各样的数据、信息与文档

---

① 孙杨. 工程风险的哲学分析［D］. 西安：西安建筑科技大学，2012.

无时无刻不在产生，海量信息繁复冗杂。工程活动的时间大跨度性、长周期性、内容复杂性更决定了工程信息管理的必然性。因此，顺应时代的发展趋势，积极探索工程管理过程中应用信息管理技术的可行策略势在必行。工程信息管理知识是工程信息人员能够合理、科学地运用的先进软件、技术与方法，是围绕工程信息资源实施计划、组织、指挥、协调与控制，最终实现工程信息管理的社会活动中所需的思维与方法，包括工程信息内容的管理、工程信息系统的管理与工程信息活动的管理。

2.7　工程评价知识

工程管理是以工程活动价值目标为导向的一系列活动①，对工程进行评价可以工程活动的价值实现程度为标准。因此，工程评价知识基于工程活动价值目标产生与发展，应用于工程评价过程，包括工程社会评价知识、工程经济评价知识与环境影响评价知识。工程社会评价知识是为实现工程活动整体社会效益最大化，深入系统地分析工程活动的社会影响，客观评估工程活动于当地环境的互适性，系统识别工程活动过程中可能产生的各种不利影响和应对社会风险所需的原则、流程与方法，以期更好地促进人与自然、社会的和谐发展。工程经济评价知识以工程为主体，以技术经济系统为核心，应用于对各种工程技术方案进行经济分析和评价，通过比较经济效果，对工程的技术先进性、经济合理性进行评价。环境影响评价知识是全面评估工程活动给环境造成的显著变化，并提出应对措施的过程中所需的原则、标准、流程与方法，是应用于工程评价过程中环境管理与环境决策的知识。

③ 工程管理技术知识的表现形态

对工程管理技术知识表现形态的讨论，有利于在认知上触类旁通，是理解技术知识传承与发展的基本前提。工程管理技术知识在工程管理实践过程中表现为观念形态、符号形态及物化形态等形态。观念形态是观念、经验、诀窍、理论等要素的总和，是工程管理主

---

① 何继善，等. 工程管理论［M］. 北京：中国建筑工业出版社，2017：159

观能动性的根源，也是人不可替代作用的体现。符号形态是图像、树图、流程图等的总和，是物化形态的基本前提。物化形态是书籍、软件、工具等要素的总和，是工程管理技术知识产生效益的直接体现。

3.1　工程管理技术知识的观念形态

观念形态是工程管理技术知识的一种初始形态，包括个人观念和集体观念。工程管理技术知识的观念形态不是人脑中固有的，而是源于工程实践。工程管理技术知识的观念形态是由工程管理者对管理目标、管理内涵、管理流程等信息进行录入、选择、记忆、检索，并进行重新组合与创造所形成的。

工程管理技术知识的产生、传播与普及，与工程管理实践活动中的个体息息相关。个人在工程管理实践活动中，耳濡目染、潜移默化习得个人观念。知识的最终载体是个人，大到工程管理技术思想、原理的发明，小到工程管理技术工具性物品的使用都以个人为主。学者综合以往的工程管理技术知识，在大脑中以个人观念为基础进行思维的重组与创新，最终形成新的工程管理技术知识。

集体观念也是工程管理技术知识的一种基本形态。以观念形态存在的工程管理技术知识的主体不仅仅是指个体，还包括"工程共同体"，乃至整体的"人类"。知识的传承归根到底是人们观念的传承。

3.2　工程管理技术知识的符号形态

在工程管理者已经心领神会或形成记忆的基础上，对工程管理实践活动产生影响、效用的观念形态会随着历史的积累以实物或者符号形式沉淀下来，比如实物如建筑、文字符号如语言。符号形态用于在时间和空间上延长（或扩大）工程管理技术知识，使工程管理技术得以保留与传承，是物化形态的基本前提，包括语言、文本、图像、数据。

德国人类学家利普斯认为："最简单的交际媒介就是语言。"从哲学意义上来看，思想是通过语言表达的。观念形态的工程管理技术知识通过工程管理教育活动、工程管理学术报告会、工程管理学术论坛等以语言符号得以快速、有效地传播。语言形态的优势在于可以灵活地传递所要表达的信息，并且获得及时的反馈，以问答的形式快速解决问题。小到工程管理技术的学术交流，大到国家重大工程项目的实施，只要工程管理实践活动发生在某一个工程组织内，就必然会发生以语言形态表现的工程管理技术知识流通。

由文本和图像承载知识的符号可以让知识在时间长度和空间广度上得到延展。图像符号主要有：工作分解结构、网络图、甘特图等，它们借助描述对象的一些酷似特征来传递工程管理技术知识；根据自身和对象之间的指代关系而起作用的，如工程图纸中的标记、施工进度前锋线；在工程管理技术知识普及中出现的适宜工程从业者理解的图标、比喻等。对于工程管理技术知识而言，单个符号是知识，一系列符号就成为系统的知识，再经过文本编排和处理技术，形成物化的工程管理技术知识，比如管理学、工程管理相关法律范本、工程管理专著等都是符号的综合体。

互联网所用的符号随着数字化革命的到来也逐渐成为重要的工程管理技术知识表现形式。数据是指计算机能够生成和处理的所有数字、文字、比特等工程管理技术知识符号。这些数字、文字、比特符号的固化就可以成为计算机软件的一个单元或基本执行逻辑而研发出物化的工程管理技术知识，如计算机管理系统。计算机也可以将工程管理实践的术语、一般性流程、专用图表结构等进行处理，形成物化的工程管理技术知识，如可视化技术、数据库技术、计算机软件技术、流程图制图软件等。

3.3　工程管理技术知识的物化形态

物化形态是工程管理技术知识成果的一种最具体的基本形态，在工程管理实践中直接显现工程管理技术知识的效益。工程管理技术知识的观念形态在经过符号形态传播和传承后，在工程管理实践中以机器、设备和软件等物化形态显现。工程管理技术知识物化的主要形式之一是工具性产品。工具性产品能够继续生产更多的产品，或者能帮助创造新知识，比如，Autodesk Buzzsaw、PKM V5.0、BIM、GIS 管理系统等。这些工具性产品可以执行已形成的知识网络，但必然也有自身的局限性。工程管理者拥有自主意识，不仅能掌握已有工具性产品、机器运作的原理，从这些工具性产品中研究其设计、组成和运行方面的工程管理技术知识并运用到工程管理实践中，更能在新条件、新环境中应对变化，探索新的管理技术知识，发展出升级换代的新的工具性产品。

第四节　工程管理的人文知识

 工程管理的伦理道德知识

工程活动是人类在改造自然、实现自身社会属性的一种实践活动，是人类能动性、创造性的最重要、最基本的表现方式之一。现代工程不但深刻地改变着自然的面貌，也塑造了而且还在继续改变着现代社会的面貌，乃至塑造和改变着人本身。人类正是通过工程技术活动塑造了社会样貌，创造自己的历史，我们的生活世界和精神世界都有深刻的工程烙印。

工程活动是人类对于美好向往的外化，并不是技术的简单应用过程，它所承载的价值判断和道德评价比存在于黑箱中的科学技术更为明显和突出，特别是现代工程与社会政治经济紧密结合后，工程活动的目标、设计、实施过程、预算和验收等各环节更突显道德的作用。建筑工程、机械工程、化学工程、电气工程、水利工程、航空工程、环境工程等现代涌现出的各类工程活动都是改造自然的活动，满足人类需求，为人类谋取幸福的社会性实践活动，具有自然属性、社会属性、生态属性等多重特征，而伦理关系渗透在各种属性之中。

工程伦理涵盖了人与自然、人与社会、人与人之间的价值关系。工程活动的核心就是要在工程与人、与社会、与自然之间构建一种和谐的关系。作为工程活动主体的工程技术人员既要关注工程实践活动的工程质量、成本及效益等经济因素，也要将工程问题置于法律、生态和伦理的系统中进行综合考量，以便在多种利益冲突、多元价值取向中做出规范性选择，使工程活动既满足生态系统的要求，也符合社会系统的要求。伦理从个人道德修炼出发扩展到社会群体，工程伦理影响的规模和深度也是在不断扩大，如大型水利工程、环境工程等现代工程关乎人与自然的有机共生，生态伦理学、环境伦理学等要求扩大人类道德关怀的范围，将动物、植物甚至无机物以及整个生态环境都纳入进来，这样工程就不仅负有通过开发和利用自然来为人类造福的责任，还负有关爱生命、保护环境、实现可持续发展的责任。

要捍卫工程管理中的伦理道德，必须处理好工程建设中"得"与"德"的关系。"得"表现为推动工程建设的经济冲动力，"德"则表现为推动工程建设的伦理冲动力。从历史显现的表象看，"得"与"德"似乎是难以并存、难以统一的两个不同性质的价值因子，分别体现着人的物质世界与精神世界、世俗世界与理想世界的两种存在状态；"得"是生产力与生产关系矛盾运动的集中体现，而"德"则是上层建筑与观念形态的核心因子。两者在经济运作中表现出的矛盾和对立，使现代企业自诞生之日起就陷入了动力源的纷争与困惑。在很长一段时间里，"经济动力决定伦理动力"的机械决定论倾向流行，它强化了经济动力对具体实践的"有形"作用，而对"伦理"动力的"无形"作用往往采取漠视态度，在一定程度上削弱甚至剥夺了伦理作为文明中的独立因子和人文精神核心要素的地位，使伦理的"神圣性"屈从于强大的经济世俗性之下，成为经济的"奴婢"。其直接后果就是许多企业在管理价值诉求上对伦理道德的忽略和漠视。

工程作为人类最经常性的"造物"活动，它的运作过程不能简单地被理解为投入、产出和效益的实现过程，同时还必须认识到这是人类价值更臻美好的过程。目前，国内外的经济伦理学家对于经济与伦理的相互关系问题进行了许多分析和研究，空前深化了对经济与伦理相互关系中的许多理论问题和实际问题的认识。

经济动力与利益直接相关，具有直接、绩效的表现，更注重工程建设的操作性和工程交往关系的实然性；伦理动力作为实践意识考量利益的价值维度，具有长效、厚重的魅力，更注重对主体观念、行为的自省性和应然性，对经济利益有其超越性。两大动力尽管有诸多差异与区别，却也有本质向度的关联和依存。首先，两者的作用力都表现为一定的规则、规范，作用点都是对主体与主体、主体与客体关系的把握和制约；其次，两种作用力在实际运行中互为基础，互相交融，形成合力，经济动力离不开伦理动力的人文支撑与价值引导，伦理动力也以经济利益作为基础和落脚点，二者共同合成企业行为合目的性与合规律性的统一；最后，两种动力在渗透、作用于工程活动的过程中经过"经济—伦理—经济"的辩证复归，正在（或者已经）合作升腾为"一体两翼"的综合动力，即经济-伦理的价值生态。

② 工程管理的法治思维和法律知识

由于现代工程的量能越来越大，其对当前和未来的影响也越来越大，不确定性越来越明显，工程管理仅靠工程师自身的伦理道德约束是远远不够的，还需要依靠法律的规制来共同推动工程管理的有效进行。所有工程管理人员必须树立法治思维，具有相关的法律知识，树立在工程活动过程中按照法律的规定、原理和精神去思考、分析、解决问题的习惯与取向。工程管理人员要以法治思维为前提，即以合法性思考为前提，在合法性允许的范围内，去追求最大的最佳的政治、经济、文化、道德、管理等效果。如何在工程管理中贯彻法治管理的理念？党的十八届四中全会在《中共中央关于全面推进依法治国若干重大问题的决定》中明确提出要"把公众参与、专家论证、风险评估、合法性审查、集体讨论决定确定为重大行政决策法定程序"。

首先，需要大力提升工程管理人员运用法治思维和法治方式的能力，做到依法决策、依法经营、依法监督、依法维权；注意防范决策风险、自然风险、合同管理风险、劳动用工风险、安全生产风险、知识产权风险、诉讼风险等。

其次，需要建立专家集体决策制度。专家是工程共同体的组成成员，专家集体决策制度既是工程科学管理在法律上的反映，也是分散工程管理风险的制度安排。

再次，要更加重视公众参与问题。公众参与的意义重大，而公众参与的具体形式可以多种多样。公众参与是公众与工程管理者之间进行磋商以达到监督作用的方法和手段，而信息交流与沟通是公众参与的核心。

最后，要切实落实环境影响评价制度。各类工程活动一般都是在一定的环境中进行的，因此，工程的环境影响评价是必经的建设程序。同时，工程对环境的影响又与公众的生活密切相关，所以公众理所当然地对工程带给环境的影响享有参与权、知情权、发表意见权和监督权。

 3　工程管理的文化意蕴和相关的文化知识

人类的传统观念认为，文化是一种社会现象，它是人类社会发展过程中长期积淀形成的产物，同时又是一种历史现象，是人类社会与历史的产物。工程管理具有深刻的文化意蕴，工程管理者必须具有丰富的相关的文化知识。

（1）工程本身的物质文化意蕴和相关的文化知识

物质文化是指人类创造的物质产品，包括生产资料性产品和形形色色的消费性产品。物质文化不是各种物质形态的单纯存在或组合，自然状态下存在的物质不属于物质文化的范畴。物质文化是人类发明创造的技术和物质产品的显性存在和组合，不同物质文化状况反映不同的经济发展阶段以及人类物质文明的发展水平。以建筑工程为例，建筑物是物质环境中极为重要的因素，它不仅用于满足人们的实际用度，它更应该传递文化的信息。好的建筑是一种艺术，它能给人们带来极高的精神享受。欧洲的城堡式建筑令人想起往日贵族的雍容华贵；歌德式建筑则勾起人们对天国的冥想；中国的宫殿建筑使人感到皇权的至高无上；苏州的园林式建筑则引起人们对江南世俗生活的眷恋。大学校园中的建筑也是教育文化理念的一种物化：欧洲古老大学建筑的厚重显示了昔日文化精英的执着、典雅；中国书院建筑的幽深展示了封建文人的桀骜、真朴。建筑物的灵性设计，赋予了它们生命的意义，可谓"此处无声胜有声"。

马克思说："饥饿总是饥饿，但是用刀叉吃熟肉来解除的饥饿不同于用手、指甲和牙齿啃生肉来解除的饥饿。"[①] 虽然马克思所举的这个事例是一个不大的事例，但其反映的思想却非常深刻——工程活动所创造的人工产品及其使用状况具有深刻的文化意蕴和社会内涵。马克思又说："手推磨产生的是封建主的社会，蒸汽磨产生的是

---

① 中共中央马克思恩格斯列宁斯大林著作编译局. 马克思恩格斯选集：第二卷［M］.
北京：人民出版社，1972：95.

工业资本家的社会。"① 如果说前面一段话中主要反映生活资料产品的文化意蕴和社会内涵，那么在后面一段话中就更深刻地反映了生产资料产品的文化意蕴和社会意义。

（2）工程管理的制度文化意蕴和相关的文化知识

文化是一种社会沟通和社会交流，通过特定的途径被大多数社会成员认同和践行，任何文化的存在只有被认同、学习和践行时才是有现实意义的，而被认同、学习和践行的实现必须依靠制度规则。因为任何制度的背后都反映着一定的文化价值、文化精神和文化理念。反过来，文化也必须采取风俗、习惯、或制度的形式才得以从"隐性"转变为"显性"。所以，从某种意义上可以说，没有文化价值的制度是不存在的，没有制度形式的文化也是不存在的。

工程管理制度反映工程管理文化，工程管理文化存在于工程管理制度中。总体说来，人类的一切活动都与制度有关，可谓"没有规矩，不成方圆"。任何一项制度的产生，都是社会成员相互博弈的结果，社会成员的博弈可能存在无数的均衡，一项制度的确立是其多种可能出现的均衡中成为现实的那一个结果。当它成为现实结果的时候，便开始了对其成员的规约和激励作用。现代工程建设的规模日益宏大，结构日趋复杂，系统日显集成，如果缺失工程管理制度的规范和润滑，整个工程建设就很难统摄为一个整体。合理的工程管理制度可以及时合理地处理和协调工程建设过程中各个部分、各个层面、各个环节的相互关系，将工程活动整合成高效有序、节奏明晰的人类实践活动。同时，合理的工程管理制度也是将个体能动作用凝聚成"合力"的必需条件。工程活动是众多工程建设者合力作用的结果，其能动作用的发挥有时会表现为具有不确定性的"矢量"，如果没有工程管理制度的调控，就无法实现个体"矢量"之间的合理方向与"力"，个体"矢量"的能动力量就会出现因脱序、混沌而发生相互抵消，甚至相互冲突背离的结果。

可见，工程管理蕴含着深刻的制度文化意蕴，工程管理者必须具有相关的文化知识。

---

① 中共中央马克思恩格斯列宁斯大林著作编译局. 马克思恩格斯选集：第一卷［M］. 北京：人民出版社，1995：142.

第七章

论工程与自然、社会互动的知识

在工程知识论的研究中，认识"工程与自然的互动"和"工程与社会的互动"具有重要意义。作为人类直接生产力的"工程"一直都是在"自然"与"社会"的二元场境中展开的。"工程与自然互动"的知识和"工程与社会互动"的知识既有紧密联系又有许多差别。《工程演化论》一书指出"工程活动有两端，一端是自然（包括资源等）与知识，另一端是市场与社会。工程立足自然，配置相关要素，运用各类知识，将之转化为符合工程目标要求的人工物，实现市场价值（经济效益）和社会价值（和谐发展、可持续发展）。"① 更具体地说，"工程是人类有目的、有计划、有组织地运用知识（技术知识、科学知识、工程知识、产业知识、社会-经济知识等）和各种工具与设备（各种手工工具、各种动力设备、工艺装备、管控设备、智能性设备等）有效地配置各类资源（自然资源、经济资源、社会资源、知识资源等），通过优化选择和动态的、有效的集成，构建并运行一个'人工实在'的物质性实践过程。"② 现在，"自然-工程-社会"已经构成了一个相互联系、相互作用、相互制约的互动巨系统。对"工程与自然互动"和"工程与社会互动"的知识进行分析研究，无疑具有多方面的重要意义。

---

① 殷瑞钰，李伯聪，汪应洛，等.工程演化论［M］.北京：高等教育出版社，2011：27.

② 殷瑞钰，李伯聪，汪应洛，等.工程方法论［M］.北京：高等教育出版社，2017：29.

第一节 论"工程与自然互动"的知识

 "工程与自然互动的知识"的内涵

工程活动是造物活动,是在依靠自然、适应自然和适度改造自然的过程中人的合目的性、合规律性的实践。工程活动是基于自然基础之上的实践活动,自然是工程活动的物质基础和支撑条件,同时,也会约束工程活动的进行。工程与自然互动的知识应基于人与自然和谐共生的发展理念。工程与自然互动的知识至少应包括以下四个方面。

1.1 作为工程活动支撑条件的自然资源与环境的知识

正如第一章所阐述的,人类所生活的物质世界已经分化为"两类物质世界"——"天然自然的物质世界"和"人工物的世界"。"天然自然的物质世界"是人类生存的物质前提和自然基础,是工程活动的"自然资源前提、基础和环境"。

工程活动的本质是利用各种资源与相关经济要素,建造一个新的存在物。不论是农牧工程、制造工程,还是信息工程,都离不开自然资源和环境,因此,这一方面的知识是工程活动不可或缺的,是工程知识的重要组成部分。

1.2 对工程活动的开展有促进或制约作用的关于自然规律的科学知识

工程活动要合目的性地顺利进行需要基于工程活动的合规律性。规律是事物内在的、本质的、必然的和稳定的联系。在工程与自然互动过程中,需要对自然规律有一定的认识,这也就是科学知识。人们只有在认识和掌握自然规律的基础上,才能正确、有效地进行工程活动。对自然规律的正确认识是工程活动顺利开展的逻辑前提。工程在将目的性带入自然时,不能改变自然规律,只能在认识自然规律的基础上顺应自然规律进行各类工程活动。

1.3   对工程活动的开展提供必需的"技术方法和技术途径"的工程技术知识

工程活动由技术要素和非技术要素构成。如果没有相应的必需的有关技术设备、技术途径、技术方法的知识作为技术前提和技术基础，就不可能有现实的工程活动。

应该特别强调的一点是，这里所说的工程技术知识与上文所说的"关于自然规律的科学知识"是两类不同的知识，不能认为工程技术知识是科学知识的一个子集。如果工程从业者只有"纯科学领域的知识"而没有"具体的工程技术知识"，那仍然不可能进行具体的、现实的工程活动。

1.4   对工程活动的开展有促进或制约作用的生态规律知识

自然规律包含了生态规律，但由于以往人们更为关注物理、化学等规律，忽视了生态规律，导致出现生态失衡问题，严重影响经济社会发展。因此，在工程与自然互动的知识中，生态规律知识不可忽视，必须在遵循生态规律的基础上进行工程活动。工程活动只有顺应自然生态系统，才能真正实现合规律性与合目的性。在进行工程活动时，必须像保护眼睛一样保护生态环境，像对待生命一样对待生态环境，绝不能违背生态规律盲目进行工程活动。在进行工程活动时，必须按照生态系统的整体性、系统性及其内在规律，统筹考虑自然生态各要素。

1.5   对工程活动的开展有促进或制约作用的信息知识

物质工程一直是工程哲学关注的重点，随着工程造物活动的不断拓展，信息工程越来越具有重要意义。工程知识作为形成现实生产力的、系统的知识，是面向工程实践和工程实体的知识。在工程与自然互动的知识中，随着人类与自然互动的不断加强，工程对现实世界的影响越来越大，工程与自然互动的信息知识包括四种类型，即自然信息知识、社会信息知识、人文信息知识和技术信息知识。自然信息知识是关于自然现实的信息知识。社会信息知识是关于人类社会运动状态和方式的信息知识。人文信息知识是指与人类利益有关、体现着对工程活动的价值取向、体现着对人类社会的终极关怀的信息知识。技术信息是作为现实的信息,这主要是源于技术的不断发展,使技术信息在工程活动中同样不可忽视。自然信息是以一种质朴的形式展示自然的框架,社会信息重新组织和丰富现实,人文信息赋予现实以意义,技术信息是作为现实的信息,已融入现实之中。由于人的活动的参与,自然早已不是纯粹的天然自然,为了更好地开展工程造物活动,工程与自然的互动的知识,应包括自然信息知识、社会信息知识、人文信息知识和技术信息知识。

 "工程与自然互动的知识"的性质与特征

2.1 "工程与自然互动的知识"的性质

2.1.1 "工程与自然互动的知识"的因果性

工程作为人类实践的主要表现形式,以自然为前提和支撑,自然因素渗透于工程中,工程的对象就是以自然界为背景或对象,达到工程目标的方法也需要符合自然规律,工程结果也要顺应自然,合理地依靠自然、适应自然和适度改造自然,工程活动反映和体现了人工物质世界的因果性。于是,因果性就成为工程与自然互动的知识的基本属性之一。

2.1.2 "工程与自然互动的知识"的目的性

工程与自然互动的知识首先表现为生产力属性,体现人与自然相互作用的因果性与目的性。但现实的工程活动却是由工程师、投资者、管理者、工人等不同成员共同参与和进行的,每项工程都有其特定的目标,体现了工程与自然互动知识的目的性与价值导向。正如第一章所阐述的,从工程知识与科学知识的知识定位视角来看,工程知识是不同于专门研究自然物理客观世界的基础科学的另一类知识体系。"好奇心"和"科学兴趣"是基础科学知识的核心和关键,而工程知识的核心和关键是"工程价值"与"社会和谐",这体现了工程知识的目的性和社会性。

2.1.3 "工程与自然互动的知识"的地域性

工程活动都是在一定的国家和民族的"地域"中进行的，不同的国家和民族是有其地域性差异的。所谓地域性差异（regional differences），是地球不同空间内在的自然、经济、人文、社会等诸方面差别的综合反映。[①] 任何工程都是在一定的"地质地域"和"地理范围"内进行，这是工程与自然互动的具体性决定的，是工程活动开展的空间性特征。工程活动的开展需要因地制宜，需要根据地域空间特点进行工程规划、设计、实施与管理。"工程与自然互动的知识"的地域性表现在各种类型的工程活动中，而在建筑工程和水利工程中表现尤其明显。建筑工程的设计不仅仅受到技术、材料的影响，设计的风格也呈现明显的地域性。建筑工程的地域性表现在其设计应符合当地的自然条件、民族传统、民俗文化、经济承受能力等。

2.2 "工程与自然互动的知识"的特征

2.2.1 具有主观能动性和创造性

人类形成的过程是有意识地利用自然并将自己从天然自然的原始状态解脱出来的过程，这同时也意味着原始的自然平衡被打破，反映和体现了人的主观能动性和创造性。

2.2.2 具有受动性与责任性

所谓工程与自然的互动，意味着二者的双向作用，而双向作用又意味着工程既有主动性的方面又有受动性的方面。工程与自然互动的知识中无疑地包括了有关工程的受动性的知识。同时，由于工程知识是人的思维的创造性活动的结果，一方面它反映和表现了人的思维的创造性，另一方面，它作为创造性思维的"结果"，当然又具有受动性的一面。

人类创造工程知识的目的是为人类的生存、繁衍和发展，改善

---

① 王鸿远，左秀峰，李双杰. 我国能源效率及节能减排潜力的区域特征研究：2008—2012 年 [J]. 科技管理研究，2015（24）：220-224.

人的生活环境状况以及调整人与自然的关系，这就意味着无论从目的意图方面看还是从效果影响方面看，工程知识都具有责任性内涵和特征。换言之，我们需要从两个方面——目的意图方面和效果影响方面——分析和认识责任性问题。以下主要讨论后一方面的一些问题。

随着科学技术的不断发展，工程与自然互动的时空不断拓展，人类因对自然的破坏遭到了自然界的报复，全球出现了资源、能源、环境和生态问题，以至于可以说，人类社会进入风险社会。如果说工业时代人们更为关注的是工程所创造的财富，那么，随着工程对自然、对人类的影响越来越大，人类不得不更深入地分析工程活动所带来的风险问题。工程与自然的互动产生了工程及其实施共同体应承担责任问题，相应地也应该实行问责制。

责任是与有责任相伴而行的，从工程活动来看，无论是已完成的工程，还是正在进行的工程，或者未来要实施的工程，工程主体都是有责任的。负责任的工程活动需要良好的判断，而不是简单地遵循程序，也就是说，工程师不仅要遵循工程规范和标准，还要符合合理关照的标准。工程师是负有责任的，即便是无须承担法律责任，也要为故意、过失和鲁莽所造成的损害负责。[①] 由工程活动导致的"人造风险"而需要承担的责任，仅仅由工程师来承担是不可能的，也是不公平的。工程实践活动的进行，是由多元主体共同作用的产物。从国家到社会，从政府到市场、从政府组织到非政府组织、从专家系统到大众传媒，从全球社会到公民个体，在某种情境下，都可能成为工程活动的责任主体，因此，有必要将他们组织起来，通过对话、交流、协商与合作，明确各自的责任并承担责任，形成一种"有组织地负责任"的机制。[②]

③ 工程与自然互动中的生态知识

随着人类工程能力的不断增强，生态环境问题自 20 世纪下半叶

---

① 查尔斯·E.哈里斯，迈克尔·S.普里查德，迈克尔·J.雷宾斯，等.工程伦理：概念与案例 [M].丛杭青，沈琪，魏丽娜，等，译.杭州：浙江大学出版社，2018：48.

② 钱亚梅.风险社会的责任分配初探 [M].上海：复旦大学出版社，2014：16.

以来日益显现，严重影响了人类的生存质量及其可持续发展。在当前形势下，有必要对"工程与自然互动中的生态知识"进行分析和讨论。

3.1 生态问题：工程与自然互动生态知识的现实依据

工程与自然互动中的知识在当下需要关注的首先是工程活动所引起的生态问题。自 18 世纪工业革命以来，工程的造物活动被理解为是对自然的改造、对自然的征服，这种传统的工程与自然互动的知识主要局限于以往的工程活动，更为关注的是工程的经济功能与技术功能，而对工程活动的生态环境缺少足够的关注，对工程与自然的关系没有深刻的反思。

工程与自然互动的生态知识的重要性源于工程与自然生态是有深层矛盾的。如何使工程活动顺利开展，首先要认识到工程与自然生态的矛盾问题，只有认识到这些矛盾问题，才有可能为矛盾的解决积极创造条件。也就是说，只有了解了工程与自然互动的生态知识，才能使工程与自然更好地互动。

具体来说，工程与自然生态存在着以下矛盾：第一，自然进化过程中一种生物与另一种生物之间以及所有生物和周围其他事物之间是一种有机的联系，是一种动态的逻辑。传统的工程活动往往是"自然资源—产品—废弃物"的单向流动，这是一种线性的、单向流动的逻辑，是与自然生态的有机联系相悖的逻辑，它会引起工程活动的单向性与自然界的循环性相矛盾的情况。第二，自然界的有机多样性是深层的秩序或自然生态平衡反映。自 18 世纪工业革命以来，人类的工程活动大规模向自然索取、大规模建造、大规模制造、大规模消费、大规模无序化废弃，建造和制造了对自然生态系统影响强烈的人工系统，但同时又缺乏自我调控与反馈机制，进而导致工程的造物活动成了生态平衡的对立物，这是工程活动孤立性与自然界的有机性的矛盾，缺乏有机统一性的工程活动，一定程度上影响了人类的生存与可持续发展。第三，工程活动具有价值属性，而非价值中立，因此，工程造物活动更多的是为了满足人的需要，是一种具有很强功能性的系统，这就不可避免地造成工程活动在一定程度上具有局部性和短期性的特征，而自然生态却具有整体性与持续性的特点，因此，不时会出现这样的情况：人类工程造物活动规模越宏大，对自然生态的负面影响越凸现。

总之，由于传统对于工程与自然互动的生态知识的认识的片面性和不系统性，对工程与自然的互动更多的是做了"单向"的理解，更为强调工程的造物活动，强调工程对自然的"改造"和"利用"，而对生态规律的约束和生态环境优化的关注不够，所以工程与自然互动的生态知识应关注生态的约束，应准确把握工程与生态互动的知识。①

3.2 生态法则：工程与自然互动生态知识的内涵

康芒纳在《封闭的循环》中概括了四个生态法则，对工程与自然互动的生态知识很有启示，可以说，工程与自然互动的过程中应遵循这四个生态法则。这四个法则分别是：生态关联——每一事物都与别的事物相关；生态智慧——自然界所懂得的是最好的；物质不灭——一切事物都必然要有其去向；生态代价——没有免费的午餐。②

工程与自然互动知识需要思考生态知识，只有正确认识了工程与自然互动过程的生态知识，才有可能积极创造条件阻止生态系统的退化，进而努力实现生态系统的平衡。工程与自然互动的生态知识要注意从工程的全生命周期来进行思考并形成系统的知识体系。了解和把握工程与自然互动中的生态代价，并在工程造物活动中予以重视是十分必要的。③

3.3 生态理念：工程与自然互动生态知识的思想基础

工程与自然互动的生态知识是有其思想和逻辑前提及基础的，即工程造物过程中要坚持正确的生态理念。主要包括以下几点：工程与生态环境相协调的理念、工程与生态环境优化的理念、工程与生态技术循环理念和工程与生态再造理念。这就是"天人合一""和谐发展"的工程生态理念。

---

① 殷瑞钰，李伯聪，汪应洛，等. 工程哲学［M］. 3 版. 北京：高等教育出版社，2018：157-160.

② 巴里·康芒纳. 封闭的循环［M］. 侯文蕙，译. 长春：吉林人民出版社，1997：25，28.

③ 同上。

第二节 论"工程与社会互动"的知识

工程活动具有很强的社会性，工程知识不仅涉及"工程与自然互动"的知识，而且广泛、深刻地涉及"人与社会关系"的知识和"人与人关系的知识"，即"工程与社会互动"的知识。

如果探讨工程与自然互动的知识强调的是对自然规律的遵循和对生态知识的重视，那么探讨工程与社会互动的知识则更为关注的是对社会规律的遵循和人文精神的高扬。

也许可以说，在人类认识工程知识的历程中，相对于关于"工程与自然互动的知识"，无论从时间尺度看，还是从知识数量和知识深度看，人类对"工程与社会互动"关系的认识都相对更加滞后和迟缓。可是，在工业革命之后，特别是第二次世界大战之后，人类对"工程与社会互动"关系的认识有了今非昔比的进步。以下就从两个方面对"工程与社会互动"的知识进行一些叙述：一是对"工程与社会互动"关系的整体性认识；二是概述有关"工程与社会互动"的"人文社会科学专业学科"知识，重点是简要介绍一下工程经济学、工程社会学、工程伦理学的性质、形成和发展。

❶ 对"工程与社会互动"关系的整体性认识

在讨论"工程与社会互动"关系的整体性认识时，一些人会联想到"技术决定论"或"社会建构论"观点。20 世纪 80 年代，在对工程与社会关系的讨论上，西方技术史学界开始提出并逐渐形成了一种被称为"社会建构论"的观点，并与技术哲学研究中长久存在的"技术决定论"论点分庭抗礼，本书在此无意具体对比分析这两种观点，只想顺便指出，这两种观点之间此消彼长的争执恰恰说明了工程与社会之间并不是简单的"谁决定谁"的线性关系，而是复杂的动态互动关系。

1.1 工程缔造了人类社会存在和发展的物质基础

工程是社会存在和发展的物质基础。恩格斯说："马克思发现了人类历史的发展规律，即历来为繁茂芜杂的意识形态所掩盖着的一个简单事实：人们首先必须吃、喝、住、穿，然后才能从事政治、科学、艺术、宗教等等"①。从人类第一次完成了工具的制造从而实现了人猿揖别的那一刻开始，人类就开始了工程化的生存方式，此后工程一直扮演着为人类社会的存在和发展提供物质基础的角色。从远古时代人类构木为巢、掘土为穴，到农业社会冶金、铸造、制陶、酿酒、榨油等手工业工程陆续发展从而带来的农业与手工业的分工，再到近代以纺织机的革新和蒸汽机的发明及应用为标志的第一次工业革命、以电气为能源的第二次工业革命带来的划分更为细致的土木工程、机械工程、矿冶工程、水利工程、交通工程、电机工程等使人类生活发生了翻天覆地的变化，直至今天，人类几乎已经生活在了一个完全人工化的世界里面，环顾四周，没有一件产品不是通过工程化的方式生产制造出来的。这也就不难理解为什么我们会以标志性的工程技术来指代某个社会形态和社会阶段，比如石器时代、铁器时代、蒸汽时代、电气时代、信息时代等。工程对于"社会"的影响是极其深刻的，因为"工程"标志着"社会"的生产力及其进程、方向。

"工程与人类的文明进程相伴相随，工程活动是人类社会实践活动的核心之一，成为现代社会的重要标志以及人类社会存在于发展的物质基础。"②

工程，特别是大型工程，已经构成了社会发展的基本物质支撑。不论是全面建成小康社会，还是建设富强、民主、文明、和谐的现代化强国的目标，其中最重要的内容之一就是要在全国各地规划、设计和建设成千上万的、大大小小的工程项目。不论是城市建设、道路桥梁修建、能源开发和利用，还是环境保护、工业品与生活用品的生产等，都是通过各种各样的工程实现的。在一定意义上可以认为，工程构成了经济社会发展的基本物质支撑，其质量和成效关系到国家和民族的发展进程和状况。③

---

① 中共中央马克思恩格斯列宁斯大林著作编译局. 马克思恩格斯选集：第三卷［M］. 北京：人民出版社，1972：574.

② 王章豹，黄驰，李扬. 论工程的社会功能及作用机制［J］. 工程研究——跨学科视野中的工程，2018（6）：238.

③ 陈凡. 自然辩证法概论［M］. 北京：人民教育出版社，2010：326.

1.2　工程对社会结构的深刻影响

社会是一个大系统，工程存在于社会系统中。作为社会大系统的变量之一，工程实践作为直接生产力，会影响社会结构的变迁。主要表现为：第一，工程会改变社会经济结构，促进产业结构调整。人类的建筑工程、水利工程、电力工程、信息工程等在一定程度上都引起了生产力与生产关系的变革，推进了人类社会经济结构的演进。第二，工程会改变人口的空间分布，带来城乡结构的变迁。矿业工程的兴起曾经催生了许多城市的兴起，吸引了人口的聚集，推动了城市化的进程。矿业的不可再生性在一定时期也需要城市在资源发生变化时的进一步转型，需要传统产业工程的升级与转型。当代高技术聚集区的出现，如国家自主创新示范区的建立，也会对人口流动产生重要影响。第三，工程可以作为国家宏观调控的手段，保持经济、社会、生态环境的协调发展，促进社会公平。在我国的区域发展战略中有西部大开发战略，其主要途径就是通过启动一系列工程，为西部地区的经济社会发展创造有利条件，进而缩小区域之间的差距，实现共同富裕的目标。引导与调控工程投资的数量、结构和区域分布，对于国家、地区的健康持续发展会起到重要作用。①

1.3　工程影响和丰富着人类社会精神世界的发展

马克思说"工业的历史和工业已经产生的对象性的存在，是一本打开了的关于人的本质力量的书"②，"据不完全统计，地球上现存的人造物（工程产品）的总量已超过了 30 万亿吨"③，工程活动不仅改变和塑造着人类的物质实践，其本身也是人的创造力的凝结和体现。每一个人工物之所以是"唯一的"，是因为它除了符合自然规律、科学原理之外，更重要的是它凝聚着文化传统的影子，彰显着其所处时代和所在地区的独有的精神审美观念。

工程具有精神文化功能。优秀工程是科技、管理、艺术等要素

---

① 陈凡. 自然辩证法概论 [M]. 北京：人民教育出版社，2010：326-327.

② 中共中央马克思恩格斯列宁斯大林著作编译局. 马克思恩格斯选集：第 42 卷 [M]. 北京：人民出版社，1972：127.

③ 殷瑞钰，李伯聪，汪应洛，等. 工程方法论 [M]. 北京：高等教育出版社，2017.

的结晶。工程不仅构成了社会发展的物质支撑，在工程的造物活动中，还凝结着社会精神文化价值。标志性的工程会成为其所在地和所属民族的精神纽带，有助于增强民族和国家的自豪感与凝聚力。历史上的某些工程，或许已失去了其生产功能，但丰富而典型的社会文化蕴涵会将其造就为工业遗产。在这个意义上，工程不仅仅具有经济价值，还具有精神文化功能。

1.4　社会不断进行着对工程活动的选择和完善

社会对于工程技术的发展并非是无动于衷的全然接受，而是社会一直在努力通过各种方式将自身的意愿渗透到工程造物活动中去。所谓"工程与社会的互动"不但意味着工程"影响和作用于"社会，同时也意味着社会"影响和作用于"工程。这种社会"影响和作用于"工程的现象，突出地表现在社会不断进行着对工程活动的选择和完善，这方面的事例可以说是举不胜举的。

1.5　人类精神世界的发展对工程的影响

工程是造物活动，由于从事工程活动的主体是人，必然受到人类精神世界的影响，或者说，人类精神世界的发展对工程有着非常重要的影响。

在古代，在人们的精神层面，通常是畏惧自然，认识世界通常也以人们的经验为主，对自然的改造是一种朴实的美。正是基于古人的精神世界的指引，古代的工程造物通常以不触犯"天神"为戒律，敬畏自然，敬畏神灵。工程的目的在于解决实际问题，工程经验依靠口传身授，在审美上学习自然、借助自然、体会自然。近代以来，由于科学技术的不断进步，人类的精神世界也发生了重大变化，开始强调征服自然，强调相信科学技术的力量，强调工具理性，开始注重功能而忽视美，因此，工程造物也体现为标准化、高效率、可靠性与可重复性。现代以来，在人们的精神世界，人们开始意识到大量的工程活动对世界的影响，开始关注人与自然的和谐相处，开始关注应该合理地、有效地利用时空，开始重新注重工程美。

正是基于不同时代的精神世界的状况不同，所以工程在不同的时代也呈现出不同的特征。古代的很多工程大多以庞大、庄严、神圣作为价值追求，如古埃及的金字塔、欧洲中世纪的大教堂、中国古代的万里长城和故宫等。近代的工程则体现出与科学技术的工具理性相符合的特征，即自动化、连续性、整体性和复杂性，尤其突出地体现在建筑工程中。现代的工程在注重秩序的同时，开始关注人性化、开始注重审美、工程的设计和建造也更突出生态意识。可以说，工程在变化的过程中有人类精神世界层面的深刻影响。①②

2 研究工程与社会互动的"人文社会专业学科知识"

2.1　"工程与社会互动"的人文社会专业学科知识概述

2.1.1　人类知识发展中知识"学科化"的作用和意义

人类知识的存在形态，可能是"碎片化"的知识形态，也可能是"学科化"的知识形态。

在知识的发展进程中，最初出现的只是"碎片化"的知识。这些碎片化的知识不断积累，经过一个逐步概括、提升的过程，从量变到质变，使有关知识逐渐理论化、系统化，这就会有新学科及其分支诞生，形成"学科化"的知识。"学科形成"之初，难免有许多不成熟的地方，于是，该学科又要经历一个"该学科的"逐步系统化/分支化的发展过程。

从"学科发展"的角度看人类的知识发展，可以看到，古代时期只有数量很少的学科，而在近现代时期，随着知识的积累和认识的发展，不但有"新学科"不断涌现，而且原有学科也不断"分化"，这就使现代社会中"学科"的数量——包括所谓"一级学科""二级学科"甚至"三级学科"——越来越多了。

2.1.2　现代社会中知识研究和发展的两种方式："学科导向"和"现实问题导向"

近现代时期，人类的知识出现了"爆炸式发展"的态势。对于

---

① 　殷瑞钰，李伯聪，汪应洛，等.工程演化论［M］.北京：高等教育出版社，2011：147-151.

② 　殷瑞钰，李伯聪，汪应洛，等.工程演化论［M］.北京：高等教育出版社，2011：139.

这种"信息和知识爆炸式发展"的态势,"新学科的形成""学科分化"和"学科化发展"既是其重要表现形式和结果,又是其推波助澜的动力。于是,"新学科"的形成及其"学科分支化发展"也就势所必然地引起了越来越多的关注。

在一定意义上,可以认为,现代社会中知识的研究和发展主要有两种方式:一是"学科导向"的知识研究和发展方式;二是"现实问题导向"的知识研究和发展方式。这两种方式有各自的性质和特征、作用和意义,二者既有区别又有密切联系,相互促进、相互渗透、相互转化。人们必须既重视"学科导向"的知识研究和发展,努力促进"新学科的形成"和"各个学科的发展",又要大力促进"现实问题导向"的知识研究和发展,绝不能割裂知识与现实的联系。

以上所述不但适用于"自然科学知识领域",而且适用于"人文社会科学领域"。具体到涉及"工程与社会互动"的知识,人们看到在"人文社会科学领域"先后形成了一些有关的"专业性人文社会学科",例如工程经济学、工程社会学、工程心理学、工程伦理学等,在我国的习惯术语和学科分类中也有人将它们称为专业性"二级学科"。

在本书的许多章节中都谈到了"工程与社会互动的知识",但往往都是从"问题研究"的角度进行分析和阐述的,本节以下将着重从"(二级)学科化"的"人文社会专业学科知识"的角度对"工程与社会互动知识"进行一些分析和阐述。

上文谈到,现代知识的发展的一个重要特点是"新学科"的不断形成、不断分化、不断交叉。在人文社会科学发展进程中,经济学、管理学、法学、历史学这些"一级学科"都逐渐"分化"而形成了许多"二级学科"或"分支学科"。

由于工程活动是最重要的社会活动类型和社会活动方式,具有无可置疑的复杂性和深刻性,当现代人文社会科学领域的"一级学科"以"工程活动为专门对象"进行研究时,从"学科发展逻辑看",往往就会形成"相应的""人文社会科学的二级分支学科",例如,史学领域已经形成若干专业工程史学、伦理学领域已经形成工程伦理学、经济学领域已经形成工程经济学、法学领域可能形成工程法学等。这些分支学科中,有的已经形成(例如工程管理学、工程心理学、工程经济学等），有的刚刚形成（例如工程社会学等），有的正在形成之中（例如工程政治学、工程法学、工程文化学等）。由于这个"话题"涉及问题太多且难以详述，以下就仅对工程经济学、工程社会学和工程伦理学这三个学科略做介绍，以期能够"窥豹一斑"。

2.2 工程经济学：性质、形成与发展

经济学是社会科学领域中的"大学科"，具有特殊的重要性和巨大的影响，有人甚至将其称为社会科学的"皇后"。现代经济学内容丰富，分化出了许多"二级学科"，其中就包括了工程经济学。

在一般情况下，工程活动具有经济性质，必须对其进行经济学研究。在市场经济条件下，工程活动的经济性质和特征更成为工程活动的核心性质和特质之一。

工程经济学是较早形成并且早已产生较大影响的学科。"工程经济学的产生至今有 100 多年。其标志是：1887 年，美国的土木工程师亚瑟·M.惠灵顿出版的著作《铁路布局的经济理论》。到了 1930年，E.L.格兰特教授出版了《工程经济学原理》教科书，从而奠定了经典工程经济学的基础。1982 年，J.L.里格斯出版了《工程经济学》一书，把工程经济学的学科水平向前推进了一大步。近代工程经济学的发展侧重于用概率统计进行风险性、不确定性等新方法研究以及非经济因素的研究。我国对工程经济学的研究和应用起步于20 世纪 70 年代后期。在项目投资决策分析、项目评估和管理中，已经广泛地应用工程经济学的原理和方法。"①

工程作为一种造物活动、一种实践活动，具有生产力属性，在市场经济条件下，要满足市场需求。因此，工程与社会互动中的需求与市场知识是不可或缺的。

应该注意的是，需求与市场也是在不断变化的。由于工程活动就是直接的现实生产力，所以在一定意义上可以说，工程与社会的互动就是工程活动不断实现着人类的社会需求。需求与市场的知识在工程与社会互动中的重要地位也由此可见。

工程活动有其明确的效益目标，成本与收益问题是工程活动关

---

① 引用自：《百度百科》"工程经济学"条目。

注的重点问题之一。在工程与社会互动中，资本与经济知识不可或缺，并且居于非常重要的地位。工程活动的开展，效益与风险是并存的。工程效益中经济效益的地位是显而易见的，另一方面，所谓工程风险，不但包括技术风险而且包括投资和经济风险。

2.3 工程社会学：性质、形成与发展

如果说工程经济学是一个较早形成的经济学二级学科，那么，工程社会学就只是一个刚刚形成的社会学二级学科。

在社会生活中，工程是最常见、最基础的社会现象和社会活动，是社会存在和发展的物质基础。如果没有工程活动，社会就无法存在，就要崩溃。由此看来，工程无疑地应该是社会学最重要的研究对象之一。可是，在 20 世纪，虽然社会学已有了 100 多个分支学科，但是工程社会学却一直未能在社会学中占有一席之地。直到 21 世纪之初，中国学者才率先走上了开拓工程社会学之路。

为了推动工程社会学和其他相关学科的理论研究与发展，2003年，中国科学院研究生院（今中国科学院大学）正式成立"工程与社会研究中心"。自 2004 年起，研究生院立项研究"工程与社会基本问题的跨学科研究"（项目负责人李伯聪），该课题的主要目的就是要进行工程社会学的理论探索。自 2005 年起，李伯聪连续发表了5 篇研究工程社会学问题的论文。2010 年，我国正式出版了国际范围内第一本工程社会学专著《工程社会学导论——工程共同体研究》[①]，这本书的基本意图是建立工程社会学特有的学术范畴——工程共同体。2011 年，毛如麟、贾广社出版了《建设工程社会学导论》一书[②]，针对"建设工程社会学"提出了一个具有理论体系性的研究框架。同期，国内一些学者也发表了研究工程社会学问题的学术论文，这里不再一一罗列。

在召开有关学术会议方面，2010 年，中国科学院大学召开了第一次工程社会学研讨会。2011 年，中国科学院大学召开了"工程与社会学"国际研讨会，除国内学者外，来自欧美的近 20 位学者也参

---

① 李伯聪，等. 工程社会学导论——工程共同体研究［M］. 杭州：浙江大学出版社，2010.

② 毛如麟，贾广社. 建设工程社会学导论［M］. 上海：同济大学出版社，2011.

加了会议。① 在同一时期，西安交通大学、哈尔滨工业大学等单位又在中国社会学年会上连续举办"工程社会学论坛"，筹办"工程社会学"的二级学会。2013 年，中国社会学会正式成立了研究工程社会学的二级专业委员会。

以上就是工程社会学在中国首先创立的粗略步履。

在工程社会学中，工程共同体是一个核心概念。任何一项大的工程都是由工程共同体共同完成。从时间维度看，工程活动包括决策、规划、设计、建设、运行、维护、退役等，不同的环节由不同的群体完成，不同的群体又代表着各自的利益，一个完整的工程项目的建设和运行必然包括政府、企业、工程管理者、工程专家、技术人员、工人等多方面利益的协调，只不过他们的利益由于工程活动关联到一起，通过他们之间不同利益的合作、协商、竞争等共同造就了工程。② 在分析和研究工程活动时，不但必须关注工程活动的经济维度及有关知识，也必须同时高度关注工程活动的社会学维度及有关的社会学知识。目前，工程社会学在社会学领域中还只是一个学术上的"新来者"和社会学二级学科中的"小兄弟"，但它未来的发展前景是无可限量的。可以预期，随着工程社会学的发展，人们对工程与社会互动的知识也将在"广度"和"深度"两个方面都不断有新的开拓和发展。

2.4   工程伦理学：性质、形成与发展

2.4.1   工程界与伦理学界的长期隔膜和疏离

从历史或传统观点看问题，由于多种原因，工程与伦理之间曾经长期存在着一道虽然无形却又很难跨越的鸿沟。一方面，工程界往往不怎么关心伦理；另一方面，伦理学界和理论界也不怎么关心工程。在一定意义上和很大程度上可以说，二者处于某种相互疏离、相互遗忘甚至相互"排斥"的状态，很少有相互渗透和平等对话，

---

① 张涛. 2011 年工程与社会学国际研讨会纪要 [J]. 工程研究——跨学科视野中的工程, 2012, 4 (1)：99-101.

② 殷瑞钰，李伯聪，汪应洛，等. 工程哲学 [M]. 3 版. 北京：高等教育出版社, 2018：98-99.

这就使人们在认识"工程与伦理的相互关系"时出现了许多严重的误解和错误的观点。

以诺贝尔经济学奖的获得者阿马蒂亚·森为例。作为一个高度关心伦理学的经济学家，他尖锐地批评了现代经济学与伦理学的分离，他以"结合经济学和哲学的工具，在重大经济学问题的讨论中重建了伦理层面"而闻名学术界，可以说，他既是一位经济学家又是一位伦理学家。可是，在《伦理学与经济学》这本名著中，他却这样理解和定义"工程学方法"："'工程学'方法的特点是，只关心最基本的逻辑问题，而不关心人类的最终目的是什么，以及什么东西能够培养'人的美德'或者'一个人应该怎样活着'等这类问题。"① 尽管我们必须承认阿马蒂亚·森是一位卓越的经济学家和伦理学家，承认阿马蒂亚·森的上述观点和看法也并非完全是"空穴来风"，但我们也必须肯定阿马蒂亚·森对"工程"和"工程方法"的"理解""定义"是带有很大片面性与偏见的。更糟糕的是，阿马蒂亚·森的"这个观点"还得到了许多学者的赞同。例如，另外一位著名的伦理学家、"国际企业、经济学与伦理学学会"原主席恩德勒教授就完全赞同阿马蒂亚·森的"这个观点"，他说："可笑的是，这一方法在主流经济伦理学中也可看到。"② 可以说，这种贬低工程、把工程活动原则与伦理原则对立起来的看法，在很长时期中和很大范围内，在欧美学术界——包括伦理学界在内——简直可以说是一种"习惯性"的看法。很显然，这种工程界与伦理学界之间存在相互隔离、相互疏离和相互误解的现象和状况，对于双方都是一种深深的伤害。

2.4.2 工程伦理学的形成和发展

（1）工程伦理学的形成

应该强调指出的是：就其本性而言，工程活动绝不是单纯的技术活动，也不是单纯的经济活动，它是包含了经济、技术、社会、管理、伦理等多方面要素并对其进行了"系统集成"的活动。在工

---

① 阿马蒂亚·森.伦理学与经济学［M］.北京：商务印书馆，2000：10-11.

② 乔治·恩德勒.面向行动的经济伦理学［M］.上海：上海社会科学院出版社，2002：59.

程活动中，伦理要素是一项基本要素，伦理内容是一项基本内容，因而，伦理标准也应该成为评价工程活动的一个基本标准。对于工程活动来说，伦理问题是具有很高的重要性的，任何忽视伦理重要性的观点都是错误的，是不可接受的。

由于工程问题与伦理问题存在着内在的本质上不可分割的联系，这就使工程与伦理相互疏离的现象和状况不可能永远继续下去，换言之，工程与伦理之间势所必然地要发生相互联系和相互对话。一方面，工程界会出现关心伦理的趋势和形势；另一方面，伦理界也会出现关心工程的趋势和形势。

20世纪下半叶以来，工程界有越来越多的人认识到，任何工程活动都会具有重要的伦理意义和伦理影响。因此，必须高度重视工程与社会互动中的伦理维度和伦理知识问题。工程作为造物活动，在给人类带来巨大福祉的同时，也会给社会带来负面影响。20世纪60年代，美国学者卡逊的《寂静的春天》已经对科学技术工程所产生的环境、安全问题向世人提出警醒，引起了全世界的广泛关注。在当下，信息工程、基因工程、核电工程等在向人们展示出美好前景的同时，也带来了许多已经出现和尚未被意识到的社会风险。德国学者贝克认为，人类社会在某种意义上已经进入风险社会。这些都呈现了工程在与社会互动过程中所产生的负面影响。要克服这些负面影响，需要伦理的规约，需要政府、企业、工程师等工程共同体共同意识到这一问题，并通过协商的方式促进工程负面影响的问题的解决。

由于工程不可避免的价值负荷，人们逐渐意识到工程的不恰当行为会给人类和社会带来巨大的灾难。因此从20世纪70年代开始，西方发达国家开始了工程伦理教育，不同的工程行业都推出了符合自身的工程伦理章程，而有些伦理章程甚至成为工程技术规范，从而变成了工程知识体系中的一部分。也就是说，为了让工程师的工作对社会更加有益，伦理规范和技术标准有的时候是同一的。例如19世纪中期经常发生的蒸汽船爆炸造成了美国内河航道旅客死伤无数，在随后展开的调查中，工程师们出于安全的考虑，在原标准的基础上提高了蒸汽锅炉的设计标准，并将这一调查数据结果作为技术标准来指导工程师的工作，从而形成了美国机械工程师协会（ASME）制定的《锅炉及压力容器规范》。事实上，现行的很多工程手册制定的行为标准本身就是出于伦理考量，而不单纯是满足技术的要求。可以说，工程中的伦理知识是工程与社会互动中产生的一类特殊的工程知识类型。

在现实问题研究的基础上，通过有关学者的"学科理论化和系统化"努力，在20世纪70年代，工程伦理学作为一个独立的"专业学科"首先在美国形成了。其后，经过数十年的探索、积累和发展，目前的工程伦理学在世界范围内——包括中国——都已经产生了重大影响。

（2）工程伦理学的学科性质和特征

在现代社会中，工程活动是一种最基础的社会活动方式。工程活动不但塑造了现代社会的物质面貌，而且在工程活动中出现了复杂的人际（个体间）关系和社会关系。在工程活动中，存在着许多非常重要、非常复杂的伦理问题，当人们越来越深刻地感觉到和认识到必须直接面对工程活动中的伦理因素和伦理关系时，工程伦理学也就应运而生了。

有人把工程伦理学称为"应用伦理学"，好像只要把"伦理学的基本理论""（单纯地）应用于"工程领域，就可以"万事大吉"了。这是一种不恰当的认识。从学科性质来看，工程伦理学是意义重大、问题复杂的"实践伦理学"，而绝不只是"已有伦理学理论"的"单纯应用"。①

工程活动是"系统性""团体性"的社会活动。在工程活动中，伦理成分或伦理问题与其他成分或问题（包括经济、技术、组织、制度、人际交往、心理等多种成分或问题）常常是"纠缠"或"纠结"在一起的。当"伦理学理论"与"工程实践问题""相遇"时，当人们试图解决工程实践中的伦理学问题时，会遇到许许多多的困难。

如果说，"理论上行"是困难的任务，那么，必须认识到，"面对现实问题的下行"任务也是非常困难的。对于"下行"的困难，宋代诗人杨万里曾有一首诗《过松源晨炊漆公店》："莫言下岭便无难，赚得行人错喜欢。正入万山围子里，一山放出一山拦。"

---

① 李伯聪. 工程伦理学的若干理论问题——兼为"实践伦理学"正名［J］. 哲学研究，2006（4）：96-101，130.

在伦理学"王国"中，工程伦理学是一个"新出场者"。工程伦理学的重要性不但在于它回答和解决了许多困难的"现实问题"，而且在于它提出了许多"新"的"理论问题"。以下就简述两个有关的理论问题。

（3）工程活动的"伦理主体"问题

两千多年来，无论是西方还是东方，人们一向都习以为常地把"个人"看作理所当然的伦理主体。甘绍平说："在西方传统中，伦理论证的类型以及普遍的道德规则几乎都是与个体的行为与生活相关；讲善良，是指个人的善良；讲义务，是指个体的义务。"① 可以认为，对于以往的伦理学来说，把个人当作伦理主体简直就是天经地义的事情。

可是，在分析和研究现代工程活动中的许多伦理问题时，人们发现如果简单化地应用传统的"个人伦理主体论"进行分析会遇到许多困难。例如，许多伦理学家都十分关心分析和研究工程活动所造成的环境污染等问题。对于这些问题，工程师无疑是有不可推卸的"职业责任"的。但是，如果认为"作为个人"的"工程师"就是唯一的责任者，应该负完全的责任，那么似乎全部问题就出在工程师的"伦理良心"或工程师的"职业责任"上。可以看出，这种分析和观点显然是不切实际的，没有抓住要害。

在这里，问题的要害在于：虽然作为个人的工程师对于造成污染等问题也有一定的责任，但人们绝不应因此而无视造成危害的"真正责任主体"——"作为团体"的企业（或其他的"集体性"的"主体"）和相关的"制度"。

由于工程活动不是单纯的个人活动而是团体的活动，工程活动的主体不是个体而是集体或团体（例如企业），从而，工程伦理学在分析和研究许多工程伦理问题时也必须把"有关团体"当作"伦理主题"。从逻辑和理论的观点看，如果不承认团体也可以成为伦理主体，如果不跨越从"个人伦理主体论"到"团体伦理主体论"的"理论鸿沟"，严格意义上的工程伦理学是不可能真正建立的。而一旦承认了不但可以把"个人"看作"伦理主体"而且必须在许多情况下把"团体"也看作"伦理主体"，这就成为"工程伦理学"对

---

① 甘绍平.应用伦理学前沿问题研究［M］.南昌：江西人民出版社，2002：117.

"伦理学基本理论"的一个重大贡献。

（4）工程活动中的"决策伦理"问题

工程活动中，决策是一个最重要、最关键的环节。虽然我们不能说工程决策的本性是"伦理学的"，在许多情况下也不能认为伦理因素是工程决策的"第一"要素，但伦理要素无疑地要在决策中发挥非常重要的作用，不存在不包括伦理要素或伦理成分的决策。因此，对决策的伦理学研究——包括对伦理因素在决策中的作用和对决策的伦理评价等——也势必要成为工程伦理学研究的重要内容。

西方伦理学研究的一个重大进展是提出了责任伦理问题。许多学者都指出不能把责任变成仅仅气愤地谈"事后责任"和"追究性责任"，可是，如果人们不把责任伦理研究与决策伦理研究结合起来的话，如果仅仅在决策之"外"谈责任的话，那又难免要变成讨论"事后责任"和"追究性责任"。从这个方面看，决策伦理应该是责任伦理研究的"第一重点"。以往的责任伦理研究没有把这个"第一重点"突出出来——至少是突出不够，这种情况今后是应该改变的。

工程决策是一个重要而复杂的过程，而动机和效果的考虑都是影响决策的重要因素，由于近现代伦理学中的道义论和功利主义这两大流派分别体现了"动机原则"和"效果原则"，于是，一般地说，它们也就都与决策问题有了建立联系的"内在根据"。

应该强调指出的是，在市场经济环境和条件下，许多企业家往往会把"利润最大化"原则当作企业决策和工程决策的首要原则甚至是唯一原则。可是，工程伦理学明确地告诫人们——包括企业家和社会各界——就其本性而言，工程决策既不是单纯的经济决策，也不是单纯的技术决策、社会决策、政治决策或伦理决策，而是包括伦理决策在内的"综合决策"。在工程决策中，"伦理决策"和"伦理考量"是绝对不能"缺席"的，必须把技术考量、经济考量、伦理考量、社会考量密切联系在一起进行决策。在以往的伦理学研究中，"决策伦理"没有引起足够的重视，这就显示了工程伦理学对"伦理学基本理论"的又一个重要贡献。

（5）工程伦理学发展的灵魂：理论联系实际

《工程哲学》一书指出："理论联系实际是工程哲学研究的灵魂。案例研究在工程哲学研究领域有着特别重要的作用。案例研究可以成为直接沟通理论与实践的桥梁，它不但可以成为抽象理论的

'落实'过程，同时又可以成为实现理论'起飞'的'基地'。"①这个认识和观点对于工程伦理学也是同样适用的，本书中也是依据这个观点和原则分析与研究工程伦理问题的。

　　自古以来，在理论与实践的关系上，东西方哲学的主导传统都是轻视实践、贬低实践。马克思说："哲学家们只是用不同的方式解释世界，而问题在于改变世界。"② 这就引导马克思主义哲学实现了哲学领域的历史性变革。工程伦理学和工程哲学都属于"改变世界的哲学"，在工程伦理学的研究和发展中，工程师、伦理专家和有关各界都必须把贯彻理论联系实际的方针和原则当作头等重要的事情，把理论联系实际当作工程伦理学发展的灵魂，这才能推动工程伦理学不断健康地前进和发展。

　　在现代社会中，"专业化和学科化的知识形态与研究方式"和"面向具体问题的知识形态和研究方式"都很重要，这两种方式既相互区别又相互渗透、相互促进，工程伦理学领域也不例外。

---

　　①　殷瑞钰，汪应洛，李伯聪，等．工程哲学 ［M］．北京：高等教育出版社，2007：V．

　　②　中共中央马克思恩格斯列宁斯大林著作编译局．马克思恩格斯选集：第一卷 ［M］．北京：人民出版社，1872：19．

第八章

论工程知识的传承、传播、演化

本章是理论篇的最后一章，主要讨论工程知识论中的三个重要主题：工程知识的传承、传播和演化。这三个主题都是"大问题"，内容丰富，而其中的许多问题又是以往学术界关注不多的问题。

第一节　论工程知识的传承

传承，指有意识地进行的某些对象在主体之间的纵向代际传递和继承，是文明、文化延续的特有形式。由于传承的内容和方式的不同，传承也有不同类型。本节主要就工程知识传承问题进行一些分析和讨论。

工程知识传承与工程实践的关系

通常以工程行为界定人类本质属性，此即所谓"我造物，故我在"①。人类工程行为与动物本能行为之间通常以"制造工具"划界②，工程知识传承的历史与人类历史一样久远。

工程过程建构了人工物，人工物中承载着工程的原理、设计和相关知识，随工程活动而物化到人工物之中成为物化知识。

工程知识传承源于、渗透于、服务于工程实践，工程知识传承助力并促进工程实践的发展。人类工程知识的传承有明显不同于科学知识、人文知识等人类其他类型知识的传承方式和传承特征。

---

① 李伯聪. 我造物，故我在——简论工程实在论［J］.自然辩证法研究，1993（12）：9-17.

② 查尔斯·辛格. 技术史：第一卷［M］.上海科技教育出版社，2004：1.

人类早期，原生态的工程知识传承融会于工程实践之中，工程造物和工程育人作为一体两面，工程知识传承尚未成为一种相对独立的社会实践方式。随着工程实践和社会实践的发展，随着需要传承的工程知识越来越复杂，工程知识的传承方式，经过默会传承阶段的自然传承和艺徒传承的发展，再经过工业革命早期工程共同体集体艺徒的过渡，形成独立的教育类别——建制化的工程教育，特别是高等工程教育。

在人类历史发展的漫长历程中，"工程实践"与"工程知识传承"在具体内容和形式上都发生了广泛而深刻的变化，但就工程知识传承与工程实践的相互关系而言，仍然存在一些不变的规律和原则。

2　工程知识传承的内容和方式

一般而言，工程知识传承的类型与工程知识类型是一致的。关于工程知识类型，可以在不同视角下得到不同的分类，如：可以按难易程度划分为初级、中级和高级工程知识；可以按研究对象划分为不同产业或领域的工程知识，如化学工程知识、环境工程知识、航天工程知识、建筑工程知识等；可以按与实践的远近划分为工程理论知识、工程应用知识、工程技能知识等；可以按在工程生命周期中所处的阶段划分为工程规划知识、工程设计知识、工程施工知识、工程运行知识、工程退役知识等；也可以按工程知识传承的不同方式，将工程知识划分为默会工程知识、明言工程知识和物化工程知识。本节采用最后一种划分方式，以便于阐明工程知识传承相关问题。

2.1　工程知识传承的内容

2.1.1　默会工程知识

默会工程知识，是默会知识中与工程相关的知识，是工程研究和实践中的默会知识。默会工程知识具有一般默会知识所共有的"内在于行动"（action-inherent）的属性，是在实践中起重要作用又只能意会、难以言传的通过"默会觉知"而获得和传承的知识；它随主体实践能力的提高而扩容。

默会工程知识有两种类型：一是内禀性默会工程知识，以其默会禀赋存在于工程实践之中，不会转化为明言工程知识；二是演化性默会工程知识，处于演化过程中尚未分化的形态，其中一部分会分化为明言工程知识。

2.1.2 明言工程知识

明言工程知识，指工程研究和实践中的明言知识。与其他明言知识不同，工程中的明言知识有一些自己的特点，也有一些特殊载体，如规划书、设计图、人工模型、仿真系统等。明言工程知识的传承，不能脱离相关实践过程，需要与默会工程知识的传承相呼应、相融会，否则所传承的工程知识有可能成为脱离实践的僵化知识，会因为难以付诸工程实践而失去价值。

2.1.3 物化工程知识

物化工程知识，指人工物中所聚集和承载着的与其组分、结构、环境、历史、原理、设计等相关的知识，它承载于作为工程成果的实存人工物中，伴随实存人工物的制成而赋存，随人工物的存留、保护、传续而传承，承续者需通过对人工物的解析而实现对其所传承知识的获取，如人工物中所承载着的材料的知识、力学的知识、当时生产技术的知识，以及当时自然环境的知识等。当代人通过考古研究可以了解古人何时掌握制陶技术、青铜技术、冶铁技术、燃煤技术，以及对瓷窑中所发生的化学过程的掌握程度，当时自然环境、土壤及水系、植被情况等。

2.2 工程知识的传承方式

不同的知识类型要求不同的传承载体和传承方式，也形成了不同的传承特征。默会工程知识的传承要求紧密贴合实践，在场境和过程中感悟，甚至要求脑与肢体的协调配合。明言工程知识则由于其自身的明晰性及载体的易得性、易传播性，可采取集中的、与工程相对分离的、自我学习的，甚至远程的形式进行，这也是学校教育得以实现的依据。默会工程知识和明言工程知识的传承间有融通性要求，因为这两类知识在具体工程实践中本就是不可分的。如果发生了两种传承方式的严重脱节（理论与实践的脱节），就会出现对工程教育的改革要求。

2.2.1　家族方式的传承

在人类发展史上，与人类自然繁衍生息、代际传续相伴随的，寄寓于人类生活、生产之中的工程知识（包括明言工程知识和默会工程知识）不断传承下去，即波兰尼所说的"通过寓居而认知"①，是人类工程知识的自然传承。这种自然传承承续于动物的生存技能传承，又具有人类的"类存在"特征，其典型形式是家族传承。家族传承的工程知识融会于生活方式和生产方式，传承工程知识的同时传承家族生活，工程知识传承融合于工程生产活动之中，但没有形成"独立的"工程知识传承现象和工程知识传承活动。

2.2.2　学徒制工程知识传承方式的形成、发展和衰落

随着手工业生产的不断发展，社会需求不断增长，有关的工程知识内容更加丰富、难度增加，工程知识的专门性更加显现，特别是行会制度的形成和发展，在工程知识传承方面出现了学徒制的传承方式。在欧洲，"学徒制是中世纪兴起的职业训练制度，12—14世纪是学徒制的萌芽阶段，15—16世纪是学徒制的规范阶段，17—19世纪是学徒制的鼎盛阶段。"② 之后是学徒制的衰落阶段，但学徒制至今也并未完全消失。在漫长的工程实践发展过程中，形成了行业性艺徒形式的传承方式。学徒传承中，虽然也有明言知识方式的传承，但默会知识方式的传承更加重要。艺徒传承方式，逐渐形成生产实践中的学徒制并一直延续至今。

2.2.3　建制化的工程学校教育传承方式的形成和发展

在工程发展史上，从古代的手工业生产方式转变为大机器生产方式是一个革命性的转变。在这个转变过程中，中世纪的工匠阶层转变为现代工厂制度中的工人和工程师。应该强调指出的是，不但现代工程活动中的工程师与中世纪的工匠有很大区别，而且现代工

---

① 郁振华. 人类知识的默会维度 [M]. 北京：北京大学出版社，2012：125.
② 王川. 西方近代职业教育史稿 [M]. 广州：广东教育出版社，2011：75.

程活动中的工人阶层与中世纪的工匠也有很大区别，不可同日而语。

与中世纪的工匠阶层转变为现代工厂制度中的工人阶层和工程师阶层的过程相互呼应、相互促进和相互表里的过程中，形成和发展起了培养现代工程师和现代工人的学校制度的工程知识传承方式。从以往的"学徒制教育传承方式"转变为"现代工程教育学校制度的教育传承方式"，这是工程知识传承中的革命性发展。而这两种教育传承方式的最大区别在于"学徒制"是一种"从属于""工程和经济活动"的"教育传承方式"，而学校制度是一种"教育传承内容和方式""相对独立"的"教育传承方式"。

在教育史上，学校制度的传承具有非常重要的意义。在学校制度的发展历史上，在很长的时期中，无论是在中国还是在欧洲都没有正规的工程教育学校。工程知识的传承主要靠家庭方式或学徒制方式。随着工程的发展，"大机器生产代替手工操作之后，以旧的学徒制培训新生劳动力的方式已经无法适应现代生产对劳动力的要求，"必须把学徒制改变为另外一种教育传承方式，"把教育培训从生产过程中分离出来。举办集中的全日制培训形式的技术学校"①，于是学校制度的工程知识传承方式就开始出现了，而更加具有革命意义的则是高等工程学校制度的形成和发展。②

工程知识的教育传承通过建制化的工程教育机构实现，这是一种规模化、程序化、综合化、集成化的工程知识传承途径。在古代，工程和教育是人类两个不同的实践领域、两条不相交的历史进路。工业和社会的发展使工程与教育相遇。近现代以来，随着工程的发展，逐步建立和发展起了建制化的"学校方式的工程教育传承方式"，包括高等工程教育学校和中等工程教育学校。无论是从工程史还是从教育史角度看，"学校方式的工程教育制度"的建立和发展都是一件意义重大、影响深远的事情。虽然由于教育和工程有其各自独立性、有其特有机制和传统，"学校制度的工程教育"在自身的发展过程中常常遇到多种矛盾和问题，但学校制度的工程知识传承方式不断发展、不断壮大，并对工程实践的发展和教育事业的发

---

① 王川. 西方近代职业教育史稿 [M]. 广州：广东教育出版社，2011：44.

② 李伯聪. 工程人才观和工程教育观的前世今生——工程教育哲学笔记之四 [J]. 高等工程教育研究，2019（4）：5–18.

展都做出了重大贡献。

 ## 3　建制化的现代工程教育体系

知识传承和教育是两个相互交叠的概念，在人类文明发展史上，以正规教育制度方式传承知识是文明发展的重大成就。但应该特别注意的是，虽然必须承认"一般性的学校制度"形成很早，但"工程教育的学校制度"或者说"学校制度中的工程类型"却很晚才形成——第一次工业革命之后才逐步形成了"学校方式的现代工程教育制度"。这就意味着，虽然"工程知识的传承"在人类历史上一直存在，但"学校制度方式的工程知识传承"却形成很晚，而且其发展历程也很曲折。

第一次工业革命之后，虽然历经曲折，但现代工程实践和社会发展的强大需求推动形成了"规模"和"范式"都不断演进的"现代工程教育体系"，并且"工程教育"也逐步成为一个"独立的跨学科研究领域"。现代工程教育体系由"中等工程教育"和"高等工程教育"两个部分组成，限于篇幅，本节以下仅简要讨论与"高等工程教育"有关的若干问题。

建制化的高等工程教育是工程知识传承的高级形态。如重演律所揭示，高级形态并不取代以往的形态，而是与其共存。健康的工程教育应将工程知识传承史的各种传承形态涵纳其中。

建制化工程学校教育有两大特点：一是出现了工程知识的传承与工程过程相分离、以明言知识传承为主的情况，这使教育者可以有意识地组织传授内容和课程体系，有利于教给学生相对系统、全面的知识，同时可使知识得到系统化、理论化的发展；二是学生不再像徒工一样只从工程过程中学习，随着时间的推移，他们越来越多地把时间用在课堂上学习理论知识。虽然过程是复杂的，但优势明显，这两大特点造成的理论与实践之间的矛盾形成现代工程教育发展过程中的"张力"，成为工程教育改革的重要根源。

3.1　现代高等工程教育制度的形成和发展

现代高等工程教育的目的是培养现代工程师。

现代工程师不同于中世纪的工匠——即使是优秀的工匠。因为，后者主要是依靠经验学习和依靠"学徒制"培养与传承知识的。而对于现代工程师来说，由于现代工程活动比古代工程更加复杂，需要以复杂的科学和技术知识为基础，这就对现代工程师提出了教育上的新要求：现代职业工程师必须"先在正规学校制度中"接受有关教育，掌握较高的基础性工程技术知识，然后才有可能进一步在工程实践中锻炼成长为职业工程师。更明确地说，"接受正规的高等工程教育"成为培养工程师的必要环节和规范性的第一步。

在此，出现了一个耐人寻味的"历史现象"：虽然第一次工业革命首先发端于英国，但现代高等工程教育却没有首先开端于英国，而是首先开端于法国。由于法国和英国有不同的社会环境和其他一些因缘，在 18 世纪，法国开始开办专门技术学校。"最早开办的专门技术学校是军事学校。"后来，"随着科学革命和近代工业的发展，法国近代工业专门学校也随之创建起来，1747 年建立了桥梁公路学校，1748 年建立了梅济耶尔工程学校，1873 年建立了矿业学校。专门技术学校的创立具有重要的历史意义。首先，这些学校都以培养专家型的工程师为目标，标志着近代工程教育的开始；其次，专门技术学校是不同于大学的新型高等教育机构，预示着近代高等教育机构的多样化"。这种学校"不但成为近现代高等教育的一种模式，而且迫使（传统）大学进行改革。"①

建制化高等工程教育的形成主要有三个来源路径：一是经验路径，由行业培训学校发展而来，如欧美工业化早期至今的各类应用型工科学校，以及由当时的多科技术学院和研究机构统合而成的工科大学，如英国的帝国理工学院②；二是改革路径，由传统大学改革演化而来，如一些古老大学的工科学院；三是多学科综合路径，以新理念直接设立理工科大学，如美国的麻省理工学院（MIT）。

改革路径而来的高等工程教育源于传统高等教育因不适应资本主义崛起对专业人才培养需求的改革，改革过程成为新兴学科向传统大学全面渗透与传统大学消极抵抗的博弈。最早发生于德国哈勒大学，后传到哥廷根大学、埃朗根大学，及至引发洪堡对德国高等教育的全面改革，这次改革主要是引入以科技教育为主的新兴学科，

① 刘海峰，史静寰.高等教育史［M］.北京：高等教育出版社，2010：240-341.
② 殷企平.英国高等科技教育史［M］.杭州：杭州大学出版社，1995：27-29.

赋予大学研究职能。研究职能的加入，形成了工程知识演化传承方式的扩展——由工程实践的演化传承扩展到学校科研中的演化传承。其后，高等学校承担的仪器研发以及实践教育对工程实践过程的参与等，使工程教育也有了物化知识传承功能。

考察现代高等工程教育在若干重要国家——例如英国、法国、德国、美国、日本、中国——的形成历程，可以发现，以上各国的现代高等工程教育的具体发展路径颇有不同，但在经历了曲折历程后，以上各国都形成了自己的现代工程教育体系。

3.2　现代工程教育范式发展中的两次轮回

教育是人类社会系统化的育人机制，工程是改变物质自然界的社会实践，工程教育是两者间的桥梁。工程教育中教育内容、教育方式与工程实践的矛盾、疏离、调适的任务永远不会完结，其博弈就像人类历史进程左右摇摆一样此消彼长。各国的工程教育模式、机制不同，出现的问题和解决方式也不同。鉴于美国是现代工程教育最发达的国家，并且当今中国工程教育发展中借鉴美国工程教育模式和经验也发挥了重要作用，以下就以美国的相关过程为例，梳理理论与实践不同导向之间两波较为明显的轮回，以研究历史和现实中工程知识的不同传承方式在工程教育中的表现。

第一波轮回发生于美国专业学院创立早期。这些早期专业学院的设立宗旨是解决知识传承中经验知识碎片化、缺少原理，以及徒弟太多，分头指导难度大，不如集中讲授效率高的问题。随着学院教学展开、课程扩展，出现了教学内容与实践脱节的倾向，于是专业学院着手于授课方法改革。"在医学院，过多的课堂讲授开始让位给实验室的实验；在阶梯式手术观摩室的手术观摩逐步为在门诊部和住院处的实习所取代。"其他学院"也组织实习，并把实习作为必需课程的一部分"。还使用一些可以增加实践体验的教学方法，如法学院使用"假设法庭"（moot courts）、"案例教学法"（case method），工商学院使用"模拟游戏"（business games）和"案例教学法"，农学院使用"设计教学法"（project method，文献中翻译有误，应译为"项目教学法"）①。案例教学法和项目教学法是当今工

---

① 陈学飞. 美国高等教育发展史［M］. 成都：四川大学出版社，1989：90-93.

程教育改革中应用最为广泛的两种教学方法。这可以说是工程教育"回归工程"的第一波，起始的是工程教育的技术范式。

这一次回归，主要是实操实务能力的培养和现场感知条件的提供，属于学校工程教育对传统默会工程知识及其传承方式的挽救和保留，彰显出工程教育与工程实践的密切关系。

第二波轮回发生于 20 世纪 50 年代，由于此期间意外发生科学教育转向而被一直延续至今，其始端以著名的《格林特报告》（*Grinter Report*）的发布为标志。该报告认为，美国工程教育课程体系已跟不上科学技术前沿，培养目标狭窄，应重新设定培养目标、重新设计科学导向的工程课程设置，以使培养的人在之后 1/4 个世纪内有满足社会需要的能力。该报告认为工程教育应有两个教育目标：一是技术目标，包括提高分析和创造性设计的能力，或提高生产和操作的能力，这一目标的实现需要扎实的科学和技术课程教育；二是广泛的社会目标，包括培养领导能力、强化工程伦理意识，及对个人的通识教育。大学课程体系应既可让一部分人直接就业又可使一部分人继续深造，为此，报告勾画了教师选拔培养、课程设置、高中到大学的衔接、教学设施保障等方面的执行方案。①

《格林特报告》的要点有二：一是强调须建立科学导向的课程体系，加强科学和技术基础理论的学习与推理、设计、动手能力等的培养；二是强调工程人才的全面发展，具有宽广的知识结构、工程伦理和人文关怀。可见，其所主张的是大工程观下对工程的回归，试图使工程教育超越技术范式，引入更多科学内容，在更高层次进入工程范式。这是一个既体现工程教育向前沿科技靠拢，又体现工程教育独有的实践本性的工程教育改革方案，是工程知识传承方式与科学知识传承方式的有明确意向的结合，也是更高视野、更深广基础上对工程实践的回归，指向的是高阶工程范式。

《格林特报告》由美国工程教育协会（ASEE）和美国工程师职业发展协会（ECPD）等机构专门成立的、格林特任主席的工程教

---

① 孔寒冰. 国际工程教育前沿与进展（2007）［M］. 杭州：浙江大学出版社，2008：76-77.

育评价委员会在 1952 年起动，1955 年发布最终稿。[①] 该报告即将付
诸实施的 1957 年 10 月，苏联发射了第一颗人造地球卫星。卫星事
件被当成美国落后于苏联的标志，而原因被归结为教育的落后，引
发美国全面教育改革。1958 年 9 月 2 日美国颁布《国防教育法》，
时任总统艾森豪威尔指出："这是一项'紧急措施'，'要通过这个
法案大大地加强美国的教育系统，使之能满足国家基本安全所提出
的要求'。"联邦拨巨款给各州大学，"以加强自然科学、数学、现
代外语及其他紧要科目的教学计划"。[②]

《国防教育法》的强力推出及其对科学的高调强化，冲击了
《格林特报告》的实施进程，使技术范式的工程教育还未来得及向
高阶工程范式转型，就直线冲入了科学范式。该做法与《格林特报
告》第一个目标理念一致，却将其第二个目标的努力压至无形；后
果是工程人才实践能力弱化，造成工程人才培养与工程实践脱节，
甚至形成工程人才断档。直至 1994 年，当工程教育在工科教育理科
化道路上积累了更多问题后，《格林特报告》才被 ASEE 重新翻出，
再次发表在 ASEE 会刊《工程教育》上。同年，MIT 校长维斯特在
ASEE 刊物 *PRISM* 5 月号上发表千字短文《我们的革命》，提出：
"工程教育必须密切地回归到工程的根本"；在课程设计中"识别新
技术""参与它们的开发"；"学生必须经受完整的工程设计和实践
的锻炼，同时还要学习大规模复杂系统的分析与管理"；"必须把社
会科学和人文学科毫不掩饰地加到学生对问题及其结果的理解中
去"。1995 年 MIT 工学院院长约尔·莫西斯在接受《美国新闻与世
界报道》采访时说"我们正在把工程的灵魂招回来"，这位院长还
提出了"大 E"工程理念。[③]

这就是 20 世纪末美国工程教育改革的肇始。

从工程知识传承方式的角度，回归工程就是超越以明言知识传
承为主导的知识传承方式，向明言传承与默会传承、演化传承相结
合的方式转向，使学生参与知识的创造和应用过程，取得理论与实

① 孔寒冰. 国际工程教育前沿与进展（2007）［M］. 杭州：浙江大学出版社，2008：
76.
② 陈学飞. 美国高等教育发展史［M］. 成都：四川大学出版社，1989：154-158.
③ 王沛民. 工学论随想（选载之一）［EB/OL］.（2018-11-08）.

践相结合的学习能力和实操能力。

这一波回归彰显的是工程教育的实践本性，这样的改革要求工程教育密切跟踪工程实践发展，要求受教育者取得较快深度融入工程实践的能力。因此，必定要求工程教育与时俱进地更新教育内容和方式，保证明言知识和默会知识共同传承。

然而，回归工程并不是忽视科学技术、忽视理论研究和理论教育，而是实事求是地面对工程，抵近工程的真实。工程教育的实践本性，在于它不可与时代脱节，必须与现实的工程实践同行。

3.3　高等工程教育的新发展

工程教育为工程实践领域培养人才，工程教育的偏颇必定带来所输出人才能力的缺陷。1996 年的工程教育质量大讨论中，波音公司提出包括技术能力和许多非技术能力在内的著名的工程人才 10 条标准，引起工程教育界震动。2000 年，美国工程及技术认证委员会（ABET）吸收这些标准形成了工程类教育计划使用的 EC 2000 工程类本科毕业生认证标准第三条"专业的基本要求和评价"项下的 11 条标准，也成为《华盛顿协议》认证标准的基础。①

重发《格林特报告》及"回归工程"的呼吁，顺应的是工程教育改革大势，也掀起了工程教育改革浪潮，世界各地高校以不同方式推进工程教育改革。其中，由 MIT 发起、与瑞典三所理工大学（瑞典皇家理工学院、查尔姆斯理工大学、林雪平大学）共同实施的 CDIO 工程教育改革模式，于 2000 年起经 4 年实验，于 2004 年发布，得到工程教育界的广泛认可。成立了 CDIO 国际组织，吸引大批改革者跟随，成为在不牺牲科学技术基础知识的研究和传授、不扩大学制的前提下，加强实践教育、为受教育者提供全面发展可能性，使工程教育回归工程的改革典范。CDIO 主张将职场环境引入教学环境，将学科性课程和实践性项目编织在一起，使学生在接受学科教育的同时感受和体验实践创造完整过程，增加人际经验；研制出包括 4 层 19 组 100 款 500 多条具体目标的 CDIO 培养大纲和 CDIO

---

① 孔寒冰. 邱秧琼. 工程师资历框架与能力标准探索 [J]. 高等工程教育研究，2010 (6)：9-19.

12 条标准，以保证 CDIO 愿景和育人总目标的达成。①②

　　作为国际工程教育改革典范，CDIO 模式充分考虑到工程教育中包括理论与实践矛盾在内的各种矛盾，努力尝试解决。CDIO 得到全球工程教育界的回应，中国也加入了这一波工程教育改革。2010 年 6 月教育部在天津大学召开工程教育改革会议，2011 年 1 月正式发布《教育部关于实施卓越工程师教育培养计划的若干意见》③，拉开了官方工程教育改革大幕。"卓越计划"充分吸收了 CDIO 的理念和方法，主要针对中国工程教育中同样存在却远比美国严重得多的理论与实践脱节问题。"卓越计划"实施 6 年之际，为进一步推进工程教育改革，2017 年 1 月教育部在复旦大学召开会议，提出"新工科"这一体现当今工程前沿融合发展特征的工程教育改革理念，形成了关于"新工科"工程教育改革的"复旦共识"，一个月后发布《教育部高等教育司关于开展新工科研究与实践的通知》④，后上升为"卓越计划 2.0"⑤。

　　不管是 CDIO、"卓越计划"还是"新工科"工程教育，都是建构工程教育理想化形态的改革尝试，目标是使工程教育这一工程知识的高级传承方式能接近其应然形态，以在与工程实践相互建构的意义上适应发展所需。工程是人类最鲜活、动态的实践领域，工程教育改革也将不断以历史和时代赋予的方式进行下去。

　　值得注意的是，2014 年 8 月 25 日教育部发布旨在"促进行业、企业参与职业教育人才培养全过程，实现专业设置与产业需求对接，课程内容与职业标准对接，教学过程与生产过程对接，毕业证书与职业资格证书对接，职业教育与终身学习对接，提高人才培养质量和针对性"的"教职成〔2014〕9 号"⑥ 文件——《教育部关于开展现代学徒制试点工作的意见》，至 2018 年 8 月已公布三批试点单

　　①　查建中，何永汕. 中国工程教育改革三大战略 [M]. 北京：北京理工大学出版社，2009.

　　②　Edward F. Crawley，等. 重新认识工程教育——国际 CDIO 培养模式与方法 [M]. 顾佩华，沈民奋，陆小华，译. 北京：高等教育出版社，2009.

　　③　教育部关于实施卓越工程师教育培养计划的若干意见 [EB/OL]. (2011-01-08).

　　④　教育部高等教育司关于开展新工科研究与实践的通知 [EB/OL]. (2017-02-20).

　　⑤　教育部关于实施卓越教师培养计划 2.0 的意见 [EB/OL]. (2018-09-30).

　　⑥　教育部关于开展现代学徒制试点工作的意见 [EB/OL]. (2014-08-27).

位。这个举措针对高职院校，但涉及的问题在本科工程教育中也是存在的。这从一个侧面说明了艺徒制在当今依然具有不可取代的价值。

第二节　论工程知识的传播

工程知识的传播是工程知识论和传播学共同研究的主题。

一般地说，传播是指主体根据自身的利益、目的，通过不同媒介和渠道向社会各个群体扩散信息的过程。知识传播是传播内容和类型中的重要部分。知识传播的内容包括科学知识、工程知识、军事知识、宗教知识、文化知识等①。按照内容可以划分出不同类型的知识传播。它们既有共性，又各有特点。

工程知识的传播是指工程主体利用不同媒介和渠道向工程主体之外的公众扩散工程知识的过程。工程知识的传承与工程知识的传播既有联系又有区别。大体而言，工程知识的传承注重与强调"历时性"，面对"纵向代际共同体"；而工程知识的传播更注重与强调"共时性"，面向"横向社会共同体"。

在迄今的传播学研究中，已有对"科学知识传播"的学术研究②，而对"工程知识的传播"及其相关问题的研究则相对薄弱③。

---

① 传播学研究的是"信息传播"而不是"物质传输"或"能量传输"。"信息"和"知识"是两个不同的术语。可是，就二者的"广义含义"和"日常语言使用"而言，特别是当人们把"知识（knowledge）"理解为"知（knowing）"的过程和结果时，"知识"和"信息"的含义就有了更多的共同之处和内容重叠之处。本节行文中，有时也不再刻意强调"工程知识传播"这个概念，而直接使用"工程传播"这个术语。

② 例如：杜志刚，孙钰. 面向公众的科学传播研究：一个综述［J］. 中国科技论坛，2014（3）：118-123. 秦枫. 新媒体环境下科学传播分析［J］. 科普研究，2014，9（1）：20-25. 吴国盛. 科学精神的起源［J］. 科学与社会，2011（1）：94-103. 魏梦月. 晚清《汇报》及其初期自然科学知识传播研究［D］. 西安：西北大学，2012. 张春泉. 修辞与科学知识传播论纲［J］. 科学学研究，2004，22（2）：113-117.

③ 国内较早的相关研究可见：李大光. "中国公众对工程的理解"研究设想［J］. 工程研究——跨学科视野中的工程，2005（1）：103-118。近年来，殷瑞钰等对此较为重视，相关文献有：殷瑞钰，傅志寰，李伯聪. 从"两类物质世界"出发看工程知识——工程知识论研究之一［J］. 自然辩证法研究，2018，34（9）：31-38。但总体看来，涉及"工程知识的传播"研究文献较少。

"工程知识的传播"成为传播学研究的"盲区",成为"被遗忘的角落"。

工程知识的传播与"公众对工程的社会认知""工程的公众参与"有密不可分的关系。社会现实和工程发展中不胜枚举的案例从正反两方面再三告诫人们,必须高度重视和深入研究与工程传播有关的理论问题和实践问题,必须把工程知识的传播当作工程活动整体中一个不可忽视的重要内容和重要组成部分,务必认真搞好工程知识的传播工作。

传播活动的要素包括传播主体、传播对象、传播内容、传播媒介、传播方式、传播功能、传播意义等,工程知识传播也不例外。本节将着重对工程知识传播的性质、作用、主体、对象、方法、途径、地域性和时效性以及"工程师在工程知识传播中的作用"进行分析和阐述。

 工程知识传播的性质、作用及特点

1.1　工程知识传播的基本性质

工程知识传播具有一般知识传播的基本特点,但同时也必须认识到,工程知识与科学知识等其他知识在本质上的不同,决定了工程知识传播具有其自身的特殊性。通过与科学知识传播进行对比的方法,可以更好地探究工程知识传播的基本性质和特征。

工程知识和科学知识是两类不同的知识。科学知识是人类对已经存在的客观世界的理解和表达,是对既有事实进行抽象、分析和描述的知识体系。科学知识以真理为标准,以求真为目的,是真理导向的知识体系。但工程知识的对象是人们建造出的社会存在物——"人工实在"。① 工程知识以人的目的为前提,是集自然规律属性与主体价值属性于一体的知识形态。科学知识和工程知识在本性上的差异性决定了"科学知识传播"和"工程知识传播"在本性上必然存在深刻的区别。科学知识传播是"客观真理导向"和"以

---

① 殷瑞钰,汪应洛,李伯聪,等. 工程哲学 [M]. 2 版. 北京:高等教育出版社,2013:15.

真理为标准"的知识传播，而工程知识传播却是"工程价值导向"和"以工程价值与社会福祉为标准"的知识传播。

1.2 工程知识传播的主要作用

一般情况下，在对某个主题进行理论概括和理论阐述时，对这个主题的作用和意义的阐述往往会在顺序上放在阐述的最后部分。可是，基于工程本体的特殊性，在对工程知识传播这个主题进行理论概括和阐述时，我们有必要"提前阐述"和"提前强调"工程知识传播的作用和意义。

工程知识传播的主要作用可以通过促进和阻碍两种结果加以说明。

在科学知识传播领域，科学界不会因为某些新科学知识在传播中"没有被公众接受"而"否定""该科学知识的正确性"，也不会因为"某些知识观点"在传播中"普遍被公众接受"而"承认""该观点为正确的科学知识"。换言之，在知识传播领域，"公众"不具有对"科学知识正确性"的"否决权"。

可是，在工程知识传播领域，在一定意义和条件下，"公众""具有"对"工程项目知识合理性和投产合理性"的"否决权"。当工程决策者和工程设计者把做好有关工程知识传播工作作为工程决策和工程设计的重要内容之一，自觉地把工程知识传播纳入工程决策和工程设计的框架中进行预测、规划及统一实施时，工程知识传播就发挥了"促进"作用：如果营造出工程知识交流、共享与创新的社会环境，促进公众理解工程和增强工程文化自信，就会助力解决工程实践问题。反之，如果在工程决策、设计环节中缺少对工程知识传播的考虑，或者由于工程决策者、实施者与公众没有进行充分的工程知识传播与沟通，那么将会造成公众对工程项目的"否定意见"占上风，有可能"阻碍"甚至"否决"相关工程项目。

这说明，工程知识传播的效果既可以"促进"也可以"阻碍"工程决策和工程实施。从科学知识传播与工程知识传播的"这种性质不同和效果迥异"中，可以深刻认识到工程知识传播的作用、意义和影响。换言之，工程知识传播对于工程既可以起到"正面作用"，也可能成为"否定相关工程决策"的"理由和根据"。

1.3   工程知识传播的主要特点

工程知识传播的特点可以通过与科学知识传播的对比加以理解，二者在传播重点、目的、内容、传播主体、传播受众、传播特征等方面都存在很大区别。工程知识传播具有如下主要特点。

（1）以工程知识的多重属性为传播重点。科学知识传播的重点在于强调"科学知识的客观真理属性"，即揭示客观规律，解释既有事实，普及、推广科学方法，弘扬科学精神等，以便帮助公众更好地认识自然、理解科学。至于通过应用科学知识为社会在政治、经济、伦理等层面带来的广泛影响和基本问题，通常属于科学知识传播重点向深度和广度的延伸。工程知识传播的重点在于强调"工程知识的多重属性"。例如，在客观属性上传播工程实践的科学真理性，在资源属性上传播工程知识的技术可行性，在社会属性上传播工程知识的经济必要性，在人本属性上传播工程知识的伦理可接受性，在管理属性上传播工程知识的运维可靠性，等等。可见，工程知识传播的角度更加多样、内容更加丰富、方法更加综合。①

（2）以促进工程建造、树立对工程的正确态度为传播导向。科学知识传播通常以解惑为导向，旨在提高公众的科学素养，促进公众理解科学。工程知识传播通常以促进工程建造和树立对工程的正确态度为导向，通过工程知识传播促进工程展开，助力工程实践，完成工程建造。

（3）以多维度工程知识为传播内容。科学知识传播的内容一般包括具体科学知识、科学方法和科学精神三个层面。工程知识传播的内容则包括多重维度的工程知识。例如，工程项目维度下的工程目标、工程原理、技术手段、工程过程、所需资源等知识；工程影响维度下工程对生态、经济、社会、伦理等可能产生的影响，工程的可靠性、风险性和潜在性等知识；工程文化维度下的工程安全理念、工程价值观、制度体系、操作规范、行为方式等知识。

（4）工程知识传播的主体具有多样性。科学知识传播的主体包括科学家、科学史家、科学哲学家、科普作家和科学社会学家等，

---

① KOEN B V. The engineering method and its implications for scientific, philosophical, and universal methods [J]. The Monist, 2009, 92 (3): 357-386.

他们从不同角度和不同层面传播科学知识。工程知识传播的主体包括工程师、工程管理者、企业家、工人等工程的直接实践者，也包括工程决策者、相关从业者等各类与工程相关的能够对工程施加影响的权力主体，以及科学家、技术专家、社会学家、经济学家、环境专家、法律专家、伦理专家等为工程提供知识支持的多领域专家学者的知识主体，此外还包括工程企业主体等。

（5）工程知识传播的受众可能对工程施加较大影响。科学知识传播和工程知识传播的受众都是公众，所不同的是，科学知识传播的受众基本对科学活动影响都较小，但工程知识传播的受众则并不完全如此，其中既有对工程实践影响小的一般公众，也有对工程实践影响很大的特殊公众，比如工程项目的利益相关公众群体——权利主体、热心传播工程知识的关键群体等。

（6）工程知识传播表现为"双向互动"形式。科学知识传播的形式以自组织为主，主要基于传播主体的传播责任，强调源自科学内部的向外推动，以及知识走向"自上而下"的单向传播。工程知识传播的形式和关系更加复杂，主要基于多主体传播责任和权利主体的利益诉求，在许多情况下，政府发挥重要推动作用，知识走向呈现"自上而下"和"自下而上"的双向传播，以及传播主体与受众的强互动性。

（7）语言表达以"效用性"为基础。科学知识传播以"事实"为中心，语言表达特点是以"客观性"为基础，理性阐述、分析证明，并以通俗易懂的方式进行表达和传播。工程知识传播不仅依赖于"事实"的"客观性"，还要注重对工程"价值"尺度或"人文"尺度相关知识的传播，语言表达特点是以"效用性"为基础，既有描述、公示，也有协商、说服①，除了以通俗易懂的方式传播之外，更强调决策听证、回应质疑、专题辩论和协商对话等传播方式的综合运用。

---

① BUCCIARELLI L L. The epistemic implications of engineering rhetoric [J]. Synthese, 2009, 168（3）: 333-356.

工程知识传播的主体、对象和内容

2.1   工程知识传播的主体

没有传播主体，工程知识传播就不可能发生。工程知识传播的主体即工程知识的传播者，是工程知识传播系统中的基本要素，包括个体主体和"组织主体"两个类型。

工程知识传播的个体主体分为三类。第一类是工程知识的核心拥有者，即工程师、工程管理者、工人，其知识传播准确性高、可靠性大。第二类是能够对工程施加影响的行使公共权力的个体，即来自政府部门的决策者和有关官员等。这类主体从现实需要或国家治理层面进行工程知识传播具有突出优势，其知识传播权威性大、传播力强。第三类是与工程评估、工程批判或工程辩护紧密相关的其他知识个体，即相关领域的专家，如技术专家、社会学家、经济学家、环境专家、法律专家、伦理专家等①。这类主体从特定专业视角向公众传达有关工程的知识信息，对公众全面理解工程具有重要意义。

工程知识传播的组织主体主要是工程企业。工程企业基于工程知识凝练独特的工程文化，并通过文化传播的方式向公众传播独特的工程理念与价值观。工程企业扎根于相应的社会文化土壤，结合企业管理实践和社会经济发展进程，建设有自身特色的企业文化，同时也是向公众传播工程知识的重要载体。

2.2   工程知识传播的对象

随着工程对人类生存影响的扩大和工程知识内容的不断增加，工程传播的对象也在不断变化，特别是其范围不断扩大。从发展进程看，工程知识的传播对象经历了从极少受众，到专业受众，再到社会公众三个发展阶段。核工业工程知识的传播就是一个典型事例。20 世纪 50 年代初期，核电站作为人类和平利用核能的工程项目，其选址及建设方案属于国家机密，只有极少数的决策者、设计者了

---

① 王大洲. 工程的社会评估方法论刍议 [J]. 自然辩证法研究，2017，33（10）：39- 44.

解内情，绝大多数核电站建设者基本不了解核工程知识。20世纪50—80年代，核工程知识的传播范围不断扩大，延伸至未来的核电工程从业人员。1986年，在发生切尔诺贝利核电站放射性物质泄漏事故之后，为了发展核电事业，现有核电站或未来核电站的设计者担负着向公众宣传、推广核工程知识的义务。这说明社会公众对工程知识的需求越来越强，工程主体向社会公众推广工程知识的自觉意识不断提升。

在当代工程知识传播发展的背景下，工程知识传播中的传播关系已经发生了根本性变化。社会公众已经不再是那些远离工程的社会大众和对工程缺乏了解的外行群体，而是在许多情况下（如共识会议中）与作为传播者的专家处于一种事实上的平等对话关系，而且出于关注工程技术发展、监控工程技术应用的需要，公众需要主动地了解工程相关信息，积极参与工程事务，成为工程知识传播的重要对象。在传播媒介与传播设施的共同作用下，工程知识有效传播到公众，促进公众理解工程，建立良好的工程与公众之间的互动关系。

基于工程知识传播的理论研究与实践操作需要，对公众群体进行必要的区分或分层。工程对公众的影响程度，决定了公众对工程的关注程度，它反映出公众与工程之间的距离（$D_{公众-工程}$）。经验表明，工程对公众的影响程度与二者之间的距离呈负相关，即影响程度越大，公众与工程之间的距离就越小；反之，二者之间的距离就越大。从工程知识传播的角度，公众对工程的态度也是不均衡的。基于此，可以按照公众与工程之间的距离由大到小的顺序把公众分成：特殊公众、热心公众和其他公众。

特殊公众对工程的关注度高，如拟新建的垃圾处理厂附近的居民对此项工程就更加关注，影响和参与工程的内在意愿也更加强烈，对相关的工程知识保持较大的敏感性。特殊公众基于自身利益的考量，对工程产生较大甚至决定性影响。

热心公众关心工程政策讨论，可能会对有关政策的出台施加影响。热心公众既是工程知识传播与普及的对象，也是工程重要的潜在支持者或反对者。他们对工程政策的民主讨论非常重要。工程的实践与发展往往得益于社会能培育一支对工程持支持态度的热心公众群体。

其他公众对工程的影响不大，但其在数量上占据公众的绝大多数，因此，其他公众对工程的基本认识以及工程素养将决定整个社会的工程认知水平。

工程知识的传播只有充分考虑不同类型的公众的特点，才能采取更有针对性的传播方式和途径。抓住特殊公众，带动热心公众，影响其他公众，进而达到较好的传播效果，促进公众对工程的理解，建立良好的工程与公众之间的互动关系。

2.3   工程知识传播的内容

工程知识的内容很丰富，也很复杂。这些工程知识传播内容大体可以归为三个维度下的具体知识："工程-目标"维度、"资源-风险"维度和"社会-伦理"维度。

工程-目标维度下的传播内容包括：① 工程理念与意义，包括工程内涵、工程形象、社会经济价值、国家战略意义等；② 工程技术与管理，包括技术可靠性、管理有效性、规划科学性等；③ 工程目标与功能，包括工程概况、总体目标、规划设计、设计依据、功能定位等；④ 工程操作与规范，包括工程设计知识、工程技术知识、工程建造知识、工程运营知识、工程安全知识等。

资源-风险维度下的传播内容包括：① 工程的负面影响，即工程对人类生存的环境、生态等造成的负面影响，如环境污染、震动影响、电磁辐射、核辐射等；② 工程的危机管控，即工程对人类的潜在威胁，如核事故、生物安全、社会心理、科技风险等，工程危机管控能力及生命财产保障等。

社会-伦理维度下的传播内容包括：① 工程秩序与规范，即工程对人的全面发展、社会秩序、人际关系和伦理道德等方面的影响；② 财产与安全，即工程对房地产等资产价值、生活物价及人类健康等方面的影响。

2.4   工程知识传播与公众参与工程

公众对工程具有"反作用力"。工程活动对现实世界的变革力量明显，特别是大型工程活动可能会给公众自身及其各种生存环境（如生态环境、人文环境、政治环境、经济环境等）带来巨大而深远的影响，直接或间接影响到公众的切身利益，因而在工程活动中可能引发公众的利益诉求，进而这种利益诉求会形成公众对工程的反作用力。因此，在工程实践中，公众往往不仅是工程的旁观者，也是工程的参与者。通常情况下，公众的态度往往会影响工程决策、工程实施，特别是在重大工程的实践中，公众对工程的反作用力可能会对工程施加决定性影响，甚至可能具有工程否决权。

公众需要参与工程。公众对工程的理解及其所持的对工程的赞成或反对的立场，可能有多种原因，如可能有认识上的原因、工程本身的原因，还可能有自身利益考量等原因。公众通过参与工程，提出质疑和表达意见，参加工程决策听证、公共讨论，进行实地参观，接受工程普及教育等方式，可以参与各个环节或各个阶段的工程实践，本质上是全面认识工程的过程，是协调利益、达成共识的过程，同时，也是矫正工程决策的过程。公众对工程活动的参与，对于工程能够顺利推进实施至关重要。

工程知识传播助力公众参与工程。协调多方利益主体形成对工程相对一致的理解并支持和推动工程实践，就需要面向公众从多层次、多角度有效传播有关工程目的、计划、预期收益、风险管控等具体的工程知识。从公众与工程的互动作用看，工程知识传播在公众与工程之间架起理解与沟通的桥梁，公众参与是工程知识传播的重要特征。

工程知识传播的方法、途径和媒介

传播活动离不开一定的媒介和具体方法，工程传播也不例外。工程知识传播在实践中逐渐形成了以大众传媒、工程知识教育、工程现场展示、群众性工程知识普及活动媒介等基本形式的传播途径。

3.1　工程知识传播的基本方法

工程知识具有明显的自然属性、工程属性和人本属性。这些属性综合反映着工程知识的自然维度、技术维度、社会维度、经济维度、伦理维度等多重维度，要求在工程知识传播中采取能够充分体现工程知识多维度特性的综合方法。

工程知识传播的具体方法包括：利用报刊图书、宣传栏等传统媒介传播，利用广播、电视等媒体传播，利用网络（官网）、视频、图片传播，以及微博、微信公众号推送，工程企业内设宣传部门（新闻中心等机构设置、新闻发言人制度等制度设计），整合利用融媒体等方式进行传播。《超级工程》《港珠澳大桥》等电视片的热播，成为利用摄制电视纪录片的方法传播工程知识的典型案例。

3.2   工程知识传播的基本途径

工程知识传播的基本途径包括：人际传播、群体传播、组织传播以及大众传播等。人际传播是指通过工程专业人士向外扩散传播工程知识的途径，表现出"由点向面"的线性途径，如通过工程技术专家访谈传播工程知识。群体传播是群体成员之间的知识传播行为，表现为一定数量的人按照一定的聚合方式，在一定的场所进行知识交流，表现出"由面向面"的相互交汇的横向途径，如针对某一工程议题召开交流研讨会议。组织传播表现出"自上而下"的纵向途径，如由工程企业管理方推动的面向公众的工程知识普及和宣传活动。大众传播表现在"自下而上"的影响效果和"多向性"。工程牵涉公众切身利益这一特点，使公众在工程活动中具有特殊地位，其态度立场直接影响工程。而且，公众接受的观点未必与工程知识相吻合，公众反对的立场也未必不合理。所以，工程知识大众传播的"多向性"与科学知识传播具有明显区别。

在当代社会的传播生态系统中，工程知识的大众传播日趋活跃，其传播影响会延伸到社会的各个角落，对公众群体与社会组织的立场、观点、态度、行为能够产生广泛的影响。要想取得有效的、成功的工程知识传播效果，工程知识传播就不仅仅是一个自上而下的传播过程，还有公众与工程决策者、设计者、管理者和实施者的互动理解过程。

3.3   工程知识传播的其他途径和媒介

（1）基于工程现场的传播

基于工程现场的工程知识传播指的是依托工程工地、工程设施、工程活动等具体工程实践和工程博物馆、工程文化遗产地等工程传播平台而开展的工程知识传播活动。前者如现场参观考察和学习，后者如中国铁道博物馆、南水北调博物馆、长江三峡水电站工程博物馆等，各类工程现场能够从多维度、多角度全面展示工程，系统传播工程所蕴含的工程知识。

（2）基于公众活动的传播

基于公众活动的群众性工程知识传播活动通常具有工程主题鲜明、社会关注度高、公众参与面广的特点，对公众获取工程知识、提升对工程的理解水平有重要作用，也会带动社会各界对工程知识传播工作的参与热情，对整个社会的工程知识传播工作起到良好的示范作用，是工程知识传播的另一个重要渠道。

 工程知识传播的地域性和时效性

与科学具有时空超越性不同，工程具有时空的嵌入性。工程总是特定空间环境和特定时间序列的存在物，工程知识对环境具有依赖性，对历史具有记忆性，所以工程知识传播具有明显的地域性和时效性特征。把握好工程知识传播的地域性和时效性，是有效传播工程知识的基础。①

4.1　工程知识传播的地域性

工程是特定空间下的具体人造物，与其所处地域的自然环境属性、人文环境属性、社会环境属性等紧密联系在一起。当一项工程对其所处的特定地域的公众及其生存环境带来影响或冲突时，这个地域的公众最有可能成为作为工程知识传播对象的特殊公众。这就要求，工程知识传播要充分考虑工程的地域性，根据工程与公众之间的位置关系（如工程与公众的物理距离等空间尺度）、文化关系（如工程对公众的生活习惯、信仰、民俗影响等人文尺度）、环境关系（工程对人力、自然与生态环境、资金、政策等的需求及其影响等资源尺度）等各种状况，细致分析公众最关心的具体工程问题，确定工程知识传播的重点和传播的强度，增强工程知识传播的针对性，客观、如实和及时地回应公众对工程的认知需求。

4.2　工程知识传播的时效性

工程是特定时间序列下的具体人造物，工程知识传播随着时间

---

① 李伯聪. 工程创新：聚焦创新活动的主战场［J］. 中国软科学，2008（10）：44-51.

的发展而展开。一方面，工程知识在工程的不同发展阶段（决策阶段、施工阶段、运行阶段、维护阶段等）具有不同的内容，在每个阶段都有特定的工程知识传播的问题；另一方面，工程在不同时间阶段所发挥的功能作用是不同的，如水利工程在枯水期和洪水期、交通运输工程在平常期和春运等繁忙期发挥的主要功能是有一定差异的。因此，随着时间的推移，工程传播的重点和具体内容也会发生变化，从而使工程知识传播具有历史性和时效性。这就要求，工程知识传播的主体要根据工程在时间序列中的功能发挥确定工程知识传播的重点和时机。

5　工程师和工程知识的传播

5.1　工程师的工程知识传播责任

工程师在工程知识传播中具有专业性强和说服力强的优势，那么，工程师是否应该承担工程知识传播的责任呢？对这一问题的认识，也经历了一个发展过程。传统观点认为，工程师的任务只在于遵从工程行为规范从事和完成好具体工程实践工作，并不认为工程师有进行知识传播的责任或义务。这一认识在工程与公众之间的关系不紧密、公众对工程的影响和制约作用不明显的情况下是可以理解的，而且事实上绝大多数工程师在其职业生涯中没有或少有进行工程知识传播的经历。但随着当代工程与公众的互动关系越来越密切，特别是在互联网等大众媒体的链接使公众成为工程实践整体中的一部分时，工程师就不可避免与理所必然地应该担负起工程知识传播的责任了。

至于工程师的工程知识传播责任，其根源在于工程活动所具有的自然、人文与社会的多重属性以及工程师职业所具有的内在责任。工程师的工作不是单向度地遵从自然法则。工程师同时是遵从价值标准、伦理规则和社会准则的工程实践者。工程师要对其所从事的工程符合人的价值标准和社会利益标准负有责任，同时公众也有从工程师那里获取有关工程知识的诉求。因此，作为工程活动核心成员和主体的工程师，应该负有双重责任：工程专业责任和工程知识传播责任。

5.2　工程师的工程知识传播能力

为履行好工程知识传播的责任，工程师需要发展其个人的能力和素质，包括工程师的专业技术能力、表达说服能力以及综合理解能力。

（1）专业技术能力。工程师的专业技术能力是其进行知识传播的基础，也是工程师确保知识传播权威性的核心。工程师的专业技术能力越强，其具有的知识传播能力的基础也就越深厚。

（2）表达说服能力。工程知识传播不仅要让公众"知道"，更重要的是赢得公众的"支持"。因此，"说服"就成为工程师进行知识传播的重要能力和目标指向。工程师不仅要知道如何"做"工程，还要在具备较好的语言表达能力和适当的表达策略（比如修辞、比喻等）的基础上知道如何"说"工程，以增强知识传播的说服力。例如，在使用数字在向公众传达有关工程信息时，就要充分考虑公众的对数字的敏感性、理解能力和背景知识，将大小、距离、比例等具体数字转换为他们容易接受的语言或形象的比喻，以产生更好的传播效果。

（3）综合理解能力。要想让公众更深入地理解工程、信赖工程、支持工程，工程师仅从工程技术的单一维度进行知识传播还是不够的。工程师必须对公众有准确的认识和把握，把握公众的心理，知道他们的关切点，要清楚阻碍公众理解和支持工程的关键点在哪里，同时要善于从自然规律、社会发展、历史演进等多视角向公众讲述工程及工程知识的作用和必要性。总而言之，需要工程师具备较好的以工程为中心理解自然、社会、历史与公众的能力，能够从更加综合的维度帮助公众建立起关于工程的价值认同感和信任感。

5.3　工程知识传播中工程师的公信力

工程师的公信力是影响工程知识传播效果的重要因素，在工程与公众之间建立知识上的信任关系方面发挥着特殊作用。甚至可以说，公信力是工程师进行工程知识传播的生命线。基于公信力的工程知识传播，能够更有效地实现传播者与公众之间的良好沟通；缺乏公信力的工程知识传播，总会在传播者与公众之间筑起一道怀疑、否定，甚至敌视的情感、情绪的心理屏障。

尽管工程的专业化把工程师和公众区隔开，使他们成为相对独立的群体，甚至成为"内行"和"外行"。但在伦理道德与人文精神层面，工程师和公众又是统一的。他们的精神追求和道德信念是共通的、一致的。因此，工程师的工程知识传播能否真正打动公众、说服公众，除了依靠其良好的专业能力和实事求是的态度外，还依赖于工程师具有严格遵守职业伦理规范、注重人文关怀、维护社会公德等方面的优秀品质。伦理规范、人文关怀、社会公德是工程师公信力的重要基石，也是工程知识传播力、影响力的重要保证。

第三节　论工程知识的演化

随着人类的劳动、实践水平和认识能力的提高，在工程与社会的发展进程中，工程知识也在不断地发展和演化。

一般而言，"工程知识的发展"和"工程知识的演化"这两个概念的含义和内容相近，都可以理解为工程知识从简单到复杂、从低级到高级的不断更替、变化的过程，既有量的变化，又有质的变化，二者往往可以相互解释。但在许多语境中，前者往往更侧重于工程知识的渐进发展方式和积累性方面，后者则更侧重于工程知识的飞跃发展方式和长时段演变方面。本节的题目虽然是"工程知识的演化"，但包含了上述两个方面的含义。

1 工程知识演化的特点

1.1　工程知识的两种表现形式及相互关系

本书的第一章已经具体分析和阐述了工程知识的性质和特征，但为了研究和揭示工程知识演化的特征，这里需要再次重复和强调工程知识具有的两种表现形式：显性工程知识和默会工程知识。显性工程知识指的是能通过语言、书籍、文字、图表、符号、数据库等方式明确表达、获取和传播的工程知识，常表现为论文、著作、技术手册、设计图纸、实施计划和方案、说明书、政策法规、规章制度、技术诀窍。默会工程知识指的是只可意会（体会、感受）不可言传的工程技能、技巧、窍门、经验等。

因此，工程知识的演化也表现为两种形式：一是显性工程知识的演化，例如发表了新的工程知识领域的论著、工程规范的更新和改进或制定了新的工程规范等；二是表现为默会工程知识的演化，例如原有默会工程知识的深化以及掌握了新的默会工程知识等。

工程知识演化的两种表现形式有着根本性的区别，但二者不是相互截然分离的，而是有着密切的联系。野中郁次郎和竹内弘高指出："新知识是通过隐性知识和显性知识之间的相互作用创造出来的。"① 因此，显性工程知识与默会工程知识可以相互作用、相互转化，并在此过程中发展和演化出新的工程知识。野中郁次郎和竹内弘高将二者的相互作用、相互转化概括为以下四个模式②，这也可以看作工程知识演化的四个模式。

（1）从默会工程知识到默会工程知识的"共同化"模式。"共同化"指的是共享体验并由此创造诸如共有心智模式和技能之类的隐性工程知识。个人可以从他人那里不经语言直接获得隐性工程知识，比如徒弟与师傅一同工作，不用语言而是通过观察、模仿和练习学到技能和知识。

（2）从默会工程知识到显性工程知识的"表出化"模式。"表出化"指的是采用比喻、类比、概念、假设或模型等形式，将隐性工程知识表述为显性工程知识，是创造新的工程知识的关键环节。

（3）从显性工程知识到显性工程知识的"联结化"模式。"联结化"指的是通过整理、增添、结合和分类等方式，对已有的显性工程知识进行重新构造、综合为知识体系。

（4）从显性工程知识到隐性工程知识的"内在化"模式。"内在化"与"做中学"有着密切的关系，指的是通过实践将显性工程知识内化为个人的默会工程知识。

---

① 野中郁次郎，竹内弘高. 创造知识的企业［M］. 李萌，高飞，译. 北京：知识产权出版社，2006：71.

② 野中郁次郎，竹内弘高. 创造知识的企业［M］. 李萌，高飞，译. 北京：知识产权出版社，2006：71-82.

1.2　工程知识演化的性质和特征

工程知识和科学知识是两类不同的知识，前者是关于"人工物世界"的知识，后者是关于"自然界"的知识。两类知识分别与"两类物质世界"密切相关①，两类知识的演化也各有自身的特点。

1.2.1　工程知识演化与基础自然科学知识演化在本性上的根本区别

基础自然科学知识的对象是自然界，自然界不是人类设计和制造出来的，而是在没有人类干预下"独立"存在的。因此，自然界不是基础自然科学知识的产物，相反地，是先有了天然的自然界，然后才能形成基础自然科学知识。虽然可以说基础自然科学知识是对自然界的认识和反映，但"基础自然科学知识的演化进程"与"自然界的演化进程"却是两个并无直接联系的"演化进程"，甚至可以说是"基本上无直接联系"的"演化进程"。当"自然界的演化进程"进入新阶段时，可能并无"相对应的基础自然科学知识"的"演化"；在"自然界的演化进程"基本无变化的情况下，"自然科学知识"也有可能出现"飞跃性的演化"。

工程知识是与人工物密切联系在一起的知识，这就使"工程知识的演化进程"与"人工物的演化进程"存在着密切联系在一起的"演化进程"，甚至可以说这两个演化过程是"存在密不可分联系"的"演化进程"。当某种人工物在演化过程中被"淘汰"时，则与其密切联系在一起的"相应的工程知识"往往也会被"淘汰"。例如，随着蒸汽机在某些工程领域中被淘汰，与之相关的工程知识也被"搁置"了。在认识工程知识演化的这个特征时，必须注意不能机械式、绝对化地理解这个特征，因为与蒸汽机联系在一起的全部工程知识中，也会有某些部分的工程知识以某种形式在某些领域中被保存下来，甚至继续发展，例如超超临界发电工程等，或者移植在"新型发动机——例如内燃机——中所体现的蒸汽机的某些原理、某些推理联系在一起的工程知识之中"。

---

① 在断言工程知识是有关"人工物世界"的知识时，绝不意味着否认工程知识中也包括许多"与自然界有关的知识"。

1.2.2 工程知识演化方式的若干特点

（1）工程知识演化和人工物演化的相互渗透、相互依存和相互促进

人工物是人类劳动、生产实践的产物，无论是对其进行构思设计还是生产制作，都离不开工程知识。如果没有相应的工程知识"在先"存在，并经过生产实践的"转化"，就不可能有这些人工物的存在。人工物"内在地蕴含"着工程知识，是"有知识内蕴其中的物质存在"，工程知识的发展和演化必然会促进人工物的形态、结构、性能和功效方面的发展与进步。

人工物制造出来后，要"培养"和"造就"人工物的使用者和操作者，要运用相应的工程知识，实现人工物的功能。正如有了飞机就需要有飞行员，需要制定飞行员手册；没有飞机这个人工物，原来根本不掌握乃至未见过飞机的人根本不可能驾驶飞机，也无法让自己和别人成为飞行员，不可能形成相应的工程知识。可以说，正是先有了人工物，才有了使用人工物的能力和知识。

工程知识是人工物存在的前提和基础，人工物的"在世"离不开工程知识，工程知识的演化会促进人工物的发展和进步。人工物是工程知识的"物化"形态，是工程知识的演化的象征和标志，人工物的设计、建构和制造等工程实践过程又会推动工程知识的演化。

（2）工程知识演化中渐进积累方式与突破革命性方式的对立统一和交替演进

根据工程知识演化的"性质"和"程度"，可以将其划分为渐进式（或积累式）和突破性（或革命性）两种方式。两种演化方式都具有重要价值和意义，往往是交替出现的。

对于科学知识演化进程的规律和表现形式，已经有科学哲学家提出了有关理论，进行了理论分析。例如，库恩在《科学革命的结构》① 中提出，科学知识的发展进程是"范式变革的革命时期"和"运用范式解决问题的常规发展时期"交替进行的过程。拉卡托斯以"科学研究纲领"为核心概念，也提出了自己的关于科学知识演

---

① 托马斯·库恩. 科学革命的结构 [M]. 金吾伦，胡新和，译. 北京：北京大学出版社，2004.

化进程和规律的理论①。相形之下，对于工程知识的演化进程和规律还鲜见系统的理论研究。但可以大体肯定的一点是：在工程知识的演化进程中，既有积累性的、渐进性的、量变方式的工程知识发展，又有突破性的、革命性的、质变方式的工程知识发展；工程知识的演化也是一个渐进积累发展和革命性突变交替进行的过程。一方面，绝不能忽视工程知识的积累和量变方式的作用和意义；另一方面，也必须高度重视工程知识的革命和质变方式的作用和意义。

应该注意和强调的是工程知识发展的"常见形态"和"通常方式"是渐进性的和量变性的发展和变化。虽然对于"每一次"工程知识变化和发展来说，其具体的"前进里程"和"改进程度"往往并不显著，但这绝不能成为轻视这些知识发展的作用和意义的理由。因为这些"点点滴滴"的改进会在一定时间的逐渐积累后积"小变"为"大变"，长期的日积月累就会产生"水滴石穿"的"变化"和"效应"。在工程知识发展史上，可以看到许多显示这种过程和效应的案例。

在研究工程知识演化进程时，人们往往也会更加重视工程知识的革命性、质变性、飞跃性变化。工程知识的质变性或革命性变化虽然也可能是工程知识量变积累的结果，但更可能是由于出现了"革命性的新技术发明"的结果。

（3）工程知识的"新陈代谢"与科学知识的"新陈代谢"有不同的标准

科学认识的最终目的是获得真理，科学知识是"真理导向"的，因此，科学知识的进步和发展表现为"越来越接近真理"，评价科学理论进步性的基本标准是真与假、正确与谬误，即"真理性"标准。当旧的科学理论（例如地心说）不能够预测新的事实、不能够解决新出现的问题，甚至被证明是错误的时，旧的科学理论就会被淘汰，具有更多的"真理性"的新的科学理论（例如日心说）会"取代"旧的科学理论。

工程活动的最终目的是创造出人工物，工程知识是"价值导向"的，因此，工程知识的进步和发展表现为"在实践中越来越有

---

① 伊姆雷·拉卡托斯. 科学研究纲领方法论［M］. 兰征，译. 上海：上海译文出版社，1986.

用"，评价工程知识进步性的基本标准是实用或不实用、有效或无效，即"价值性"标准。需要特别指出的是，旧的工程知识被淘汰和取代，往往是因为它们在工程实践中不够实用、不太有效或相对无效，而不是因为它们是假的、谬误的，或者说，与科学知识相比，旧的工程知识被淘汰和取代不是因为它们"真理性"缺失，而是"价值性"缺失。在许多情况下，旧的工程知识（例如生产蒸汽机车的知识）和新的工程知识（例如生产电力机车的知识）往往在科学意义上都是正确的，但是由于新的工程知识更有价值（如经济价值、社会价值、生态价值等），旧的工程知识因而被取代了。

2 工程知识演化的动力

在工程知识演化的研究中，如何认识工程知识演化的动力是一个关键问题，以下将分别从"内""外"两个方面来阐述这个问题。

2.1 工程知识演化的内在动力：由"工程知识现有状况"与"工程实践需求"的矛盾而产生的工程问题

认识来源于实践。在工程实践的发展进程中，"工程知识的现有状况"常常满足不了"工程实践的新需求"，在这种矛盾中会不断产生新的工程问题。这些不断产生的工程问题就成为工程知识必须不断发展的内在动力，从而推动工程知识的演化。更具体地说，工程实践过程中提出的问题常常表现为以下三个方面。

（1）面对工程实践的新条件和新要求，现有工程知识的功能出现缺陷、不足甚至失效，已有的工程知识无法用于解决设计和生产过程中出现的问题，这就需要对其进行改进或创新。例如，当蒸汽机车知识无法解决铁路运输提速扩能的要求时，就需要发展内燃机车、动车组列车的知识。

（2）在某一时期相关工程知识之间的不平衡会提出发展新工程知识，建立更加平衡的工程知识群的要求。在每个时期，都会在某些领域存在某些相关工程知识之间的不平衡现象，在"工程知识群"中存在"短板性"工程知识。为解决这种不平衡现象和存在知识短板的现象，就必须发展出新的工程知识。这种事例在各个行业的工程知识的发展进程中可以说是比比皆是。

（3）工程系统之间的竞争，会引发新的工程问题，从而需要扩展和创新工程知识。例如，隐形战斗机和反隐形雷达可以看作"矛与盾"的两个工程技术系统，隐性战斗机的升级换代会促进新的反隐形雷达的工程知识产生，反隐形雷达的更新换代也会扩展隐性战斗机的工程知识。

2.2　工程知识演化的外部动力

（1）工程知识演化的外部动力之一：社会经济发展需求因素的作用和影响

工程活动的目标是满足社会经济发展的需求，为了解决和克服满足社会经济发展的需求中出现的问题和障碍，自然需要工程知识发展和演化。社会经济发展的需求既为工程知识的发展与演化指明了方向，又牵引和促进着工程知识的发展与演化。

所谓社会经济发展的需求，其内容和表现形式是多种多样的，例如经济需求、军事需求、文化需求、健康需求、安全需求等。这些需求在不同的具体环境和条件下通过不同的方式和途径形成了工程知识演化的外部动力。

以铁路工程知识的产生和发展为例。18世纪中叶，工业革命在英国拉开帷幕，机器大工业代替手工业作坊生产后，传统的马车和运河运输方式已经无法满足迅猛增长的原材料、燃料、工业产品的运输需求，此时迫切需要创造出一种新的工程知识来解决这个问题。马克思指出："当马车和大车在交通工具方面已经不能满足日益发展的要求，当大工业所造成的生产集中（其他情况除外）要求新的交通工具来迅速而大量地运输它的全部产品的时候，人们就发明了火车头，从而才能利用铁路来进行远程运输。"①

在历史进程中，经济社会发展需求本身也是在不断发展变化的，当现有的生存和发展需求得到满足后，往往又会产生新的、更高级的需求，例如审美的需求、舒适的需求、环保的需求等，由此牵引和促进工程知识向新的方向调整和变化。当代社会的住宅建筑已经不再仅仅是满足人类的居住、安全的物质需求，而是要满足人类追

---

① 中共中央马克思恩格斯列宁斯大林著作编译局. 马克思恩格斯全集：第三卷［M］. 北京：人民出版社，1960：344-345.

求个性化、舒适、审美、节能等更高级的精神需求，相应地，当代建筑工程知识不仅要注重建筑的实用性、稳固性和持久性的问题，更要考虑个性化和人性化设计、有利健康、新颖美观、资源消耗的问题。因此，正是在社会经济发展需求的推动下，工程知识不断地发展与演化。

（2）工程知识演化的外部动力之二：科学技术进步的推动

在工程知识的演化过程中，科学技术创新与进步起着巨大的直接推动作用，促使工程知识不断发展。纵观工程知识的发展历程，古代工程知识主要是在工匠的技艺、技能、经验和方法的基础上形成的，内容单一、发展缓慢。然而，现代科学技术诞生之后，对工程知识的演化进程发挥了越来越显著、越来越深刻广泛的推动作用。

第一次工业革命的产生源于工匠的经验和实用知识，但科技革命大大拓展了工程知识的范围，并且由于人们能更便捷地获取和使用工程知识，促进了工程知识的发展和深化。"发端于弗朗西斯·培根、被天才的波意尔和牛顿发扬光大的英国科学思想巨流，是工业革命的科学源泉。18 世纪的人们对于通过观察和实验的方法求得工业进步的可能性的信念，在很大程度上是受了牛顿的影响。"[①]

第二次工业革命于 19 世纪 70 年代开始，与第一次产业革命相比，科学技术对工程的作用和影响大大增强，一系列重大科技成果直接应用于工程，而且以科学技术成就为基础，形成了一批新兴产业，开启了人类"电气化"的新时代。在"电气化"时代，科学理论扩展了原有工程知识的基础，并促进了新的工程知识诞生，比如电磁学的发展带动了发电机和电动机的发明以及电话、电报、无线电的发明，从而导致了通信工程知识的产生。

20 世纪 70 年代，人类社会进入第三次工业革命，以计算机、微电子学、信息科学、分子遗传学等为代表的高科技的发展，不仅广泛向传统工程领域渗透，改进了传统工程及相关的工程知识，而且形成了一系列新兴工程领域和工程知识，诸如微电子工程、计算机工程、信息工程、生命遗传工程、航天工程、海洋开发工程、激光和光导纤维工程等。

---

① 克里斯·弗里曼，弗朗西斯科·卢桑. 光阴似箭：从工业革命到信息革命［M］. 沈宏亮，译. 北京：中国人民大学出版社，2007：182.

3 工程知识演化中的几个问题

3.1 工程知识演化中"要素性知识进步"与"知识系统集成"的互动

工程知识不是单一的、同质性的知识集合，而是多种相关的、异质异构知识的有机、系统集成的结果。

集成性是工程知识区别于其他知识类型的典型特征，因为工程知识为了实现特定的工程目标，必须在诸多相关知识中进行选择和集成。

一方面，必须发展诸多的要素性工程知识，使其成为"知识集成"的前提和基础，否则，工程知识的集成就会成为无源之水、"空头支票"，工程知识的集成就无从谈起。另一方面，如果诸多相关的要素性知识仅仅"零星"、孤立、分散性地存在，而未能有机、系统地集成为"工程知识整体"或"系统性工程知识群"，这些孤立的工程知识要素就不可能真正在工程活动中发挥作用，不能成为具有"现实性""功能性"的工程知识。在研究工程演化的机制问题时，"要素性知识进步"与"知识系统集成"的互动关系就成为最重要的内容之一。人们不但必须重视"要素性知识进步"的作用和意义，重视"知识系统集成"的作用和意义，更要重视"要素性知识进步"与"知识系统集成"的"互动关系"的作用和意义。以下仅简要分析与"要素性知识进步"有关的一些问题。

当工程知识中出现了关键性"要素进步"时，往往会"引领"一个"工程知识系统"开始某个方向的"系统性演化"。例如，蒸汽机的发明是现代工程知识演化的一个重要节点，它作为一种将蒸汽的热能转换为机械功的动力机械，为工程活动提供了可控制、可利用的巨大动力，直接引发了在"蒸汽机时代的工程知识系统"的飞跃式发展。甚至直到今天，在机械工程、采矿工程、纺织工程、土木建筑工程中，依然可以看到许多发轫于蒸汽机的工程知识演化"遗产"和轨迹。

工程知识的"系统演化"会受到"要素进步"的制约和限制，也就是管理学中常讲的"木桶效应"，一只水桶能装多少水取决于它最短的那块木板。在工程知识的演化过程中，虽然构成知识系统整体的各个要素都在演化，但演化"速度"不可能完全一致，必然会有"快"有"慢"。当某个或某些要素的演化速度比较"慢"时，它们就成为整个知识系统的"短板"，即使其他要素的演化速度比较"快"，整个知识系统的演化速度也不得不受制于"短板"要素。

3.2 工程知识演化中"工程知识标准化"与"工程知识创新"的互动

工程知识标准化可以将工程活动的原理设计、机器设备、生产流程、生产工艺、操作细则等经过不断的优化、筛选直至固定下来，成为某种产品生产活动的固定程式和标准。从工程知识的演化来看，工程知识标准化具有十分重要的意义，实现了标准化的工程知识具有通用性、系列化的特征，使生产建设的可重复性成为可能，并大大提高生产效率、服务效率和经济效益。工程知识标准化不是凭空发生的，往往是通过对工程知识创新的结果进行不断的选择和淘汰而形成的，可以说工程知识创新为工程知识标准化提供了前提和基础。

工程知识创新的本质是集成性创新。集成性创新不同于首创性创新，它不会全部使用首创性的知识，甚至完全有可能在集成时连一项首创性知识也没有运用。当具有可重复性的、标准化的工程知识以集成的方式"重复出现"时，由于工程活动具有唯一性，即每个工程活动都具有独特的环境和条件，从而完全可能出现某项工程知识在"第 n 次"应用时，为新的集成系统带来"特殊"的效用，实现工程知识创新的目的。在这个意义上，工程知识创新离不开工程知识标准化，没有工程知识标准化就不会产生工程知识创新。

3.3 工程知识演化中的研发活动与相关制度的作用

早期的工程知识研发活动主要是古代工匠们的"个人"行为，他们主要采用试错法，将工程实践中的经验和技艺进行总结与传承。虽然这种研发活动会受到家族、师徒等关系的影响，但主要是工匠个体在他们的工程实践场所——作坊中完成的，没有出现专门的工程知识研发场所和组织制度。例如，蒸汽机是英国工匠纽科门在作坊中发明的，其决定性的发展也是瓦特在作坊中改进和发明了往复式蒸汽机。

　　19世纪下半叶，德国出现的染料人工合成工业研究实验室，尤其是1876年爱迪生建立了美国第一个工业研究实验室——门洛帕克实验室，在研发和生产上见到了实效，从此工业研究实验室作为工程知识研发的机构和组织正式登上历史舞台。与古代工匠的个体性试错法研究不同，"工业实验研究基本上是以实验方法进行的，而实验的仪器和设备又主要是电磁和光子技术的或由它们控制的，所以结构复杂、精密度高和规模大，需要由各种学科的专家和技术人员进行严密的合作，这就决定了它的研究方式是在科学家和工程师个人智慧的基础上进行有序合作或配合的群体性。有组织的或组织化的研究方式成为工业试验研究的特征。"①

　　综上所述，工程知识的演化问题是工程哲学的重要内容之一，其内容之丰富、意义之深刻、影响之广泛、轨迹之复杂，如果与科学知识的演化相比，完全可以说"有过之而无不及"。在科学哲学领域，科学哲学家已经在科学知识演化领域取得了丰硕的研究成果，深化了人们对科学知识演化问题的认识。在工程哲学领域，对工程知识演化问题的研究目前还只能说是刚刚开始，有关学者可以借鉴科学哲学的相关研究成果，面对工程知识演化的历史进程和当前的复杂现实，不断丰富和深化对工程知识演化问题的认识，不断取得新的学术成果。

---

① 阎康年. 通向新经济之路：工业实验研究是怎样托起美国经济的 [M]. 北京：东方出版社，2000：90.

案例篇

Case Studies

CASE STUDIES

我国工程师和哲学专家在研究工程哲学时，一开始就明确认识到"理论联系实际是研究工程哲学的灵魂"。① 必须注意，"理论联系实际"这个原则的内容是非常深刻的，其具体表现形式是多种多样的，无论是理论篇还是案例篇都要贯彻这个原则。可是，也容易看出，"案例研究"常常可以成为贯彻"理论联系实际"原则的一种有力的具体方式。许多读者——特别是从事"实际工作"的读者——常常会感到从这种方式的内容中可以获得更大的启发。

在进行案例研究时，既需要在"从案例实际'升华'到理论"上下功夫，又需要在"运用有关理论'落地'分析具体案例实际"上下功夫。更具体地说，就是必须同时在"理论升华"和"踏实落地"这两个方面都下足功夫，特别是必须把二者有机地结合起来，这实在是很困难的事情。

本书理论篇分析了"具体的工程知识"和"工程知识论"的关系。一方面，"具体的工程知识"并不直接就是"工程知识论"水平的认识，因为工程知识论的认识是以"具体的工程知识"为对象进行理论分析、理论概括、理论升华的结果，以往有许多工程从业者——包括工人、工程师、工程管理者等——虽然都具有一定的工程专业知识，但往往没有将其升华到"工程知识论"的水平；另一方面，虽然在哲学历史特别是欧洲哲学历史上，古代哲学家对于知识的哲学研究早就使"知识论"成为哲学中一个成果丰硕的领域，可是，许多哲学家关心和研究的对象主要是"自然知识"和"伦理知识"，而忽略了对工程知识的哲学分析和研究，这就使以往的"知识论"实际上"简化"成了"仅仅研究""自然知识和伦理知识"的知识论，而"工程知识论"则成为"知识论"领域中的"缺环"。

在长期的奴隶社会和封建社会中，无论在中国还是在欧洲，都出现了"劳心者治人，劳力者治于人"（《孟子·滕文公章句上》）的政治规范和文化规范。那时的工匠、农民②、织工等劳动者掌握着具体的工程知识，可是他们由于缺乏文化教育而无法把自己掌握的工程知识"升华"到"工程知识论"的水平。值得注意的是，由

① 殷瑞钰，汪应洛，李伯聪，等.工程哲学［M］.北京：高等教育出版社，2007.
② 农业生产知识也属于"广义的工程知识"。

于多种原因，在进入资本主义时期之后，在"发动"第一次工业革命时，其最重要的推动力量仍是工匠阶层，而不是当时的知识分子阶层。但历史和工程知识发展的辩证法又告诉我们，在第一次工业革命之后，工程知识进入飞速发展时期，"古代工程知识体系"转化为"现代工程知识体系"。而推动第一次工业革命的"工匠阶层"在第一次工业革命之后分化为工程师阶层和工人阶层。在第二次和第三次工业革命的进程中，工程师阶层更有了"今非昔比"的变化。工程师阶层与传统工匠阶层有许多不同点，特别是在文化教育和传承方面。中世纪的工匠都是学徒制出身，而现代工程师必须以接受高等教育为"学历前提"和"知识基础"，由于多种原因，现代工程师往往有更多的理论兴趣和理论自觉。随着工程实践的发展、社会思想环境的变化和工程师阶层理论自觉的深化，工程管理学、工程伦理学、工程哲学等新学科也陆续形成和相继登场了。

在工程哲学的研究进展中，继工程演化论和工程方法论成为工程哲学的"内部分支"之后，"工程知识论"也登上学术舞台，成为工程哲学的重要组成部分之一。

本书理论篇已经指出，工程知识本性决定了工程知识的分类不同于科学知识的分类。工程知识最重要、最常见的分类方式是依据工程行业的区别而划分，而科学知识最重要、最常见的分类方式是依据自然科学的学科不同而划分。出于这种对工程知识分类的认识，本书选择了钢铁冶金、航天、铁路、水坝、桥梁、石化、信息等行业的若干案例进行具体分析和研究。需要申明的是，工程活动的行业多种多样，本书不可能对所有行业的工程知识都一一研究，对于工程知识论的研究来说，没有哪个行业的工程知识是不重要的，一切行业的工程知识都是重要的，关键是能够"举一反三"和善于"触类旁通"。

第一章

钢铁冶金工程知识案例研究

本章是从工程集成、工程建构和工程运行、工程管理的视角上讨论工程知识，涉及工程科学、工程技术、工程设计、工程管理，也包括了工程哲学视角的分析和认识。

第一节　钢铁冶金工程概述

1　钢铁冶金的地位和特点

由于钢铁资源丰富、成本相对低廉、材料性能优越、易于加工且便于循环利用，因此，钢铁仍然是当前世界上重要的结构材料，也是世界上消费量最大的功能材料（如电工钢、不锈钢等）。[1]

从钢铁冶金制造流程分析，它属于典型的流程制造过程，即整个制造流程是由若干个相关的异质、异构的且时-空过程各异的单元工序/装置所组成，上下游工序之间紧密衔接，上游工序是下游工序的基础，上游工序的输出即为下游工序的输入。钢铁冶金制造流程是由原料造块（烧结或球团）、炼铁、炼钢、轧钢以及钢材深加工等若干个工序组成的制造流程。从流程制造的特征分析，钢铁冶金流程是由多工序协同、相互连接形成的整体系统，具有显著的层次性、过程性和复杂性。[2] 典型的钢铁冶金制造流程如图 2-1-1 所示。

---

[1]　殷瑞钰. 冶金流程工程学［M］. 2 版. 北京：冶金工业出版社，2009.
[2]　殷瑞钰. 冶金流程集成理论与方法［M］. 北京：冶金工业出版社，2013.

2 钢铁冶金制造流程的认识深化

制造业通常可分为流程制造业与装备制造业两类。一般而言，流程制造业为装备制造业提供产品或原材料，而装备制造业则是利用流程制造业生产出来的产品作为原材料制造出最终工业品或消费品。流程制造业一般是指原料经过一系列以改变其物理、化学性状为目的的加工-变性处理，获得具有特定物理、化学性质或特定用途产品的工业。钢铁冶金工业属于典型的流程制造业。

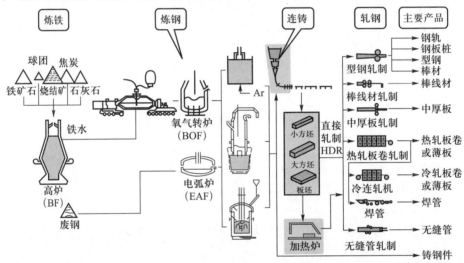

图 2-1-1   典型的钢铁冶金制造流程

流程工业的工艺流程中各工序/装置加工、操作的形式是多样化的，包括化学变化、物理转换等；其作业方式则包括连续化、准连续化和间歇化等形式。动态运行是流程制造业的本构特征。构成流程制造动态运行过程的要素包括"流""流程网络"以及"运行程序"，这也是流程制造业共有的特征；而流程制造动态运行过程中的"流"一般包括"物质流""能量流"和"信息流"，同时还有与之相应的"流程网络"以及"运行程序"。

通过对钢铁制造流程追求动态-有序、协同-连续/准连续运行的物理本质研究，可以清晰地推论得出：在未来绿色化可持续发展进程中，钢铁制造流程（特别是高炉—转炉长流程）将主要实现

"三个功能"（图 2-1-2），即钢铁产品制造功能、能源高效转换功能和大宗废弃物的处理-消纳和再资源化功能。[①] 从现代钢铁制造流程的三个功能的演化可以得出，钢铁产业的可持续发展必须遵循绿色化、智能化、减量化和品牌化的发展规律，不宜盲目、无序地扩大生产规模，粗放式发展，而应当在资源能源可获取、生态环境可承载、市场竞争可容纳的前提下，科学合理地确定不同类型钢铁厂的优化模式、不同钢铁制造流程的市场定位、产品方案、工艺流程以及装备水平，进而使现代钢铁厂融入循环经济社会之中。[②]

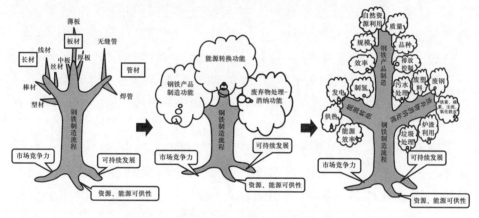

图 2-1-2　钢铁冶金制造流程的功能演进

3　钢铁冶金的工程本质及其动态运行规律

从热力学角度分析，钢铁冶金流程则是一类开放的、非平衡的、不可逆的、由异构-异质的单元工序通过非线性相互作用及动态耦合等机制所构成的复杂系统，其动态运行过程的本质是耗散过程。这一认识是基于钢铁冶金流程宏观动态运行规律及其物理本质深入解析的结论，建构了冶金流程工程科学研究的理论基础和体系，特别是突破了经典热力学关于"孤立系统""物料平衡与热平衡"等传统观念的束缚，建立起了开放、动态、有序、协同、集成等现代观

① 殷瑞钰. 冶金流程工程学 [M]. 北京：冶金工业出版社，2004.

② 张春霞，殷瑞钰，秦松，等. 循环经济社会中的中国钢厂 [J]. 钢铁，2011，46 (7)：6-11.

念，显著提升了现代冶金学在工程科学层次上的理论深度与广度，有利于现代冶金学在工程科学（如冶金流程工程学等）的理论指导下走向绿色化和智能化。

通过对流程制造过程的深入解析，可以从流程制造的表象特征进而研究得出更深层次的运行规律。以钢铁冶金工程为例，可以清晰地阐释钢铁制造流程的物理本质是：在一定外界环境条件下，物质流（主要是铁素流）在能量流（主要是碳素流）的驱动和作用下，按照设定的"运行程序"，沿着特定（设定的）的"流程网络"动态-有序、协同-连续地运行，并且实现多目标优化，也就是所谓的"三流一态"。

通过对钢铁冶金工程本构特征及其运行规律的深入研究，使冶金学从孤立的局部性研究走向开放的动态系统研究，从间歇-等待-随机组合运行的流程走向准连续-协同-动态-非线性耦合的动态-有序、协同-连续流程。

与此同时，现代钢铁冶金流程的功能已经拓展为"三个功能"——先进钢铁产品制造功能、能源高效转换功能和社会大宗废弃物消纳、处理与再资源化功能，再通过"三个功能"的拓展获得新的产业结构和产业经济增长点，从而建构具有循环经济特征的产业集群和产业生态链，成为绿色发展理念下循环经济社会的一个组成部分。

现代钢铁厂的钢铁产品制造功能是在尽可能减少资源/能源和时间/空间消耗的基础上，高效率地生产出成本低、质量优、排放少且能够满足用户不断变化需求的钢材产品，供给社会生产和居民生活消费。能源转换功能与钢铁制造功能相互协同耦合，即钢铁制造过程的同时也伴随着能源转换过程。以高炉—转炉—热轧流程为代表的钢铁联合企业为例，其实质就是冶金-化工过程，也可以视为将煤炭通过钢铁冶金制造流程转换为可燃气、热能、电能、蒸汽甚至氢气或甲醇等能源介质的过程。废弃物的消纳-处理与再资源化功能，即钢铁厂制造流程中的诸多工序和装备可以处理、消纳来自钢铁厂自身和社会的大宗废弃物，改善区域环境负荷，促进资源、能源的循环利用。

综上分析，现代钢铁冶金的工程科学研究及其知识体系，要在微观基础冶金学和专业工艺冶金学的基础上，上升到物质流、能量流、信息流及其动态运行过程（"三流一态"）的宏观动态冶金学层次上，并使这三个层次的冶金学知识嵌套集成起来，建构出新的冶金学知识体系。这是工程科学知识领域研究范畴以及工程知识体系结构的拓展和创新。

第二节　钢铁冶金工程的主要特征

钢铁冶金制造流程的内在本质是一类不同功能且相互关联、相互支撑、相互制约的多个工序/装置及相关设施构成的、上下游工序串联并集成运行的复杂过程系统。其复杂性表现在多组元、多相态、多层次、多尺度，以及开放性、远离平衡和非线性，动态有序性等方面。由于诸多复杂性表征的集合，就必然导致钢铁冶金制造流程具有复杂性、多样性和整体性的显著特征。

1　钢铁冶金制造流程的物理本质

从钢铁冶金制造流程动态运行的物理本质分析，由性质不同的诸多工序组成的钢铁制造流程的本质是：一类开放的、远离平衡的、不可逆的、由不同结构-功能的单元工序过程经过非线性相互作用，动态耦合嵌套构建而成的流程系统。在这一流程系统中，铁素流（包括铁矿石、废钢、铁水、钢水、铸坯、钢材等）在能量流（包括煤、焦、电、汽、氧等）的驱动和作用下，按照一定的"程序"（包括功能序、时间序、空间序、时-空序和信息流调控程序等）在特定设计的复杂网络结构（如流程图、生产车间平面布置图、总平面布置图等）中流动运行。这类流程的运行过程包含着实现运行要素的优化集成和运行结果的多目标优化。演变和流动是钢铁冶金流程动态运行的核心。

钢铁冶金流程是由各单元工序串联作业，各工序协同、集成的生产过程。一般前工序的输出即为后工序的输入，且互相衔接、互相缓冲-匹配。钢铁冶金流程具有复杂性和整体性的特征，复杂性又表现为"异质、异构，复杂多样"与"层次嵌套，协同结构"两个特点。

钢铁冶金流程动态运行的基本要素和发展规律

钢铁冶金制造流程动态-有序运行的基本要素是"流""流程网络""运行程序"。其中，"流"是制造流程运行过程中的动态变化的主体，"流程网络"（即"节点"和"连接器"构成的图形）是"流"运行的承载体和时-空边界，而"运行程序"则是"流"的运行特征在信息指令形式上的反映。

以钢铁制造流程整体动态-有序、协同-连续运行集成理论为指导，钢铁冶金工程设计与运行管理的核心理念是：在上、下游工序动态运行容量匹配的基础上，考虑工序功能集（包括单元工序功能集）的解析优化，工序之间关系集的协调优化（而且这种工序之间关系集的协调优化不仅包括相邻工序关系、也包括长程的工序关系集）和整个流程中所包括的工序集的重构优化（即淘汰落后的工序装置、有效"嵌入"先进的工序/装置等）。这"三个优化"是一百多年来钢铁工业技术进步的共性特征和规律。

 钢铁冶金流程网络及其构建

现代钢铁冶金工程是通过构建一个合理、优化的"流程网络"（如物质流网络、能量流网络、信息流网络等），随着"流程网络"中各个"节点"运动的"涨落"以及各"节点"涨落之间的协同关系，在全流程范围内形成一个优化的非线性相互作用、动态耦合的场域（结构），并通过编制一个反映流程动态运行物理本质的自组织、他组织调控程序，实现开放系统中每个运行工序/装置之间的非线性"动态耦合"，使"流"在动态-有序运行过程中，实现物质/能量的耗散过程合理化，从而形成开放系统合理的"耗散结构"。

在钢铁冶金流程中，"流"一般通过三种载体来体现，即以物质形式为载体的物质流、以能源形式为载体的能量流和以信息形式为载体的信息流。长期以来，钢铁冶金工程集中注意的往往是物质流，而现代钢铁冶金工程应将能源看作贯穿全流程的重要因素（甚至是与物质流同等重要），并考虑到其与物质流的相关性、耦合性，应上升到能量流行为和能量流网络的层次来研究。

对钢铁冶金工程能量的研究及其网络的设计过程中，也必须建立"流""流程网络"和"运行程序"等要素的概念，来研究开放的、非平衡的、不可逆过程中能量流的输入/输出行为。也就是要从静态的、孤立的某些截面点位的平衡计算走向流程网络中能量流的动态运行矢量性集成化研究。具体而言，就是要摒弃某个具体时间点的静态能源平衡的概念，因为钢铁冶金过程是动态运行的，并不存在所谓某个具体时刻的静态平衡，即便是用于工程顶层设计、能源装置能力和数量的确定，也应当从动态运行的实际出发，以能源动态输入/输出的矢量值为核心，来科学合理地评估和计算能源装置的配置及其能量流网络的构架。其中包括有关钢铁冶金流程能量流运行的时间-空间-信息概念，而不能局限在简单的质-能衡算的概念上。

在钢铁冶金制造流程设计、建造和技术改造过程中，不仅应当注意物质流转换过程及其"程序"和"物质流网络"设计，还应当重视能量流、能源转换"程序"与"能量流网络"的设计。

第三节　冶金学和冶金工程知识体系及其发展

 冶金学的形成与发展

冶金学有着悠久的历史，至今仍在不断发展。冶金术从青铜器时代、铁器时代开始发展，及至现代，从 1925 年英国法拉第学会在伦敦召开"炼钢过程中的物理化学"会议开始，冶金学开始跨入了现代科学的发展进程。然而，冶金学又是有别于物理学、化学、生物学、地学、天文学、数学等以研究自然物理现象为主要目标的基础科学的。从根本上看，冶金学属于研究人工物世界的工程科学、技术科学范畴，重在研究发展现实生产力的工程知识、技术知识和工程科学知识，更具体地说，就是研究冶金工程知识、冶金技术知识和冶金工程科学知识。其知识的来源是多元化、多层次、集成、综合性的，不是只来源于基础科学。冶金学的知识重在对各类要素、各类知识的集成，并能转化为现实的、直接的生产力，发明、集成、综合、转化是其特征。这是新工科发展过程中应该给予重视的。

经过近百年的探索、研究、发展，当代冶金学（冶金科学与工程）已逐步形成由三个层次的知识集成构建而成的框架体系，即原子/分子层次上的微观基础冶金学、工序/装置层次上的专业工艺冶金学和全流程/过程群层次上的动态宏观冶金学。可见，随着不同层次科学问题研究的深入，学者们的研究目标、研究领域不断扩宽，认识问题的视野发生了层次性跃迁，并进而嵌套集成为一个新的知识结构，即不囿于经典热力学孤立系统观念，跨入探索冶金企业全流程的过程群的集成优化、结构优化，研究的对象发生了变层次、变轨的跃迁。同时，扩大了研发领域，既引导企业全流程中过程和过程群的自组织结构以及他组织调控过程中共同形成的耗散结构和耗散过程优化的研究，又引导新的工程设计、工程运行的理论和方法。当代冶金学发展的战略目标也随着时代的发展，发生了战略性的变化；当代冶金学的战略目标除了制造新一代产品以外，已经聚焦于冶金工厂的绿色化（绿色、低碳、循环发展）和智能化（智能化设计、智能化制造、智能化服务、智能化管理等）。

有鉴于钢铁冶金生产的实质是在开放、动态的流程系统中，通过输入/输出"流"在耗散结构中动态-有序、协同-连续运行并实现多目标优化，冶金科学与工程的知识必须将微观基础冶金学的知识、专业工艺冶金学的知识和动态宏观冶金学的知识相互嵌套、集成综合起来，形成一个集成化、工程化的知识体系。这个知识体系，既要面向工程科学、工程技术、工程设计，又要面向工程决策、工程管理、工程评估甚至关联到工程哲学等。这是观察研究当代冶金科学与工程应有的视野和思路。

当代冶金科学与工程的知识体系层次结构和工程视野的解析如图 2-1-3 所示。从图 2-1-3 中可以看出，微观基础冶金学包括冶金过程物理化学、冶金原理、金属学、传热学等知识，主要研究原子/分子尺度的微观基础理论问题。专业工艺冶金学包括炼铁学、炼钢学、金属压力加工学、冶金反应工程学等，主要研究工序/装置尺度的技术科学问题。由于钢铁冶金企业生产运行的实质是开放、动态的输入/输出过程（流）中实现多目标优化，因而动态宏观冶金学主要是冶金流程工程学，主要研究整体钢铁制造流程及钢铁冶金企业（钢铁厂）尺度的工程科学问题。①

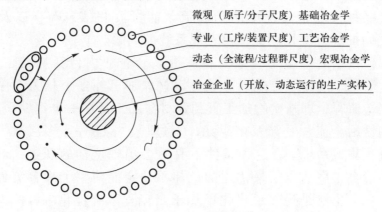

微观（原子/分子尺度）基础冶金学

专业（工序/装置尺度）工艺冶金学

动态（全流程/过程群尺度）宏观冶金学

冶金企业（开放、动态运行的生产实体）

图 2-1-3　当代冶金科学与工程的知识体系和工程视野

　　现代钢铁冶金工程的发展经历了漫长的演变、集成、完善、变革和创新的过程。其中理论体系的形成、建立和发展，技术的发明、开发、应用和革命，生产工艺流程的组合、集成、演变和完善，在第一次工业革命以后大约 200 年的历史进程中，不断交替出现和相互促进。理论的形成、发展和不断完善，是指导技术发明和技术创新以及工程集成和工程创新的重要动力。

　　与此同时，回顾冶金学的发展演进历程不难看出，由于钢铁冶金工程包括矿物开采与加工、高温冶金过程、凝固-成形过程，金属塑性变形过程与材料性能控制过程，具有工序繁多、功能各异、过程复杂、流程结构多样等特点，因而钢铁冶金工程基础理论的形成、建立和发展，是多领域、多学科的理论研究和相互交叉发展的过程，呈现出一种典型的解析—组合—再解析—再组合的不断发展和不断完善的过程。

２　钢铁冶金工程科学知识的形成与发展

　　钢铁冶金工程科学主要体现为钢铁制造流程的整体结构优化和动态运行过程优化，初期阶段是要解决好多维的过程物流管制系统，即物质状态转变、物质性质控制和物质流管制三方面的融合、贯通、

---

　　①　殷瑞钰. 冶金流程集成理论与方法［M］. 北京：冶金工业出版社，2013.

协调/控制；确定制造过程的基本参数和派生参数；进而在理论上推进到研究钢铁冶金过程中的物质流、能量流和信息流，以及"三流"之间的综合调控、优化等宏观系统的问题。

现代钢铁冶金生产一般是在一个联合企业内包括烧结、焦化、炼铁、炼钢、连铸、热轧、冷轧、钢材深加工等多个相关工序所组成的制造流程，即从矿物加工直到钢材深加工都在一个钢铁厂完成。所以钢铁冶金流程是涉及多组元、多过程、多工序、多层次、多领域的流程集成系统。在这种条件下有时会出现这样的现象：对某个具体的冶金工序而言是最优化的，却不一定能使整个冶金流程整体得到优化，也就是局部最优化不等于全流程系统优化。因此，随着技术进步、生产发展，必然需要在更高层次和更大的时-空尺度上研究冶金过程整体性、集成性、协同性的工程科学，也就是冶金流程工程学——宏观动态冶金学。

冶金流程工程学属于宏观层次上的工程科学的范畴，主要研究冶金生产流程的物理本质、本构特征和整体行为。其旨在厘清冶金生产流程中相关的物质（和能量）流动（与储运）的驱动力，研究冶金制造流程中所涉及的有关结构、功能、效率的问题，包括流的行为、网络构建、程序指令和环境条件约束等命题，乃至空间和平面布置、时间和时序安排与控制、流程过程中排放与消纳（或者再循环）的控制和优化等一系列学问。

从工程哲学的角度分析，在钢铁冶金制造流程中，不仅要研究"孤立""局部"的"最佳"，更重要的是要解决制造流程整体动态运行过程的最佳；因此，不能用机械论的拆分方法来解决相关的、异质功能的而又往往是不易同步运行的工序/装置的组合集成问题。重要的是要研究多因子、多尺度、多层次的开放系统动态运行的过程工程学问，要分清工艺表象与物理本质之间的表里关系、因果关系、非线性相互作用和动态耦合关系，并探索出其内在规律。表2-1-1阐释了冶金学科知识体系的结构层次与特征。

冶金工程科学——冶金流程工程学的知识体系包括认知科学、工程逻辑——系统集成指导下的钢铁厂结构分析和结构演进、工序功能集的解析和优化、工序关系集在流程中的协调与优化、流程工序集的重构与优化、过程工程与信息技术的结合等。因此，冶金流程工程学作为工程科学，它追求通过制造流程的整体优化来解决流程系统的功能优化、结构优化和效率优化，进而在更大的尺度上解决企业的模式-结构、产品的市场竞争力、资源与能源的可供性以及企业所面临的环境问题和生态协调性等问题。

表 2-1-1　冶金学科知识体系的结构层次与特征

科学分类	研究尺度	研究方法		层次	系统特征	系统控制
		白箱	黑箱			
基础科学	原子/分子	原子/分子	系统背景	微观	孤立系统：与外界没有物质、能量交换，可逆过程——平衡状态	PLC
技术科学	场域/装置	场域/装置	分子/流程	中观	开放系统：与外界有某些物质、能量和信息交换	PLC/MES、EMS
工程科学	流程/复杂系统	流程/工序关系	分子/场域	宏观	开放系统：与外界不断有物质、能量和信息交换，不可逆过程——远离平衡态	ERP/MES/PCS

第四节　工程演化、技术进步与冶金工程知识创新

 哲学视野下的冶金学和冶金工程

冶金学者们经过近百年的探索、研究，随着对不同层次科学问题研究的深入，研究目标、研究领域的不断扩宽，认识问题的视野发生了层次性跃迁，跨入探索冶金企业全流程的过程群的集成优化、结构优化的阶段，研究的对象发生了变层次、变轨的跃迁。

从钢铁冶金工业的发展演进历程可以看出，钢铁冶金工业现在面临的挑战是多方面的，要解决这些复杂环境下的复杂命题，就必须从战略层面上来思考钢铁厂的要素-结构-功能-效率问题，实质上这是全厂性的生产流程层面上的问题，必须从生产流程的结构优化及其相关的工程设计等根源着手。进而还可以清晰地认识到，这样的系统性、全局性、复杂性问题，不是单纯依靠技术科学层次上的单元技术革新和技术攻关所能解决的，而是需要以工程哲学的视野，在全产业、全过程和工业生态链等工程科学层次上解决。

钢铁冶金工程理念的转变

工程理念是工程哲学的核心概念之一，是源于客观世界而表现在主观意识中的哲学概念，它是人们在长期、丰富的工程实践的基础上，经过深入的理性思考而形成的对工程发展规律、发展方向和有关的思想信念与理想追求的集中概括和高度升华。工程理念在工程活动中发挥着根本性的、指导性的、贯穿始终的、影响全局的作用。

长期以来，传统的钢铁冶金工程理念基本上是以"还原论"的思维模式处理问题，也就是将钢铁制造流程分割为若干工序/装置，再将工序/装置解析成某种化学反应过程或是传质、传热和动量传输的过程，再在工序之间进行简单拼接、叠加处理就算形成了制造流程，其时间/空间问题涉及较少，动态运行过程中的相互作用关系和协同连接的界面技术往往被忽视。

毋庸置疑，工程理念是工程决策、工程设计、工程建构和工程运行的灵魂。工程理念是指导工程项目建设进行全过程的总体性构思和表述项目建设意图的过程，是实现工程项目建设目标的基础性、决定性环节。没有与时俱进的工程理念，就没有现代化的工程设计，就没有现代化的工程，也不会产生现代化的生产运行绩效。先进的工程理念、科学合理的工程设计，对加快工程项目的建设速度、提高工程建设质量、节约工程建设投资、保证工程项目顺利投产，以及取得较好的经济效益、社会效益和环境效益具有决定性作用。钢铁厂的竞争力和创新看似体现在产品和市场，其根源却来自工程理念、设计过程和制造过程，工程理念和工程设计正在成为市场竞争的始点，工程设计的竞争和创新关键在于工程复杂系统的多目标群优化。

新一代钢铁冶金制造流程，使冶金学从孤立的局部性研究走向开放的动态系统研究，从间歇-等待-随机组合运行的流程走向有序-协同-非线性动态耦合的动态-有序、协同-连续流程。

钢铁冶金工程的演化和新一代可循环钢铁制造流程的构建，实际上是工程理念、工程思维模式的转变和创新，这是从"还原论"思维模式所暴露出的缺失中探索到的整体集成优化的新理念、新思路。

从工程哲学角度来看，在钢铁冶金工程中，不仅要研究"孤立""局部"的"最佳"，在当代，更重要的是要解决整体动态运行过程的最佳；不能用机械论的拆分方法来解决相关的、异质功能的而又往往是不易同步运行工序/装置的组合集成问题，重要的是要研究多组元、多因子、多尺度、多层次的开放系统动态运行的过程工程学问，要厘清工艺表象和物理本质之间的表里关系、因果关系、非线性相互作用和动态耦合关系，并探索出其内在规律。

 冶金工程中关键共性技术知识的发展

3.1 技术创新推动了钢铁工业的发展

20 世纪 90 年代是中国钢铁工业迅速崛起的时期，这一时期通过对连铸、高炉喷煤、高炉长寿、连续轧制、转炉溅渣护炉和综合节能六项关键共性技术的开发、集成和全国性推广，促进了中国钢铁制造流程结构的优化，实现了节能降耗，提高了生产效率和产品质量，为中国钢铁工业的快速发展奠定了坚实的基础。[1]

21 世纪以来，首钢京唐钢铁厂的设计建造，基于冶金流程工程学、冶金流程工程集成理论与方法，创新并实践了现代钢铁冶金工程设计的新理念、新理论和新方法，从工程决策开始，直到规划、设计、建造、运行和管理等过程，构建了新一代可循环钢铁制造流程，引领了中国钢铁工业科技进步的发展方向。

纵观 1856 年以来钢铁工业的发展史，从技术层面上讲，实际上就是钢铁制造工艺的技术创新史。[2] 其共同遵循的规律是工序功能集合的解析-优化，工序间关系集合的协调-优化和流程工序集合的重构-优化，既体现着原始创新，更多的则是集成创新。

3.2 关键共性技术对钢铁工业的推动

钢铁冶金的科技进步和工程演化，既受到专业技术的渐进性、

① 殷瑞钰. 冶金流程工程学 [M]. 北京：冶金工业出版社，2004.
② 徐匡迪. 20 世纪——钢铁冶金从技艺走向工程科学 [J]. 上海金属，2002，24 (1)：1-10.

突变性进步的影响，还受到相关支撑技术的渐进性、突变性进步的影响。因此，冶金工业科技进步的方式不仅以单体技术进步的形式出现，而且以互动的、协同的、网络化集成形式出现。

所谓关键共性技术，就是指在冶金生产流程中技术关联度大，对企业结构影响力大，并且在整个冶金行业领域具有共性的技术。对于关键共性技术的选择、集成，必须对整个钢铁冶金制造流程工艺、装备和产品结构之间的关系进行深入研究和总体认识，并且理性分析和适当排序，寻找对不同类型冶金企业影响面大的共性技术和对整体生产流程关联度大的关键技术，在深化认识的基础上，确立这些关键共性技术对冶金工业不同发展阶段所起的战略主导地位；进而分步、有序地推进，并相继将其集成起来，促进钢铁企业生产流程整体结构的优化。可见，生产流程的结构优化已成为冶金企业技术创新的重要命题。

关键共性技术的突破、集成对钢铁冶金制造流程的整体结构优化产生了重大影响。做好关键共性技术的研发、应用和推广，既要注重对关键共性技术的判断和正确选择，也必须结合不同类型钢铁厂的特点进行深化和创新，还必须正确把握这些关键共性技术研发、投资的时序安排和相互关系。

20 世纪 90 年代以来，中国钢铁工业科技发展逐步转变为以生产流程结构优化为主线，以技术改造、工艺和装备升级换代为支撑，研究方向和投资重点逐步转向关键共性技术及其工艺、装备研究开发和生产流程的集成优化方面。技术改造讲究钢铁冶金制造流程的结构优化和产品的结构优化，出现了不同类型的钢铁厂模式。

面向新世纪，中国冶金工业发展的主流应是主动动态地适应市场发展趋势，继续以结构优化为主要途径，进一步强化节能、环境治理和生态协同发展，同时加速薄板产线的建设与产品研发，以增强市场竞争力和可持续发展能力作为总体目标，并推动实现冶金工业的绿色化、智能化和品牌化发展。

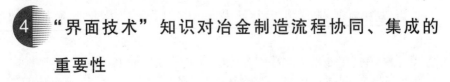

④　"界面技术" 知识对冶金制造流程协同、集成的重要性

如前所述，氧气转炉、连铸、大型高炉、大型宽带连轧机等关

键共性技术对钢铁冶金工程的演化和技术进步具有重要的推动作用，这些关键共性技术一般是单元工序的功能集合的优化创新和技术演进，由于单元工序工艺、设备、装置的创新、优化和演进，从而引起了钢铁制造流程中一系列"界面技术"的演变和优化，甚至还出现了不少新的"界面技术"，这些界面技术与单元工序形成了新的组合和流程结构，因而对于界面技术的研究及有关界面技术的工程知识，成为钢铁冶金工程知识的重要创新内容。

界面技术是与钢铁制造流程中相关的炼铁、炼钢、铸锭、初轧（开坯）、热轧等主体工序之间的衔接-匹配、协调-缓冲技术及相应的装置（装备）。界面技术不仅包括相应的工艺、装置，还包括平面图等时-空合理配置、装置数量（容量）匹配等一系列的工程技术，如图 2-1-4 所示。

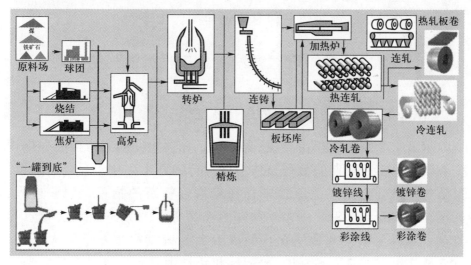

图 2-1-4　现代钢铁制造流程的界面技术

界面技术主要体现实现生产过程物质流（应包括流量、成分、组织、形状等因子）、生产过程能量流（包括一次能源、二次能源以及用能终端等）、生产过程温度、生产过程时间和空间位置等基本参数的衔接、匹配、协调、稳定等方面，在很大程度上体现了工序之间关系集合的协调-优化。

界面技术是在单元工序功能优化、作业程序优化和流程网络优化等流程设计创新的基础上，所开发出来的工序之间关系的协调-优化技术，包括相邻工序之间的关系协调-优化或多工序之间关系集合的协调-优化。界面技术形式分为物流-时/空的界面技术、物质性质转换的界面技术和能量/温度转换的界面技术等。

现代钢铁冶金制造流程的界面技术主要体现在：

（1）简捷化的物质流、能量流通路（如流程图、总平面图等）；

（2）工序/装置之间互动关系的缓冲-稳定-协同（如动态运行甘特图等）；

（3）制造流程中网络节点功能优化和节点群优化以及连接器形式优化（如装备个数、装置能力和位置合理化、运输方式、运输距离、输送规则优化等）；

（4）物质流效率、速率优化；

（5）能量流效率优化和节能减排；

（6）物质流、能量流和信息流的协同优化等。

 信息技术知识对钢铁冶金工程智能化的推动

5.1　钢铁冶金制造流程的运行特征

钢铁冶金制造流程由异质-异构的、相关协同的工序构成，钢铁企业以不可拆分的制造流程整体协同运行的方式存在，适合于连续、批量化生产。钢铁制造流程中存在着许多复杂的物理、化学过程，甚至往往出现气、液、固多相共存的连续变化，物质/能量转化过程复杂，难以全部实现数字化。钢铁冶金制造流程是复杂的大系统，输入的原料/燃料组分波动，外界随机干涉因素多，难以直接实现数字化。组成钢铁制造流程的单元工序/装置的功能是不同的，钢铁冶金制造流程属于异质、异构单元组合的集成体。钢铁冶金单元工序/装置之间的关系属于异质、异构单元之间非线性相互作用、动态耦合过程，匹配、协同的参数复杂多变，实现数字化的难度很大。产品性能、质量、生产效率取决于工艺流程设计优化，各个工艺过程的运行优化和全流程运行的整体优化。钢铁冶金工厂的智能化主要应体现在制造流程运行过程的智能化。

根据钢铁冶金制造流程的技术特征，其智能制造的含义应该是以钢铁企业生产经营全过程和企业发展全局的智能化、绿色化、产品质量品牌化为核心目标研发出来的生产经营全过程的数字物理融合系统。其关键技术是生产工艺/装置技术优化、工艺/装置之间的"界面"技术优化和制造全过程的整合-协同优化，以此为基础嵌入数字信息技术，以"三流"协同、"三网"融合为切入口，从而构成体现智能特色的信息物理系统（cyber-physical systems，CPS）。①

5.2 钢铁冶金工程"界面技术"的物理系统优化和信息数字系统的构建

钢铁冶金制造流程是由一系列相关的、异质-异构的工序/装置以及它们之间的"界面技术"构成的。"界面技术"承载着物质流、能量流、信息流的沟通和传递功能；工序/装置之间的功能衔接、匹配；工序/装置之间物质流和能量流的承接、缓冲功能等。"界面技术"鲜明地影响着钢铁制造流程的结构，尤其是动态运行结构和运行效率。

长期以来对钢铁冶金过程单元装置的自动化、无人化做了大量的研发，并较好地应用于生产制造过程，解决了局部的自动控制问题，应该作为钢铁冶金制造流程智能化的基础。然而，这只是实现了钢铁冶金制造流程全盘智能化中的一部分。"界面技术"的物理系统优化和数字化建模也是流程制造业智能化的核心技术之一，但相关研究至今仍然较少，应该引起足够的关注，进行深入的探索。应该认识到"界面技术"同样也是由物理系统硬件和信息数字软件构成的，应该建立在扎实的工程科学基础上。似可按如下方法探索：

（1）以图论为工具构建制造流程的静态网络；

（2）以排队论-甘特图等方法描述"界面"过程的运行动力学；

（3）制定钢铁冶金流程动态运行规则（设定运行程序）；

（4）以软件仿真手段研究"界面"过程动力学及其比较优化；

（5）解决物质流-能量流-信息流协同优化的自感知、自学习、自决策、自执行、自适应的数字信息系统，在此问题上要解决好物质流网络、能量流网络和信息流网络之间的"三网"联结、融合问题，构建起基于物理系统过程耗散优化的 CPS 系统，实现工程化的

---

① 殷瑞钰. 关于智能化钢厂的讨论——从物理系统一侧出发讨论钢厂智能化［J］. 钢铁，2017，52（6）：1-12.

全流程智能化;

(6) 将钢铁生产过程（物质流运行）和能源系统（能量流运行）联系起来，实现钢铁企业的物质流、能量流之间的关联。

5.3   钢铁冶金制造流程的智能化

智能化是钢铁工业的重要发展方向之一，必须高度重视，不能错失时机，但也不会在短时内一蹴而就，要经历一个探索、研发、积累、集成、创新的过程。钢铁厂智能化要与信息物理系统的概念相对接，突出"流""流程网络"和"运行程序"的概念，特别是优化的物质流网络、能量流网络和信息流网络之间的协同运行，实现全厂性动态运行、管理、服务等过程的自感知、自学习、自决策、自执行、自适应。钢铁冶金制造流程物理系统优化是钢铁厂智能化的重要基础性前提，要充分认识制造流程的运行特点，不宜盲目搬用离散型制造的某些概念和方法。在钢铁冶金工厂中，"界面技术"的研发是信息物理系统建构中的一个缺失环节，"界面技术"优化对于"三流"协同、"三网"融合具有重要价值，应作为解决智能化钢铁厂的重要内容之一，必须予以高度重视。

6 钢铁冶金工程知识与工程管理知识的集成和融合

如前所述，现代钢铁冶金工厂是由多个异质-异构的单元工序/装置通过非线性相互作用、动态耦合等机制所构成的复杂系统，具有整体性、复杂性和多层次性。而钢铁冶金工程的管理活动则成为一项多领域的复杂管理活动。

钢铁冶金工程管理知识不仅具有一般工程管理知识的普遍性，还具有产业/专业的特殊性，遵循"实践—认识—再实践—再认识"的辩证路径。工程管理应该是能打开"工程黑箱"的管理，对钢铁冶金工厂而言，应该是钢铁冶金工程知识与管理工程知识在工程活动中有效集成、深度融合，能在工程活动的全生命周期内更好地发挥作用，指导和引领整个钢铁冶金工程活动。

钢铁冶金工程活动中，无论是工程的规划、决策、设计、建造，还是工程运行、维护、退役，都存在大量的矛盾冲突，这些矛盾冲突不仅仅表现在工艺方案的选择、技术装备的选型和工程建造的实施等方面，并不是基础科学知识、技术科学知识和工程科学知识所能涵盖的，往往涉及工程与社会、工程与经济、工程与生态环境、工程与文化伦理的和谐共融发展的问题。钢铁冶金工程作为人工造物活动，无论是钢铁冶金工程的建造还是钢铁产品的生产，都必须考虑到整体经济效益的最优化，降低工程建造/生产运行成本、减少资源/能源消耗、减少废弃物排放，还要兼顾考虑整体与局部的经济效益、社会效益和生态环境效益等方面。钢铁冶金工程建造/运行过程中，既要保证工程的安全与质量，还要满足成本与时间等要求。

从钢铁冶金工程全生命周期的视角来看，其包括规划决策、勘察设计、工程建造、运行维护、工程退役等阶段，每个阶段的重点核心和关键内容都不尽相同。而工程管理是贯穿于工程活动全过程的综合性工作，涉及经济、社会、政治、人文、伦理、生态等诸多领域。

因此，钢铁冶金工程管理知识是工程技术、经济、管理、法律/法规、人文、伦理等诸多领域知识的交叉融合，具有更强的综合性、集成性、融合性、协同性、和谐性、跨学科"泛专业性"等特征。

因此，在钢铁冶金工程活动过程中，工程管理知识是不可或缺的知识，必须把工程管理知识看作"工程知识体系"的重要内容和重要组成部分之一。在工程思维、工程决策、工程设计、工程建造、工程运行等环节中，工程管理知识更是发挥了重要的作用，是工程活动过程中重要的"斡件"，特别是在工程决策过程中，工程管理知识发挥着无可替代的重要作用，是工程决策者进行综合、选择、权衡、协调、集成的重要知识基础和决策依据。①

7　冶金工程知识对工程创新与产业进步的引领

纵观钢铁冶金工程的演化历程不难看出，理论源自实践，理论是通过对实践活动的观察、思考、感悟、试验验证、总结归纳、整理提炼等一系列步骤升华而成的，反过来再用理论来指导工程实践活动，因而，理论是一种最具代表性的知识。从工程哲学的角度分析，对钢铁冶金工程学而言，其理论基础不仅包括基础科学理论、

---

①　殷瑞钰，李伯聪，汪应洛，等．工程方法论［M］.北京：高等教育出版社，2017.

技术科学理论，还包括工程科学理论（冶金流程工程学、冶金流程工程集成理论与方法）。因而，冶金流程工程学理论是建构在冶金基础科学理论、冶金技术科学理论以及冶金工程科学理论基础之上的知识体系，是经过实践、思考、凝练、升华和验证的冶金工程知识的结晶。对于钢铁冶金工程系统，特别是全流程和全厂性的工程问题具有普适性。在研究钢铁制造全流程或全厂性的工程设计及动态运行全过程中，遇到的问题往往是工程系统与工程科学问题。因为工程系统体现了相关的功能不同的异质技术的集成，不但要充分考量技术要素和工程要素的合理配置，而且还必须考虑到资源、能源、土地、资金、生态环境、市场、劳动力等基本经济要素的有效配置，所以对工程系统和工程科学的思维方式必然是一种开放的、动态的、集成优化的复杂思维模式。在工程系统模型的构造过程中，其思维逻辑和工程知识一般应包括：

（1）确立正确的工程理念（这方面在工程决策、规划、设计等过程尤为重要），而正确的工程理念则是来自于对工程知识的学习、实践、认知、领会和运用；

（2）建立符合时代需要的集成理论和方法（即在规划、设计和生产运营过程中，要重视集成性优化和进化性创新的理论、方法和知识）；

（3）在冶金工程设计与构建过程中展开、落实，并使工程理念和理论逐步物质化（即获得要素-结构-功能-效率协同优化的工程系统，建立动态-有序、协同-连续、耗散-优化的钢铁制造流程及其网络结构）；

（4）在钢铁制造流程动态运行与管理中具体实施，达到预期的多维目标（即在钢铁冶金工程系统的实际动态运行过程中，必须注意多目标优化及其选择与权衡）；

（5）开展生命周期评估（即从自然资源的源头开始，经过制造流程系统的运行、加工制造、消费、社会废弃物的资源化-能源化消纳-处理-再资源化等过程来评价钢铁冶金流程工程系统的价值及其合理性）；

（6）深化钢铁冶金工程系统对自然-社会环境的适应性、进化性以及价值评估的认识（也就是要拓展钢铁冶金流程的正面影响，避免负面影响）。

钢铁冶金工程知识（群）具有系统集成性。工程是开放的复杂系统，集成是工程知识的基本特征，钢铁冶金工程知识（群）的"集成性"主要体现在：

（1）现代工程目标是多目标性的，需要集成性知识；

（2）现代工程知识是复合性、链接性的，需要集成性知识；

（3）现代工程的技术复杂性要求有序性、协同性、集成性知识；

（4）现代工程的创新集成性和环境和谐性也需要集成性知识。

从钢铁冶金工程演化和工程创新的发展历程可以看出，工程知识创新不仅体现在单元性、局部性创新（例如氧气转炉、连续铸钢的发明等），更体现在集成创新（例如新一代钢铁制造流程和新一代钢厂模式的创新等），这是由钢铁冶金工程的基本属性和工程特征所决定的。工程集成创新是经常出现的，是工程知识创新的活力和重要方式。

钢铁冶金工程知识群的系统集成性还包括集成软件的硬件化，工艺硬件的软件化，核心原理知识与构成性知识之间结构化、功能化集成，多环节、多结点、多层级的接口（界面）知识——非线性、动态耦合集成等。集成度的内涵包括层次性集成度、链接性集成度、相关性、涌现性等。

钢铁冶金工程知识（群）集成的对象和要素主要包括：要素集成、方法集成、过程集成、装备集成、目标集成以及环境-生态集成等。在工程功能集成创新方面，表现在功能优化、功能拓展和新功能涌现。

钢铁冶金工程知识集成的一般机制是：钢铁冶金工程知识集成—驱动工程要素整合集成—通过工程设计和建构—形成工程体系实物结构—工程实体运行转化为功能—体现工程的现实生产力作用。即要素群选择—有序、整合、协同—工程设计—工程建构—工程运行—体现功能—转化为现实生产力。

21世纪初，我国自主设计建造的首钢京唐钢铁厂工程，是基于新一代可循环钢铁制造流程工程理念，按照冶金流程工程学理论与方法，自主设计建设的、具有21世纪国际先进水平的大型钢铁项目，也是我国建设的真正临海靠港的全部生产薄带材的大型现代化钢铁厂。首钢京唐钢铁厂具有"三个功能"，即：不仅注重优质、高效的钢铁产品制造功能，同时注重高效、清洁的能源转换功能和消纳、处理大宗社会废弃物并实现再资源化的功能。首钢京唐钢铁厂一期设计规模为年产粗钢 870 万~920 万吨。该工程于 2007 年 3 月开工建设，2010 年 6 月 26 日全面竣工，顺利投产；构建了以 2 座高炉、1 个炼钢厂、2 条热连轧生产线和 4 条冷轧生产线为物理框架的高效洁净钢铁生产工艺流程；自主设计建造了 5500 m³ 高炉、高效率低成本洁净钢生产平台、5 万吨/天海水淡化装置等一批具有代表性的先进工艺与装备。首钢京唐钢铁厂成为具有 21 世纪技术特征的国际先进的现代化大型钢铁制造基地，成为我国临海靠港建设大型钢铁厂的工程示范。[①]

第五节 工程哲学对冶金学、冶金工程思维进程的引领性

1 哲学视野下的冶金工程

从工程哲学的视角来看，钢铁冶金工程的设计过程和生产运行过程长期以来集中注意的是局部性的"实"，而往往忽视了贯通全局性的"流"。未来工程设计、生产运行和过程管理中既要注重解决具体的、局部的"实"，更应集中关注贯通全局的"流"。流程工程如果脱离了"流"的动态概念，就等于失去了"灵魂"。钢铁冶金工程设计和工厂生产运行都要"虚""实"结合，必须首先确立工程理念——"虚"；构建并形成动态有序、协同稳定、连续紧凑的开放系统——优化的耗散结构体系，即通过工程设计和动态的生产运行付诸实践——"实"，实现复杂系统动态运行过程的多目标优化，追求流程运行过程中的耗散"最小化"。总而言之，应当从要素-结构-功能-效率集成优化的工程理念出发，在工程设计中和生产运行过程中体现出动态有序、协同连续的本质要求，这是动态精准设计和钢铁厂实际生产运行过程的理论核心。

面向未来，钢铁工业的发展方向是构建绿色化、智能化、质量-

---

① 张福明，颉建新.冶金工程设计的发展现状及展望 [J].钢铁，2014，49（7）：41-48.

品牌、集成化、多元化的产业体系，即通过加强资源和能源可持续性供应、人才、资本、效率、环境等要素的支撑，拓展市场、功能、服务；提升效率、改进质量、扩大品种、塑造品牌、延伸产业价值链以及环境－生态链，从而增强企业的综合竞争力和可持续发展能力。①

　　具体而言，在经过一段时间的快速增长后，当前，中国钢铁工业要压缩过剩产能，淘汰落后产品、落后工艺和装备、落后生产线，必须以绿色化、减量化作为产业升级的主要方向，重视资源、能源的可获取性和生态环境的可承载能力，坚决制止以高消耗、高能耗、高污染为代价，破坏生态环境，盲目扩张钢铁产能、提高产量的粗放式发展方式，着力构建资源/能源节约型和生态环境友好型钢铁企业；重视能源的高效利用、节能减排、清洁生产，特别是能量流网络化的高效利用，进一步提高钢铁冶金全流程的能源效率；重视所有钢铁产品的高效率、低成本洁净钢生产平台的构建；重视钢铁产品的质量、性能与功能的时代适应性，贴近客户服务，满足客户需求，倡导冶金工程与材料工程相结合的产品研发思路和方法，在扩大钢材品种的同时，更要重视产品品牌的塑造；构建基于"互联网＋智能设计＋智能制造"的钢铁冶金工程创新体系，实现物质流、能量流、信息流高效耦合协同运行，同时，高度重视智能化服务和市场拓展；重视人力资源综合素质的提高，强调"德才兼备"，善于学习、不断创新，培养具有团队创新能力的复合型梯队人才队伍，特别是重视战略型高端人才的培养和领军人才的培养。

② 冶金工程知识的研究思路和发展方向

　　在冶金工程相关的微观基础冶金学和专业工艺冶金学的基础上，进一步发展宏观动态冶金学，以此三个层次冶金学集成理论作为研究思想进路，构建钢铁冶金工程设计创新理念、形成理论及方法体系。深入认识钢铁制造流程动态运行物理本质和本构特征，探索物质流、能量流、信息流的协同耦合和集成理论，重视研究钢铁制造

---

①　殷瑞钰. 以绿色发展为转型升级的主要方向［N］. 中国冶金报，2013－10－31（1）.

流程动态运行中"流""流程网络"和"运行程序"及其对钢铁企业结构、功能、效率的影响。

"三流"的集成离不开"三网"的物理框架融合和信息贯通。因此，要重视以网络化整合、程序化协同为重要手段（集成创新），重视概念设计、顶层设计和动态精准设计，提高钢铁制造流程的设计水平和生产过程的运行智能化水平，重视新工艺、新技术、新装备的开发和设计制造，并通过多因子、多层次、多尺度集成优化有效地和动态地体现到钢铁生产流程中。

高度重视全厂性、全流程层次上的能量流研究及其网络化整合，提高能源利用和转化效率，进一步从流程结构、网络合理化、网络延伸上推进节能减排和排放过程的源头削减。

高度重视信息流在钢铁制造流程中的贯通，提高与物质流、能量流优化集成的信息有效调控水平。重视用于钢铁冶金工程设计的计算机软件、硬件的开发与应用，推动三维仿真设计在钢铁冶金工程建设项目中的全面推广应用。采用信息化、数字化、智能化设计手段和方法，实现设计参数结构优化和仿真模拟，模拟工程建造、运行、管理、维护的过程，形成虚拟现实的仿真体系。逐渐构建钢铁冶金工程基于"互联网+智能设计+智能制造"体系，推动智能化冶金三维仿真设计和钢铁冶金生产过程的三维动态模拟仿真技术的实用化，实现钢铁冶金工厂的智能化、绿色化发展。

要对高等冶金院校的教学、科研进行改革，摆脱工科教育追求"理科化"的偏向，回归工程本质，高度重视具有综合素质的精英人才、卓越工程师、战略科学家的培养。

高度重视关于生态环境保护、气候变化等时代责任和社会伦理命题的战略性对策研究。高度重视工程管理知识的凝练、传播、学习和运用，自觉应用先进的工程管理理念、知识和方法进行钢铁冶金工程项目管理、质量管理、运营管理，不断提高管理效率和效益。

综上所述，通过冶金工程知识一系列深入研究，中国钢铁工业应当以绿色化、智能化发展作为产业转型升级的主要方向，重视产业结构的调整升级和企业结构的顶层研究、顶层设计，解决产业层面、企业层面的复杂性命题，获得新的市场竞争力和可持续发展能力。

3　冶金学和冶金工程知识的发展展望

当今，信息-智能、环境-生态、资金-金融的影响力日益深入，同时产业、企业的成本越来越高、质量竞争压力越来越大，冶金学不应局限在小尺度问题的思考上，需要拓展和创新。

回顾起来，1925 年英国法拉第学会（Faraday Society）在伦敦召开的"炼钢过程物理化学"讨论会，深刻地影响着当时的冶金学与冶金工业的发展，然而，迄今已经将近 100 年，难道不应该有新的思考、创新发展？初步看来，新冶金学应该在微观基础冶金学（冶金物理化学、金属学等）、工艺冶金学（炼铁学、炼钢学等）的基础上，进一步扩展提升，建立起宏观动态冶金学（冶金流程工程学等）的知识体系。

冶金科学的命题已经或正在发生着演变，即：

（1）由原子尺度扩展到流程尺度；

（2）由平衡态研究推进到耗散结构研究；

（3）由局部的孤立系统研究集成到全流程的开放系统研究；

（4）由特定点的"质-能"衡算发展到开放系统的输入流-输出流研究。

（5）宏观动态冶金学体现着整体性、自组织性、结构化、绿色化、智能化的内涵和特征。

宏观动态冶金学——冶金流程工程学是大时-空尺度、跨时-空尺度的兼涉物质-能量-时间-空间-信息的整体性学问，并且体现着以动态-有序、衔接-匹配、协同-连续为特征的结构化知识，构建合理的耗散结构和耗散过程。冶金流程工程学是直接面向以下方向的：

（1）面向绿色化、智能化的冶金学；

（2）信息自组织与他组织融合的冶金学；

（3）开放-动态、集成一体化的冶金学；

（4）多因子-多层次嵌套、集成、协同的冶金学。

钢铁冶金工程创新和产业进步不仅依赖于冶金学科的创新，更有赖于高素质工程技术人才的培养和造就，其前提是冶金工程知识的不断创新、完善，使其体系化、集成化、理论化，成为冶金工程技术人员就职前教育和继续工程的持续获取新的工程知识的重要来源和途径。

卓越工程师不仅要有精深的专业知识，还要有宽阔的知识视野、系统的工程思维，不能成为"专业分工的奴隶"，不能局限于"碎片化"的知识；卓越工程师不仅要有综合集成的创造力，还应有高瞻远瞩的工程理念、卓越非凡的创新精神、强烈的社会责任感和历史使命感。

时代呼唤着新冶金学，21世纪应该有新冶金学问世，对此，中国冶金学人应该当仁不让，不应沿着老路迷失在细节之中，不应在老框框内打转转，要看到大潮流、大方向，要看到更上一层楼的上升通道，建立新的冶金工程知识体系，开辟学科发展新路径。

第二章

航天工程知识案例研究

作为最具挑战性和广泛带动性的高科技领域，航天产业是表征国家科技实力和竞争力、关系国家安全利益的重要战略性产业。航天技术的发展使人类进入了陆海空之外的第四活动疆域，随着航天技术的应用日益广泛而深入，航天活动对人类文明和社会进步的影响进一步增强，越来越多的国家将发展航天技术作为增强综合国力，谋求 21 世纪在世界科技、经济、军事领域占据主动地位的重要手段。中国航天开创 60 余年来不断探索、持续创新，以 1970 年东方红卫星、2003 年"神舟五号"载人飞船、2007 年"嫦娥一号"三大里程碑为标志，取得了举世瞩目的成就。2018 年，中国运载火箭发射次数首次跃居全球第一，载人航天工程开启了全面建设空间站阶段，探月工程在月背刻上了中国足迹，"北斗三号"系统开始提供全球服务，空间基础设施综合效能达到世界先进，商业航天蓬勃发展，迈入了体系化、规模化、产业化发展的新时代。

航天产业是知识密集型和技术密集型产业。航天工程从最初寻求探索宇宙的技术手段，发展成为服务经济社会不可或缺的力量，伴随着航天技术、产品、工程尤其是应用形态的不断演化发展，航天工程知识体系也在不断更替演进，体现了工程知识的目的性、集成性、实践性等特点。在长期持续探索的过程中，中国航天积极为人类和平利用空间、推动构建人类命运共同体贡献中国智慧、中国方案、中国力量，也形成了具有中国特色的航天知识体系。

第一节　航天工程知识的结构与特征

航天工程是一类典型的战略性高科技工程，涉及国家战略、科学技术、人力资源、工业基础和经济实力等多方面，其工程知识组成结构与特点如下。

 航天工程的整体特征

　　航天是进入、探索、开发和利用太空以及地球以外天体的各种活动的总称。实现航天活动，需要建立庞大的以航天器为核心的航天工程系统，航天工程具有高科技和高标准、高复杂性和高集成性、高投入和高风险，以及高度战略性和效益性等特点。

　　（1）高科技、高标准。航天工程是由高技术群和高性能产品集成的工程系统。航天型号系统是集众多跨学科高新技术于一体的复杂产品，具有以研制为主、以设计为中心，多批次、小批量、多品种的基本特征，研制生产中大量采用新技术、新材料、新工艺和新方法，并需要进行各类试验验证。同时，航天产品在使用中大多要经历恶劣的发射过程和极端的空间环境，要满足高可靠、高精度要求，同时还要满足维修性与安全性等方面的更高要求，以上种种共同构成了航天产品的"宇航级"高标准要求。

　　（2）高复杂性、高集成性。航天工程系统是由航天器（卫星、飞船、深空探测器、空间站等）、航天运输系统、发射场、测控系统，以及地面系统、应用系统等组成的完成特定航天任务的工程系统。显然，建立如此庞大的系统并使其协调运转，其工程高度复杂、参与单位众多、协作配套广泛。例如，中国载人航天工程由航天员、飞船应用、载人飞船、运载火箭、发射场、测控通信、着陆场七大系统构成，共有100多个研究院所、工厂和试验基地直接承担研制试验任务，国务院有关部委、军队相关总部及军兵种、省（市、自治区）3000多个单位的数十万人承担了工程协作配套和支持保障任务①。这些特点要求航天工程研制中需要技术管理并行、纵横协作协调开展综合集成和系统优化。

　　（3）高投入、高风险。航天工程投资大、周期长、风险大。航天工程的前沿技术和复杂研制对象需要逐步深入认识，大量的开发工程需要循序渐进，这意味着较长的研制周期和高额的经费投入。

---

① 马兴瑞. 中国航天的系统工程管理与实践［J］. 中国航天，2008（1）：7-15.

例如，阿波罗登月计划涉及 2 万多个企业、120 个大学和研究机构，参加者有 42 万人，耗资 244 亿美元；中国载人航天工程"三步走"计划从 1992 年正式立项到 2020 年左右完成工程目标历时将近 30 年。同时，航天工程的探索性、一次性等特点决定了航天工程系统具有很强的风险性，包括失败风险，如欧洲阿里安-5 号首飞就遭遇了失败，我国航天发展发展过程中也经历了从失败到成功的过程。

（4）高战略、高效益。航天工程具有国家安全意义突出、应用广泛和效益巨大等特点。人类航天活动从探索宇宙起步，随着航天技术的发展，其应用日益广泛，空间信息日益成为国家重要的战略资源，各类太空平台及相关系统是信息化国家政治、经济、科技和国防建设的关键信息基础设施，基于航天工程活动的卫星应用等产业规模急剧扩大，空间信息获取、处理与应用能力成为推动社会经济发展的引擎，在现代信息社会发挥着不可替代的作用，呈现出巨大的国防、社会与经济效益[①]。

总之，航天工程是现代典型的大型复杂工程系统，具有规模庞大、系统复杂、技术密集、综合性强，以及投资大、周期长、风险大的特点，但也为人类带来了巨大的社会、经济效益，不断带动和促进了科技进步。

2 航天工程知识体系的结构及其特点

工程知识可以从多种维度加以分类，航天工程知识也不例外。鉴于工程活动是技术、经济、管理、社会、审美和伦理因素等多种要素的集成，本小节则主要结合航天工程的特点及其发展演化，从工程技术知识、工程管理知识和工程环境知识三方面说明航天工程知识的结构特征，三者的结构与关系如图 2-2-1 所示。其中，工程技术知识是航天工程知识体系的核心，是航天工程得以开展的主体知识；工程管理知识是航天活动全程管控和总体协调的必不可少的组成部分，是调整工程各要素、人与工程、人与人关系的必要知识；而工程环境知识则是调整航天工程与社会、人与社会关系的重要保障，包括航天工程相关的国内外经济、社会、政治与生态环境等。

---

① 太空经济：未来航天发展的主战场［J］. 经济展望，2011（12）：171.

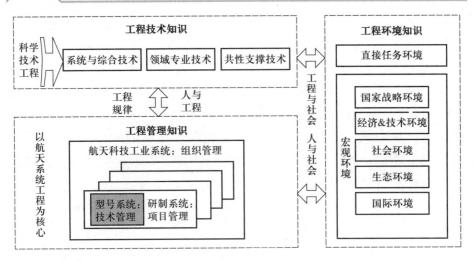

图 2-2-1   技术、管理与环境——航天工程知识体系分析

2.1   航天工程技术知识

航天工程技术知识是以探索、开发、利用太空为目的的工程技术知识，航天工程技术体系规划是围绕航天战略目标超前部署航天技术研发的重要手段，是预见未来、形成面向未来的航天工程知识体系的重要途径。

2.1.1   航天工程技术知识的组成与分类

航天技术是用于航天系统设计、制造、试验、发射、运行、返回、控制、管理和使用的综合性工程技术。航天技术知识主要包括以下内容：喷气推进、火箭制导和控制、航天器轨道控制、航天器姿态控制、航天器热控制、航天器电源、航天遥测、火箭设计与制造、航天器设计与制造、火箭与航天器试验、火箭与航天器环境工程、火箭与航天器发射、航天器返回、航天测控、航天信息管理获取和处理、航天生命保障、航天系统工程等技术知识等。航天技术与其他技术如通信技术、导航技术、遥感技术、探测技术和科学实验技术等的交叉和渗透，产生了诸多新技术，如卫星通信技术、卫星遥感技术、卫星导航定位技术以及空间科学应用技术等。

由于航天技术覆盖面广泛，航天工程技术知识的分类根据其目的不同也是多样化的：可按照航天工程的各大系统分为航天器技术、航天运载器技术、航天发射场技术、航天测控技术、航天应用系统技术等；也可按照技术类别分为系统总体与综合技术、领域/专业技术、共性与支撑技术等。总体与综合技术包括总体设计与集成技术、总装总测技术、综合测试技术、系统仿真技术等，其在航天工程中具有十分重要的龙头地位；领域/专业技术包括航天器各领域技术，如航天器控制与推进技术、遥感技术、通信与导航技术、推进技术、返回与着陆技术等，它是航天工程的主体技术；共性与支撑技术包括空间热控工程技术、环境工程与防护技术、材料与制造技术、航天器计量与标定技术等。

2.1.2 基于战略目标的航天工程技术体系规划

技术体系是众多因素综合作用形成的一定时期的认识，由于不同时期发展目标的变化以及技术发展的不确定性，导致技术体系也不尽相同，并随着技术发展而定期更新。技术体系规划是服务于任务和战略目标的一种技术管理工具，航天工程技术体系是围绕重大航天工程问题的解决与实现而形成的综合技术群，明确的战略目标和工程目标输入是技术体系构建的根本出发点，通过技术战略规划、技术指南、技术路线图等方式规划和构建航天工程技术体系，是构建面向未来的航天技术体系知识，系统、有序地开展技术攻关，建立持续发展的航天技术能力的重要手段。

各主要航天国家及相关机构一般针对自身不同目的进行航天技术体系研究与开发，包括：主要面向工程任务型的航天技术体系规划，如《日本航天技术路线图》；主要面向技术创新型的航天技术体系规划，如《美国国家航空航天局（NASA）空间技术路线图与优先级》等。而面向未来发展，以技术创新驱动发展为主，兼顾未来可能重大任务牵引，航天工程技术体系知识构建与运用要求主要包括以下方面①。

一是从工程知识的实践性出发，以战略目标和发展需求为导向开展航天工程技术体系设计。工程实践是工程知识形成的出发点，战略目标或发展愿景是制定技术体系的决定性因素之一。航天工程

---

① 航天技术体系谋划的原则主要参考：叶培建，王礼恒，侯宇葵，等. 面向未来航天发展的技术体系和战略研究 [R]. 2013.

技术体系的制定，一方面需要遵循航天工程技术自身发展规律，另一方面需要体现航天发展的战略目标与战略选择。这就要求在技术体系谋划和关键技术选择时，不仅要准确把握技术发展趋势、科学预见技术方向，而且要依据战略需求形成发展愿景和战略目标，预判未来可能开展的重大任务、重大工程，分析其科学技术问题，提出前瞻性、战略性技术发展重点，结合实际研究实现途径，指导航天技术发展。

二是基于工程知识的集成性要求，注重技术体系设计的系统性和关联性。航天工程技术体系设计应站在总体高度，注重技术体系的系统性："横向"足够广，注重考察技术要素的健全性，如不仅要考虑航天器技术，还应从天地一体化角度进行规划；"纵向"足够深，从宏观技术领域到微观技术环节，不同层面的重要信息在技术体系框架中能够清晰体现。在关联性方面，需要保证各领域的相对独立性和可区分性，突出其技术特征，同时注重技术体系的联系，注重领域/学科的交叉，形成有机结合相互关联的整体。

三是注重工程知识的动态性，体现不同阶段的发展理念，关注支撑未来发展的基础科学与前沿技术。不同发展阶段的工程理念、工程目标不同。航天发展前期比较注重需求牵引，以工程任务带动先进技术开发。而面向未来的航天技术发展，应突出航天技术跨越发展的创新驱动因素，更加注重前沿技术引领作用，在技术框架中加以体现，如新型推进技术、激光遥感与通信技术、太赫兹技术、量子技术、X射线脉冲星导航、无线功率传输、云计算、机器人、新材料技术等，保证技术体系框架具有较好的前瞻性。对于更远期的技术体系研究，则主要是引导基础研究向应用研究和工程技术发展。

2.2　航天工程管理知识

航天系统是由总体、分系统、子系统和单元组件按层次严密组合成的有机整体，需要多领域专家、技术人员、管理人员和制造人员的共同协作。航天工程管理横向涉及航天工程的全生命周期，纵向涉及型号产品系统、工程项目系统到整个航天科技工业体系，涉及多方面、多门类的管理知识，作为一类典型的复杂工程，系统工程管理成为航天工程管理的核心知识。

系统工程方法是 20 世纪中期从大型航天工程的研发和组织管理活动中发展起来的一套方法体系。系统工程发展伊始，它所面对的对象即具有目的性强、层次关系复杂、科技水平高、工程规模大、失败风险大等基本特征，需要从整体出发进行系统设计、开发、协调和控制，需要有一致的组织管理方法提供系统化的、严格的指导，降低风险、保证系统目标的实现，这成为系统工程管理的最为本质的要求。可见，系统工程管理集中体现了工程知识集成的协同原则，通过协调有序的系统工程管理，使系统的各分系统、子系统、组成要素的工程知识按照工程的总体目标协同集成，从而实现总体优化的系统。

2.2.1　中国航天工程系统管理的对象与知识层次

按照不同的系统对象和管理要求，航天系统工程管理的对象可以分为三个层次：第一层次为航天型号系统；第二个层次为型号研制生产系统；第三个层次为航天科技工业系统。这三个层次的系统组成、性质以及发展目标各有不同。针对不同层次的系统对象，航天系统工程管理的知识构成与应用特点也不同。

第一层次的航天型号系统，主要是从型号系统研制开发的技术层面应用系统工程方法，是实现一个型号的技术管理过程。航天型号组成系统蕴含跨学科、多门类的技术，系统工程方法则是沟通各工程技术学科的桥梁。型号系统工程的基本思想包括四个方面：一是按照"分解－集成"相结合的"系统工程 V 形图"处理大系统与子系统之间的关系；二是遵循"要求分析—功能分析—设计综合—验证与评价（权衡研究）"的系统工程过程开展系统研制；三是严格执行研制程序，实现螺旋上升、循序渐进的系统认识与开发过程；四是开展工程专业综合，保证科学合理地集成相关型号系统必需的各类专业技术，特别重视那些对最终整体性能涌现具有至关重要作用的工程专业，诸如可靠性、安全性、可维护性、可生产性、电磁兼容性、后勤保障等。总之，型号系统工程，是在整个研制程序中通过系统工程手段，综合各学科知识，提出并逐步落实系统的技术途径。其中，系统工程手段包括工作分解结构（WBS）、需求分析与跟踪、系统工程管理计划（SEMP）、网络计划与调度技术、基线与配置管理（CM）、关键性能指标跟踪（TPM）、试验与评价

（T&E）、设计评审与节点控制、数据管理、权衡分析以及风险管理等①。型号系统工程方法从技术实现的层面保证了型号系统的协调和整体优化，其管理知识更具普适性。

　　第二个层次的型号研制生产系统，主要是从工程项目的组织管理层面应用系统工程方法。航天型号研制生产系统是围绕一个或多个型号系统的研制生产所形成工程组织管理系统，其构成要素是完成型号研制生产所需要的人、财、物、信息、设施、任务、技术、方法等。航天型号研制生产系统的管理模式具有有别于一般工业产品的特殊之处，航天型号研制生产是一项大型科学研究和系统开发工程，这一过程以研制为中心，研究、设计、试制和试验贯穿整个寿命周期，需要进行大量的科学研究、技术设计、技术攻关与协调，以及开展各种不同性质的试验，研制周期长、环节众多，需要专门团队来领导和协调型号研制工作的组织实施。航天型号研制生产系统的管理目标，是通过有效的计划和组织管理，合理进行资源配置和能力保障，以较低的成本在较短的时间内研制出可靠的、高质量的型号系统。航天型号研制生产系统的管理内容则主要包括团队管理、计划进度管理、成本管理、质量管理与产品保证、风险管理、资源管理、物资外协、信息与沟通管理等，拓展到了组织管理、规划计划、综合保障以及政策制度等层面的管理知识运用。

　　第三个层次的航天科技工业系统，主要是组织发展层面的系统工程管理。航天科技工业系统是围绕航天型号系统研制开发这一核心所形成的科技研发、生产制造、能力支撑系统以及组织与经营管理系统，是航天型号研制系统所在的组织体系。航天科技工业作为国家战略性产业，其总体发展目标包括两大方面：满足国家战略、科技发展与社会经济发展需求是航天科技工业发展的根本目标；与此同时，航天科技工业系统需要满足其自身的可持续发展需求。航天科技工业系统的管理内容则包括发展战略与规划、综合计划管理与控制、人力资源管理、成本管理与财经管理、物资保障与协作管理、基础能力建设与优化配置、质量管理与产品保证、信息管理、风险管理、组织协调以及企业文化建设等。

　　由此可见，航天系统工程的管理内容从满足型号任务发展的性

---

① 郭宝柱. 试论系统工程与项目管理［J］. 航天工业管理, 2006（6）: 4-5.

能指标需要到研制系统的优化管理，乃至整个航天体系的可持续发展，不同层次的系统管理的内容也越来越复杂。并且，系统本身及其管理的复杂性更为深刻地体现在系统的动态发展方面，也就是说，随着系统内部状态和外部环境的不断发展变化，系统的管理方法也必须不断向前发展。

2.2.2 中国航天系统工程管理知识的内涵与特征

中国航天系统工程管理伴随着航天活动实践不断发展。20世纪60年代初，在钱学森同志的倡导下，航天系统首先开始了系统工程实践。经过60多年的发展，顺应航天发展规律、适应内外部环境要求，提炼出一套科学的、行之有效的管理思想、方法、制度、措施、标准和规范，形成独特的中国航天系统工程管理理念与方法，成为中国航天成功发展的重要保证。适应三层次的系统工程管理要求，中国航天系统工程管理知识是十分丰富的，总结其突出特征如下①②。

（1）设立总体设计部，加强系统总体设计与技术协调，强化工程知识的总体集成优化

工程知识的复杂性和系统性要求在工程知识的运用与集成中遵循系统优化原则。航天型号工程的高度复杂性、长周期性和不确定因素多等特性，赋予型号总体设计以特殊的功能。中国航天的系统工程管理，首先是强化总体设计部在型号研制的全局全过程谋划与全系统综合集成中的技术运筹、协调和管理机制。

总体设计部负责航天工程的技术总体设计，更具体地说，就是在总设计师的领导下，根据型号研制任务书的要求，采用系统分析方法进行总体方案论证及分系统的综合集成，同时进行经费、进度、保障条件的分解与集成，形成在一定约束条件下优化的研制流程与实施方案，并在研制过程中开展总体与分系统、分系统之间的技术协调，通过强化总体设计和总体协调，实现工程的总体优化。

（2）建立以总体院为基础的科研生产组织体系，充分发挥型号两条指挥线的作用，有力保证了航天工程知识的纵向与横向集成

① 王礼恒. 中国航天系统工程 [J]. 航天工业管理, 2006 (10): 60-64.
② 王礼恒. 中国航天的科学管理 [J]. 中国航天, 2007, 8 (3): 3-8.

航天型号研制需要组织航天全系统单位甚至全国有关单位的大协作，具有很强的跨单位指挥协调需求，如何建立强有力的、有权威的、高度集中的组织决策系统，以保证工程研制有条不紊、相互协调，就显得特别重要。为实现技术和管理上的统一与协调，针对航天型号系统工程管理的技术过程和管理过程两个部分，中国航天型号研制形成了一条跨行政建制、自上而下直接对本型号团队和任务进行指挥与协调的链路，即以两条指挥线——行政指挥线和技术指挥线为主干的型号系统工程研制组织管理体系（如图2-2-2）。

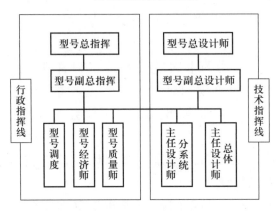

图 2-2-2   航天型号研制的两条指挥线

总设计师是型号研制任务的技术总负责人，是设计技术方面的组织者、指挥者，重大技术问题的决策者；总指挥是型号研制任务的行政总负责人，是行政和后勤保障的组织者与指挥者。两条指挥线的管理体制在中国航天工程的实践—认识—再实践—再认识过程中，根据不同阶段的需求、条件和认识，依次经历了行政首长负责制、总设计师负责制、总指挥负责制三个阶段，形成了以"总指挥为核心的两条指挥线"的管理体制，两条指挥线不受行政建制的限制，可以对所负责的型号任务实施跨建制、跨部门的组织、协调和指挥。

与此同时，航天系统多年来形成了以型号总体院为龙头，按型号配套的各专业院、所、厂以及地方厂所构成的型号科研生产配套组织体系。总体院是型号总体承担单位，负责型号研制任务抓总，通过总体部、两条指挥线就其所抓总型号的技术、进度问题对下属厂所和专业院进行指挥协调。这种模式满足了技术管理的要求，从组织模式上对总体部和两条指挥线作用的充分发挥起到了保障作用。专业院负责航天专业技术发展、专项技术攻关和部分型号分系统的总承研制，按照专业技术规律实施专业发展计划，既可以服务不同型号研制，又注重专业技术自身的发展，充分发挥关键技术攻关以及专业化、规模化生产的优点，从而实现专业技术发展和型号研制工作的平衡。

　　型号"两条指挥线"与院所组织系统的关系见图2-2-3，该框架图显示了中国航天以总体院为龙头、总体与专业高效配合的矩阵式管理模式的特点，这一特点既保证了总体设计先行和跨层级指挥，又能够在总体的技术指挥和协调之下充分发挥分系统专业技术优势，避免了横向联系薄弱的缺点，有利于指挥链的畅通、有利于集中资源确保任务完成。

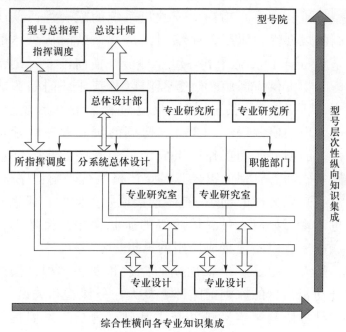

图 2-2-3　型号"两条指挥线"与院所组织系统关系图

　　同时，这一管理矩阵也正是工程知识要素纵横交错的"二维矩阵型"工程知识系统的典型示例。正是在这一组织模式和相应的运行机制保证下，有效实现了航天型号工程知识的"综合性"横向集成——不同专业的知识集成，以及"层次性"纵向集成——系统总体到分系统、子系统的知识集成，"使得总体与分系统、分系统与分系统相互之间能够有效协调和配合，表现出强大的大型复杂技术系统研制能力"①。

（3）从"三步棋"到"四个一代"，超前部署技术发展、严格按研制程序办事，确保工程知识的动态-有序集成和可持续演进

如何根据高科技工程项目的客观规律正确地进行组织管理，是系统工程管理的重要内容之一。航天工程技术的进步是一个螺旋式上升的过程，研制程序是对型号研制规律的反映，严格执行研制程序是航天系统工程的重要思想。即对于型号研制过程，依据不同的型号类型，如火箭、卫星、飞船等，将其研制过程划分为不同的阶段，每个阶段都有明确的定义、任务及其完成标准，转阶段必须有严格的评估与评审，按研制程序办事才能避免重大反复。

航天型号研制程序，横向应反映出系统的配套性，纵向应反映出系统研制的规划性。研制程序编制，是一个纵向从总体部到各分系统、子系统乃至子系统之下各组合环节，横向涉及计划部门、技术管理部门、物资供应部门、财务部门以及基建部门等职能部门的分解与综合、下达—上行—反馈的反复过程，最终形成上下协调、各方认可的合理的研制程序。合理、协调的研制程序管理将错综复杂、元素众多的型号研制工作，组成为一个有序的相互联系的有机综合体，是实施动态管理的重要工具。严格执行研制程序这一思想，正体现了工程知识集成的动态-有序连接原则，同时，研制程序的编制原则，也体现了如何通过总体统筹的研制程序，保障工程知识的纵横有机、前后有序实现集成应用的思想。

同时，航天工程是一个长周期的探索和发展过程，按照需求牵引与技术推动相结合的原则前瞻部署重大任务探索和关键技术攻关，是为新一代型号研制奠定理论和技术基础，为长远发展提供技术储备，以保证航天科技持续创新、航天工程知识不断演进的必要手段。20世纪60年代，中国航天提出了预研一代、研制一代、生产一代的"三步棋"的管理思想，后来进一步提出了探索一代、预研一

---

① 郭宝柱.大型复杂技术项目的系统观点与系统工程方法［J］.中国工程科学，2008，10（3）：25-30.

代、研制一代、生产一代的"四个一代"方针，通过"四个一代"更加前瞻的部署安排，促进面向未来的航天工程知识的不断积累、更替和有序演进，反映了螺旋上升、循序渐进的系统认识与开发规律，保证了航天科技工业能力的可持续发展。

（4）始终坚持质量第一的方针，建立纵横结合、从文化到技术有机融合的质量体系，保证航天系统工程目标的实现

航天系统工程始终将可靠性、安全性放在重要位置，始终坚持质量第一的方针，贯彻系统工程管理的思想，形成了"系统质量观"，构建了持续改进的质量体系和制度，实施体系化的质量管理，从源头抓起、系统策划、全过程控制、零缺陷管理，将质量控制贯穿于航天工程从设计到生产、管理的全过程。

"系统质量观"是把满足国家要求和用户需求作为质量目标，将研制质量、产品质量和服务质量融为一体，针对型号产品研制的全过程、研制组织管理的全系统进行质量建设，形成"单位抓体系，保证型号研制生产质量；型号抓大纲，促进单位质量体系建设"的纵横有序结合的质量保证体系，以总体单位为核心，建立纵向从总体到分系统、子系统上下关联，横向拓展到供方和用户的紧密联系的矩阵式质量管理网络，加强全系统的质量管理①。

同时，将质量管理体系建设与型号研制生产紧密结合，对质量体系进行持续改进。例如，针对航天工程中出现的质量问题，为彻底解决问题并避免问题重复发生，严格实施了质量问题技术归零和管理归零的"双五条"标准，技术归零五条要求是"定位准确、机理清楚、问题复现、措施有效、举一反三"，管理归零五条要求是"过程清楚、责任明确、措施落实、严肃处理、完善规章"，通过明确机理弄清质量问题产生的原因；通过"举一反三"把质量问题信息反馈到本单位和全系统其他单位，采取措施彻查隐患、防止同类问题发生；通过"完善规章"针对管理漏洞修订和健全规章制度，推进质量体系持续改进。

总之，航天工程的质量管理与航天工程的本质要求和工程实践紧密结合，一方面不断研究和提炼规律性、机理性、技术性知识，一方面通过双归零等手段主动将实践中获得的隐性知识显性化并及

① 马兴瑞. 中国航天的系统工程管理与实践［J］. 中国航天，2008（1）：7-15.

时加以推广，形成了一整套由管理理念、规章制度和技术手段构成的质量保证知识体系，"软"知识和"硬"手段有机结合，强调全员、全系统、全过程优化和持续改进，以全面、系统地完成质量保障任务。

（5）始终坚持自主创新、加强集成创新，将技术创新、系统创新与体系创新有机结合，实现航天工程技术创新跨越

创新是系统发展的灵魂，也是环境适应的必然结果。航天高技术工程从本质上要求不断进行技术创新，始终走在高科技的前沿，同时，技术、社会、经济与竞争环境的变化促使航天系统不断探索创新之路，不仅技术上要创新，更需要制度创新、管理创新。

工程知识是目标牵引下不同知识的结构性集成，中国航天发展过程中，既重视核心技术自主创新，也十分重视系统的整体优化和集成创新，尤其是关键环节的集成创新，在单项技术创新的基础上，通过集成创新实现系统性能的综合提升，并有效弥补单项技术的性能不足，例如，产品的可靠性需要靠系统集成来保证，主要通过技术组合集成的途径达到目标[①]。同时，围绕工程需求，统筹协调有关高校、科研院所等开展基础理论和前沿技术研究，形成以重大工程为核心、总体牵头、辐射全国的基础理论研究局面，是通过工程牵引带动相关基础理论知识群突破的有效途径。核心技术创新、系统创新和体系创新构成了完整的航天技术创新体系，集成创新成为航天自主创新体系的基本特征。

总之，中国航天系统工程方法是航天工程管理知识体系的核心，是围绕型号系统、研制系统以及航天科技工业系统的发展目标和管理需求，适应航天发展需要，在实践中形成的一套科学有效、具有中国特色的大型系统研发的组织管理方法，成为中国航天事业不断走向成功的重要基石。

2.3 航天工程外部环境知识

航天工程作为国家战略性工程，受国内外政治经济环境，尤其是国家政策的影响十分显著。航天科技工业系统的外部环境包括直

---

① 张庆伟.立足自主创新 发展载人航天 追求不断跨越［N］.科技日报，2006-01-09（1）.

接任务环境和宏观环境两大层面，需要面对不同的利益相关者。

直接任务环境是与系统活动和技术直接相关的外部组织与条件，包括政府管理（国家、军队相关管理部门）、用户（军、民、商及国外用户）、战略与协作伙伴（大系统协作单位、分系统与产品协作配套单位等）、原材料元器件供应商、科技合作与技术引进机构、竞争者（国内外竞争者）等，还包括具体型号或航天重大工程所处的社会环境等。

宏观环境是对组织有长远影响的外部组织机构、条件和各种环境因素，包括国家战略环境（国家发展战略、社会经济体制机制、航天政策与相关法律制度等）、经济与技术环境（科技发展状况与工业基础、经济发展状况、产业需求、人才环境等）、人文与社会环境（公众认同、社会舆论、价值观与文化）、生态环境以及国际环境等，其中，国家战略及航天政策是决定一国航天发展战略、投入、规模和发展模式的最根本因素，国家科技与工业基础、经济发展状况及需求等对航天发展水平和速度产生重要影响，而体制机制、人才与社会环境等因素，对航天发展的模式、方向和水平都将产生影响。国际环境的变化则对国家航天发展战略及航天科技工业系统的具体活动都将产生影响。这些环境因素的变化，促使航天科技工业系统不断进行组织管理的自我调整。

在中国航天发展的历程中，不但经历了从计划经济到市场经济的宏观环境变迁，而且经历了"微观"社会环境的许多显著变化，在不同的环境条件下，航天科技工业系统所需要具有的用来认识其外部环境的外部环境知识也有巨大的差别。

（1）计划经济时期的政治经济环境与相关知识

计划经济时代的外部环境以国家严格的行政管理和指令性计划为特征，这一特征在创业初期更为明显。创业初期，中国航天科技工业受到中央的直接关注，任务和科研经费根据国家发展规划由中央下达，物资依靠中央指挥下的全国大协作保证，大型试验受到中央的直接指挥。中国航天的发展融于国内社会经济建设发展中，而在国际上则处于相对封闭的状态。

在随后很长的一段时期里，中国航天科技工业的科研生产活动一直处于国家严格的行政管理和指令性计划的约束之下。这一时期航天发展的外部环境知识主要包括中央专委集中统一领导制度、国家航天发展战略、指令性计划运行机制、计划经济下的全国大协作以及崇尚航天的精神文化等,国家战略、综合实力、国防安全和科技进步需求等是航天发展的主要驱动力。

(2)改革开放以后的政治经济环境与相关知识

改革开放后,市场经济改革在各领域不断深化,中国航天科技工业的承担主体从国家工业部门转为企业集团,原来指令性计划下的强制性任务更多地转为契约合同约定的任务,外部协作以及元器件、原材料等生产要素的供应开始按市场规则办事。军工科研生产对外开放的环境开始改善,国际交流与合作的机会和项目逐步增多。

同时,随着我国航天技术的不断发展及航天应用的不断拓展,中国航天从试验应用阶段迈向业务化、产业化、市场化发展阶段,除国家战略与国防安全等方面的要求外,满足经济社会乃至人民大众的需求成为发展航天的重要驱动力,社会各界对航天工程的效能、效益等提出了要求。进一步地,随着改革开放的不断深化,深化国防科技工业改革,构建一体化的国家战略体系和能力等成为新时期国家战略要求,航天科技工业体系也进一步开放发展,商业航天方兴未艾,军民商协同发展成为航天发展的重要趋势,中国航天正在逐步形成国家主导的多元化发展模式。

由此,航天工程系统发展的外部环境知识构成也更加多元化,并随着我国改革开放和社会经济发展进程、航天发展阶段的变化而不断吐故纳新。仅从政策法规角度而言,国家航天政策,将制定的航天法,以及适应新时代、新形势制定或将制定的一系列相关政策法规,包括航天活动管理、太空资源开发与利用、太空环境保护与治理、太空国际合作交流等法规,航天产业促进政策与标准规范、商业航天准入制度等政策制度,市场经济下的多元化投入机制,以及绿色发展等相关政策,都成为航天工程发展的外部环境知识的组成部分。基于此,航天工程的运行管理模式也必须适应环境变化而不断改进和完善。

③ 航天工程知识产生与运用的特性

航天工程作为一类复杂的高科技工程系统,其工程知识产生与运用的特性如下。

一是目的性强。航天工程是探索与利用太空的工程活动，带有强烈而明确的目的性。这种目的性的关键内容表现为研制不同类型的"航天器"。人类最早将目光投向太空，为进入太空而研制运载火箭；为将人送入太空，提出载人航天工程的设想和目标，围绕这一目标进行工程系统设计，提出载人飞船、航天员系统等发展需求，并围绕载人要求进行飞船轨道舱、返回舱、推进舱等的设计，以宇航员为中心开展空间医学研究、航天服与生命保障系统的研制，为了载人飞行的百分百可靠性要求对载人运载火箭进行改进、完善，并按照"载人"工程的更高质量、更高可靠、更高安全的管理要求进行组织管理体制机制、文化创新等，这些都是具有强烈目的性的工程科学研究、工程技术研发以及工程管理知识创新与运用。

二是探索性强。这与航天工程知识运用的强烈目的性相关，显然，航天工程从其诞生之日起，就是一项站在时代前沿的探索性工程。将人类探索宇宙的梦想变为现实，并不断挑战新的高度、探索更远的宇宙，决定了航天工程知识运用中，必然需要不断研究新原理、发展新技术和新手段并不遗余力地将其转化为航天装备产品。例如，为了向更远的深空进军，需要发展可靠高码速率深空通信、高效能源与推进、空间智能机器人、深空探测长周期可循环生命保障等技术，开展深空复杂环境天体动力学研究等。

三是牵引性强。航天技术博采现代科学技术的最新成果，又不断对新技术的发展提出了更多的需求，因而通过技术发展的"需求效应"带动了一系列新技术、新产业的发展。例如，世界上第一台电子计算机埃尼阿克就是为了适应弹道计算的需要而诞生的，集成电路也是随着航天事业发展的需要而诞生的。航天技术发展为基础科学和应用科学创造了前所未有的新环境与条件，促进了基础科学的发展，包括应用数学、高能物理学、天文学、天体物理学、地学、微重力科学、材料学、空间生物学、空间医学等[1]。航天工程技术的转移转化带动了其他新兴产业与传统产业的技术进步，带动了人类知识体系的更新。

四是集成性强。如前所述，航天工程是蕴含跨学科、多门类的

---

[1]　潘坚，何继伟，林蔚然. 航天技术的间接经济效益［J］. 中国航天，2000（7）：14-16.

技术的复杂高科技工程系统。无论是在型号系统研制中，还是在工程活动实施过程中，各门类技术知识的集成创新与集成运用是航天工程的基本特征。

五是规范性强。为实现航天工程高性能、高可靠、高安全的目标，必须建立一系列的标准规范、规章制度、组织体系，将相关资源有效地组织起来，在一定的约束条件下确保实现系统预定的目标。航天系统工程管理就是一种法治管理，其中"法"是指保证执行的行为规则的总称，包括法律、法令、条例、命令、决定、标准、规定等，主张以"法"为准则，严格按规章制度办事，如遵循确定的系统工程过程、严格按照研制程序办事、严格遵循质量管理要求等。总之，航天工程研发和运行管理中的知识运用具有很强的规范性。

第二节 航天工程发展中的知识演化

工程知识是一个不断发展的、开放的知识体系。在航天工程发展过程中，以工程目标和生产力发展为导向，工程需求、工程实践和工程知识之间存在着相互促进、相互引导、不断演化、新陈代谢的关系，工程创造新需求，需求反过来促进工程发展及工程知识体系的演化。

1 全球卫星导航系统发展——技术知识与非技术知识的互动和选择

美国全球卫星导航系统（GPS）的研制、建设与产业化发展是在明确的需求牵引下不断探索发展的过程，随着理论、技术、系统与应用的不断成熟，GPS各阶段的政策、管理策略、应用范围也在不断调整①，如图2-2-4所示，卫星导航工程的技术知识、管理知识与经济知识体系在相互促进中不断更新演变。

---

① 本节有关GPS发展过程的内容主要参考：郑洪森. 卫星导航技术产业化的系统研究［D］. 北京：北京信息控制研究所，2014.

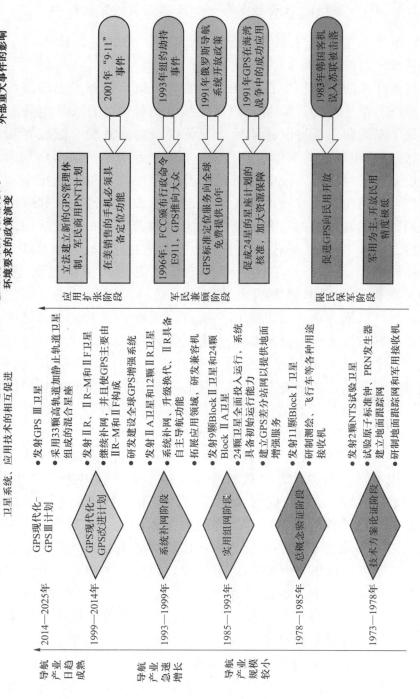

图 2-2-4　GPS 系统发展：政策、技术、应用与环境的作用

（荣恩杰，王礼恒，王崑声，等．航天领域培育与发展研究报告 [M]．北京：科学出版社，2015：32．）

1.1　GPS 系统的形成与发展——技术知识的关键作用

科学技术进步是工程知识演化的直接动力，关键技术突破是 GPS 系统发展的根本原因。

导航技术的应用历史已有几千年之久，指南针和罗盘的发明带动了航海的快速发展，20 世纪以后无线电信标诞生，无线电导航系统应用于船舶和飞机导航，随后出现了仪表着陆系统、微波着陆系统、伏尔/测距器、奥米伽、罗兰 C、塔康和台卡等一系列陆基无线电导航系统。但陆基无线电导航系统普遍存在信号覆盖范围窄、定位精度低的问题，很难满足现代导航定位需求。多普勒频移效应的发现则揭开了利用人造卫星进行导航定位的新纪元，美国运用多普勒频移效应于 1963 年发射了"子午仪"导航卫星，开创了星基无线电导航时代。由于"子午仪"只能为低动态用户提供二维定位，1969 年美国国防部办公室提出了国防导航卫星系统计划，制定了 GPS 计划，以期为高、低动态用户提供全天时、全天候、高精度的三维定位导航服务。从批准 GPS 方案、建立 GPS 系统到 GPS 改进和现代化计划，其发展历程可分为六个阶段（见图 2-2-4）。其中，关键技术是产品形成和业务开展的核心基础，卫星导航定位的深入应用，一方面得益于卫星导航定位系统本身的日趋完善、优化与技术突破（包括信号、星载原子钟、抗干扰等系统级关键技术，完好性监测与接收机等应用级关键技术的突破）；另一方面则与通信技术、集成电路技术和计算机技术等相关技术的迅猛发展息息相关。"子午仪"开发时，航天时代刚刚开始，半导体技术刚起步，电子产品还是以电子管为基本器件，终端设备体积大、成本高，民用规模小。而 GPS 开发所处的时代，半导体、集成电路、先进数字计算机正日趋成熟，GPS 开始应用之后，大规模组合电路、单片微波组合电路、高密度存储芯片以及微处理器的发展，缩小了接收机体积，价格不断下降，这些相关技术的发展使 GPS 产品得以规模化发展。

随着卫星导航系统技术的发展及其重要地位日益彰显，全球导航卫星系统（global navigation satellite system，GNSS）形成了美国、俄罗斯、中国、欧洲四大全球系统并存的基本格局。美国为确保其全球领先性，提出了天基定位、导航与授时（positioning, navigation & timing，PNT）系统战略，加紧实施 GPS 现代化计划，大力提升

GPS 系统技术水平，GPS Ⅲ 混合星座建成后信号发射功率可提高 100 倍，定位精度将提高到 0.2~0.5 米。

1.2　GPS 系统的演进与大规模应用——非技术知识的重要影响

GPS 系统的迅速拓展，除关键技术进步因素外，外部环境知识起到了重要的推进作用。一是美国政府的超前战略部署和 GPS 政策；二是美国及国际上发生的一些重大事件促使 GPS 政策的改变；三是政策引导下的地面应用主要突破带动了产业的发展，应用需求进而为关键技术突破指明了方向。

1.2.1　外部重大事件对 GPS 系统的推动作用

在 GPS 不同发展阶段发生的一些重大事件推进了人们对 GPS 巨大应用价值的认识，这对推动 GPS 的政策制定、系统建设和应用发展起到了"开关"和"催化剂"作用。

技术方案论证阶段，美国政府明确 GPS 主要为军所用，民用用户最多只能达到几十米级的定位精度。但 1983 年 9 月韩国客机 KAL007 因导航系统故障误入苏联领空而被击落，导致机上 269 人全部遇难，该事件促进了 GPS 对民用的开放。

实用组网阶段，两大事件促进了 GPS 的加速建设和开放。一是俄罗斯卫星导航系统开放政策。1991 年年初，俄罗斯宣布其导航系统 GLONASS 将全面支持民用，这促使美国改变 GPS 系统的应用政策，宣布 GPS 的标准定位服务向全球用户至少免费提供 10 年。二是 GPS 在海湾战争中的成功应用。由于 GPS 系统投资规模巨大、建设和投资回收周期长，其建设阻力很大，美国军方和国会长期存在着两派对立意见，甚至一度把卫星从 24 颗减为 18 颗。但海湾战争改变了人们对 GPS 的认识，美国军方甚至把海湾战争的胜利归功于 GPS，认为 GPS 是"军事力量的倍增器"，其后 GPS 的相关计划在国会中一路绿灯，获得核准建设 24 颗卫星的星座，GPS 系统补网、升级得以快速开展。

系统补网阶段，1993 年，纽约发生了一起劫持事件，警局由于不能追踪手机信号、无法定位求救者而酿成惨剧。因此，美国联邦通信委员会于 1996 年颁布了行政命令 E911，强制要求移动运营商建设覆盖美国的公众安全无线网络，为手机配备新的定位技术。

E911 将 GPS 推向大众应用，种下了基于位置的服务（location based services，LBS）的种子。

GPS 现代化阶段，2001 年，震惊世界的"9·11"事件发生，使美国政府和人民进一步认识到位置服务在预防恐怖袭击中的重要性。2007 年，E911 规定在美国销售的所有手机必须具备定位功能，其结果是当年 GPS 芯片出货量几乎是前两年的 10 倍，芯片价格也从 50 美元下降到几美元，将 GPS 产业推向爆发式增长。

1.2.2　GPS 政策演变对系统建设与产业发展的决定性影响

卫星导航系统的主要推动者是国家，GPS 的系统建设能够保持连续性、快速性和领先性，GPS 能够成为全球导航领导者，关键是美国政府制定了环环相扣的发展规划、强力的推进政策和科学高效的管理体制。政策导向一方面决定了 GPS 系统的技术配置和应用发展，另一方面也决定着 GPS 产业的发展速度。美国的 GPS 政策大致分为三个阶段，各阶段都有非常明确的战略意图，其演变主线是在确保国家安全利益的基本前提下，从"重军"逐步向"军民协调"发展。

一是限民保军阶段（1973—1990 年），在保证 GPS 服务于美军的同时，限制其他国家利用民用信号实现军事目的，所实施的"选择可用性政策"（selective availability，SA）极大地限制了民用精度，导致 GPS 民用规模非常低迷。

二是军民兼顾阶段（1991—1998 年），GPS 政策的变化主要受到动力与压力的双重驱动。动力来自 GPS 巨大的民用潜力，压力来自俄罗斯的 GLONASS、国际民航组织的 GNSS 和国际移动卫星组织的国际移动卫星-3 等星基导航系统的建设①，美国希望通过开放 GPS 民用来降低这些系统建设的积极性，取消民用 GPS 出口许可证限制等措施，使 GPS 民用产业开始起航。

三是应用扩张阶段（1999 年起），从启动 GPS 现代化计划开始，GPS 政策进入全球应用扩张阶段。GPS 现代化的主要目的是重构 GPS 总体构架，保持 GPS 在 GNSS 中的领导地位和领先水平。2000 年，美国宣布取消 SA 政策，民用定位精度达到 6.2 米的实用水平，

---

① 葛榜军. 美国全球定位系统的新政策及其影响分析［J］. 中国航天，1997（5）：18-21.

掀起了 GPS 的应用狂潮，进而通过立法、建立新的 GPS 管理体制，为国家安全以及民用、科学和商业应用制定 PNT 计划①等，充分增强了美国乃至全球用户对 GPS 的使用信心和积极性。

1.2.3　需求牵引下的技术与应用突破带动卫星导航产业发展

应用需求是工程知识发展演化的外部动力。GPS 建设中，美国积极推动地面应用同步甚至提前发展，以保持天与地、建设与应用的协调发展，围绕着如何提高精度、可用性、可靠性和覆盖性而不断优化天地系统及接收机。例如技术方案论证和验证阶段，在发射试验卫星的同时重点建设地面跟踪网、研制军用接收机，并陆续研制各种用途的接收设备；实用组网阶段，在完成 GPS 卫星布局形成初始运行能力的同时，重点建立 GPS 差分站网以提供地面增强服务，并致力于缩小接收机体积，带来了 GPS 应用的巨大变革；系统补网阶段，则通过推动 GPS 用于航空导航这一重要需求领域、研发兼容 GLONASS 的接收机等途径，使 GPS 先入为主成为世界卫星导航产业的应用标准；GPS 现代化阶段，一方面通过现代化计划保持 GPS 系统能力全球领先，同时重点建设全球 GPS 增强系统，以提高 GPS 的全球应用性能。

总体上看，一方面，军事应用需求是推动 GPS 天基系统建设和技术发展的根本原因。例如，在 Block Ⅱ 卫星上使用 SA 等策略是为了满足 GPS 为且只为美军提供军事服务的战略需求；自主导航技术是为了满足在地面系统被摧毁的情况下仍可提供军事导航的需求；信号体制的不断优化是为了满足军民互不干扰的需求。另一方面，军转民是 GPS 发挥经济社会效益的必然要求和大规模发展的重要推动力，高精度测量、航海航空、电力授时、金融授时等行业应用要求 GPS 提供高精度、高可靠、连续性的高端服务；行业应用推进 GPS 产业发展后，促进了大众应用需求的产生，生产商开始研发低价格、低功耗、小型化、易操作的产品以满足大众需求，巨大的市场规模带来的经济效益成为 GPS 技术持续快速创新的直接原因。由此可见，需求成为技术与产业互动的桥梁，不断升级的应用需求决

---

①　王杰华. 国外卫星导航定位系统的管理体制及政策［J］. 航天工业管理，2008（3）：29-35.

定了 GPS 技术的发展方向，从"可用"到"好用"到"用好"，GPS 系统技术、产品与经济知识体系随之不断更新。

2 重型运载火箭——基于工程目的、价值和技术知识的路径选择

回顾国外重型运载火箭的发展历程，各国在不同发展阶段根据火箭定位、自身技术基础和发展需求、外部经济社会条件的不同所选择的技术方案特点鲜明，凸显了重型运载火箭方案设计的目的性和价值性标准，体现了工程知识运用的阶段选择性和发展适应性特征。

2.1　国外重型运载火箭的任务目标与构型特点

迄今为止，仅美国和苏联曾研制过重型运载火箭（近地轨道 LEO 运载能力 100 吨以上），已投入使用或计划研制的重型运载火箭主要有美国土星 5 号运载火箭、苏联 N-1 运载火箭、美国可重复使用的航天飞机、俄罗斯能源号运载火箭、美国战神 5 号运载火箭及空间发射系统（space lanch system，SLS），如图 2-2-5 所示。

 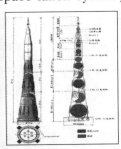  

土星5号　　　N-1　　　能源号　　　航天飞机

 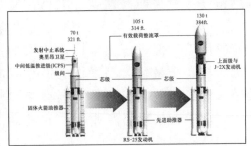

战神5号　　　SLS概念(Block Ⅰ、Block ⅠA、Block Ⅱ)

图 2-2-5　重型运载火箭的发展

（1）土星 5 号运载火箭

土星 5 号运载火箭是阿波罗载人登月使用的重型载人运载火箭，采用非捆绑助推器的串联式三级构型方案，近地轨道运载能力为117 吨，1957 年开始研制，1967 年 11 月成功实现首飞，到 1973 年 5 月共进行了 13 次发射并全部成功。

土星 5 号的成功研制是美国在美苏登月竞赛中取得胜利的决定性因素。美国国家航空航天局（NASA）在阿波罗计划上累计花费240 亿美元，其中高达 93 亿美元用于研制土星 5 号，这使得土星 5 号的设计相当经典，根据其载人登月的单一任务定位，在研制方案选择中偏重大推力和高可靠要求，第一级使用 5 台性能强大的 F-1 液氧煤油发动机，结构简单但可靠性达到了空前水平，运载能力与运载系数很高[①]。

在冷战和美苏登月竞赛的大背景下，土星 5 号主要是针对阿波罗载人月球探测任务的单一需求而研制，其方案选择受时间、技术、设计理念等限制，虽然运载能力很大、可靠性也很高，但除载人登月任务外并无其他用途，且单次发射成本在 1.85 亿~1.89 亿美元之间，换算成现在的美元，每次发射需要花费 12.3 亿美元。因此，1973 年阿波罗计划结束后，土星 5 号运载火箭即被送进了博物馆，美国转而发展可重复使用的航天飞机。

（2）N-1 运载火箭

为在冷战中赢得主动，在美国宣布阿波罗计划后不久，苏联也制定并实施载人登月计划，并开始研制 N-1 重型运载火箭。N-1 运载火箭的研制过程并不顺利，1962 年开始设计，1969 年至 1972 年间 4 次飞行试验全部以失败告终。

N-1 运载火箭采用了非捆绑助推器的串联式五级构型方案，火箭各级均使用液氧煤油推进剂。其研制失败的主要原因是起飞发动机台数多、系统复杂、可靠性低。由于一级使用的 NK-33 发动机单台推力只有 154 吨，而火箭起飞质量达到 3080 吨，为达到起飞推重比的要求，火箭一级使用了多达 30 台的发动机。在美国率先实现载

① 张雪松. 从土星 5 号到 SLS——美国大型火箭发动机的演化［J］. 太空探索，2018 (2)：36-39.

人登月后，苏联终止了 N-1 运载火箭的研制并取消了载人登月计划①。这表明，违背研制规律，超越自身工程知识体系能力和技术成熟度追求短期"竞赛"目标，具有极大的风险性，往往导致失败。

（3）航天飞机（Space Shuttle）

航天飞机是美国研制的世界上第一例天地往返部分重复使用的航天运载器，1981 年实现首飞。

航天飞机是美国航天发展环境变化的产物。阿波罗时代是 NASA 的黄金时代，美国国会对 NASA 的预算申请有求必应，从而取得了土星 5 号火箭的巨大成功，但这种模式随着登月竞赛的胜利成为过去，NASA 的预算缩水，基于降低发射成本的设想，开始研制可重复使用的航天飞机。航天飞机的动力系统也反映了这一时代的特征，在其主动力选择了 SSME 这一跨时代的液氧液氢发动机后，考虑成本因素，助推器选用了研制费用最低的固体助推器②。

航天飞机是当今世界上最为先进的载人航天飞行器，共进行了135 次飞行，也遭受了 2 次重大事故，由于航天飞机并没有实现其降低发射费用的初衷，最终于 2011 年退役③。

（4）能源号运载火箭

能源号是苏联为了对抗美国航天飞机而研制的一种通用重型运载火箭，其主要任务是运载可重复使用的暴风雪号轨道飞行器，也可以用于其他发射任务。能源号 1976 年正式开始研制，采用全液体推进剂的一级半构型，捆绑 4 个液体助推器，1987 年首次发射成功，1988 年成功进行了第二次飞行，之后由于苏联解体、研制经费无法保证等原因，俄罗斯国家航天局于 1992 年取消了能源号的研制计划。

虽然能源号运载火箭未得到大规模应用，但出于其通用性目标牵引出的大推力 RD-170 液氧煤油发动机，衍生出了多个型号并得到了广泛应用，包括 740 吨级 RD-171、390 吨级 RD-180 和 210 吨

①　郑立伟. 重型火箭：最强运载工具卷土重来［N］. 中国航天报，2015-01-30.

②　张雪松. 从土星 5 号到 SLS——美国大型火箭发动机的演化［J］. 太空探索，2018（2）：36-39.

③　李宇飞，高朝辉，刘伟. 重型运载火箭在深空探测领域的应用［C］. 中国宇航协会深空探测技术专业委员会第八届学术年会. 2011：241-246.

级 RD-191 发动机，分别成为质子号火箭、宇宙神 5 号火箭和安加拉火箭的主动力系统。

（5）战神 5 号运载火箭

战神 5 号是美国星座计划中研制的重型货运火箭，采用两级全氢氧芯级捆绑大推力固体助推器的构型方案，可较好地兼顾载人登月、月球基地建设以及火星/小行星探测任务等多种需求。星座计划和战神 5 号火箭由小布什总统于 2004 年提出设想，2009 年奥巴马上台后，受美国金融危机、星座计划主要项目进展缓慢等诸多因素的影响，计划被取消。

战神 5 号火箭构型方案在 2005 年至 2008 年间经历了多次调整，火箭箭体、芯级发动机和固体助推器大量使用了成熟技术，基本是在已有产品的基础上改进而来的。虽然星座计划终止了，但战神 5 号火箭的研制成果被应用到了后续空间发射系统的研制中。

（6）空间发射系统

美国奥巴马政府在终止了星座计划的同时，提出了"2025 年实现载人登陆小行星，2030 年载人探测火星并安全返回"的远期探索目标。为此，2011 年 NASA 制定了空间发射系统（SLS）计划，研制近地轨道运载能力 130 吨的重型运载火箭，主要目标是在 2020—2040 年内为人类探索近地轨道以远的宇宙空间提供一种全新的运载工具[1]。

SLS 火箭研制的一个出发点是最大限度地集成成熟技术、采用现成产品。SLS 的发动机是航天飞机的衍生设计，芯一级使用退役航天飞机上回收的 SSME 发动机，研制第一阶段采用 5 段式固体助推器[2]。

2.2　重型运载火箭工程知识演进的若干特点

重型运载火箭的工程知识是不断演进的[3]。从上述重型运载火

---

① 马志滨，何麟书. 国外运载火箭发展趋势述评 ［J］. 固体运载火箭，2012，35（1）：1-3.

② 张雪松. 从土星 5 号到 SLS——美国大型火箭发动机的演化 ［J］. 太空探索，2018（2）：36-39.

③ 本节有关重型运载火箭发展趋势的内容主要参考：刘竹生，张菽，张涛，等. 国外重型运载火箭研制启示 ［J］. 中国航天，2015（1）：22-27. 马志滨，何麟书. 国外运载火箭发展趋势述评 ［J］. 固体运载火箭，2012，35（1）：1-3.

箭的构型特点和发展历程可见，航天工程技术方案的选择不仅仅与当时的认识水平、技术能力等技术知识相关，也与工程目标和定位等任务需求、资源投入等外部经济性知识相关，是工程知识运用的价值性、目的性的典型体现。

（1）基于不同阶段工程任务目标，重型运载火箭由传统串联向捆绑助推器构型发展以提高适应性

美国和苏联早期研制的重型运载火箭，如土星 5 号和 N-1，都使用了多级串联构型方案。该类火箭的优点是，在同等发动机条件下，系统的结构简单、效率较高，所需研制时间较短，缺点是火箭拓展性不好。这一工程设计理念与方案仅适用于登月竞赛时期不计成本、不考虑工程经济性、追求短时间内获得成功的工程目标。土星 5 号获得了跨时代的巨大成功，无论是火箭工程技术，还是物化的火箭本身，其工程知识无疑是正确的，但一旦登月竞赛结束，便不符合后续工程的目标和定位要求，从工程知识的价值性角度看，其方案已不再适用。"阿波罗"计划后的重型运载火箭，如航天飞机、能源号、战神 5 号、SLS，都采用了捆绑助推器的构型，这种构型的重型运载火箭具有很好的任务适应性，同时也降低了对箭体直径和发动机推力的要求。

（2）重型运载火箭动力系统根据工程技术能力和工程经济条件，选择液体、固体发动机构成最佳动力组合

动力系统是火箭的核心部分，使用大推力发动机，可有效地减少发动机数量，降低火箭总体的复杂度，有利于提高可靠性，液体发动机是重型火箭芯级和上面级发动机的首选；助推器则可选择采用捆绑液体或固体助推器，各国一般根据自身技术优势和具体条件选择最合适的发展路径。俄罗斯长期以来重点发展液体推进技术并达到了很高水平，因而采用捆绑液体助推器的技术发展路线；美国作为综合国力最强的国家，液体、固体发动机技术发展较均衡，基于继承性和经济性考虑，其重型运载火箭首选捆绑固体助推器的道路，但考虑先进性和可靠性也发展了新的液体助推器技术，最终的 SLS 2 火箭将视情选择助推器。

（3）充分集成成熟知识是保证重型运载火箭工程目标实现的有效途径

工程知识创新的本质是集成性创新，集成性创新不同于首创性

创新，为保证工程的成功、降低研制风险与成本、缩短研制周期，将更多地集成成熟、适用的知识。因此，根据本国国情、技术优势和基础，关注继承性和经济性，最大限度地利用现有资源，充分采用成熟技术和通用组件有利于减小研制难度和风险，成为各国发展新型重型运载火箭的有效途径。

（4）采取渐进式发展策略，充分开展工程技术验证，降低火箭研制难度和风险，提高任务适应性和工程价值

例如美国新一代 SLS 研制方案更加强调多任务适应性、经济性和可持续性，特别是强调从顶层统筹规划，考虑型谱化和多任务需求，采取务实的渐进式三阶段发展策略，规划了近地轨道 70 吨、105 吨、130 吨运载能力三种构型，满足不同探索目标的需求。这符合"由易渐难"的型号研制规律，可降低火箭的研制难度和风险，并增加多任务适应性，如利用初始构型可实现多项空间探索技术的先期验证，还可作为国际空间站商业乘员运输系统的备份运输工具。

第三节　航天工程决策中的知识集成运用

在工程活动中，工程决策是一个关键环节。在工程知识论研究中，工程决策的知识也成为最重要的研究内容之一。本节着重讨论航天工程决策中的知识集成运用。航天工程，尤其是重大航天工程的决策，涉及国家政治、经济、科技、军事、外交、社会等诸多方面，意义重大，影响广泛而深远，是一个需要综合集成多方面知识加以系统研究的过程，中国载人航天工程决策充分体现了这一点。

中国首次提出载人航天为 1970 年立项、代号为"714"的载人航天工程，后因政治、经济和技术等原因于 1975 年终止。1985 年航天部提出将载人航天作为下一步发展方向的建议，至 1992 年《关于开展我国载人飞船工程研制的请示》得到党中央批准，历时 7 年，历经概念研究、工程方案设计、可行性研究、技术经济可行性论证等反复论证过程①，方案由最初 6 个主要方案最后确定为由载人飞

---

① 胡世祥，张庆伟. 中国载人航天工程——成功实践系统工程的典范 [J]. 载人航天，2004（4）：3-6.

船起步，这一曲折、复杂和艰难的决策过程中的工程知识与决策知识的综合运用，成为国家重大航天工程决策中长远战略眼光与实事求是作风相结合的典范之一。本节以中国载人航天工程决策过程以及"从飞船起步"的方案论证①为例，探讨航天工程决策中的知识运用。

1 载人航天工程具有极强的国家战略意义，需要坚持正确的认识论、方法论，综合集成自然科学知识与社会科学知识开展论证

从相关的科学基础方面看，载人航天技术属于自然科学范畴，它的发展受到自然科学发展的制约。有些问题从表面上看是一个工程技术问题，或者说是工程技术含量很大的命题，但若仅从技术角度论证，可能难以得出正确的结论。纵观世界载人航天的发展，无论是苏联还是美国，都把载人航天作为争夺世界第一的国家战略，发展载人航天从某种意义来说是一种政治决策，需要将自然科学与社会科学结合，将技术知识与经济知识、管理知识、环境知识等非技术知识综合加以系统分析。

为什么要发展载人航天？如何发展载人航天？世界及中国对载人航天的不同认识和争论，其焦点在于对载人航天工程的意义、价值与技术途径的认识。在中国载人航天工程再次被提出的20世纪80年代，采取什么样的发展战略、任务目标及选取何种发展途径等一系列问题，在当时的航天部和航空部内激起讨论的热浪。

其时，世界载人航天发展已近30余载，各国发展载人航天的目的、道路各异，包括美国的航天飞机、苏联的载人飞船，以及法国（欧洲）提出的航天飞机、德国和英国提出的空天飞机方案等。在此背景下，中国怎样发展载人航天？1986年6月，当时的航空部、航天部分别提出了发展"空天飞机""小型航天飞机"的不同建议，钱学森同志则提出飞船方案也应一并论证。1986年，中央制定

---

①　本节有关载人航天"从飞船起步"战略研究的相关内容主要参考：钱振业，杨广耀，韦德森，等. 综合集成方法的实践——"中国载人航天发展战略"研究方法总结［J］. 中国工程科学，2006，8（12）：10-15. 及钱振业等撰写的相关案例分析报告。

"863" 计划，其中第二大领域（"863-2"）即载人航天。"863-2"专家组通过招标选择优势单位参加项目论证。据不完全统计，有 60多家科研单位的 2000 多人参加，提出了水平起降两级入轨空天飞机、垂直起飞水平着陆两级火箭飞机、火箭助推轨道器带主动力航天飞机、火箭助推轨道器不带主动力小型航天飞机和多用途飞船等6 个主要方案。可见，受欧美国家影响，中国载人航天论证初期，"技术上先进" 的航天飞机、空天飞机、火箭飞机等方案被多个单位提出；而 20 世纪 60 年代问世的、相对成熟的飞船技术，作为一次使用的技术，被认为相对 "落后"，未受到普遍重视，开始甚至是受到 "冷落" 的。

事实上，工程决策的影响要素，不仅有技术因素，还有论证者的主观认识因素。载人航天起步方案的争议，一方面受到时代背景的影响，另一方面受到方案提出者的价值观、认识水平和所处立场的影响。是从美好愿望和自身立场出发、超越能力追求技术先进，还是实事求是、通过系统论证选取更可行的方案，不仅考验论证者与决策者对技术发展趋势、技术可能性等工程技术知识的认识和洞察力，也考验其对重大航天工程所涉及的政治经济知识等外部知识的把握，以及对工程目标、工程价值的正确认知。

对此，载人航天工程途径选择必须坚持客观性，形成正确的价值观和认识论，将技术知识与非技术知识相结合，总结世界各国载人航天发展模式的经验和教训，根据我国国情国力，科学预测技术发展速度和可能达到的水平，确定载人航天发展战略，并综合考虑费用与技术因素，正确处理好继承与发展、主战场与高技术、循序渐进与跨越发展三方面的关系，最终得到满足全部重要约束条件的载人航天发展技术途径。

2 载人航天工程作为复杂高科技工程，需要运用系统的观点综合集成多领域定性与定量知识，理论知识与实地调查知识相结合开展研究

载人航天工程发展战略是一个涉及多层次、多学科、多部门的复杂系统，需要采用系统的方法，综合多方知识加以研究和决策。以下主要分析以飞船方案为主体的 "中国载人航天发展战略研究"

的论证过程中的知识综合运用。

2.1　建立载人航天战略论证的系统分析框架指导知识综合集成

以飞船方案为主体开展的"中国载人航天发展战略研究"课题，遵循钱学森院士所倡导的"综合集成方法"，强调在系统框架指导下综合运用多学科、多门类知识，对所涉及的各种约束条件以及内在联系进行总体分析和论证。其分析框架包括以下九方面：为什么要发展载人航天，世界各国发展载人航天的技术途径，我国发展载人航天的技术基础，我国经济发展与投资强度，我国载人航天任务目标，载人航天与政治、经济、科学技术和社会发展的关系，载人航天发展战略要素及其约束条件，载人航天技术发展战略、目标体系、技术途径，以及我国载人航天的总体蓝图。

基于此框架，一方面从宏观大环境角度研究载人航天的必要性，另一方面从微观技术经济层面研究载人航天实现的可能性，分析实际承载力，包括投资规模、技术基础、研制和实验设施、研制周期、人才结构等，对各种可能的技术途径进行比较，进而找出符合我国国情国力的中国载人航天发展途径。

2.2　定性与定量知识相结合论证载人航天方案的技术经济可行性

在进行载人航天方案选择过程中，需要将定性分析和定量分析有机结合，进行多种技术途径的技术经济可行性比较研究。

定性知识包括对发展规律、发展态势、价值观、发展思路及技术能力等的基本判断，是理论知识和专家经验的综合。从定性角度分析，多次重复使用的航天飞机具有技术的先进性，而一次使用的飞船技术相对"落后"；但同时，专家又认为，随着技术发展、设计理念更新，以及新技术、新材料的应用，中国要研制的飞船必然与以前的飞船有很大的不同，且飞船作为运输系统使用，其主要要求是经济性，追求的目标是在可靠性的基础上降低运输成本。

定量知识是对能力、水平、经济性等的定量统计、推断、计算与评估。对不同的技术途径进行全成本（包括研制费、产品费和使用维护费等）定量分析，可得结论如下：在载人航天年发射次数有限或年送入空间质量有限的情况下，飞船的全成本费用最经济，航天飞机仅在频繁发射和运送大量的载荷时，才有可能降低费用。美国的航天飞机技术先进而复杂、昂贵而脆弱，航天飞机每次发射费用达 5 亿美元，虽然在技术上是重大的突破，但在追求经济运输系统方面可谓失败。欧洲要研制的航天飞机，研制费约 80 亿美元，每次运行维护费为 1.3 亿美元（概算），所追求是自主的载人航天系统而并非经济的运输系统，且其技术实现可能性尚存疑问，尚不具仿效价值。而苏联的飞船仍将是今后一个时期有效的天地往返运输系统。

2.3　理论研究与实地调查相结合明确中国载人航天发展的基础

工程的目的是实践，工程知识是形成现实生产力的知识。重大工程的实施，离不开现有物质和能力基础，这就要求工程决策必须基于现实可能性。于是，研究中国载人航天的发展，需要深入开展调查研究，获得对我国已有能力这一物化知识、实践知识的认识，进而根据现有和预期可能实现的条件，选出适合中国国情国力的载人航天发展途径。

为此，论证组对航空部、航天部有关研究所和工厂进行了实地调研，通过与主管领导、专家座谈讨论，以及参观调查有关科研、实验与生产设施，了解我国航空、航天的技术基础、研制能力和人才结构现状。其结果表明，从航天领域看，我国航天发展经 30 余年的努力虽已取得令人瞩目的成就，但当时的航天技术水平与国外还有相当大的差距，在这一技术基础上要发展载人航天，尚需创造必要的条件、攻克相关关键技术；从航空领域看，我国的航空技术与国外的差距更大，其时我国尚不能独立设计制造大型飞机，在此基础要发展空天飞机是不现实的。

通过分析现有技术基础以及可选方案所需技术要求，参考国外载人航天方案应具备的技术条件和投资强度，进行量化对比研究，从而得出：我国发展载人航天，既不能走欧美的发展道路，又不能坐失良机，必须选择一条适合中国国情国力和技术基础的有中国特色的发展途径，纵观全局，只有运载火箭加定点着陆飞船能够满足约束条件，其作为中国载人航天发展第一阶段的工程目标具有现实可行性。

从概念到工程方案，载人航天工程决策是一个认识不断深化的螺旋式上升过程

1988 年 7 月，经"863"专家评审，排除了世界上尚处于前景研究的空天飞机和火箭飞机方案，以及在我国缺乏工业基础的带主动力的航天飞机方案，确定以多用途飞船和不带主动力的小型航天飞机两个方案做进一步比较研究。又经近一年的论证，"863-2"专家组完成了《大型运载火箭及天地往返运输系统可行性及概念研究综合报告》，明确提出从飞船起步的载人航天工程方案建议。

上述多个方案的论证与决策过程，进一步说明了航天重大工程决策的复杂性。由于航天领域的创新发展具有极强的探索性，人们的认识也不断螺旋式上升。当时，一般认为，多次重复使用的航天飞机具有技术先进性，是未来的发展方向。但后续发展表明，这一认识是有局限性的。欧洲的赫尔墨斯航天飞机此后又研制了 10 来年，最终由于技术不成熟，在花费了 50 亿美元后被迫下马；美国航天飞机并未达到预期经济效益，由于技术过于复杂、检修复飞效率低且费用高，同时存在着严重的安全性问题，在完成建造国际空间站使命后退役。此后，世界主要航天国家后续的载人航天飞行器都倾向于选择可重复使用飞船方案。由此显见，技术发展存在螺旋式上升的现象，技术上的先进性是相对的，而且还要注意到技术先进性带来的复杂性、经济性、风险性以及研制周期长等问题，需要根据经济技术基础加以综合平衡。其时，"863-2"专家委员会依据系统工程理念，基于工程方案论证与选择的目的性、价值性和工程知识集成的成熟度要求，综合权衡了各方面利弊得失，权衡了"先进"技术与"成熟"技术的效率性、合理性，选择了看似落后、实为符合国情国力，并且其技术内涵已与时俱进的飞船方案。

进一步地，在概念研究的基础上，航空航天部成立了联合论证小组，开展了载人飞船具体工程方案设计和可行性研究。1992 年 9 月，代号为"921 工程"的载人航天工程得到正式批准，确定了中国发展载人航天的总体发展蓝图，明确了发展方针、发展战略、任务目标和"三步走""步步衔接"的总体构想，提出了第一步载人飞船工程的四大任务、七大系统的建设，以及关于研制经费、进度、

组织管理等的建议，形成了完整的载人航天系统的顶层设计。

总之，从确定载人航天的战略目标、开展概念研究、方案设计论证、方案优选到最终决策，是一个反复分析与论证的迭代过程。载人航天工程决策，是以国家战略需求和工程价值性知识为导向，以综合国力和技术实力为基础，定性分析与定量论证相结合、需要与可能相结合，层次分明、协调统一的综合集成过程，凝聚了我国国家领导人、航天领域以及众多相关领域的顶尖科学家的群体智慧。科学、严密的决策从顶层开始保证了系统的全局优化、总体协调和风险控制，成为载人航天工程成功的先决条件①。

第四节　技术发展与实践推动的航天工程管理知识创新

航天工程具有鲜明的技术密集型、知识密集型、创新引领型特征，伴随技术进步、社会经济环境变化不断推进工程管理理念与管理知识创新，实现科学合理的工程管理成为航天工程得以持续成功的关键。

1 知识创新的需求牵引：源自实践要求与环境变化的航天系统工程创新

中国航天系统工程是适应中国航天发展的需要，在实践中形成的一整套科学、有效的大型系统研发的组织管理体系，是集合了技术创新、体制创新和组织管理创新的管理方法。中国航天创立60多年来，在火箭、卫星、载人飞船、探月工程等历次大型首飞试验中，绝大部分在总体方案上一次成功，这是中国航天系统工程方法成功运用的最好证明。

这一管理体系的形成，与中国航天的发展历程紧密相关。中国航天经历了跌宕起伏的发展历程，反映了航天科技工业系统在一定

---

① 胡世祥，张庆伟. 中国载人航天工程——成功实践系统工程的典范 [J]. 载人航天，2004 (4)：3-6.

的大环境下的复杂行为规律，航天系统工程管理体系的形成也并非一蹴而就、一成不变的。在特定历史条件和计划经济体制环境下发展起来的中国航天工业体系，最初注重的是航天技术的突破，并逐步发展形成一整套重点针对技术系统组织管理需求的系统工程方法，这对于中国航天事业在起步和初步发展阶段获得成功起到了决定性作用。但是，对于航天科技工业体系这样一个复杂系统而言，环境适应和创新发展必然是其最重要的特征之一①。随着外部社会经济体制和机制、国家需求和政策以及市场环境等发生重大变化，系统内部的组成要素，包括技术水平、设施能力、管理方法，尤其是在很大程度上构成系统复杂性的重要因素——人的因素都会出现对新形势的不适应。发展阶段的演进、内外部环境的改变则必然要求系统结构的调节、变化和发展，管理创新是环境适应的必然结果。

图 2-2-6 显示了航天工程技术与外部环境因素变化对系统工程管理的影响：一方面，航天重大型号工程与重大技术跨越是航天系统发展阶段的重要标志，伴随能力水平提高而日益复杂的管理需求是系统工程管理提升的内在动力；另一方面，外部环境的变化，尤其是经济体制的变革，对我国航天发展体制、组织管理模式都产生了重大的影响。内外部环境的改变必然要求系统运行机制进行相应的调节，从而导致航天系统工程管理的调整与变革。

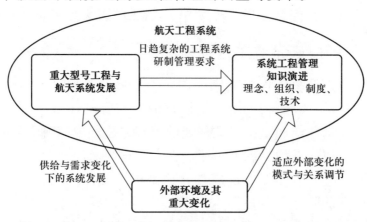

图 2-2-6　影响系统工程管理体系阶段发展的技术与环境因素

---

①　郭宝柱. 中国航天系统工程方法与实践［J］. 复杂系统与复杂性科学，2004，1（2）：19-22.

中国航天系统工程的发展可以分为探索与初创阶段、稳定发展与体系形成阶段、适应改革与创新发展阶段，以及面向未来的持续改进与长远发展阶段等。这些随着发展阶段、管理实践而不断深化的对系统工程管理理念的认识，持续改进的系统工程管理方法手段、组织体制与规章制度，以及在航天发展中积累和总结的系统工程实践经验，构成并发展了中国航天系统工程管理的知识体系，其发展演变如图 2-2-7 所示，下文将分别加以说明。

1.1　探索与初创阶段（1956—1976 年），形成中国航天系统工程管理基本构架

1956 年，中国第一个航天研究机构——国防部第五研究院成立，开始了中国航天的创业历程。1960 年以后，中国航天进入了自行研制阶段，这一阶段初期，研制生产管理体制机制还处于比较杂乱的状态，研制体制庞大、多头管理，缺乏对关键技术问题的预先研究，重大技术决策缺乏周密分析和研究，研制计划轻易变动，等等，这往往是大型军事和航天系统研制发展的初期存在的普遍弊端，导致了 1962 年我国自行设计研制的第一枚导弹——东风 2 号首次飞行试验失败。

在实践过程中，科研部门逐步认识到技术抓总与整体协调的重要性，从技术到管理层，逐渐树立了"总体"的概念，开始制定科技工作条例。1962 年 11 月，制定了《国防部第五研究院暂行工作条例》（称为"70 条"），系统总结了航天型号研制规律，其主要思想包括：正式明确总体设计部的地位与作用，建立型号总设计师系统与技术责任制；提出了预研一代、研制一代、生产一代的"三步棋"管理思想；强调必须严格执行研制程序、充分进行地面试验；建立了航天工程质量保障体系；建立"型号院"以及配套的专业所、厂。条例体现了航天系统工程的基本理念与体系，奠定了航天系统工程的基础构架[①]。

这一时期，我国实行计划经济体制，1962 年成立了中央专委领导"两弹"和卫星的研制，形成了中央直接领导、全国支援航天的局面，集中国家优势资源建立了航天工业发展的基础。对此，通过

---

① 王礼恒. 中国航天的科学管理［J］. 中国航天，2007（3）：3-8.

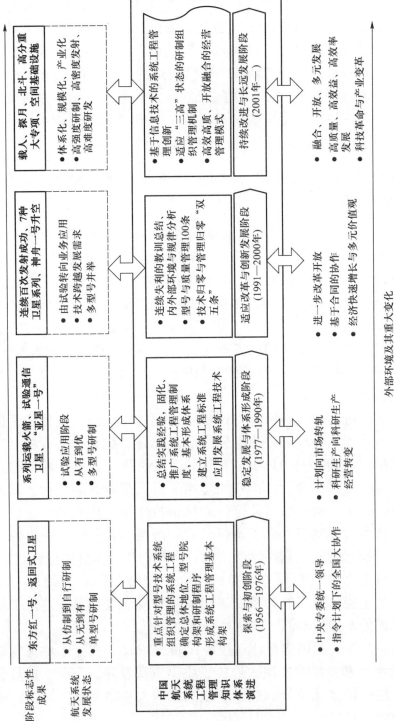

图 2-2-7　适应发展阶段和环境变化的中国航天系统工程管理知识体系演进

建立主要面向技术系统实现的系统工程管理体系，保证了航天工程大协作的有效进行，中国航天实现了从无到有的突破，在短期内初步建成了包括发射场、测控、卫星、运载和地面应用的五大航天系统以及较为配套的航天工程体系，从仿制走向导弹、运载火箭和卫星等多种型号的自主研制①。

1.2 稳定发展与体系形成阶段（1977—1990 年），基本形成中国航天系统工程管理的理论和方法体系

这一阶段，中国航天进入高速稳定发展阶段，航天技术取得全面突破，航天型号发展经历了从有到优、从优到多的逐步转变。1984 年，试验通信卫星发射成功，标志着中国空间技术开始进入世界先进行列；1990 年，长征运载火箭成功发射"亚星一号"，标志着我国运载火箭成功走向国际发射市场。中国航天科技工业已经具备了研制生产导弹、卫星、运载火箭等单型号产品的能力，航天技术进入试验应用阶段。

这一阶段，航天系统工程也得到进一步发展并基本形成体系，型号研制管理模式和系统工程方法逐步深入人心。20 世纪 70 年代末，钱学森院士总结了航天领域系统工程管理的实践经验，发表《组织管理的技术——系统工程》一文，进一步推广了系统工程管理方法。20 世纪 80 年代开始，引进计划网络技术、评审技术等，运用计算机技术进行计划的动态管理②；80 年代中期开始，各种航天标准开始陆续发布，标准化工作贯穿于型号研制的全过程。1984年，国务院和中央军委联合颁布了《武器装备研制设计师系统和行政指挥系统工作条例》（即两师系统工作条例），将"两条指挥线"以法规形式确定下来，但由于当时的行政指挥人员在技术方面较为薄弱，两条指挥线采用了总设计师负责制模式。1989 年，航空航天部下发了《关于新一代航天型号研制工作若干问题的决定》，进一步固化和发展了系统工程管理的规章制度。

从总体上看，经过 30 年的经验积累，这一时期基本形成了中国航天系统工程管理体系，保证了航天技术的高速发展，但是，在这

① 马兴瑞. 中国航天的系统工程管理与实践［J］. 中国航天，2008（1）：7-15.
② 王礼恒. 中国航天系统工程［J］. 航天工业管理，2006（10）：60-64.

一时期，航天系统及航天系统工程的发展也正逐步面临着内外部的双重挑战。从内部看，我国航天已从初创逐步发展到技术跨越的关键阶段，对航天技术、能力、人员以及组织管理的要求越来越高；从外部看，正是在这一时期，中国开始进入有计划的市场经济发展阶段，国家战略重点转移到了以经济建设为中心，航天发展环境面临重大变化，20 世纪 80 年代初开始实施军民结合、军转民方针，由科研生产型向科研生产经营开拓型转变①。内外部环境的变化成为航天发展的隐忧，也成为航天系统工程需要克服的瓶颈。

1.3   适应改革与创新发展阶段（1991—2000 年），适应外部环境变化的系统工程管理提升

20 世纪 90 年代，我国进入了改革开放的新的历史时期，经济体制从计划经济向市场经济转变，航天系统在思想观念、管理体制机制等方面还不能及时适应，内外部环境变化对航天形成了重大冲击，在航天发展史上出现了艰难局面。1992 年开始连续出现了风云二号卫星在技术阵地受损、东方红三号通信卫星未能在轨定点、国际通信卫星星箭爆炸、中星七号发射未能成功等几起影响重大的失利，中国航天面临着失败不起、没有退路的严峻形势②。

面对失败，航天人痛定思痛，专门组织队伍进行研究，开展了充分而深入的调查研究，分析失败的现象及其原因③。导致多个型号失利的因素主要可以归结为关键技术久攻不破、元器件质量问题，以及与人的因素相关的低水平、重复性故障等方面。首先，关键技术久攻不破主要是中国航天经过 30 年发展后进入了一个多型号并举、需要大量技术跨越的新时期，空间技术逐步由试验转向应用，航天科技队伍也在进行新老交替，很多关键技术未形成足够的技术储备，成为型号研制的瓶颈。其次，元器件质量问题则与经济转型的大环境密切相关。我国工业基础相对薄弱，元器件长期以来为制约型号发展的重要因素。在计划经济时期，重要元器件是全国优先

---

① 刘纪原. 中国航天 50 年创业发展之路 [J]. 航天工业管理，2006（10）：52-55.

② 王礼恒. 中国航天的科学管理 [J]. 中国航天，2007（3）：3-8.

③ 以下问题与原因分析等主要参考：曾庆来，张宏显. "航天科研生产管理条例"制定案例分析 [R]. 中国航天工程咨询中心，2006.

保障航天；而进入经济转型期，实行指令性计划指导下的合同制，通过计划方式保障元器件质量的力度下降，而相关的采购、筛选工作又跟不上，一些重要元器件的出厂合格率大幅降低，从而产生了众多隐患。最后，与人相关的低水平、重复性故障，则与技术跨越期航天队伍不稳定、不成熟，社会转型期多元化价值观对航天人才系统的冲击造成人才流失、责任心下降、规章制度执行不力，航天科研队伍同时兼顾军民品生产造成质量与可靠性隐患等因素相关。

这些问题背后的深层次原因则是传统的成功的型号管理方法已经不适应新形势的特点，从单型号研制中发展起来的人员队伍及组织管理能力面临诸多挑战：对多型号并举、技术跨越大、产品日益复杂的型号管理规律缺乏深入的科学认识，一些研制管理规章制度、质量监督和保障机制不够健全，包括片面追求技术先进性、技术状态控制不严格等；多型号并举及转型条件下研制单位利益关系未理顺，总体协调能力减弱；单型号研制、指令计划条件下建立的责任、评价与激励机制等不适应转型期人员约束与激励要求；基于合同的外协配套模式下元器件原材料筛选与质量管控机制未有效建立；适应军民结合发展转型期要求的运行管理机制不成熟；等等。总之，如图 2-2-8 所示，已形成的系统工程管理知识体系已落后于航天工程、航天科技工业系统的发展需求，管理问题与技术问题交错，成为制约型号研制生产顺利进行的重要因素。

在充分调查研究、分析形势与任务的基础上，航天人采取了一系列针对性管理对策，1997 年颁发了《中国航天工业总公司强化科研生产管理的若干意见（试行）》（即 "72 条"）、《强化型号质量管理的若干要求》（即 "28 条"），两者统称 100 条，同时提出了"技术归零" 和 "管理归零" 的 "双五条" 标准，合称 "110 条"。以 "110 条" 为代表的航天科研生产管理文件体系，是中国航天适应形势变化和系统发展要求的管理知识创新。针对新形势下航天科研生产管理的需求，在型号层次，强调采用合理的技术路线；在研制层次，强化总体部的作用、明确型号研制责任制；对整个系统而言，则要加强宏观协调，明确责权利，理顺组织管理、研制与生产的关系，采取军民分线管理等。此时，面对多型号、多任务和市场经济环境的要求，在始终强调技术的总体设计和总体协调之外，对型号性能指标、进度和成本的权衡优化、多型号组织协调等方面的

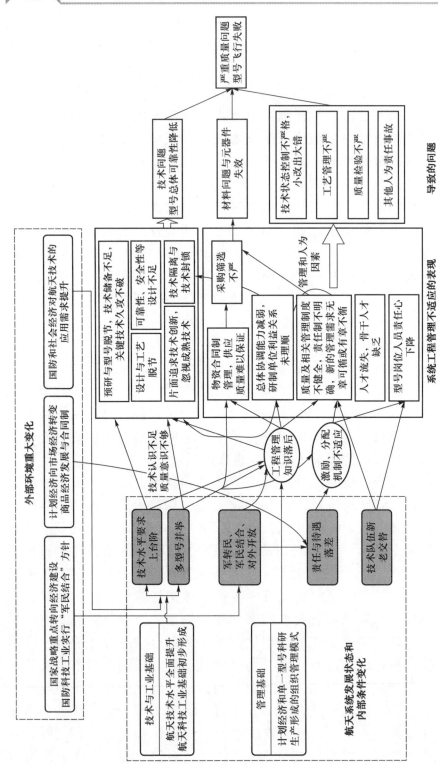

图 2-2-8 20 世纪 90 年代导致严重失利的管理知识不适应因素分析

要求进一步提高，行政指挥系统的工作范围和职责不断扩大，"两条指挥线"演变成总指挥负责制模式①。

　　同时，针对特殊时期人才断档和流失的问题，大力加强人才队伍建设，强化工程知识的传承。人是事业的根本，是工程实施的主体，长期以来，航天事业培养造就了一支高素质的人才队伍，形成了"热爱祖国，无私奉献，自力更生，艰苦奋斗，大力协同，勇于登攀"的航天精神，成为中国航天成功的最重要因素之一。同时，人又是最为复杂的要素，当航天发展进入一个矛盾交织的新阶段，中国航天本着"以人为本，人即事业"的基本原则，及时调整人才策略，确定了"骨干稳定、流动有序"的队伍建设方针，并采取了一系列灵活有效的措施，一方面进一步强调以航天精神与事业集聚人才，另一方面以特殊政策激励人才、稳定人才，下大力培养人才、造就人才，尤其是"两总"人才②。承担总指挥、总设计师岗位的人员，不仅需要具备深厚的工程技术专业素质，还需要具备广博的相关专业以及领导、组织等社会性知识；不仅要具备工程技术理论知识，还必须具备丰富的型号工程研制经验；不仅要具备识大体、顾大局的责任意识，还必须具备沉着冷静、敏锐果敢的身心素质。而其所具有的基本素质和理论知识，必须在型号研制实践的千锤百炼中，在复杂工程场境的浸润中，才能转化成符合"两总"岗位要求，理论与经验相结合、广博与精深相结合、理性认识与直觉判断相结合、显性知识与隐性知识相结合的工程化知识体系。因此，针对人才断层问题，一些超常规手段得以实施，如载人航天工程中，打破常规、双管齐下，在延缓老专家退休的同时，超常增设副总指挥、副总设计师，通过传帮带，实现工程知识尤其是航天工程总体管理知识的传承，加速实现新老交替和过渡，一大批年轻同志快速成长，担当了系统总指挥、总设计师，成为管理和技术领军人物。

　　随着一系列管理措施的实施，中国航天逐渐走出了困境。1996年后，长征系列运载火箭连续发射成功，到 2007 年实现连续 100 次发射成功，创下了 72 小时内 2 次成功发射和一个月内 4 次成功发射

的纪录；形成 7 种卫星系列，近 30 颗卫星在轨运行；1999 年 11 月，载人航天工程第一艘试验飞船"神舟一号"发射升空①。这些成功，有力彰显了航天系统工程管理变革和知识体系创新的重要成效。

1.4 持续改进与长远发展阶段（2001 年—   ），构建适应开放融合发展新形势的系统工程管理体系

进入新世纪，随着航天及相关高新技术的快速发展，中国航天逐渐从试验应用走向业务化发展，为适应新形势、新任务、新体制的要求，航天系统工程的管理应该且必须实现新跨越。

"十一五"期间，中国航天领域启动并继续实施五大专项工程，即"221 工程"，包括载人航天工程和月球探测工程、高分辨率对地观测系统和北斗导航定位系统，以及新一代大型运载火箭工程等，引领中国航天技术和应用实现新突破。其时，根据改革发展需要，中国航天科技集团公司于 2004 年 1 月 1 日颁布了《中国航天科技集团公司航天型号管理规定（试行）》，即"80 条"，对新时期型号管理的理念、体制、模式与要求等做出了明确规定，强调信息技术、并行工程、先进制造等新技术在航天系统工程中的应用；强调自主创新与适应市场经济规律，并在某些型号领域实行项目管理等②。与此同时，系统工程管理知识也伴随着重大航天工程实践不断发展。例如载人航天工程作为迄今为止我国航天史上规模最大、最复杂的型号工程，作为以"载人"为核心的特殊航天工程，创新性地应用了一系列系统工程管理办法。

当前，随着航天技术、产品与服务的快速增长，我国航天发展的内外部环境发生了新的重大变化。高新技术的发展日新月异，世界范围内信息化与工业化深度融合，经济社会各领域对空间资源规模化、业务化、产业化发展需求十分旺盛，空间基础设施已进入体系化发展和全球化服务的新阶段并加速升级换代③，高强度研制、高密度发射、高难度研发成为中国航天发展的新特点；同时，围绕

① 马兴瑞. 中国航天的系统工程管理与实践 [J]. 中国航天，2008（1）：7-15.

② 王礼恒. 中国航天系统工程 [J]. 航天工业管理，2006（10）：60-64.

③ 栾恩杰，王礼恒，王崑声，等. 航天领域培育与发展研究报告 [M]. 北京：科学出版社，2015：32.

建设航天强国的目标，实现高质量、高效益、高效率以及融合开放发展成为新时代中国航天发展的新要求，需要进一步加强体系化、集约化发展能力和关键核心技术能力，建立健全专业化、开放型、高弹性的航天科研生产体系。对此，基于新发展理念和信息技术手段，中国航天正在开展一系列航天型号工程与航天科技工业体系管理创新，包括系统工程管理文件修订，如 2017 年颁布的《航天型号精细化质量管理要求》等，不断完善适应新阶段、新形势的航天工程管理知识体系，是当前中国航天发展的新任务。

② 知识创新的技术推动：技术发展与管理需求结合推进系统工程知识创新

系统工程管理知识包括管理理念、管理模式、管理技术以及管理文化等方面，其中，系统工程技术是伴随着航天工程和复杂系统研制发展起来的组织管理技术，是工程管理技术与经验的规范化、知识化。20 世纪 60 年代以来，系统工程技术一直是国内外航天和国防领域所惯常采用的型号产品系统研制管理手段，保障了自 "大力神" 导弹及 "阿波罗" 计划以来众多项目的成功。然而，自 1969 年形成美国军用标准《系统工程管理》（Mil-Std-499）以来，该方法变化很小，而工程系统的规模和复杂性却在显著增长，传统系统工程方法（traditional systems engineering，TSE）或基于文本的系统工程（text-based systems engineering，TSE）已经不能满足需求。随着信息技术的加速发展，基于模型的系统工程（model-based systems engineering，MBSE）应运而生，是信息化条件下系统工程管理技术知识的演进。①

2.1　从传统系统工程到基于模型的系统工程：构建系统架构模型的方法

面向型号产品系统的系统工程技术，是研究复杂系统设计与实施的科学技术。在系统工程工作过程中，系统架构模型的建立是至

---

①王崑声，袁建华，陈红涛，等.国外基于模型的系统工程方法研究与实践［J］.中国航天，2012（11）：52-57.

关重要的。系统架构模型是对系统的整体、全面的描述，是系统的总体设计方案，是系统有关各方人员开展分析和优化的共同依据。

传统系统工程方法是以文档为中心的系统工程，采用各种文本文档构建系统架构模型，系统工程活动的产出是一系列基于自然语言的、以文本格式为主的文档，如用户的需求、设计方案，当然也包括一些实物化的物理模型等。此时，系统架构模型由"一大包"各类文档组成，如火箭的总体布局方案，推进系统、控制系统等分系统设计方案以及弹道方案、分离方案等，而将这些文档"串起来"的是一系列的术语及参数。显然，在这一过程中，文档管理、配置管理的机制非常重要，各方沟通交流要依赖不断更新的术语表、词汇表等，否则就容易产生理解的不一致性。尤其是当系统的规模越来越大、涉及的学科越来越多、参与的单位越来越多时，这个问题就更加突出。

基于模型的系统工程是对传统系统工程的发展，国际系统工程学会（International Council on Systems Engineering，INCOSE）给出的定义为：基于模型的系统工程是对系统工程活动中建模方法应用的正式认同，以使建模方法支持系统要求、设计、分析、验证和确认等活动，这些活动从概念性设计阶段开始，持续贯穿到设计开发以及后来的所有的寿命周期阶段。

可见，MBSE 与 TSE 的区别就在于系统架构模型的构建方法和工具，前者是"基于文本"（text-based），后者是"基于模型"（model-based）。MBSE 并不是完全抛弃过去的文档，而是从过去"以文档为主、以模型为辅"转向"以模型为主、以文档为辅"。

2.2 基于模型的系统工程方法的理论、技术与实践知识

MBSE 方法的快速发展，除了需求牵引，还包括技术推动的因素。MBSE 的理论基础、建模语言及标准包括：来自软件工程领域的面向对象的分析与设计思想、系统建模理论、系统建模语言、扩展标记语言元数据交换标准、系统工程数据的交换标准（AP233）等。同时，MBSE 方法与基于模型的设计、基于模型的工程等方法密不可分，这些领域的技术方法也构成了 MBSE 方法的基础。

事实上，基于模型的系统工程不是一个新概念，早在 1993 年，美国亚利桑那大学教授 A. 韦恩·怀莫尔就出版了《基于模型的系统

工程》一书，从数学的角度奠定了基于模型的系统工程的理论基础。

2001 年，INCOSE 提出倡议，要定义一种基于 UML 的、具备通用性的建模语言，专门应用于系统工程。2006 年 7 月，系统建模语言 SysML 1.0 版正式推出。2007 年，INCOSE 对 MBSE 做出正式定义。其后，在 INCOSE 的倡议和领导下，成立了很多挑战团队和行动团队，从事 MBSE 方法及具体项目的研究。

基于模型的系统工程技术的应用具有以下优势。一是提高了整个研制工作的信息化程度，有助于进一步突破时间和空间对设计工作的限制。TSE 下，系统工程文档要按照一定的顺序进行流转，因此设计工作受到时间顺序与空间的限制。MBSE 下，相关各方围绕系统架构模型并行开展工作，可以支持远程及分布式的工作模式。二是 MBSE 为提升研制管理工作的效率奠定了基础。MBSE 下，用户需求、系统要求、功能架构、物理架构等信息通过系统架构模型进行关联，能够显著减少系统信息元素间的矛盾，增进总体和分系统设计人员的协同效果，需求跟踪、权衡研究、配置管理等各项系统分析与控制工作更加便利。由于系统工程和项目管理密不可分的关系，基于模型的系统工程方法对研制管理也可以提供很多的帮助，项目管理的有关模型、软件也可接入到系统架构模型中，提高了项目管理的效率。三是基于模型的系统工程技术成为工程系统从设计到制造、试验、运用保障全生命周期统筹优化、质量保证和风险把控的重要基础。

由此可见，基于模型的系统工程是针对日益复杂的系统、体系的系统工程管理需求，综合相关领域的相关理论方法提出并发展起来的新的系统工程技术，这些相关领域的理论方法基础与基于模型的系统工程方法手段、应用技术、实践案例等共同形成了系统工程技术知识的新体系。基于其显著优点，有关基于模型的系统工程的研究与应用正在快速地扩展，中国航天领域也在积极将基于模型的系统工程方法运用于型号系统全生命周期研制生产中，与未来航天发展与科研生产模式变革需求紧密结合，不断推进中国航天系统工程管理体系的创新发展。

第三章

铁路工程知识案例研究

　　铁路是国家重要的基础设施，对促进经济发展、社会进步及巩固国防都具有重要作用。铁路工程知识是铁路工程实践的经验总结和理论升华，同时又对铁路工程实践具有指导意义。科学、系统的铁路工程知识体系是铁路工程顺利建成并发挥价值的有力保障。本章以铁路工程知识为研究对象，从铁路工程基本特征出发，将工程哲学分析、具体案例分析与普遍性知识研究密切结合，深入探讨铁路工程知识的本质、演化、构成与创新。

第一节　铁路工程与铁路工程知识

　　铁路是大众化的交通运输方式，是现代化交通运输体系的重要组成部分①。随着各国对铁路重视程度的提高，铁路基础设施建设投入持续增加，高速铁路、高原高寒铁路、重载铁路、城际铁路等创新成果不断涌现，形成了内容丰富的铁路工程知识体系。

1 铁路工程的特征

　　铁路工程建设是人类在各种约束条件下，创造性地将自然资源重新组合成能够满足公众交通需求的人工物过程。人类对于铁路的多样性需求及铁路工程建设的多方面约束条件，使铁路工程形成了自身的特征。

　　（1）铁路工程是点线网结合的系统性工程。一个铁路项目的单

---

　　①　孙永福. 对铁路投融资体制改革的思考［J］. 管理世界，2004（11）：1-4.

项工程（如一座桥梁）是铁路建设中的"点"状工程，将各"点"有效衔接就构成了铁路"线"，而任何一条铁路只有融入区域性路"网"系统中，才能发挥更大作用。也就是说，铁路工程的价值最大化必须依托于区域交通运输网络的有效支撑。随着铁路运输网络不断完善，铁路运输系统辐射范围也由线型分布转变为网络化、区域化的面状覆盖。因此，任何一项铁路工程建设，不能孤立地就事论事，必须从整体铁路网络角度综合考量其影响程度。

（2）铁路工程是多专业融合的综合性工程。铁路工程涉及选线、路基、桥隧、轨道、站场、通信、供电等诸多专业工程。各个专业工程无法单独发挥作用，只有将其综合成为铁路工程系统，并在能源、气象等部门的共同配合下，才能真正发挥作用。铁路工程在建设、运营中，需综合考虑生态环境保护、社会经济效益、人文伦理制约等因素。这些都决定了铁路工程的综合性。

（3）铁路工程是规模宏大的复杂性工程。铁路工程需要跨越不同地区，所遇地质、气候、风俗不同，具有显著的地域性。铁路工程建设规模大、工期长、环境复杂，具有不确定性。铁路工程项目参与主体多，涉及众多利益相关者，需要协调各方利益，以实现工程总体利益最大化。因此，铁路工程是一个集时空、人文、管理等多要素于一体的规模宏大的复杂性工程。

（4）铁路工程是需求导向的服务性工程。铁路发展的宗旨是让人民满意，这就需要满足经济、社会、国防等多方面需求。铁路工程选址需结合区域发展规划，铁路工程设计需服务于运能、速度等要求。铁路运输的不同需求催生出高速铁路（客运专线）、重载铁路（货运专线），以及特快动车组列车、绿色扶贫列车、旅游列车、快递列车、集装箱列车等，共同服务于社会。

❷ 铁路工程知识演化

铁路工程知识是与铁路工程一同演化的。工程传统与工程创新的矛盾，是工程演化的内部动力；工程与自然、社会的矛盾，是工程演化的外部动力①。从 19 世纪到现在，铁路走过了近 200 年的发展历程，经历了从蒸汽机车到内燃机车、电力机车的重大变革，实现了从普速铁路到高速铁路的重大提升，现在正朝着信息化、智能化铁路不断迈进。

（1）蒸汽时代的铁路工程知识

在第一次工业革命的推动下，出现了由蒸汽机车牵引的铁路。作为这一时代先进的交通运输工具，铁路引起世界各国的关注。1825 年，英国修建了世界上第一条由蒸汽机车牵引的铁路；1832年，"乔纳森兄弟"号机车出现；随后复胀式机车、凝汽式机车相继出现。在欧洲铁路建筑物标准、设备标准等逐渐统一后，首次出现了铁路工程建造技术手册、轨道设计图纸、建设标准与规范。这时期，铁路工程知识以较为粗犷的机械方法体系、模糊经验知识体系被学习和分享。基本的铁路修建技术、铁路建设材料、铁路牵引动力、列车运行管理等方面的铁路知识得到传播。

（2）电气时代的铁路工程知识

在第二次工业革命的推动下，电力得到广泛使用。内燃机车和电力机车逐渐取代蒸汽机车，成为主要的铁路牵引动力。1890 年，英国首次用电力机车牵引列车；1924 年，苏联制造出第一台电力传动的内燃机车。动力机械的发展极大地促进了机车车辆与线路设备性能的改善，为列车提高速度和增加载重创造了条件。铁路工程知识得到进一步丰富，铁路供电、运行控制等方面的知识融入铁路工程知识体系中。此外，随着铁路工程的军事、外交和工业价值的逐渐显现，铁路工程的人文类知识也不断丰富起来，涉及法律、经济、生态、政治等方面知识，逐渐呈现出多要素融合的特征。

（3）信息时代的铁路工程知识

在第三次工业革命的推动下，铁路走向数字化、网络化、智能化。建筑信息模型（building information modeling，BIM）、地理信息系统（geographic information system，GIS）等技术被广泛运用于铁路工程当中；铁路光缆、数字光纤通信加速了铁路装备和运营管理现代化；铁路运输统计、设备管理等逐步实现信息化。铁路运营效率

---

① 殷瑞钰，李伯聪，汪应洛，等.工程演化论［M］.北京：高等教育出版社，2011：51—67.

得到极大改善，行车安全、舒适度进一步加强。高速铁路集铁路高新技术之大成，是信息时代的重大铁路创新，也是信息时代铁路工程知识的集中体现。1964 年，日本建成世界上第一条高速铁路——东海道新干线，随后法国 TGV、德国 ICE 相继出现。2008 年，中国建成第一条高速铁路——京津城际铁路（时速为 300 公里/小时）。现在，铁路正朝着智能建造、智能装备、智能运输的方向迈进。

信息技术成为铁路工程知识创新的重要动力。铁路工程更加注重技术与管理组织的协同、安全与风险的平衡、交通运输与产业经济间的契合。客运专线无砟轨道技术、空气动力学、高速接触网供电技术、客站修建技术、高铁项目动态验收等创新成果不断涌现。铁路工程知识表现出跨学科综合集成，范围不断扩充，内容不断丰富，功能和结构不断完善。

铁路发展历程表明，铁路工程知识随着工业革命、技术革命不断更新和发展，同时社会文化等对铁路工程知识有着一定影响。铁路工程从过去依赖经验、技艺、手工工具等传统知识类型，逐步转移到更广泛地依靠和选择工程学原理、技术手段、机械与电气自动化装置、项目管理等现代科学技术和管理知识[1]。

③ 铁路工程知识体系

铁路工程居于"自然-工程-社会"这个相互关联、相互作用、相互制约的巨系统之中。铁路工程知识是人类反复实践、不断总结对铁路工程认识的集成与升华。铁路工程与铁路工程知识互为因果，在知识指导下建设铁路工程；在铁路工程实践过程中，铁路工程知识不断发展。基于"科学-技术-工程"三元论架构[2]，可以将铁路工程知识看作以铁路工程通用知识为基础、以铁路工程专业知识为核心的知识体系（如图 2-3-1）。

铁路工程通用知识是铁路工程专业知识的前提和条件，是整个铁路工程知识体系的共性理论基础，由科学技术知识、人文社会知

---

[1] 黄正荣. 工程知识的性质与特征——从工程哲学的视野看［J］. 长沙理工大学学报（社会科学版），2016，31（2）：19-25.

[2] 殷瑞钰，汪应洛，李伯聪. 工程哲学［M］. 2 版. 北京：高等教育出版社，2013：98-107.

识和工程管理知识构成。铁路工程专业知识是铁路工程通用知识在铁路领域的延伸和扩展，指导铁路工程各阶段具体工作，是铁路工程知识直接发挥其实践价值的"核心"，由决策知识、设计知识、实施知识、验收知识、运维知识和评估知识构成。

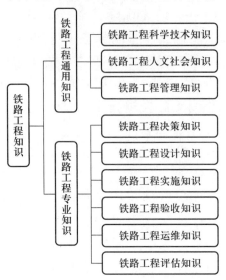

图 2-3-1　铁路工程知识体系

　　铁路工程通用知识主要涉及自然界和人类社会运行的基本规律和方法。其中，铁路工程科学知识研究是阐明普适性规律、原理，如结构力学、材料力学是对相关结构、材料受力特性及变化规律的论述；铁路工程技术知识是利用铁路工程相关事物的特性和规律，达到特定目的的方法和手段，如无线传感技术利用电磁波特性达到传输信息的目的、机械化施工技术利用各种施工机械特性达到高效率施工的目的等。铁路工程人文社会知识是与人和社会密切相关的知识集成，充分体现了铁路工程中蕴含的人性化、社会化，如车站站房设计时需考虑的以人为本、民族风俗、生态和谐、造型美感等。铁路工程管理知识是为了实现铁路工程目标所采用的计划、组织、指挥、控制和协调等原理和方法，及可望借鉴的铁路工程经验与教训。铁路工程通用知识是多角色、多因素之间广泛深入的融合，特别强调工程与科技、社会、人的交融。

　　铁路工程专业知识与铁路工程通用知识深度交织、充分互动。一方面，通用知识为专业知识提供强有力的支撑；另一方面，专业知识是通用知识在铁路建造情境中的具体实化。铁路工程专业知识将通用知识所阐明的基本规律和方法转化为适应铁路工程具体情境条件的工艺流程、规程等具有可操作性的工程实践指导。铁路工程项目经历决策、设计、实施、验收、运维、评估六个阶段，各阶段知识构成了如图 2-3-2 所示的铁路工程专业知识。

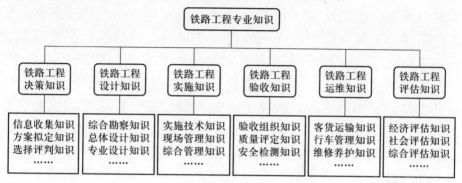

图 2-3-2　铁路工程专业知识构成

4　铁路工程知识的性质

作为构建人工物的铁路工程活动，在实践中不断完成从经验到知识的升华。知识指导实践，同时又在实践检验中不断丰富。在螺旋式上升进程中，有益的铁路经验教训被纳入铁路工程知识中，集成为具有深刻哲学属性的铁路工程知识体系。具体来讲，铁路工程知识体现了普遍性与特殊性、规范性与创新性、多元性与集成性、共享性与专有性的辩证统一。

（1）铁路工程知识是普遍性与特殊性的统一。普遍与特殊，从来都不是单独存在的，没有绝对的普遍，也没有完全的特殊。铁路工程知识反映了人们对铁路工程的了解与认识，本质上具有普遍性。但有些铁路工程知识只适用于某类铁路工程，具有一定特殊性，如高原冻土铁路工程技术与施工工艺[①]、跨越海峡铁路工程技术。普遍性铁路工程知识是人们开展铁路工程实践活动的基础，深刻揭示

---

① 孙永福. 青藏铁路多年冻土工程的研究与实践 [J]. 冰川冻土，2005（2）：153-162.

了铁路工程活动的存在形式、本质特征与演化过程。而具有针对性与特殊性的铁路工程知识则造就了各类特殊铁路工程，从而推动知识不断创新和持续发展。要正确处理铁路工程知识普遍性与特殊性的关系，实现普遍性与特殊性的矛盾统一。

（2）铁路工程知识是规范性与创新性的统一。规范意指约定或规定的标准，规范性是事物相互关联、相互作用中的规范属性。创新性是事物发展过程中表现出的与以往不同的特殊属性。铁路工程知识规范性反映在建设规范制度上，是解决铁路问题的基本依据。但是铁路发展面临许多新问题需要研究新对策，并且科技成果也会促进铁路工程知识更新。铁路工程知识创新性是铁路发展的必然要求。铁路工程知识吸收越来越多跨学科的前沿知识不断创新，而铁路工程知识创新反过来又会促进铁路工程发展。创新性成果经过长期实践检验之后，有的会上升成规范性知识，从而纳入制度化、规范化。因此，既要严格遵循铁路工程知识规范性，又要积极探索铁路工程知识创新性，坚持铁路工程知识规范性与创新性的辩证统一。

（3）铁路工程知识是多元性与集成性的统一。铁路工程点线网结合、多专业综合、规模宏大、需求导向的特征，决定了铁路工程知识是"多元性"知识，涉及科学、技术、人文、社会、经济、管理等方面的知识。所有这些知识并非作为简单的模块化知识独立存在，而是依托一定组合规律与协同关系相互作用，动态-有序地形成一个整体，这就从本质上规定了铁路工程知识具有集成性。如果没有多元性为基础，铁路工程知识不可能具有集成性。只有各模块化知识相互交流、互动，才能集成为一个知识体系。要重视铁路工程知识多元性和集成性的相互连接、相互制约、相互转化，形成在多元化基础上的集成应用。

（4）铁路工程知识是共享性与专有性的统一。铁路工程知识是人类关于铁路智慧的结晶，是全人类共同的精神财富，应该为全人类所共有。铁路工程知识从个体到群体、从各国到世界范围内广泛传播，绝大部分具有共享性。但是作为社会生产力的一种要素，对于某些具有创新性、特殊性的铁路工程知识，相关主体在一定时期内拥有相应的产权。有些铁路工程知识涉及国家机密，必须保密。铁路工程知识的专有性使它有别于一般信息，在一定时期内仅为本知识拥有者服务，但开放之后就可供全人类共享。面对激烈竞争的形势，需妥善处理好铁路工程知识共享性与专有性之间的关系，在保护知识产权的同时，促进铁路工程知识不断更新发展。

第二节 铁路工程通用知识

铁路工程通用知识为铁路工程实践提供基础指导，主要包括铁路工程科学技术知识、铁路工程人文社会知识、铁路工程管理知识。其中，铁路工程科学技术知识为铁路工程实践提供了客观性、方法性的能力支撑，而铁路工程人文社会知识和工程管理知识则更多地为铁路工程顺利实施提供了价值性、合目的性的思想导向。

 铁路工程科学技术知识

铁路工程科学技术知识集成了有关铁路工程的客观规律与基本方法。它既内蕴着科学知识的真理性与进步性，又渗透着技术知识的方法性、可操作性，但更为重要的是与铁路工程知识的独特性、地域性深度融合①。

（1）铁路工程科学知识

尽管各项铁路工程的规模、标准、寿命不尽相同，但其结构、功能、基本特征、建造方式及程序安排均具有客观的内在规律②。这些规律需要用科学思维反复地进行经验归纳、理论演绎、思想升华，才能成为指导实践的工程知识。

随着对铁路的认识由浅到深、由零碎到系统，人们在凭借已有铁路工程科学知识进行实践活动时，对那些重复发生的、具有普遍意义的问题进行探究，逐渐形成新的铁路工程科学知识。例如，对有砟轨道易变形、多维修问题总结和探讨，分析轨道结构和受力情况，进而形成了无砟轨道原理。

铁路工程科学知识既包括科学理论原理，也包括科学研究方法。

---

① 邓波，贺凯. 试论科学知识、技术知识与工程知识［J］. 自然辩证法研究，2007，23（10）：41-46.

② 殷瑞钰，汪应洛，李伯聪，等. 工程哲学［M］. 北京：高等教育出版社，2013：108-102.

科学理论原理是铁路工程活动中事实规律的概括和数学化表示。例如函数、几何、数理统计等数学知识，力学、电磁学、热力学等物理知识，物质化学性质和化学反应等化学知识，地理学、地质学、海洋学等地学知识。这些基础科学知识在铁路工程情境下选择性集成，形成铁路工程地质学、工程力学、工程测量学、工程材料学等各类科学知识。铁路工程科学研究方法是认识铁路工程本质特征、运行模式的方法手段，包括经验归纳和演绎推理、整体与局部辩证统一等思维方式知识，以及系统论、组织论、控制论等。

铁路工程科学知识助力建设者对铁路工程内在规律进行着一轮又一轮新认识。在中国既有铁路历经的六次大提速中，电磁学等科学知识创新运用，取得牵引动力技术突破；工程力学知识、材料学知识等用以解决传统设计问题，保障列车安全高效运行；列车提速还需考虑快速、普速、低速共线混跑密度，组织论、控制论等科学研究方法，从系统角度指导列车组合运行模式科学规划，保证线路最优运输能力。

（2）铁路工程技术知识

技术影响知识的增长方式与发展方向①。铁路工程规律要成功运用于铁路实践各阶段，并最终转化为现实的各铁路工程子系统，则需要依赖一定的技术性、工艺性或服务性知识——铁路工程技术知识。

铁路工程技术知识一般具有普适性，但有些则有明显的特殊性和地域性。铁路作为人工建构的实体对象，需要建设者在实践过程中融入自身的思维和理念，并依托符合特定场景条件的技术与方法，实现工程构想的具象化、现实化与物化。在这一过程中，铁路工程技术知识被具化为工具、图纸、方案、工艺流程以及操作方法等，同时还有一部分只可意会的经验在铁路工程主体之间共享。

在长期大量铁路工程建设活动中形成了具有鲜明特征的铁路工程技术知识体系，包括铁路工务工程技术知识、牵引供电技术知识、列控技术知识、通信信号技术知识、调度指挥技术知识、综合维检技术知识等，为铁路工程建设活动提供了切实可行的方法性指导。例如，建设者将隧道工务工程技术知识与无线传感技术知识、可视

①　吕乃基.科技知识论［M］.南京：东南大学出版社，2009：90-96.

化信息技术知识等融合，取得隧道机械化、智能化遥控作业技术创新成果，使京张高速铁路得以深挖隧道方式穿越市区，精准避开核心市区多且杂的地铁、城市道路及市政管线网；京张高速铁路途经官厅水库时，建设者充分将轨道、桥梁等工务工程技术知识与生态环境学知识结合，突破现有轨道、桥梁建造技术局限，创造出国内首例适用于 350 公里时速有砟轨道的钢桁梁铁路桥建造技术，同时通过技术革新优化铁路绿色施工，保证设计时速的同时，最大限度地保护官厅水库原生态环境，在碧波湖面架起一道长虹。

一项新技术的出现通常是针对某一实际问题，并在反复经历"试验—实践"过程中调整和优化，从而使铁路技术知识更新，铁路建设技术水平也在螺旋式上升中不断提高。从手工测绘到 CAD、RS、GPS、GIS① 等新技术，从建设全过程完全人力管理到通信技术、微电子技术及计算机自控技术的应用，再到人工智能技术的出现，铁路技术与工程实践相互引导、不断演化，一直处于不断发展创新之中。

在铁路实践活动中，人们要以铁路工程科学技术知识为手段，保证工程设计和施工顺利进行。

2 铁路工程人文社会知识

人文社会知识是工程与所在地域历史、文化、艺术相交融所凝结而成的知识，是以建造更好的人工物为原则，以"人民满意"为最终指向，具有价值导向性的知识。铁路工程人文社会知识是美学知识、经济知识、政治知识、伦理知识等多种知识的集成。

（1）铁路工程人文知识

人文，是人类社会各种文化现象，其核心体现是对人的重视、尊重与关爱②。人文科学主要研究社会现象和文化艺术。铁路作为涉及国计民生的大型工程，"人民满意"是其最基本的要求，与铁路工程相关的一切活动都要符合这一要求。工程师必须充分运用其

---

① CAD（Computer Aided Design）为计算机辅助设计技术，RS（Remote Sensing）为遥感技术，GPS（Global Positioning System）为全球定位系统，GIS（Geographic Information System）为地理信息系统，以上信息技术都在铁路工程实践活动中得到应用。

② 辞海编辑委员会. 辞海［M］. 上海：上海辞书出版社，1999：872.

在环境学、生态学、美学、历史学、宗教学等方面的铁路工程人文知识，融合现有科学技术知识，对拟建铁路进行深入思考，进而形成科学合理的建设方案。例如，在肯尼亚的蒙内铁路建设中，建设者运用生物学知识、环境伦理知识、美学知识等，在铁路线上为不同体型、习性、迁移路径的动物设置多处专门的桥梁通道、涵洞通道以及隔离栅栏，保障野生动物的正常活动和安全。同时，蒙内铁路建设者运用人类学、行为学、宗教学等知识，充分调研当地人的生活习惯、宗教习俗、发展诉求等，把中国的资金、技术、标准、经验带入非洲，并尽可能雇佣当地工人，采购当地原材料，使当地人民受益。

铁路工程在建设中与各民族文明、各地域文明相互作用与交融，与途经区域深厚的人文环境相契合，从而衍生出独有的"铁路人文"。1959 年建成的北京站站房使用功能良好，旅客进出站便捷，建筑造型优美，民族风格的金色屋顶和钟楼，成为北京市标志性建筑；拉萨站站房充分体现了以旅客为核心，自然景观与藏族文化艺术相结合；2006 年建成的拉萨河特大桥为五孔三拱大跨度下承式连续梁钢管混凝土叠拱组合结构，宛如洁白的哈达，成为雪域高原一道靓丽的风景。从铁路沿途文化出发，重视人文关怀。

铁路技术发展是人们为追求进步而不懈努力、自主创新的结果，但仅满足科学技术要求是不够的，还需结合人文知识进行考量，促使铁路融入当地环境，成为一条发展之路、幸福之路。

（2）铁路工程社会知识

社会，是指由一定的经济基础和上层建筑构成的整体，泛指由于共同物质基础而互相联系起来的人群。铁路工程社会知识是社会学、经济学、政治学等学科与铁路工程相互作用的知识，带有浓厚的社会色彩。换言之，铁路工程的发展与人类社会意识形态、社会经济、产业背景等变更密切相关，铁路工程社会知识因这些因素的变化而不断发展。

铁路工程建设从全局考量，既涉及铁路自身承担的社会责任，同时也受到社会经济、社会民生、社会结构、城乡规划等因素的影响。可以认为，铁路工程社会知识是城市化知识、人文地理知识、公共管理知识、经济知识等的综合集成。同时每一次集成都必须实现与工程特定区域的政治生态、经济结构、产业结构、社会组织结构等社会因素充分融合①。我国纵贯南北的大干线京九铁路沿线多为革命老区和贫困地区。若按传统设计理论，线路走向尽量取直，这虽能保障铁路经济效益，但有的地市远离铁路达几十公里，很难带动地区经济发展。京九铁路建设决策时贯彻国家战略方针，综合运用城市化知识、人文地理知识等，在考虑铁路经济效益的同时，兼顾沿线地区经济社会发展，使京九铁路经由鲁西南、皖西北、鄂东麻城、赣南赣州、粤东和平等地，带动沿线劳动力、农副产品、资金、信息流通，使比较封闭的县、市经济走向大区域经济，贫困地区经济加快发展②。

在符合自然规律的前提下最大可能地满足人民需求，是铁路工程人文知识和社会知识对铁路工程建造活动提出的内在要求。妥善运用铁路工程人文社会知识，同时注重科学技术知识与人文社会知识紧密结合，注重工程内在品质与外在影响之间的有机联系，才能使铁路工程更好地助力人类改善环境、创造美好生活愿景的实现。

3 铁路工程管理知识

工程管理是一项依附于工程活动参与者而存在并具有情境性的主动活动。工程管理活动贯穿于工程全生命周期中，并伴随着不同情境下人的各种有意或无意的行为表现出来，为工程建设活动最终按既定目标顺利完成提供组织、计划和控制。

铁路工程项目管理不能拘泥于单纯要素管理。需要在现代工程建设理念指导下，确立铁路工程管理基本原则，深刻剖析铁路工程项目管理机理，创新工程项目组织体系和实施模式。强化由合同、资源、技术、信息、风险和文化等管理要素构成的支撑保障体系，完善由决策、协调、激励约束和绩效评价等构成的运行机制以及标准化管理，从而确保铁路工程项目质量、职业健康安全、环境保护、工期和投资"五大控制"目标体系全面实现③。

---

① 邓波，罗丽.工程知识的科学技术维度与人文社会维度 [J].自然辩证法通讯，2009，31（4）：35-42.

② 孙永福.京九铁路对经济社会发展重大作用研究 [M].北京：中国经济出版社，2008：6.

③ 孙永福.铁路工程项目管理理论与实践 [M].北京：中国铁道出版社，2016：3.

铁路工程管理知识是经过大量铁路工程实践检验的管理经验与教训的一般性概括和抽象性总结。铁路工程管理知识主要回答了如何更好地认识铁路、如何更合理地将方法和工具应用于实践、如何更全面地激发出铁路工程的价值，以及如何更顺利地保障铁路工程建设过程科学有效完成等问题，具有合目的性的导向。

随着大规模铁路工程建设的开展，对铁路工程管理知识提出了更高的要求。铁路工程管理经历了从不规范到规范、从传统到现代、从借鉴到创新的发展，铁路工程管理知识体系的深度和宽度也在实践过程中因铁路工程的不断突破和知识的不断创新而得到一次次扩展。

早期铁路工程管理属于传统经验型管理方式，管理者所运用的工程管理知识主要为意会知识。这类知识多为其他土木工程领域管理经验的积累，工程管理总体上较为粗放。20世纪80年代至20世纪末，工程管理作为独立的学科兴起并得到专门研究，铁路工程管理知识进入快速发展时期。随着铁路工程管理体制迎来改革，项目法人制、招投标制、工程监理制、合同管理制（FIDIC合同管理、工程承发包合同管理）以及竞争、激励和约束机制等管理理论和方法被纳入铁路工程管理知识体系之中，铁路工程管理知识走向理性化、规范化。进入21世纪后，铁路工程管理知识又迎来了发展新时期。管理工作对人和自然的重视以及信息技术的大量应用，促使传统铁路工程管理方式开始向现代科学管理方式转变，铁路工程管理知识走向现代化、精益化和信息化。

铁路工程管理知识体系的构建以系统论、组织论、控制论、信息论、决策论、运筹学、博弈论等管理学知识为重要理论基础。从知识层次看，铁路工程管理知识包括管理理论原理、管理流程以及管理技能与方法等。从知识内容看，铁路工程管理知识既包括计划、组织、指挥、协调、控制等职能管理知识，也包括涉及具体管理内容的知识，如质量、安全、环境、成本、进度等目标管理知识，以及资源和采购、法律和合同、技术、风险、信息、文化等支撑保障性管理知识。对铁路工程管理而言，最重要的是管理知识体系与铁路本身特性的深度契合。

铁路工程作为大型基础设施，其众多利益相关者的组织协调是一项重要的管理工作。项目组织协同管理知识是用来实现项目直接和间接利益相关者协同工作、紧密配合的重要利益相关者知识。在铁路工程众多利益相关者管理工作中，业主方管理占据主导地位。我国建设发展中先后采用了建设指挥部管理模式、铁路局代管模式、专门机构集中管理模式，以及项目法人责任制模式等业主方管理模式。

铁路工程战线长、构成复杂、影响面广，解决这些难题是铁路工程管理者持续奋斗的方向，也是铁路工程管理知识体系不断丰富的内生动力。这些特点要求铁路工程管理知识在实践中尽可能地回答"三大关系"问题，即项目各专业工程协调配合关系、项目与沿线环境和谐发展关系以及技术创新与安全可靠动态适配关系问题①。因此，铁路工程管理者除了要具备各专业知识、全生命周期管理知识等丰富的知识储备外，还必须要具备较强的科学规划、专业协调、动态控制以及创新优化等工程能力。

青藏铁路建设为我国铁路工程管理水平向现代化跨越进行了有益探索。在组织管理上，成立青藏铁路公司，开创了公益性铁路工程的项目法人责任制，对铁路全线建设和运营一体化管理知识创新，消除了传统管理中建、管脱节的弊端。在目标管理上，青藏铁路加强"质量、安全、环保、工期、投资"管理，更加重视以人为本和可持续发展要求。在科技创新管理上，实施开放创新、协同创新，攻克了"多年冻土、高寒缺氧、生态脆弱"三大世界难题，建成了集全世界一流水平的高原铁路②。形成一批拥有自主知识产权的高原冻土、高原环保、高原健康安全关键技术。

铁路工程管理是一项具有艺术性的活动，需要政府、社会组织、企业等各类管理人员结合所处环境创造性地灵活运用所掌握的铁路工程管理知识，具体问题具体分析。只有这样，才能充分激发铁路工程管理知识活力，真正地将理论服务于实践，并在实践中推动铁路工程管理水平全面提升。

总之，铁路工程通用知识奠定了铁路工程知识的基础，它既推

---

① 孙永福.铁路工程项目管理理论与实践［M］.北京：中国铁道出版社，2016：34-35.

② 《青藏铁路》编写委员会.青藏铁路：综合卷［M］.北京：中国铁道出版社，2012：54-58.

动又约束着铁路工程活动及其成果的形成过程。铁路工程科学技术知识是对现实自然、客观规律的认识，不以人的意志为转移；铁路工程人文社会知识和铁路工程管理知识则是铁路相关"人"的需求、行为规律的反映，体现出人的主观能动性。在铁路工程不同阶段，融合工程背景进行集成运用，体现出科学技术、自然规律与人的主观能动性的辩证统一。

第三节 铁路工程专业知识

工程专业知识是将工程理念、设计方案、理想愿景等物化为人工物的关键。铁路工程专业知识与时空、情境、人的活动紧密相关并耦合互动，与铁路工程点线网结合、多专业融合、规模宏大、需求导向的特征密切关联。铁路工程专业知识总体上包含了决策知识、设计知识、实施知识、验收知识、运维知识与评估知识。

1 铁路工程决策知识

决策是工程实体项目建造的起点。铁路工程决策需要对铁路建设的必要性、各类方案的可行性和合理性等进行科学论证。借助信息收集知识、目标管理知识、方案拟定知识和选择评判知识（如图2-3-3所示），决策者可以依据工程总目标和约束条件，面对纷繁复杂的不确定性，对各种选择的利弊风险全面权衡、综合比选并做出决定。

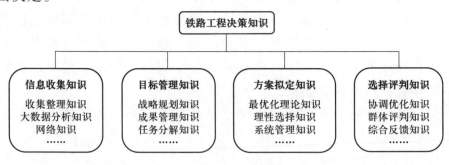

图 2-3-3 铁路工程决策知识构成

铁路工程决策必须坚持科学决策、民主决策、依法决策。信息收集知识旨在通过各类方式获取所需齐全信息并加以归纳整合，使决策工作有据可依。其不仅涵盖收集整理知识、网络知识、大数据分析知识，还包括运筹分析知识和趋势预测知识。若没有信息收集知识的支撑，决策制定就会成为无源之水。例如，是否有必要修建京沪高铁是京沪高铁项目决策时面临的首要问题，铁道部针对"没有必要修建京沪高铁"的观点，广泛收集国情、路情等社会、经济、自然信息，通过数据知识分析发现：既有京沪铁路已全线处于超饱和、超负荷状态，不能满足人民生活水平日益提高的出行需求和运输需求，急需扩大运输能力，建设京沪高速铁路。

方案拟定知识可以辅助决策者结合国情与政策，根据现实要素进行统筹，开展融资、选线、设计、技术、建设等方案研究工作①。例如，京沪高铁决策过程中面临的轮轨与磁悬浮技术制式选择问题，先后经历了三次大规模论证②：1998 年，根据国务院领导批示，由中国工程院组织专家研究比较，结合方案拟定知识，系统考虑京沪高铁的战略规划和国情路情、铁路运量等现实因素，认为采用轮轨技术是可行的；1999 年，按照国务院领导要求，中国国际工程咨询有限公司（以下简称中咨公司）召开研讨会，会后上报了关于采用高速轮轨技术的建议；2003 年，受国家发展和改革委员会委托由中咨公司再次组织专家论证，通过选择评判知识对工程技术、投资收益、环境影响等 10 个方面权衡比较得出最终决策，认为高速轮轨技术是现阶段的必然选择。

目标管理知识集成战略规划、目标转化、任务分解、组织实施和成果管理等知识，使决策从单纯依赖目标驱动发展为目标驱动与知识引导相结合，助力决策者更全面地衡量铁路项目多元价值。例如，京沪高铁决策过程中面临的引进高速动车组技术问题，决策者认为在我国已取得科研成果基础上引进高速动车组整套技术，通过消化吸收再创新，实现高速动车组国产化，是尽快追赶国际先进水平的正确选择，也是实现"弯道超车"的最佳途径。

---

① 郭峰.协调管理与制度设计 ［M］.北京：科学出版社，2013：240-250.

② 《京沪高速铁路建设总结》编写组.京沪高速铁路建设总结：决策卷 ［M］.北京：中国铁道出版社，2015：160-165.

铁路工程决策既要了解过去，综合考虑多元历史因素，又要立足现实，科学权衡资源分配、路网规划、技术水平、资金实力、环境影响等多方面现实因素，且要面向未来，全面衡量科学社会、经济技术发展的战略总目标和大趋势。决策中涉及许多哲学问题，需要重视以人为本，构建人与人之间的和谐，以及人与自然之间的和谐①。

2 铁路工程设计知识

设计是铁路工程的灵魂，是造物的蓝图。综合勘察选线知识、总体设计知识、专业设计知识和设计特性知识构成了铁路工程设计知识，如图 2-3-4 所示。

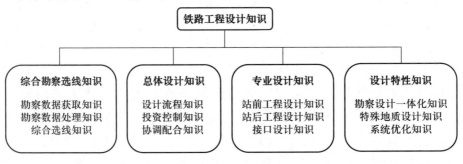

图 2-3-4   铁路工程设计知识构成

综合勘察选线知识涉及数据获取与处理，从宏观到微观、从现象到本质，逐步解决铁路运量预测、地质勘探、线路选择等问题②，保障选线工作顺利开展。我国铁路选线曾先后提出经济选线、地质选线、环保选线、安全选线等理论。相当长一段时间内，铁路选线以经济选线为主，强调投入产出政策，将国家、沿线地区经济条件和铁路建设投入水平置于首位。随着山区铁路建设增加，铁路选线突出了地质选线，对特殊地质区域做到绕有依据、治有上策。自青藏铁路建设之后，环保选线设计理念得到广泛认同，促进自然保护

---

①　殷瑞钰，汪应洛，李伯聪，等. 工程哲学 ［M］. 2 版. 北京：高等教育出版社，2013：236-238.

②　张倬元. 工程地质勘察 ［M］. 北京：地质出版社，1981：119-120.

与铁路建设充分结合。近年，又提出了安全选线的设计理念①。

　　铁路工程总体设计知识具有统领性、全局性，为解决项目功能定位、主要技术条件选择、建设方案和投资控制等全局性问题服务。大秦铁路是我国第一条重载铁路，运输途中不改编、不变轴、不更换机车。需要运用总体设计知识，解决点线能力匹配、移动设备与固定设备运能匹配问题，以及装车、运输、卸车能力协调问题，使之形成一个高效运输大系统。通过持续技术改造和创新，逐步提升列车牵引质量、年运输能力。原设计运输能力为 1 亿吨/年，现最高达到 4.5 亿吨/年，使大秦铁路走出了一条既有铁路挖潜扩大再生产的成功之路。

　　铁路工程专业设计知识则主要解决铁路工程站前工程、站后工程设计问题及其接口问题。铁路工程设计需要树立全局观念，认清整体与局部的关系，立足设计整体性，统筹诸多专业设计，达到铁路总体设计最优目标；同时又要充分重视各专业工程设计及其相互联系，将各专业设计优化汇聚，以促进总体设计质量提升。

　　为满足铁路工程设计某些特定需求，如解决勘察与设计脱节问题，或岩溶、采空等特殊地质问题等，勘察设计一体化知识、特殊地质设计知识及系统优化知识等设计特性知识开始出现。其中，勘察设计一体化知识涵盖了勘察知识和设计知识，更重要的是两者交叉融合，指导勘察者和设计者相互考虑对方需要，从而推动铁路勘察与设计双向互动、协调统一，有效提高勘察设计质量和效率。例如依托 BIM 技术，勘察设计一体化知识可得到有效运用。利用 BIM 进行地质体可视化建模，展现工程勘察结果，可使设计人员将工程结构设计与工程地质信息充分结合，提高勘察设计质量和水平。

　　铁路工程设计阶段相较于铁路建造其他阶段，更有赖于人的创造性和主观能动性。千变万化的设计方案既承载着设计者的价值观念、审美追求与知识经验，又蕴含着设计者对客观条件的系统思考和科学把握，需要铁路工程人文社会知识支撑。

---

　　① 白孝勇. 刍议铁路选线设计树立安全选线的设计理念 [J]. 铁道标准设计，2012 (7)：33-37.

铁路工程实施知识

实施阶段是铁路工程实体形成的过程。铁路工程实施知识具有鲜明的情境性，是一种建构性知识，涵盖现场管理知识、综合管理知识、实施技术知识。

通过现场管理知识将现场管理目标、要素视为矛盾统一的有机体，运用综合管理知识进行组织协调，以实施技术知识解决技术难题，保障铁路工程顺利建成。

现场管理知识主要围绕项目目标实施现场管理和控制，涵盖组织管理知识、质量-安全-环保一体化管理知识、工期投资控制知识。通过对不同学科知识的有机整合及合理运用，对工具、方法和技术要素的有效选择，并在实践过程中反复检验、科学总结、更新发展，达到知识的内生创造，全面实现工程质量、安全、环保、投资、进度目标要求。在铁路实施阶段面临着大量协调问题，既有各个目标之间相互协调问题，也有各参与方及项目内部组织、人员、资源等协调问题，还有铁路工程与自然、社会环境协同发展问题[①]。现场管理知识可为有效解决这些问题而服务。

综合管理知识将现场管理理念与工程项目五大目标贯通，对铁路工程实施过程中的资源、风险、合同、信息、文化等要素进行全面管控，其构成如图2-3-5所示。在综合管理知识中尤其要重视合

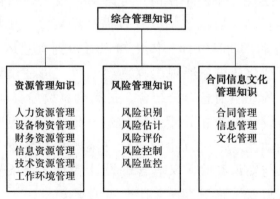

图 2-3-5 综合管理知识构成

---

① 郭峰，王喜军. 建设项目协调管理 [M].北京：科学出版社，2009：23-26.

理运用风险管理知识，对地质、安全、环境、技术、资金等潜在风险有效控制和处理。

实施技术知识来源于理论研究、科学试验和实践经验，用于解决铁路工程实施过程中的技术问题。它兼顾建造情境性，以可能遇到的工程难题的不确定性为出发点，是铁路工程科学技术知识在具体建造情境中的集成与运用，并不断优选与创新，推动造物目标达成。例如宜万铁路穿越岩溶特别发育的丛山峻岭，地质情况特别复杂，建设面临极高安全风险。建设者们在现场管理知识的指导下对工程各目标进行协调，研发信息化注浆施工方法，引入可超前预报的钻孔设备，安全快速地解决了高压富水断层破碎带开挖问题。运用风险管理知识，强化风险意识，从识别评估、决策管理、技术应对和安全措施四个方面入手创建了复杂隧道风险管理体系，有效实现了铁路隧道建设风险管控。建设者们秉承"宜疏不宜堵"的原则，创造了"释能降压"技术，成功解决了岩溶突泥突水难题。

和谐发展理念为铁路工程实施与环境互动赋予了新内涵和新特征。一方面，铁路工程实施突破了建造环境带来的阻碍和困难，改变了原有的物理自然环境；另一方面，铁路工程实施应与自然生态和谐共生、协同发展，绘制出物理自然与铁路工程"你中有我，我中有你"的和谐画卷。

4 铁路工程验收知识

铁路工程验收是铁路工程实体投产运营前的重要阶段。项目验收需要依据国家有关法律法规、工程建设标准规范及批准的设计文件，兼顾铁路项目特点、特殊环境和具体需求，进行系统优化与反馈调节，从而确保铁路建造成果与铁路设计要求、合同约定、价值目标及整体功能相匹配。

铁路工程验收知识主要涵盖验收组织知识、质量评定知识、系统集成知识、安全检测知识以及反馈调节知识。同时发挥铁路工程通用知识作用，综合运用各类知识，为验收工作的顺利开展提供有效支撑。

质量评定知识是经验知识与理论知识的高度融合。将各专业工程分解为组成部件，以评定标准为依据，以评定方法为手段，以铁路工程技术知识为工具，对各个部件的质量可靠性、耐久性等进行评判。不仅重视"结果"，而且重视"过程"，最后评定整体工程质量。安全检测知识运用目的在于事前控制、防患未然，既要对铁路安全隐患特征进行分析，又要检验系统应急响应和保障能力，以及突发事件应急救援能力。以人为本、保障安全，避免事故发生，体现着铁路工程人文技术知识与科学技术知识的充分融合。例如沪杭高速铁路按照工务、电务、信息等专业工作组对工程质量安全进行验收，对轨道结构、站房建设等八个方面进行了质量安全检测评估，进行了动车组火灾扑救、行车固定设备故障抢修等七个场景的故障模拟和应急演练测试，使安全隐患得以尽早发现和处理，应急救援能力得以提升，从而保证线路运营安全。

铁路工程验收要从单项工程验收着手，同时安排整体验收。用动态验收方式，从铁路工程整体性出发，考量其是否达到验收要求。动态验收中必须依靠系统集成知识来集零为整，全面考察系统间多方面联系，保障系统间协调配合及整体功能最优化①；并结合安全检测知识，确保铁路工程整体安全性符合要求。

此外，铁路工程验收还需要运用验收组织知识与反馈调节知识保证验收工作的完整性和高质量。验收开始阶段，验收组织知识为解决验收总体目标、组织结构、管理流程等服务，确保验收组织高效运作。验收结束阶段，反馈调节知识按照否定之否定的思维路径，对检测调试过程中的可优化部分反复调整，以使最终交付工程在质量、安全、系统集成上进一步优化。

随着信息时代的到来，验收也从传统人工检验测量调试，发展到利用无人机遥感技术、激光二维扫描技术等先进技术进行检测验收。不仅重视验收实体成果，更重视建设过程质量管理及效果。验收演化反映了数据采集手段、检测技术方法、调试优化模型等方面的不断进步，铁路工程验收知识也随之不断更新和发展。历经现场测量、手工测算到室内仿真模拟，提炼出符合实践规律的可靠结论，不仅是工程知识责任性和问责性的体现，也是工程知识的"造物性"到"造福性"的完美体现。

---

① 卢春房.中国高速铁路建设项目一体化管理模式研究与实践［J］.铁道学报，2016，38（11）：1-8.

5　铁路工程运维知识

铁路工程运营是实际运用和价值展示阶段。铁路工程经验收符合要求即可进入运营维护阶段，其"造物"使命基本告一段落，正式开启"造福"新篇章。所谓"造福"，其本质是形成巨大运输生产力服务社会。铁路运维通常包括铁路运营和维修养护。其中，铁路运营是综合运用各种运输设备，完成旅客、货物运输任务的过程；铁路维修养护则是对固定设施（工务、电务等）、移动设施（机车、车辆等）的检测与维护，保障运输安全、畅通。铁路运营与维护相伴而生，不能相互脱离地孤立存在。

铁路运营是一个动态、综合、系统的组织活动。一方面，通过运输管理经营活动吸引更多的旅客和货物；另一方面，通过运输组织管理提高运输效率和质量，创造良好的经济效益、社会效益和环境效益。铁路运营知识既综合集成数学、物理等科学知识，调度指挥技术知识、综合维检方法等技术知识，同时也融合了铁路工程人文社会知识、运输管理知识。铁路运营知识主要包括客运管理知识、货运管理知识和行车组织知识。

铁路维修养护是一项多专业综合性、预防性工作。铁路维护知识包括铁路移动和固定设施的巡视与检测知识、维修知识、养护知识等。随着铁路运量和速度的大幅提升，留给铁路维修和养护的时间以及工作面也越来越少，这就需要维修制度变革，通过先进技术实时掌握设备运转情况，及时采取预防维修，加强专业之间协同、高效配合；利用"天窗"时间，实行多专业立体化综合检测；同时将"减少维护工作"理念提前至铁路设计、实施阶段，提高结构设备耐久性。

数字化、网络化、智能化是铁路运营维修的大趋势，铁路工程科学技术知识在铁路运维中扮演着愈加重要的角色。以铁路运输组织、客货营销、经营管理为维度的铁路运维信息体系正逐步完善，铁路工程运维方式也将逐渐由人工向机械化、自动化甚至智能化跨越。

铁路工程在运维阶段的表现，是对工程理念是否正确、工程决策是否得当、工程设计是否先进、工程建造是否优良的最直接的验证①。铁路运维"造福"社会，是项目生命期最长的阶段，经受运营实践考验所暴露出来的问题，需要运用运维知识去解决。铁路运维知识不断更新，将促进铁路工程知识得到新发展。

6 铁路工程评估知识

工程评估本质上是工程价值认知过程。工程评估理念决定了评估主体对工程价值体系的认知，从而决定了工程评估知识体系的构成，铁路工程也适用于这一普遍规律。铁路工程评估理念随着人类认知的进步和经济社会的发展而不断演化。在我国铁路工程发展史上，评估理念先后经历了先通后备、固本简末、运能协调、和谐发展的演化历程②，铁路工程评估知识也由简单的财务经济和技术可行性分析知识逐渐向以经济、社会、环境等方面价值为标准的知识发展，并且更加注重铁路综合效益。铁路工程评估知识与不同阶段工程评估活动相伴而生，图 2-3-6 展现了铁路工程知识与实践的互动关系。

评估工作贯穿于铁路建造全过程，并与铁路决策、设计、实施、验收、运维各阶段互动，因此评估对象多样复合。按照评估标准划分，现代铁路工程评估知识包括专题评估知识和综合评估知识。专题评估知识是依据技术、经济、社会、环境、质量、风险等不同评估标准对铁路工程本身进行价值判断或成果优化的评估知识；而综合评估知识是系统权衡各项标准，使之达到辩证统一的评估知识。经济评估知识、社会评估知识、环境评估知识和综合评估知识是评估知识中最主要的知识构成。铁路工程项目经济评估知识以工程经济知识为基础，主要分为微观层面财务经济评估知识和投资风险评估知识，以及宏观层面国民经济评估知识。铁路工程项目社会评估知识则基于社会学及经济学中外部性理论等，充分识别和反映铁路工程对国家战略、区域经济发展和就业贡献、民族地区社会进步、

① 殷瑞钰，汪应洛，李伯聪，等. 工程哲学 [M]. 北京：高等教育出版社，2007：209-210.

② 孙永福. 铁路工程项目管理理论与实践 [M]. 北京：中国铁道出版社，2016：3.

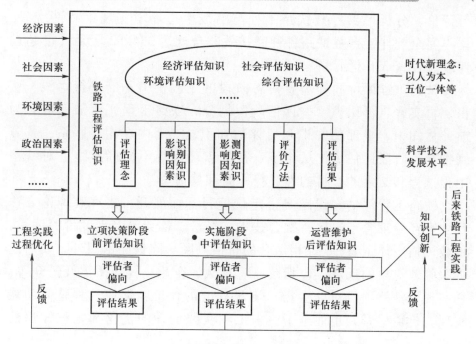

图 2-3-6　铁路工程评估知识与实践的关系图

铁路路网灵活性补充、运输时间价值及国防作用等的社会效益，其与铁路工程人文社会知识密切关联。评估铁路综合效益时，经济、社会等专题评估知识具有一定的局限性，无法反映铁路工程的综合价值，因此需要依靠综合评估知识系统权衡经济、社会、环境等各维度的影响利弊，从定性-定量相结合的角度出发，尽可能地将铁路工程各类效益进行量化，并需要进一步运用铁路工程科学技术知识、人文社会知识来解决社会效益和环境效益等难以定量的问题，使综合评估知识更具全面性、客观性。

青藏铁路通车 10 余年，为贯彻国家重大战略部署和加快青海、西藏两省（自治区）的经济社会发展做出了重大的贡献。在青藏铁路综合评价中，评估者将综合评估知识和铁路工程人文社会知识融于评价过程，系统分析了青藏铁路对国家和沿线地区经济、社会、环境等发挥作用的程度。评价结果显示，青藏铁路实际客货运量、接待旅游人数、旅游总收入大幅增长，极大地推动了交通运输业、旅游业发展，促进地区社会进步。此外，评估者对青藏铁路采取的环保型列车运行模式、植被恢复、动物保护通道设置等环保措施进行评价，分析得出青藏铁路工程与沿线生态环境实现了和谐统一。据不完全统计，青藏铁路各种间接效益合计达 334.82 亿元（已超过建设总投资 330 亿元）①。

铁路工程评价同样需要对各阶段的工程价值不断进行实践、认识、再实践、再认识。按评估阶段划分，铁路工程评估知识可分为前评估知识、中评估知识和后评估知识，三者内在相互联系，并分别指导各阶段评估主体从经济、社会、环境等不同标准维度对铁路工程过程和结果的合目的性进行检验和反馈。

铁路工程评估知识围绕一定价值目标而展开，集客观理论方法及主观经验理念于一体，融合技术、经济、社会等多维度价值体系，承载评估主体定量-定性相结合的价值判断。除铁路部门外，要广泛听取服务对象的反映，包括政府、军队、企业、社会团体及民众等。它实现了铁路项目对社会需求满足程度的评价，促使工程整体功能实现、价值提升，也促进了后来工程实践活动的优化和工程知识的丰富。

总之，铁路工程专业知识具有明显的阶段性特征，但各阶段知识并非孤立的，而是紧密衔接、内在关联、耦合互动、不断递进，全面贯通铁路工程全生命周期的。各阶段工程知识与铁路工程通用知识合力达成铁路工程系统目标，协同创造了造物价值。

第四节　铁路工程知识的运用与创新

纵观历史长河，知识促进各行业探索前进，各行业发展推动知识动态创新，二者演化为螺旋式发展的自组织结构，促使知识不断地由低阶向高阶更新迭代②。从朴素唯物主义到辩证唯物主义，铁路从业者对"两类物质世界"（天然自然界和人工物世界）③ 客观存在规律进行思辨扬弃，特别强调铁路工程知识系统运用，前瞻铁

① 孙永福.青藏铁路对经济社会发展的重大作用 [R].2016：2.
② 殷瑞钰，汪应洛，李伯聪，等.工程哲学 [M].2版.北京：高等教育出版社，2013：23-25.
③ 殷瑞钰，傅志寰，李伯聪.从"两类物质世界"出发看工程知识——工程知识论研究之一 [J].自然辩证法研究，2018，34（9）：31-38.

路工程知识变化与创新。

 # 科学运用铁路工程知识

铁路工程知识是按照特定目标及地域环境由通用知识和专业知识构成的有机整体,并受到自然、经济、社会等多种因素的深刻影响。科学运用铁路工程知识切忌生搬硬套,要倡导灵活运用、集成运用、创新运用的综合统一。

灵活运用铁路工程知识是对铁路从业者观察视野、知识范围、实践能力等素质提出的高标准与严要求。为了实现特定环境(包括自然环境、人文社会环境、科学技术环境、政治经济环境等)下的铁路工程建造,必须从诸多相关学科知识库中灵活选择。随着铁路建造领域延伸、运行环境不断改变,只有将铁路工程知识结合项目实际灵活运用,才能更全面、深入地分析问题和解决问题。

集成运用是将碎片化铁路工程知识集中在一起产生联系,从而构成一个知识体系的过程,其不但重视科学技术、人文社会、工程管理等通用知识,更加重视决策、设计、实施、验收、运维、评估等专业知识。京津城际铁路是我国高速铁路全生命周期自主研发创新的良好开端,其中运用的铁路工程知识不仅以铁路工程实体及其建造设备、工机具等形态"物化"的存在,又以铁路工程的建造经验、标准规范、设计构想、技术方案、社会认知等纯知识形态存在。最终京津城际铁路建设攻克了系统设计、轨道高平顺与高稳定、高速列车安全与舒适、运行控制可靠与高效的四大工程难题[1]。

创新运用是铁路工程知识创新生态下技术知识进步和管理知识集成共同演进的产物。当铁路工程的发展满足了人类服务性需求的稳态之后,人们对铁路运输知识的快捷性提出了更高要求——希望能够弥补高铁速度与飞机速度之间的空白地带。2019 年 5 月 24 日,中国时速 600 公里高速磁悬浮试验样车在青岛下线,这标志着高速磁悬浮技术知识实现重大突破[2]。人们正在研究新的高速动车组和

① 何华武. 京津城际铁路科技创新 [J]. 中国工程科学, 2009, 11 (1): 4-16.
② 苏万明, 温竞华, 阳建. 我国时速 600 公里高速磁浮试验样车下线 [N]. 新华每日电讯, 2019-05-24 (1).

高速铁路技术，也在开展低真空管道超高速磁悬浮技术研究。

科学运用铁路工程知识涉及铁路工程系统、知识要素，以及它们之间的灵活运用、集成运用、创新运用，不仅随时间的推移而变化，而且按空间的划分而铺展。通过科学总结和持续更迭，铁路工程知识的科学运用必将为铁路大发展做出新贡献。

2 建设绿色智能铁路工程

在不断变革人与自然关系的基础上，铁路从业者更加深刻地认识到工程知识更新的复杂性、动态性和集成性。随着理念升级迭代、技术运用发展，铁路工程知识必定在未来多元化实体活动中得到更普遍地应用，其中以理念更新为引领的绿色铁路和以技术更新为核心的智能铁路尤为突出。

绿色铁路随着可持续发展理念的提出而备受关注。绿色铁路是以环境价值为衡量尺度，运用各种绿色环保知识，在确保铁路运输安全、快捷、高效的条件下，减小铁路及配套设施对生态环境的负面影响，同时具有良好的经济效果和可持续发展能力的铁路[①]。与传统铁路工程相比，绿色铁路不单体现在节能、节水、节地、减排，其在实现铁路绿化、环境保护、安全保障等方面更是一个高标准、高质量的综合体系，是一项开放、复杂的工程系统，更是科学技术知识、人文社会知识、工程管理知识的集成运用。绿色铁路的目标体现在多方面：一是运用经济知识，使建设和运维外部成本内部化；二是以资源可持续利用为前提，通过技术水平提高和管理现代化，节约使用各种资源；三是以环保知识为约束条件，从粗放型转变为集约型，从数量型转变为质量型，把对环境的影响降到最低程度。换言之，绿色铁路所体现的是可持续发展知识与铁路工程专业知识的有效结合，也是构建和谐社会轨道交通的必然选择。

智能铁路受到全面感知、万物互联、数据驱动、智能决策等创新技术融合影响，已然成为铁路工程变革的核心。智能铁路充分利用新一代信息技术，即移动互联网、人工智能、大数据、云计算、

---

① 马得祥. 关于建设可持续发展绿色铁路的研究［J］. 环境科学与管理，2019，44（3）：177-180.

物联网等，创新性地以自主感知、自主学习、自主决策和自主控制为核心处理流程，在知识指导实践的基础上，为人们提供高效精准、个性化的位移服务，从而实现更加安全、高效、舒适、绿色的新一代铁路交通运输系统①。在铁路工程全生命周期的各个阶段，形成了体系化的自主知识产权，对于智能铁路的建设、管理及运维工作起到至关重要的作用。

自然界和人工物世界通过"自催化"和"自反馈"等机制进行着创新演进，铁路工程知识历经百年洗礼，也进行着阶梯式动态更新。绿色智能铁路有一个从低级到中级再到高级的发展过程，相应的绿色智能铁路知识也要经历一个从低到高的升级过程②。在铁路工程知识更新迭代的道路上，铁路从业者不仅要将动态更新的知识融入造物活动当中，更要将对立统一、质量互变和否定之否定的辩证思想与系统思维，渗透到更高质量、更高水平以及更高效率的铁路工程实践活动当中。

总之，要立足工程哲学，以自然界与人工物世界的统一为依据，建立铁路工程知识灵活运用、集成运用、创新运用的自组织结构。在此基础上，运用工程建设的新思维，建设绿色智能铁路工程，进一步推动铁路工程知识的动态发展。铁路工程需求是铁路工程知识发展的牵引力，要从本质上认识铁路工程知识的价值和作用，把握其运动、变化和更新的基本规律，才能让铁路工程更好地造福全世界人民。

---

① 秦勇，孙璇，马小平. 智能铁路 2.0 体系框架及其应用研究［J］. 北京交通大学学报，2019，43（1）：138-145.

② 孙永福. 建设绿色智能川藏铁路［R］. 川藏铁路建设论坛，2019.

第四章

水坝工程知识案例研究

第一节　水坝工程知识概述

从古至今，人类的繁衍生息和群落聚集无不逐水而居，世界四大文明古国都是孕育于大江大河的冲积平原。然而，全球水资源总量恒定且时空分布不均，于是人类探索采取一系列人工物来蓄水、引水、提水、调水，对天然水资源在时间上、空间上进行合理再分配，以提高利用效率，为农业灌溉、生活用水等提供便利，水坝就是为此而建造的一种人工物。

1　水坝工程发展概述

水坝工程贯穿了人类文明发展的很长时期。水坝工程，是指拦截江河水流，调蓄水量或壅高水位的人工挡水建筑物，这种建筑物可形成水库，调节径流，满足防洪、发电、航运、给水等需要，也通称"拦河坝"。① 坝是水利枢纽中的主体建筑物，在全部水利工程的工程量和投资中占有较大比重，工作条件和施工条件复杂。

世界水坝工程历史悠久，经历了一个与自然、经济、社会协同演化的过程。美索不达米亚扎哥罗斯山脉丘陵地带发现了 8000 年前的灌渠。公元前 3000 年建造的古城加瓦供水系统是迄今为止所发现的现存最早的水坝。中国大禹治水的传说发生在公元前 2000 多年，

---

① 《中国水利百科全书》第二版编辑委员会. 中国水利百科全书：第一卷 [M]. 2 版. 北京：中国水利水电出版社，2006：17.

那时中国进入原始社会末期，农耕文明兴起。地中海、中东、东亚、中美洲等很多地区则在公元前1200年前陆续出现了以石头和泥土修建的水坝。欧洲文艺复兴之后，水利基础科学初步建立，人类历史上出现了第一次建坝高潮，同期出现了防渗心墙技术。第二次工业革命后，人类历史上出现了第二次建坝高潮，水轮机的出现催生了水电大坝，同期筑坝理论和材料取得突破性进展，人类进入现代筑坝时代，堆石坝、重力坝、拱坝等各种形式的水坝相继涌现，提高了人类利用水资源的水平，也丰富了人类的水坝工程知识。

2 水坝工程知识的概念和类型

水坝工程知识是人类在认识自然和改造自然的劳动实践中，以水坝这种人工物为对象，长期积累形成的工程知识、技术知识和相关科学知识。水坝工程实践是水坝工程知识产生的重要来源，实践经验的积累是水坝工程知识增长的重要途径。以往的水坝工程实践，为后续工程提供了可供借鉴的知识，工程知识反过来又指导工程实践，提高了人类建造水坝工程的综合能力。

水坝工程按照力学特点、建筑材料、施工方法、调节作用可以分为不同的类型。① 按照结构和力学特点可分为重力坝（包含实体重力坝、宽缝重力坝、空腹重力坝等）、土石坝（在力学性质上也是一种重力坝）、拱坝（包括单曲拱坝、双曲拱坝、空腹拱坝等）、支墩坝（包括平板坝、连拱坝、大头坝等）、锚固坝（包括桩基锚固坝、预应力坝等）、装配式坝等。② 按照筑坝材料可分为混凝土坝、钢筋混凝土坝、浆砌石坝、土石坝、木坝、橡胶坝等。③ 按照泄水条件可分为溢流坝（包括坝顶溢流和坝身孔口溢流）和非溢流坝。④ 按照坝高可分为低坝、中坝和高坝（中国规定坝高30米以下为低坝、30米至70米为中坝、70米以上为高坝）。⑤ 按照坝体能否活动可分为固定坝和活动坝（包括卷帘坝、翻板坝、蝴蝶坝、橡胶坝等）。⑥ 按照施工方法不同可分为碾压坝、水力冲填坝、水中填土坝等。⑦ 按照功能可分为单一功能坝（如防洪坝、供水坝等）和多功能坝。⑧ 按照坝工技术历史发展的进程可分为古代水坝（19世纪中期以前建造）、近代水坝（19世纪中期至20世纪初期建造）、现代水坝（20世纪初期以后建造）。

与水坝工程不同类型相对应,水坝工程知识也分为不同的类型。① 从水坝工程发展历史角度看,水坝工程知识有隐性知识和显性知识。19 世纪中期以前建造的古代水坝,主要凭借筑坝者的经验。古代水坝工程知识在人们长期的经验摸索过程中缓慢地进步着,而这些经验性知识大多属于隐性知识(或意会知识),需要一代代筑坝者口口相传、手手相教。也正是长期积累的隐性知识,为近代水坝工程知识的诞生奠定了基础。19 世纪中期至 20 世纪初期建造的近代水坝,坝工设计开始有了理论指导,水坝工程设计知识初见端倪。20 世纪初期以后建造的现代水坝,水坝工程设计、施工、管理等形成完整的理论体系,水坝工程知识已经大部分成为显性知识,如水坝工程图纸、标准、规范等,从而促进水坝工程向规模更大、等级更高、质量更好、功能更多的方向发展。② 从水坝工程的生命周期角度看,水坝工程知识可分为决策知识、评估(论证)知识、规划知识、勘测知识、设计知识、施工知识、管理知识、运维知识、退役知识等。③ 从知识的性质角度看,水坝工程知识可分为技术知识、经济知识、社会知识、政治知识、伦理知识、人文知识等。④ 从工程的功能角度看,水坝工程知识可分为储水/调水知识、防洪减灾知识、水能利用知识、航运过坝知识等。

第二节　水坝工程知识的演变

水坝工程在人类文明的发展史上经历了漫长的进程,人类筑坝的历史近 5000 年。根据坝工技术发展脉络,我们将水坝分为古代水坝、近代水坝、现代水坝,与其对应的有古代水坝工程知识、近代水坝工程知识、现代水坝工程知识。

1 古代水坝工程知识

人类祖先在实践中对自然界的水的规律有了感性认识,认识到水可以储存和控制,尝试建造一些结构简单的水坝工程,因此逐步形成了古代水坝工程知识。最早的一批水坝主要集中于“河流文明”繁盛的几个古国,不同国家的坝工类型各有差别但大体相似,在漫长的经验摸索中积累起来了非常丰富的实践经验，掌握了基本的水坝工程知识。但是，所有古代水坝的特征是完全凭借经验知识建造，无论是土石坝还是重力坝，均无例外。

中国在古代水坝工程建设方面曾创造了辉煌的历史，也积累了丰富的水坝工程知识。公元前256年，战国时期秦国蜀郡太守李冰率众修建都江堰水利工程——以无坝引水为主要特征，至今已经过千百年历史演进，依然在灌溉田畴，造福百姓。这项工程由鱼嘴分水堤、飞沙堰溢洪道、宝瓶口进水口三大部分和百丈堤、人字堤等附属工程构成。古人通过登高望远的勘测方法掌握了都江堰区域的地形地貌和工程地质概况，从而确定了都江堰堰址和筑堰形式（竹笼装卵石层叠累放）；通过分析多年观测数据掌握了河流水文泥沙规律和流体力学现象，从而巧妙设计了鱼嘴分水堤（四六分水、二八排沙）和内江泄洪道（飞沙堰）；通过以火烧石（热胀冷缩原理）的方式开凿玉垒山，形成具有"节制闸"功能的引水口（宝瓶口）；通过设置石桩人像和石马实时观测水位和泥沙淤积，制定高低水位和淘滩标准。一系列蕴含工程知识的工程措施科学地解决了自动调控水量（内外江分水比夏季为4∶6、春季为6∶4）、自动排沙（利用水势将80%以上沙石从外江排走）、控制进水流量（防止过多水量进入成都平原）等问题，使都江堰成为人类治水史上的奇迹。

2 近代水坝工程知识

近代水坝在古代筑坝经验的基础上继续发展，特别是第一次工业革命（18世纪60年代至19世纪中期），大大推动了科学技术的进步以及水坝工程知识的进步。这一时期的重要变化是坝工设计有了科学理论的指导。力学是坝工学最重要的基础，包括构造地质学、地质力学、土力学、水力学、结构力学、材料力学、弹塑性力学。而水文学、气象学、河流动力学等的发展也深化了人们对水的物理规律和化学特性的认识。受此影响，坝工建设有了明显改进，特别是重力坝和拱坝的建造水平明显提升，坝体设计更加科学，坝体（特别是重力坝）断面愈发经济合理，坝高不断增加，突破了古代50米以下的惯常坝高。坝工设计理论的发展为人类开启了水坝筑造的新篇章。

虽然工业革命最早出现在英国，但是近代水坝却首先诞生于法国，其后在欧洲其他国家得到较大发展，欧洲遂成为近代水坝建设的中心。法国是世界上最早利用近代科学理论建造水坝的国家。1847—1854 年建成的佐拉坝（Zola Dam），用毛石砌筑而成，坝高36.5 米，是世界上第一座在科学理论基础上设计的拱坝。19 世纪中后期，法国还在阿尔及利亚建造了若干近代重力坝，如坝高 38 米的哈布拉坝（Habra Dam）和坝高 21 米的特利拉特坝（Tlelat Dam）。

韦格曼的《坝的设计与施工》（*The Design and Construction of Dams*）是一部全球公认的问世最早的有关坝工历史与坝工技术方面的权威巨著。此书于 1888 年在美国纽约首发，1927 年已更新到第八版。第一版中仅述及砌石坝的问题，介绍了砌石坝的设计理论、各种确定砌石坝剖面的方法以及由教友桥坝（Quaker Bridge Dam）的设计者所推荐的简单的计算公式，这些公式一直沿用到 20 世纪 20 年代。之后随着版次的增加，内容也逐渐丰富。第八版中包括砌石坝、土坝、堆石坝、木坝、钢坝、活动坝、连拱坝以及河狸坝等。由此可以窥见，科学知识促进了水坝工程实践的发展，而水坝工程实践又不断丰富着水坝工程知识理论，也进而推动了科学知识的发展。

在欧洲殖民开拓的过程中，伴随着科学技术的迅速发展，近代筑坝技术也传到美国及非洲、亚洲和大洋洲的部分国家。在欧洲近代水坝蓬勃发展的时候，中国水坝却陷入沉寂时期，基本没有建设成有规模的水坝工程。

3 现代水坝工程知识

现代水坝工程知识是在现代技术的高速发展驱动之下发展起来的大坝工程知识，更多地由人类最新科技进展转化而来，并融合了工程师群体所积累的工程实践经验。与古代和近代水坝工程相比，现代水坝在数量、质量和规模上都呈惊人的增长态势。进入 20 世纪后，美国取代欧洲成为现代建坝中心，究其原因在于英国、法国等主要工业化国家在两次世界大战中成为主要战场，没有太多精力顾及坝工建设。而美国在独立战争胜利后，就开启了西进运动。拓荒者在农耕生产和矿业开采中自发地修筑了形形色色的各类堰坝。在两次世界大战期间，美国更是进行了大规模的西部大开发，在干旱缺水的西部建设了大批水坝工程。1902 年，美国成立垦务局，下属于美国内政部，后改称水和能源服务部，在美国西部地区 17 个州的大坝、水电站和渠道的建设中久负盛名。这些水坝工程促进了人们在美国西部建设家园并推动了当地经济的大发展。可以说，20 世纪是美国水坝工程建设的鼎盛时期。后来，苏联、加拿大、巴西等国家也迎来了水坝工程建设的高峰期。

胡佛大坝在世界坝工技术史上具有里程碑意义，堪称 20 世纪西方科技史上最有影响力、最有挑战性的公共水利工程之一。它是当时全球最高大、最沉重的水坝，也是当时世界上最大的水力发电厂。该工程始建于 1931 年，于 1935 年 9 月 30 日完成（提前 2 年），是一座混凝土浇筑量为 340 万立方米的拱形混凝土大坝。坝顶宽 13.7 米，坝基厚达 201.2 米；坝高 221.3 米，是当时世界上最高的拱形坝；坝顶长只有 379.2 米，至今仍然是世界高坝中长度最短的大坝。

20 世纪初，世界筑坝技术取得了长足的进展。法国工程师福内戎于 1832 年完善了首台水轮机，将落水的势能转变为机械能，发掘出大坝的发电功能。不过，那时大坝的分析理论和计算手段都还比较落后。许多复杂的大坝只能依靠近似计算加上模型试验来设计。这些技术上的局限给大坝设计带来了一些难以预料到的工程风险。美国垦务局为了攻克胡佛大坝建设的各种难题，就坝体应力的详细分析、试载法的提出和完善、地震时坝体及水库的反应、坝体的温度变化和温度应力、柱块状分缝、接缝灌浆、水管冷却、缆机浇筑、特种水泥研制、大坝的监测和维护等问题，组织了大批科学家和工程师进行攻坚。围绕胡佛大坝所出版的大量论文、资料和著作，成为各国坝工工程师重要的学习资料和参考资料，对世界混凝土坝的发展起到了重要的奠基作用。

时隔 80 多年，以今天的眼光来审视这座庞然大物，它还有很多不足之处。这座重力拱坝的断面设计今天看来是过分保守的，现在重新设计的话，估计至少可节约一半的混凝土量，原来开挖四条分水渠的方式也过于累赘。但它毕竟是历史上的技术大跨越，人们至今仍叹服于参加胡佛大坝建设的 21000 名工程师永不妥协的决心和勇气，以及运用工程知识大胆创新的科学精神。此外，限于当时人们的思想认识水平，水坝工程对水文等生态环境影响的考虑有所不足。[①]

这一时期筑坝材料显著进步的标志是混凝土的应用，使特高坝成为可能。胡佛大坝工程是大体积混凝土工程中的成功典型，工程师们创造性地发展了大体积混凝土高坝筑坝技术，其中有些技术一直沿用至今。例如，为了解决大体积混凝土浇筑的散热问题，而把坝体分成 230 个垂直柱状块浇筑，并采用了预埋冷却水管等措施，对世界上混凝土坝施工技术的形成和发展有重大影响。20 世纪中叶电子计算机的出现，推动了大坝运行管理和安全监测的技术进步。

此外，高效机械工业、数学力学为基础的流体力学与大数据计算能力的融合，推动了水坝工程设计、建造和管理的数字化、网络化、智能化，云计算和大数据等技术有利于研发和建立数字流域与数字水电，促进智能水电站与智能电网友好互动。这些技术的进步推动了在大江大河上修建 300 米级高坝大库和多种坝型的出现，可以中国的三峡大坝、溪洛渡大坝、向家坝大坝、乌东德大坝、白鹤滩大坝、锦屏一二级大坝、小湾大坝等为代表。

当欧美国家在 20 世纪初期的坝工建设蓬勃发展时，中国还积贫积弱。20 世纪 20 年代世界水坝建设快速发展时期，中国方才开始以科学理论指导水坝工程建设，而且规模（高度）有限。石龙坝于 1910 年在云南省昆明市西山区海口镇螳螂川上游开工建设，被公认为是中国第一座水电大坝。上里砌石拱坝于 1927 年在福建省厦门市建成，坝高仅有 27.3 米。后来在甘肃省金塔县建成了鸳鸯池土石坝，工程于 20 世纪 40 年代完工，坝高仅有 30 米。位于吉林省吉林市松花江上的丰满水电站，于 1937 年开工兴建，是当时亚洲规模最大的水电工程。但由于历史原因，丰满大坝施工质量差，漏水严重，加上坝面及护坦长期遭受冻融剥蚀，严重影响大坝安全。新中国成立后，我国水坝数量迅猛增长，仅到了 20 世纪 50 年代前期就赶上了美国大坝的数量。土石坝和混凝土坝数量都增长迅速，库容也大幅度增加。随着现代科技的发展，中国在水坝智能建造技术、低热水泥混凝土建造技术、百万千瓦水轮机组制造安装技术、大型升船机建造技术、流域梯级水库群联合调度等方面都有长足的发展，部

---

① 张志会. 世界经典大坝——美国胡佛大坝概览［J］. 中国三峡，2012（1）：69-78.

分领域已经达到世界领先水平。

第三节　水坝工程生命周期知识

　　每个工程如同人一样都有自己的寿命。从现实来看，影响水坝工程的生命周期的因素众多，譬如工程材料老化、极端性气候、超标准暴雨洪水、战争破坏、地质地震，以及水坝的生态影响和人文社会需求的演变。一个工程完整的生命周期主要包括如下几个阶段：工程决策和规划期—工程勘测和设计期—工程施工和管理期—工程运行和维护期—工程退役期。因此，从生命周期的角度来看水坝工程知识系统，可大致包含如下几个方面。

 水坝工程决策和规划知识

　　对于水坝工程的决策和规划而言，关于水资源的水情国情的基本认识非常重要。例如，鉴于自然条件和人口大国的基本国情，与欧美国家相比，我国的防洪和供水的压力大，水环境治理的问题也很突出。我国水资源的主要成分是汛期的洪水，洪水资源化利用难度很大，特别是经济发达地区如长江三角洲地区，正处在大江大河中下游的人口稠密区，人水争地的问题更突出。同时，我国是一个水旱灾害频发和能源短缺的国家，人均水资源量少，清洁能源占比低。因此，我国在水坝工程的决策和规划时，会注意统筹防洪、发电、供水、灌溉等功能，以保障人民生命财产安全和经济社会发展。

　　水坝工程具有防洪、供水、灌溉等社会效益，往往被称为民生工程。因此，水坝工程的决策涉及多个方面，主要包括投资者、管理者、工程师、工人、政府、水坝移民及其他相关利益群体等。以三峡工程为例，三峡工程是治理长江水患的关键性骨干工程，它涉及长江和长江流域的自然生态、人文环境、政治、经济以及工程本身的建设技术和基础科学的复杂关系，因此三峡工程的决策和规划是由工程共同体与利益相关者群体共同参与的。其次，任何工程的决策都必须基于科学理性的论证评估，这要基于工程师的科学工作，还要充分考虑地方政府、水坝移民和相关利益群体的意见。经过工程师科学理性的规划论证，三峡工程的设计方案有低坝方案（蓄水位为 150 米）、中坝方案（蓄水位为 175 米）和高坝方案（蓄水位为 200 米）。综合考虑到全国经济、社会发展阶段、工程移民规模、工程造价等因素，三峡工程项目最终采用低坝方案开展初步设计工作。但是，处于三峡水库淹没回水区的利益相关方——地方政府（四川省和重庆市）对低坝方案提出异议，从改善川江通航条件的角度力推中坝方案（175 米）。为此，专家们对三峡工程开展重新论证，最终确定推荐中坝设计方案，并本着民主的精神提交全国人大表决决策。这个案例说明，水坝工程的决策是在工程共同体和多个利益相关群体的共同影响下完成的。

与其他基础工程不同的是，现代水坝工程规划往往不是对单一工程进行规划，而是从全流域维度对整个梯级水坝群进行整体规划，从而确定每一个水坝工程的具体规划。为治理长江水患，中国在 20 世纪 50 年代对长江流域进行了整体规划，三峡工程作为其中重要的水坝工程之一被列入规划。为了全面开发水能资源，2003 年我国进行了全国水力资源复查，总体结论是全国水力资源理论蕴藏量为年电量 60829 亿千瓦时，技术可开发装机容量 54164 万千瓦，因此规划了 13 个水电基地，并对每个流域的水坝工程的装机规模进行了具体规划。同时，由于工程规划属于情境性实践活动，水坝工程在建造过程中，会随着情境的变异而不断发生变化，单个水坝工程在设计阶段也会出现在坝址、坝型、装机等方面与规划不一致的情况，需要具体问题具体分析。

 ## 水坝工程勘测和设计知识

水坝工程是建造在江河断面上的人工物，其技术的复杂性和失事后的危害性，都要求在建坝前须对坝址附近的自然地理、水文地质与工程地质等条件进行全面而深入的了解，在这种勘测实践中应用的知识可称作水坝工程勘测知识。在人类水坝工程发展史上，水坝工程勘测知识是在不断发展和演化的。

古代的水坝工程建设者在对坝址进行实地勘测的基础上积累了丰富的经验知识，在筑坝材料和工艺上体现出了非凡的才智。例如战国时期的秦国太守李冰在建造都江堰时创造了用竹笼装卵石以分水。根据明朝弘治《兴化府志》载："日（指冯智日）相与涉水涯，以求地脉所宜，己乃涉水插竹，教宏（指李宏）以筑陂处"。这种插竹即地质钻探的原始形式。

随着 19 世纪中期近代水坝的出现，水坝工程勘测的方法和相关知识也愈加丰富。20 世纪四五十年代的水坝工程勘测技术，除了常规的地面测量、钻探以及压水试验等项目，还出现了航空测量及地球物理方法。20 世纪六七十年代，随着全球水坝工程建设数量的快速增加，水坝工程勘测技术又有了新发展，主要包括地球物理勘测技术、遥感技术和现代钻探技术的应用。人们通过运用计算机技术对岩体力学和岩体水力学进行分析计算，大大拓展了关于工程地质学的知识，提高了水坝隐蔽工程（基础工程）的建造水平。

水坝工程设计的内容主要是选定坝址、坝型和进行枢纽布置，以及确定坝体承受的荷载及其组合，据此进行坝体轮廓尺寸、整体和局部稳定、应力和应变、材料区分、细节构造、防渗防冲、地基处理等问题的设计。混凝土坝体材料抗冲性能好，泄洪、施工导流问题容易解决。一般采用坝顶溢流或坝身设置泄水孔的泄水方式，施工导流可采用坝身预留孔洞或从较低的坝块过水的方式。当然，不同坝型的水坝，如重力坝、拱坝、支墩坝等，在设计要求和工作原理上各有区别。

与其他基础工程不同的是，水坝工程设计绝不仅仅局限于工程实体本身，还需要结合所在流域的水文、泥沙、地质地震等具体情况才能开展工程设计。以黄河流域为例，20 世纪 50 年代，苏联专家因为没有充分估计到黄河的泥沙含量的影响，导致三门峡水坝选址错误，致使库容被泥沙快速淤满。小浪底水库的修建，就是为了修正三门峡水库的不利现状。与其他水坝的功能不同，小浪底水坝是对三门峡水坝的补救，因此设计的基本功能是调水调沙，主要功能以防洪为主，水电功能次之。

在水坝工程中，溃坝是极其严重的事故。"75·8"溃坝事故是对洪水设计知识认识不足而造成灾害的一个典型案例。1975 年 8 月（简称"75·8"），受 7503 号台风影响，河南境内出现特大暴雨和洪水，导致淮河上游板桥和石漫滩两座大型水库、田岗和竹沟两座中型水库以及石龙山等 58 座小型水库溃坝。据不完全统计，这次灾害事故使 29 个县市的 1100 万人口受灾，110 多万公顷耕地遭受严重水灾，京广铁路被冲毁 102 公里，中断行车 18 天，影响运输 48 天①，直接经济损失近百亿元②。这起事故的原因是，我国与洪水灾害影响有关的水库规划设计一度都是照抄苏联规范标准，采用苏联的频率计算法，但是由于我国水文资料观测年限不长，算得的设计洪水数值一般都偏小，而实际发生的洪水往往远大于设计洪水，③④这有待于进一步积累数据、分析研究、改进规范。

③　水坝工程施工知识

　　水坝工程施工包括坝基开挖、坝基处理、坝体填（浇）筑、金属结构及机电设备安装等。古代水坝利用夯土技术将自然土夯打成坚密的硬土，典型的实例是郑国渠的坝体填筑施工。这个方法一直沿用至今，但当今的施工技术已截然不同。近现代土石坝多是以有轨载具、自卸汽车、皮带机等机械设备运输土石料，利用振动碾来压实土石料的全机械化施工，施工效率和质量有了质的飞跃。水泥的发明距今只有 200 年的历史，但其因优良的性能迅速成为各类基础工程施工材料的主力。砌石坝胶结材料由最初的石灰浆逐步被水泥灰浆所代替，石料也逐渐被水泥混凝土所代替。

　　随着水泥混凝土配合比的不断演化，水坝工程于 20 世纪初迎来了水泥混凝土坝新时代，坝体结构和坝型也不断优化丰富。20 世纪 30 年代的美国胡佛大坝采用了比较科学的施工工艺，标志着水坝施工技术达到一个全新高度，人类迎来了 200 米级高坝时代。

　　水坝工程建设质量直接影响水坝的功能实现，进而成为影响水坝寿命的重要因素。2018 年 7 月 23 日晚，老挝桑片-桑南内水电站副坝发生溃坝，洪水涌入阿速坡省萨南赛县 13 个村庄，其中 6 个村庄严重受损，约 1.3 万人受灾，6000 多人无家可归。由 3 名国际专家组成的独立专家组认为，这起溃坝事故并非不可抗力事件，而是

---

　　①　胡明思，骆承政. 中国历史大洪水：下卷［M］. 北京：中国书店，1992.

　　②　马德全. 牢记"75·8"沉痛教训 认真做好防洪减灾工作［J］. 河南水利，1995（专刊）：8.

　　③　中共河南省水利厅党组. 关于"75·8"板桥、石漫滩两水库失事的经验教训［C］//河南省水利厅. 河南"75·8"特大洪水灾害. 郑州：黄河水利出版社，2005.

　　④　潘家铮. 千秋功罪话水坝［M］. 北京：清华大学出版社，2000.

与副坝基础有关。该副坝基础存在高渗透性、易被侵蚀，当水库蓄水水位上升时，坝的稳定性就无法保证了，最终导致副坝崩裂，造成不可控的洪水下泄。如果采取充分措施，事故原本是可以预防的。①

现代水坝工程施工技术和知识的进步与发展，主要表现在以下几方面。一是混凝土冷却和温控技术的出现，使混凝土坝不再必须设纵缝，从而可以通仓浇筑和高仓块浇筑，在确保工程质量的前提下大大提高了施工效率。二是采用喷洒缓凝剂、高压水冲毛或机械式钢刷凿毛等代替手工凿毛处理施工缝和铺砂浆，大大减少了备仓工序。三是采用自升式悬臂模板和滑动模板，周转次数多、拆装速度快，有利于机械化平仓振捣，大大提高了施工质量。四是采用水化热较低的中低热水泥材料，减少了温控压力和待仓时间，大大提高了施工效率。五是广泛使用混凝土掺和剂和外加剂，有效提升混凝土性能，适应多种复杂工况，大大提升了施工效果。六是采用全自动控制和机械化混凝土浇筑设备。大型混凝土拌和楼实现自动控制，浇筑设备从自卸卡车、皮带机、门塔机、缆机逐步发展为以皮式塔带机为主的综合浇筑手段，施工效率有了质的飞跃。七是发明了碾压混凝土施工技术，即用机械运输、铺摊并碾压超干硬性混凝土的施工方法，使传统的间断浇筑转变为连续浇筑，使水坝工程施工技术发生了革命性的变化。

 4　水坝工程管理知识

从管理职能的维度看，水坝工程管理知识主要指对水坝工程的计划、组织、指挥、控制与协调方面的知识；从管理要素的维度看，水坝工程管理知识主要包含水坝工程活动中的投资、进度、质量、安全、环境、风险、技术、信息、文化等知识。

（1）组织管理。在中央集权的封建社会，古代水坝是由当权者指定的某个官员及其牵头设立的临时机构负责组织管理，如秦国太守李冰负责修建的都江堰。现代社会，先后出现过政府机构直管、工程指挥部代管和项目法人责任制的管理模式，而后者是符合市场

---

① 老挝公布水电站溃坝事故原因［EB/OL］.（2019-05-29）

经济的现代化水坝工程组织管理模式。同其他基础工程一样，现代水坝工程建设已经建立了健全的项目法人责任制、招投标制、监理制、合同制的四制管理体系，项目法人代表出资方全面负责工程的组织实施。

（2）控制管理。项目法人采取一系列措施重点从工程的投资、进度、质量、安全、环境、风险等方面进行综合控制，确保项目按计划顺利推进。

（3）协调管理。水坝工程涉及的利益方包括政府、业主、参建单位、移民等多个方面，特别是移民利益协调是水坝工程相较于其他基础工程更加突出的方面。因此，水坝工程管理知识需要工程师与投资者、政府、移民、当地民众、社会公众、环保主义者等不同利益相关者一起建构。经过现代水坝近百年的发展历程，水坝工程已经逐步形成了系统化、现代化、科学化、制度化的管理知识体系，为水坝工程发展发挥着重要的保障作用。

5 水坝工程运行维护知识

水坝建成后生命期长，必须通过有效的运行维护管理，才能实现工程的预期效益。在运行管理时，要进行水坝的检查与监测、养护与维修，制定合理的调度运用方案并正确操作，逐步实现水利工程管理系统自动化，建立健全工程技术档案。

（1）检查与监测。水坝工程在运行中存在着地震、特殊气象等自然灾害风险，在工程调度中也存在着人为失误的风险等，换句话说，俗称的"天灾人祸"是影响大坝寿命的主要因素之一。当前，全球气候变化的演进，极端性气候频发，超标准暴雨洪水出现的概率增加，这些都大大增加了大坝溃坝的风险。消除或降低这些风险，不仅要通过新技术、新工艺、新方法解决各类工程难题，还要通过数字化、物联网、人工智能等技术全面感知筑坝质量和大坝运行情况，通过大数据、云计算等技术系统分析大坝可能存在的质量安全隐患、气象水文安全隐患、抗震安全隐患、运行调度安全隐患等。通过大力发展智慧化大坝建造和管理技术，提高水坝工程的自身安全和综合服务功能，努力提升水坝工程事业的现代化水平。[①]

（2）养护与维修。我国大部分水库建于 20 世纪 50—70 年代，由于工程标准普遍偏低、质量较差，加之工程管理与运行维修养护经费无正常渠道投入，安全问题更加突出，因此每到汛期，小型水库出险、溃坝事故时有发生。《全国重点地区中小河流近期治理建设规划》确定了大中型病险水库 300 多座，小（1）型病险水库 5400座，坝高 10 米以上且总库容 20 万立方米以上的小（2）型病险水库15000 多座，大中型病险水闸 2000 多座。我国水库除险加固任务艰巨，迫切需要加强研究。

6 水坝工程评估知识

三峡工程作为世界最大的水利枢纽工程，主要开展了前评估和后评估工作。前评估为决策提供了科学依据，后评估对工程进行了客观评价。

（1）前评估

三峡工程历经 20 世纪 50—60 年代的初步论证、80 年代的水位论证和 80—90 年代的重新论证，之后进入决策程序。

1979 年在湖北省武汉市武昌区召开的长江三峡水利枢纽选坝会议，200 多位专家代表就坝址、建筑物布置、航运、人防、施工等重大问题进行研讨。1981 年召开的三峡工程水位论证会议，200 余位专家代表针对经济效益、移民、通航、生态、防洪、大机组等 9个重点问题进行研讨。1986 年组织的三峡工程重新论证，在此前论证工作基础上，设置地质地震、防洪、泥沙、机电设备、生态环境、投资估算、综合经济评价等 14 个专家组（图 2-4-1）。

历经多次论证，三峡工程最终论证结论为：修建三峡工程在技术上是可行的，在经济上是合理的，建比不建好，早建比晚建有利，并推荐了 175 米正常蓄水位。

（2）后评估

2008—2010 年、2013 年、2015 年，中国工程院先后 3 次组织实

---

① 矫勇. 保障水利水电发展中水库大坝全生命周期安全 ［EB/OL］. (2018-05-16).

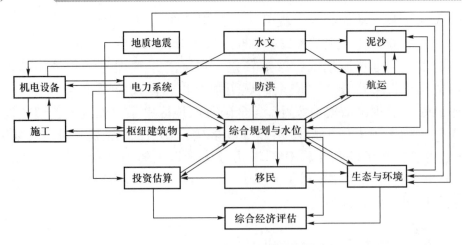

图 2-4-1   三峡工程论证框架图

施了三峡工程论证及可行性研究结果的阶段性评估①、三峡工程试验性蓄水阶段评估、三峡工程建设第三方独立评估。综合评估认为，三峡工程规模宏大，效益显著，影响深远，利多弊少。3 次独立评估不仅对三峡工程原论证及可行性研究的结论进行了客观的评估，对三峡工程相关的热点问题进行了科学的分析，而且还认真总结了三峡工程建设的基本经验，提出了需要进一步关注的问题和对今后工作的建议，促进三峡工程发挥更大的综合效益，促进工程与自然和谐、可持续发展。

随着人类生态环保意识的增强，水坝工程发挥生态效益也被给予更多的期待。在发挥防洪、发电、航运效益的同时，水坝工程通过联合调度和优化调度，不断尝试满足江河鱼类生殖产卵的生态调度、满足下游抗旱补水需求的供水调度，这些尝试逐步取得明显成效，丰富了水坝工程的评估知识。

7 水坝工程退役知识

每一座水坝都各有其寿命，在合适的条件下，水坝作为一种工程类型，在其发展的最后阶段将退出历史舞台。水坝退役的直接表

① 《三峡工程阶段性评估报告·综合卷》首发式在工程院召开 [EB/OL]. (2011-01-30).

现形式往往就是拆坝。具体而言，拆坝的原因包括以下几方面。

（1）水坝提前丧失功能。最理想的一种退役情况是水坝工程达到预期寿命。不过由于工程材料老化、泥沙淤积、水坝建设质量不佳及运行管理不善等因素，许多水坝在达到其设计寿命之前，可能就已丧失防洪、供水、发电或灌溉等设计功能，需要提前退役。例如坐落于吉林市境内松花江上的丰满水电站。这是中国第一座大型水电站，原大坝于 1937 年由日本所扶持建立的傀儡政权"伪满洲国"开工兴建，1943 年开始发电，被誉为"中国水电之母"。历史上，丰满水电站对东北的国民经济发展起到了至关重要的作用。然而，因当时施工和管理水平低，工程材料质量低劣，造成丰满水电站原大坝存在诸多先天性缺陷，虽经多年补强加固和精心维护，但部分缺陷仍然无法彻底消除，后被评定为"病坝"。2012 年 10 月，丰满水电站重建工程正式启动。需要指出，因"天灾人祸"导致溃坝是水坝工程提前结束"工程寿命"的一种特殊情况。

（2）因环境问题而拆坝。任何水坝都有一定的生态影响，比如河道沉积物改变和河道形态改变等，而水坝的生态影响中可能威胁到濒危物种引起了更多的关注。20 世纪末，人们开始重新审视人与河流的复杂的相互关系，公众对河流流域的整治观念与国家能源政策都随之发生了巨大的变化。法国罗纳河曾是欧洲一条典型的"野性"河流，洪水汹涌，桀骜不驯。后来，法国人在工业革命时期"驯服"了这条河流，在 500 多公里的河段，建造了 20 多座水电站，为河流水电站梯级开发的"世界之最"，这些水电站为法国现代经济发展做出了重大贡献。然而 20 世纪 80 年代之后，法国能源政策转向大力发展核电，水电站梯级开发时代结束，环境保护的呼声日益高涨，罗纳河的整治逐渐进入以自然生态环境的恢复和保护为中心的持续发展阶段，人们致力于拆除水坝和河堤，恢复河漫滩湿地。[①] 当然，因生态环境保护而拆坝复堤的前提是即使没有这些水坝也能满足该国或地区的防洪、发电和灌溉等需求，不可一概而论。

（3）因经济因素、安全因素等综合因素而拆坝。近年来，安全因素、经济因素和生态因素往往交织在一起导致拆坝。例如，某些

---

① 让-保罗·布拉瓦尔，蔡宗夏. 法国罗纳河及其流域整治［J］. 世界地理研究，2015，24（1）：11-18.

水坝因不再产生经济效益或存在安全隐患而引发环保组织的关注，美国艾尔华大坝（Elwha Dam）即是如此；而康迪特大坝（Condit Dam）因环境保护和安全设施要求严格，不得不重新申请执照，可是却缺乏申请执照的费用，最终导致该坝被拆除。[①]

当一座水坝的发电需求、灌溉需求所取得的经济效益远小于它的维护成本时，也会导致水坝退役。

第四节　水坝工程知识的哲学思考与展望

工程与人、工程与生态环境、人与自然、人与生态的关系是工程知识论的重要内容。水坝工程是改变自然环境、影响社会发展的技术人工物，因此水坝工程与自然、生态、人、社会的关系也是水坝工程知识的重要组成部分。

1　水坝工程知识的哲学思考

（1）水坝工程与自然

水坝工程知识是人类在与自然的交互实践中产生的，随着人类对自然认识的深度和广度不断增强，不同时期水坝工程中所蕴含的人与自然的关系也不断发生变化。

史前时代，人类对于自然规律的认识还处于懵懂状态，暴雨、洪水、干旱等自然现象被认为是神灵的作用。即便到了农耕文明时代，人类仍然通过祭祀、占卜等方式祈求风调雨顺、趋利避害。这个时期，人类完全被动地受自然支配，因此在山川河流治理方面完全没有水坝工程这种人工物的概念。

经过农业革命，人类的生产力水平有了很大提升，出现了初级的工程造物活动，对自然产生了主动性的影响。但因生产力水平有限，人类还无法从根本上掌握对自然的主动权，因此大多采取因势利导、顺势而为的方式利用和改变自然，并获得了一些水坝工程知识。中国战国时期的都江堰就是这一时期水坝工程的典型案例。

---

① 罗志高，刘勇，蒲莹辉，等.国外流域管理典型案例研究［M］.成都：西南财经大学出版社，2015.

工业革命之后，人类的生产力水平有了质的飞跃，形成了系统的科学知识，完全掌握了对自然的主动权，形成了一系列创造性的人工物。19世纪中叶，世界第一座在科学理论基础上设计的水坝——佐拉坝诞生；20世纪初，现代筑坝技术诞生，此后水坝工程迎来了发展的鼎盛时期，成为人类改造自然的重要形式之一。

进入21世纪，随着人类对自然规律的认识进一步加深，人类开始重新审视人与自然的关系，可持续发展的理念成为人类的共识。人类更加重视水坝工程对生态环境影响的研究，通过设计过鱼设施、实施生态调度等多种措施，寻求人水和谐的最佳契合点。

（2）水坝工程与生态

由于人类认识的局限性，传统水坝工程存在着对生态环境重视程度不足的现象，古代和部分近代水坝工程往往是为满足某个单一目的、不考虑其他影响而规划建设。近代社会以来，人类对水坝工程的认识逐步深化，开始更加理性、全面地看待水坝工程对生态环境的影响。20世纪六七十年代，人类开始科学地认识水坝工程的生态环境影响。例如，水库蓄水后有可能增加雾天天数，大坝下泄水流氧气过饱和对鱼类生存不利，以及下泄水体对江河下游冲淤关系变化的影响等。迄今为止，人类对于水坝工程生态环境影响的研究已有广泛而深入的发展，诸如水质、水流状态、地下水、泄洪雾化、泥沙淤积、河道及河口演变、盐水入侵、诱发地震、滑坡岩崩塌等方面，相应研究成果已成为水坝工程优化运行的基础知识和指导方针。

近年来，围绕水坝工程建设出现了两种影响颇大的观点和声音。一种观点认为要保护河流原生态，对水坝工程采取极端反对态度。其实早在1908年至1913年间，围绕约塞米蒂赫奇赫奇峡谷水坝修筑问题，美国荒野保护主义者与水资源开发方就已经展开过激烈的辩论。[①] 美国自然主义者约翰·缪尔作为荒野保护的先锋，深刻影响了美国人对荒野的态度，包括西奥多·罗斯福总统。但完全退回到荒蛮时代，遭受洪旱灾害的困苦，恐怕是任何现代人都不能接受的。另一种观点号称美国等西方国家已经进入拆坝时代，中国也应效仿。其实，生态保护与自然资源利用并不矛盾。美国之所以拆坝，

---

① 滕海键. 美国人荒野观与荒野保护的历史演变［N］. 光明日报，2016-09-15（8）.

是因为美国建设的水坝已经超过 200 万座，而符合国际大坝委员会标准的仅有 9 万多座。美国在每年拆除几百座病险水坝或超过服役期的水坝的同时，也在水坝旧址或者邻近地区新建了几百座新水坝。

生态是自然界各生物种群间和同种生物群体间相互生存依赖关系的状态。这一状态在自然界是不停地发生变化的，所谓的生态平衡是相对的，不平衡是绝对的，唯有这一不平衡才产生了时时刻刻向新平衡方向发展的推动力，造就了今天的地球环境和人类的生存状态。从哲学的角度看，人也是生态的一部分。水坝工程的防洪、供水等功能，也是改善人类生存环境的过程。因此，要用哲学的视角评价水坝工程，要用发展的眼光管理水坝工程。水坝工程建设要积极贯彻"绿水青山就是金山银山"的理念，积极开展生态友好型水库大坝建设，强调尊重自然、顺应自然和保护自然，在水库大坝的规划、设计、建设、管理全过程中融入绿色发展理念，维护河湖健康，不断增强人民群众的满意度和获得感。

（3）水坝工程与人

工程是人类的造物活动，其目的是为了人类更好地生存发展。因此，工程与人的关系，是工程与各方面关系里最重要的一种关系。水坝工程对于人类的直接影响主要表现在保护水坝下游居民安居乐业和库区移民搬迁安置两个方面。以三峡工程为例，三峡工程移民搬迁安置近 130 万人，是世界上移民数量最多的水坝工程，同时也是防洪效益最显著的水坝工程之一。三峡工程的建成保护了江汉平原 150 万公顷土地和 1500 万人口。正是基于以人为本的人文态度和利大于弊的客观判断，三峡工程才得以决策实施。从巨大的防洪效益角度看，三峡工程是促进人类可持续发展的生态工程。

三峡工程建设前，三峡库区是全国 18 个集中连片贫困地区之一，人口集中在江边峡谷坡地，环境容量极其有限。三峡工程的建设对于这一地区来讲是唯一的发展机遇。移民搬迁后的居住条件、基础设施和公共服务设施明显改善，均高于搬迁前和湖北省、重庆市的平均水平，库区经济社会快速发展，社会总体稳定。当然，三峡移民搬迁安置还有不尽人意之处，比如迁出移民与当地融合和安稳致富、三峡库岸再造对沿岸居民生产生活的影响、部分集镇垃圾污水处理工程滞后和配套不完善等问题。这些在经济社会发展中不断出现的新问题，通过外部投入和移民自身的共同努力，可以向着良性的方向发展。

（4）水坝工程与社会

工程是具有价值导向的，水坝工程也不例外。水坝工程设计成为单一功能坝（防洪坝、供水坝等）还是多功能坝，完全取决于经济社会发展的需要。以三峡工程为例，1918年孙中山先生提出兴建三峡工程的设想，主要目的是利用长江水能发电支撑经济社会建设，因此当时三峡工程设计的主要功能是发电。新中国成立后，长江洪患不断，严重制约了国民经济的发展，因此防洪成为三峡工程的首要功能。另外，水坝工程作为大型基础设施工程，在很大程度上受到财力、物力、人力、社会舆论等多方面因素影响。正是在实践经验的基础上，工程师共同体日益积累了关于水坝工程与社会发展的知识。

2 水坝工程知识展望

水坝工程知识是人类工程知识中的一个重要类型，它的未来发展需要与相关专业、行业和领域知识协同进步，从而保障水坝工程的健康工作状态和永续利用，推动水坝工程与人类社会、生态环境的高质量发展。

（1）加强水坝相关学科的基础研究，丰富水坝工程知识库。水坝工程是实践性很强的学科，与技术施工能力、经济发展水平有很强的关联。中国目前已经成为世界上的水坝工程大国，高坝大库在建设速度、坝高和库容等指标上不断刷新世界纪录。但是我国已取得的创新主要集中于工程技术的集成创新和应用创新，基础研究领域的创新和突破较少。这也导致中国在水利水电工程的相关产业链的关键环节上尚未形成难以替代的竞争优势。未来，针对水坝工程相关问题，应加大基础研究，着力加强对地下水运动规律、蓄水输水工程相关的水力学、土力学和结构力学等方面的研究，积极拓展新型水坝工程，包括从面向地表拓展到面向地下、面向海洋，创新思维和方法，积累更为科学的工程设计方法知识，进一步解决中国的水问题。除此之外，在发展水利工程时，要更加重视工程给区域和环境所带来的影响。

（2）拓展高坝大库的适应性管理知识。高坝大库是江河流域防灾减灾的重要工程举措，很多水坝工程建成运行后已经实现了预定的发电效益，但大型工程的管理具有时序性、长效性、不确定性特征，随着水坝服务期限的延长和全球气候变化，近些年来，国际上大型水坝工程的极端事件频发。未来，人类社会应以积极稳妥的态度建设大型水坝，在工程建设和运行中采用更为严格的安全控制标准。事实上，现有高坝大库在优化调度与运行管理方面还存在相当大的改进空间。其中通过改善高坝大库的适应性管理，实施水资源综合管理，重点关注水坝工程如何适应环境及经济社会需求是重中之重。为此，既要求水利部门和业主单位要调整角色，不断完善工程的适应性管理，又要求在学理研究上重视大坝风险学这一工程风险学与水利水电工程学的交叉学科，重点研究水库及梯级水库群对大坝下游生命和财产等造成的风险问题，积极探索极端事件的应对措施，智能健康诊断、风险链辨识和失事路径分析，实现流域的数字化，对水坝工程进行全生命周期管理，建立工程风险评定和风险防控体系。①

　　（3）加强公众参与的知识体系构建。要从人类命运共同体的角度思考水坝工程、河流治理与人类发展的关系。水坝工程要从知识的源头注入人文伦理理念，做到工程教育、工程知识传播和工程实践同步发展。关于水坝工程的信息，需要更多地向公众公开，帮助公众了解每一座水坝工程的经济、环境、社会效益和影响。围绕专家和公众如何有效参与水坝工程的环境影响评价和社会影响评价，要在相关的内容、范围、程序和方法方面进行更加理性、系统的知识体系构建，并通过法律和规章制度加以确认，从而确保水坝移民群体得以共享工程带来的收益并推动社会公正。

---

① 杜效鹄. 水坝的前世今生 [EB/OL]. 中国水力发电工程学会官方网站. （2018-12-10）.

第五章

桥梁工程知识案例研究

交通工程是人类文明程度的指标，桥梁作为连接工程，是交通工程的重要组成部分。桥梁是架起来的路，跨越江河湖海、峡谷沟壑，满足人类"行"的需求。桥梁工程是人工构造物，作为交通基础设施，既是社会资源，又是现实生产力，支撑经济社会发展，同样也是社会文明、科技进步的象征，代表着时代的精神与审美特征。

工程是造物，实践是工程的内在特征。工程造物实践是人类工程知识的源泉，"实践、认识、再实践、再认识，这种形式循环往复以至无穷，而实践和认识之每一循环的内容，都比较地进到了高一级的程度。"① 一切知识都是以经验开始，认识能力受到激发而行动，工程知识从经验知识开始，以现实的、具体的感性直观经验为基础，进而发挥人的主观能动性，通过知性、理性，对经验因素进行关联、分析、综合和扩展，创造性地加工出具有一定普遍性的、专业性的工程知识。

人类认识世界的方式，既包括处理认识世界能力的理论理性，如逻辑、数学、科学等，也包括处理改革世界能力的实践理性，如伦理、制作、技术等。理论理性的客观实在性依赖于对对象的观察与实验；与此不同的实践理性，则体现为对对象的改革或实现对象的能力。实践理性与对客观世界的改革直接联系，是不断改造世界的认识与能力，是产生新知识的主要源泉。工程是现实的生产力，工程知识既包括从直观感性经验的积累到理论的升华过程，也包括从概念、原理等理论因素到工程实践的具体结合过程，在工程实践情境的场域与约束条件的不断变化中，"实践"与"理论"的双向

---

① 毛泽东. 实践论 [M]. 北京：民族出版社，2017.

互构过程推动着工程知识的不断丰富和扩展。

工程是技术要素与非技术要素的集成；工程知识是自然科学知识、应用技术知识与人文社会科学知识的集合。按照对桥梁工程本征特性（实践性、创新性和社会性）的理解，桥梁工程知识体系总体上包括基础知识、专业知识和人文社会知识三大类知识系统。

第一节　桥梁工程知识系统概论

纵观人类工程史，工程知识的内容、载体、传播是随时代发展而演进的，直接反映了不同时代生产力水平与生产关系的变化。不同的时代有不同的工程建设理念、不同的理论认识和技术水平以及不同社会历史的文化嵌入，时代的更迭推动工程知识的与时俱进。

1　桥梁工程知识的来源和演化

工程造物起源于人类生存的需求，大自然鬼斧神工造就的溪流上的倒树、峡谷上的岩拱、沟壑上的藤缆等都为人类提供了"仿生"造桥的原始样板。实际上，这些以不同方式"跨越"的概念其存在的时间与人类的历史一样悠久。从"仿生"桥的经验出发，"跨越如何成为可能"作为桥梁工程的核心命题，引导着桥梁工程知识体系的不断演化和发展。

众所周知，我国拥有以河北赵州桥（又名安济桥）、福建洛阳桥（又名万安桥）和云南霁虹桥等为代表的石拱桥、石梁桥和铁索桥（悬吊桥）等古代桥梁文明。中国古代桥梁的成就，是历代桥工匠师的劳绩，他们在建桥实践中，经历了从无到有的摸索，经过无数次改良、改进、创造，不断积累经验，从"知其然"逐步达到"知其所以然"。[①] 从哲学观点看，这就是从个别的经验知识到与人文理念、社会文化相融会的相对普遍的知识的升华，并由此形成了独具特色的中国古代桥梁工程知识体系，其中凝聚着中国古代造桥理念，经验性的桥梁技术知识，以及审美、伦理等人文社会知识。

---

① 茅以升.桥梁史话［M］.北京：北京出版社，2016.

石拱桥在中国古代桥梁中应用最广、数量最多。隋代工匠李春建造的赵州桥到现在已经 1400 多年了，见图 2-5-1。其桥长 50 多米，桥宽 9 米，中间行车马，两旁走人。多道石拱圈并列砌置，以五分之一的矢跨比跨越 37 米河面。大拱上面的左右两边，还各有两个拱形的小桥洞（敞肩拱形式）。平时河水从大桥洞流过，发洪水时河水还可以从小桥洞流过。这样设计，既减轻了流水对桥身的冲击力，使桥不容易被大水冲毁，又减轻了桥身重量，节约了石料。赵州桥的敞肩拱设计早于国外 1200 多年，为中国首创；其结构显示出的弹性拱理论，欧洲直到 19 世纪 80 年代才提出来。赵州桥形成的工程建筑知识体系，成为我国石拱桥的工程知识范式，被继承、传播和发展。

在中国古代桥梁史上与赵州桥齐名的是宋代泉州的洛阳桥（又名万安桥），见图 2-5-1，是一座典型的石柱石梁桥，同时，也是世界桥梁史上举足轻重的跨海大桥。万安桥建在石基之上，石基上用牡蛎加固胶结，使所有的巨石胶固成整体。万安桥的桥墩基础的上下游两头作尖状，以分水势，在现代桥梁工程中称为"筏形基础"，是中国建桥工程中的一大发明，也是世界桥梁中的首创。

赵州桥（又名安济桥）

洛阳桥（又名万安桥）

图 2-5-1　中国古代桥梁之赵州桥、洛阳桥

西方古代的工程知识同样来源于其造物理念、经验性技术知识

以及嵌入其文化的人文社会知识三方面有机融合的"综合集成"。古罗马学者维特鲁威在其《建筑十书》中就认为："建筑都应根据坚固、实用和美观的原则来建造。"① 其十分鲜明地揭示了西方古代土木工程知识的构成特征。

自启蒙运动，西方土木工程走过近 300 年的跨越式发展，并对国际土木工程产生了重大影响。在这段时间里，欧美国家先后建设了一批有里程碑意义的桥梁工程并逐步发展出在基础理论和应用技术方面具有开拓意义的工程知识体系，实现了从"经验性"工程知识到"理论性"工程知识以及二者相结合的跨越式发展。

1638 年，意大利学者伽利略在出版的著作 *Dialogue Concerning Two New Sciences* （《关于两门新科学的对话》）中论述了材料的力学性质和强度的概念；随后，1660 年，英国学者胡克发现了胡克定律，建立了材料的应力与应变的关系；1687 年，英国学者牛顿提出了力学三大定律。以上共同奠定了土木工程的理论基础。1660 年至 1765 年是近代土木工程长达 105 年的所谓"理论奠基时期"。

1715 年，法国政府率先成立了路桥部，并于 1747 年建立了世界上第一所工科大学——法国巴黎路桥学校。1765 年，法国工程师研究了石拱桥的压力线，并用力学和材料强度理论对拱圈和桥墩的尺寸进行了计算，建造了许多拱桥。虽然欧洲石拱桥的出现比我国隋朝的赵州桥晚了 1000 多年，但却是建立在科学化理论基础上的工程设计。

近代桥梁发展的第二个时期是从英国工业革命到第一次世界大战前的"进步时期"（1765—1874 年）。在这个时期，金属材料（主要是铸铁和锻铁）逐渐替代了天然的石料和木材成为桥梁的主要建筑材料。1779 年，英国工程师设计建造了世界上第一座跨度为 30.65 米的铸铁拱桥；1849 年，英国工程师又创造了带系杆的拱桥。

第三个时期（1875—1945 年）是近代桥梁的发展期。1874 年，美国用钢材代替锻铁建造了第一座钢拱桥，开启了大跨度钢桥建设的新时代。此后，工程师们逐渐放弃了铸铁和锻铁，转而采用更高性能的钢材，桥梁跨度也不断加大。1875 年，法国工程师建造了第一座跨度 13.8 米、宽 4.25 米的钢筋混凝土人行桥，是钢筋混凝土

① 维特鲁威. 建筑十书 [M]: 陈平，译. 北京：北京大学出版社，2013：68.

桥的先驱；1890 年，英国建成了跨度达 521.2 米的福斯桥；同年，奥地利工程师发明了用劲性骨架作为拱架、浇筑钢筋混凝土的新工法，使拱桥的跨度超过了 100 米；1909 年，美国建成了连接纽约长岛和曼哈顿的昆斯桥，第一次采用低合金钢（含镍 3%），其强度比碳钢增大了 40%，大大减轻了桥的自重。奥地利工程师米兰于 1888 年创立了悬索桥挠度理论；1912 年，美国工程师第一次用挠度理论设计了曼哈顿大桥并获成功。①

　　20 世纪后半叶，随着战后重建，欧洲国家实施高速公路建设和城市化的计划，出现了预应力技术推广、斜拉桥兴起和钢箱梁悬索桥应用 3 项最重要的标志性成就，大大推进了现代桥梁工程的飞速发展。②

　　钱塘江大桥采用了当时世界流行的桁架式结构进行设计（图 2-5-2），由我国自主施工，为我国建设跨越长江天堑的桥梁工程积累了经验和人才。20 世纪五六十年代，横跨天堑的武汉长江大桥和南

钱塘江大桥（1937年建成）

武汉长江大桥（1957年建成）

南京长江大桥（1968年建成）

图 2-5-2　中国近现代桥梁之钱塘江大桥、武汉长江大桥、南京长江大桥

---

①　项海帆，等.桥梁概念设计［M］.北京：人民交通出版社，2011.
②　项海帆，等.中国桥梁史纲［M］.上海：同济大学出版社，2009.

京长江大桥建成，为我国建桥技术进入新阶段打下了坚实的基础。近30年，我国开展了大规模的桥梁工程建设，在工程知识和建造技术方面追赶上了国际先进水平，在桥梁工程技术（如大跨径钢管混凝土拱桥、多塔连续悬索桥、分体式钢箱梁索桥技术等）方面为丰富世界桥梁工程知识与技术宝库做出了中国贡献。

　　桥梁工程发展至今，有了梁式桥、拱式桥、斜拉桥和悬索桥四种桥型（后两种桥型又称索支撑桥）的基本跨越结构（图2-5-3）。简言之，桥面在竖直荷载作用下：梁式桥的梁体截面受弯；拱式桥的拱肋断面承受压力；斜拉桥是将梁体用若干根斜拉索挂在塔柱上，桥塔"一柱顶千金"；悬索桥是把梁体挂在悬索上，悬索的截面只承受拉力。四种桥型的受力特点各异，跨越能力也依次增加。各种桥型形成、发展和演进了各自的工程知识体系和组合工程知识体系。

图2-5-3　桥梁工程四种类型

② 现代桥梁工程知识体系的构成和发展规律

　　桥梁工程知识的历史演变表明，现代桥梁工程知识体系的构成仍然离不开造桥理念、桥梁科学技术知识、嵌入其文化的人文社会知识三个方面的有机"综合集成"。而现代桥梁工程知识体系的发展则深刻地依靠于创新。从本质上讲，工程实践活动本身就是随着认识的提高而不断创新的过程，工程创新过程中离不开"工程知识的创新"和"工程创新的知识"。今天创新的工程知识就是明天被普遍应用的先进工程知识的来源。现代桥梁工程知识体系的三个方面在工程创新的实践情境中才能真正有机地构成，也只有通过工程创新才能进一步发展。可以说，工程创新的机制是现代桥梁工程知识体系构成和发展的内在规律，工程知识的创新除了以科学、技术为主导因素的创新之外，还必然包括以政治、经济、文化、社会、生态、审美、伦理等非科技因素的创新，在桥梁工程实践情境中呈现出如下具体的特征。

（1）桥梁工程经历着由易到难的跨越"沟壑—水网—江河—峡湾—海域"的建设实践，以最新的知识和技术实现更大的跨越始终是桥梁工程技术发展的主线。工程知识和工程技术的演进与创新是永无止境的。

20世纪初，钢筋混凝土结构在土木工程界得到了大规模的使用。但随着工程结构跨径的增大，混凝土会过早地出现开裂现象，因此限制了钢筋混凝土的应用。

随着试验、检验、实验的验证，工程师对混凝土性能、特性的了解逐步深入。1928年，新型的预应力混凝土结构出现了，并于第二次世界大战后被广泛地应用于工程实践中，使梁式桥梁的跨越能力由几十米增长至几百米。

预应力混凝土原理是在构件使用（加载）前，预先给混凝土一个预压力，即在混凝土的受拉区内，用人工加力的方法将钢筋进行张拉，利用钢筋的回缩力使混凝土受拉区预先受压力（图2-5-4）。当构件承受由外荷载产生拉力时，首先抵消受拉区混凝土中的预压力，然后随荷载增加，才使混凝土受拉，这就限制了混凝土的伸长，延缓或不使裂缝出现。预应力混凝土知识获得了世界性的、极为广泛的工程应用。

为了使这一知识在具体工程中实现和广泛应用，研发了各类预应力力筋（高强度钢丝或粗钢筋）、相配套的锚具、张拉力筋用千斤顶设备等一整套预应力技术，预应力应用技术至今仍在不断优化和完善之中。

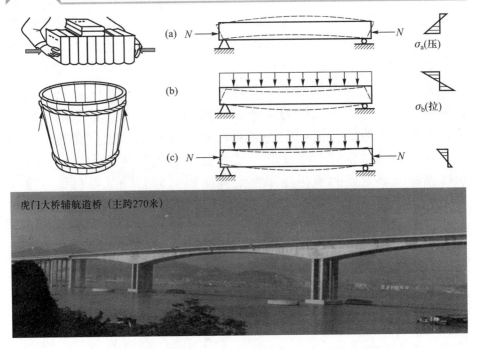

图 2-5-4 "预应力"的基本原理和在桥梁工程中的应用

(a) 预加力；(b) 没有预加力的梁受力；(c) 有预加力的梁受力

工程最基本的属性在于它的实践性。世界上不存在两项建设条件完全相同的工程，也不可能有一项工程可以完全照搬其他工程的做法，每项工程都必须根据当时当地的具体条件（实况），结合自身特点进行不同程度的关联、综合、扩展。工程的建造往往要在具体项目层面走出具有个体特性的技术进步之路。

工程不是科学。科学是求真的过程和结果。工程是造物活动，工程可以创作，工程具有价值判断，是真、善、美的综合。工程师们可以根据自己的经验去创造新的事物。因为经验不是唯一的，所以工程建设是灵活的，可以变通的。也正是这种灵活性，使工程师们有了选择的空间，甚至可以在特定的条件下创造新的结构形式，以满足桥梁的工程要求。

为缓解重庆石板坡长江大桥（简称老桥，1980 年建成，双向 4 车道）的通行压力，21 世纪初，业主决定在老桥旁边平行建设复线桥（简称新桥）。出于美观考虑，要求新桥的总体造型要与老桥一致，即采用梁式连续刚构桥桥型。经过三峡通航能力论证，要求新桥将老桥的 5 号至 7 号桥墩之间合成一跨（即 174 米＋156 米两跨合并），也就是说新桥主孔要跨越 330 米（老桥的 6 号桥墩将来改建时再行去掉）。采用连续刚构桥桥型实现 330 米跨越的"刚性"需求，就需要创造新的世界跨越纪录。

事实上，我国连续刚构桥最大跨径只有 270 米，已是预应力混凝土桥梁的"极限"跨径，当跨度再增大时，混凝土梁的承载能力会被结构自身的重量消耗掉；而世界纪录也仅有 301 米，由挪威建造，采用了从美国进口的轻质陶粒骨料配制的"轻质混凝土"而构建。

我国没有轻质的陶粒骨料产品，是否从国外进口或另寻出路？工程经验、工程知识和工程创新在此时发挥了作用，总体设计工程师构思了走"钢结构和混凝土结构组合"之路：梁体跨中的 108 米采用钢箱梁结构，与两边预应力混凝土 T 形钢构的悬臂（各 111 米）刚性连接，组合形成 330 米跨度（图 2-5-5）。直观经验和进一步计算分析表明，330 米跨径钢混组合结构与 270 米跨径预应力混凝土结构将产生大体相等的混凝土梁根（即桥墩位置）的弯矩反应。

图 2-5-5　重庆石板坡复线桥——钢混组合连续刚构桥

这一创新的设计破解了 330 米跨越的难题，但随后要解决的技术问题是在混凝土结构与钢结构连接部位的力学行为，确保力的安全与稳定过渡，这就需要由相关的科学实验研究来加以保障。①

工程实践活动与千变万化的工程现场实况相结合。每一个工程现场既是对工程专业知识的应用，又是对工程专业知识的创造性扩展，以实现工程的功能定位。千百年来工程演化积累的不断更新的工程专业知识是应对新工程挑战的智力资源。

20 世纪 90 年代初，我国首座超千米跨径的江阴长江公路大桥开始设计，北岸锚碇基础遇到了难题。

江阴长江公路大桥为悬索桥，其北岸锚碇传递 6.4 万吨主缆力，埋置于 90 米厚的软弱覆盖层中。基础是否稳定是本桥成败的关键。设计优选采用重力式锚碇配深埋沉井基础的方案——矩形沉井面积相当于九个半篮球场大小（69 米×50 米）。竖向分 11 节段浇注，逐节下沉（穿过 4 层不同土质，下沉过程长达 20 个月），最后达到 58 米深，以紧密含砾中粗砂层为持力层，打破了锚碇必须建在岩层上或建在斜桩基础上的框框。施工中成功分批加载，控制住基础不均匀沉降和锚碇水平位移，使设计方案得以成功实现，见图 2-5-6。

图 2-5-6   江阴长江公路大桥北锚碇巨型沉井基础

---

① 邓文中. Extending the possibilities ［C］. Civil Engineering, 2006.

（2）在工程造物的历史实践中，工程中存在的瑕疵虽不影响正常使用，却是工程的遗憾，也一定是下一个工程的完善目标；另外，工程病害影响工程的服务水平，降低工程寿命，危及服务安全，也必须进行技术革新。

实践是认识的来源，工程推进过程中遇到新问题，通过细化、深化解决问题，对常规的知识进行必要的调整与优化，蕴含着工程知识创新的内涵。通过科学总结与反复检验，最终会上升为新的工程知识。换句话说，工程知识是问题导向的知识，是解决工程问题的知识。工程方法（措施）以工程知识为基础，是工程知识的外化。

在安徽芜湖长江公路二桥的建造中，我国自主研发了一种新型拉索体系——同向回转拉索系统（图 2-5-7），并在国内外大跨径斜拉桥中首次使用。

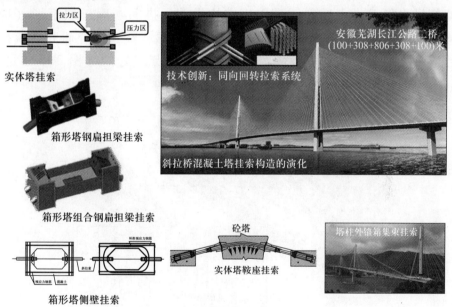

图 2-5-7　芜湖长江公路二桥桥塔同向回转拉索系统

同向回转拉索系统是将每根拉索穿过桥面一侧锚具，绕过索塔后，锚回到桥面同桩号截面的另一侧锚具，形成一对同编号拉索。鞍座巧妙地将拉索的拉力转换为环形径向压力传递给索塔，同时成为上塔柱环向预应力。① 同向回转拉索系统是在半个世纪以来千百座斜拉桥各种拉索体系实践后创新的成果。

（3）古今中外桥梁坍塌损毁的安全事故给世人留下了刻骨铭心的血的教训，另一方面其也是桥梁工程知识和技术创新的重要推动力。

已故的林同炎教授在他所著的《预应力混凝土结构设计》一书的封面赠言中写道："给不盲从规范而寻求遵循自然规律的工程师。"显而易见，规范是写在书面上的，而自然规律并非如此。这就是为什么严守规范要比遵循自然规律容易得多。②

1940 年美国塔科马悬索桥在低风速下发生的风毁事故开启了全面研究大跨度桥梁风致振动和气动弹性理论的序幕。当今，大型桥梁工程尤其是大跨径索桥工程都要经过风洞试验和/或计算机数值模拟试验以检验其风的动力稳定性能。

上海卢浦大桥的跨径是 550 米，它刷新了保持 30 多年的拱桥跨度的世界纪录。卢浦大桥采用钢结构拱肋，拱肋断面近似矩形（钝体断面），为了克服这样的钝体会产生的涡振，经过潜心研究并依据数值分析结果得出，增设隔流板的办法是效果最好的（图 2-5-8）。

图 2-5-8　卢浦大桥抗风稳定性研究成果：双钝体肋上加隔流板

---

① 梅应华，胡可，朱大勇. 芜湖长江公路二桥桥塔锚索系统性能研究 [J]. 世界桥梁，2017，45（6）：42-47.

② 邓文中. 造桥的艺术 [N]. 中国交通报，2007-01-02.

因为隔流板可以造成上面顺时针旋转的涡和下面逆时针旋转的涡，从而相互抵消涡振振动。正是这样的机理和发明，使我们做出了对于桥梁技术的一大创新，并在随后建设的许多座大桥中得到了非常好的应用。

西堠门大桥地处我国东南沿海台风频发地区，设计风速高达78米/秒（当时世界上所有已建造的桥梁抗风的纪录）。经大量的风洞试验研究表明，采用中间开槽6米的分体式钢箱梁来抵抗风荷载最为有效（图2-5-9）。这一创新使西堠门大桥成为世界上跨径最大（1650米）的钢箱梁悬索桥。

图2-5-9 西堠门大桥抗风稳定性研究成果：分体式钢箱梁

20世纪初，旧金山大地震和关东大地震两次灾难引起了工程界对结构抗震研究的重视。我国1976年的唐山大地震和2008年的汶川大地震，促进了我国公路桥梁抗震研究的深入。因船舶撞击桥梁事故的发生，国内外船撞桥问题的系统研究也始于20世纪80年代。

"工程的目的是为人类社会的需求服务。"工程师在经验积累的基础上，改善着人类的建筑环境。经验永远不会完结，但是工程师们显然不能等待科学发现工程设计和建造所有必要的原理。中国的长城、古埃及的金字塔和其他伟大的建筑物建造时还没有发现重力定律，建筑材料的物理性能理论也还没有。工程师们必须基于已有的经验进行构思和建造。2000年前的情况是如此，本质上，今天也还是一样。

工程的基础是我们从过去的经验中学到的，包括成功的和失败的经验。从错误中吸取教训是特别有价值的，因为它能告诉我们什么是可以做的、什么是不能做的。①

工程建设内涵的知识（工程知识）中融合了自然科学领域和社会科学领域的知识，亦即多领域、多学科、多专业的知识。简言之，工程知识是集成性知识，工程知识的关键词就是有效集成。

具体地说，桥梁工程知识体系中蕴含着发挥理论支撑作用的工程科学知识、转化书本知识与设计"蓝图"为工程实体的工程技术知识和指导工程规划论证的工程人文社会知识等几个部分。

以上所述，可以小结如下。古代工程中"能工巧匠的经验发挥了核心性的作用，虽然古代能工巧匠的发明创造从现代科学的角度分析也是符合科学原理的，但那些发明创造并不是在科学原理的指导下创造出来的"②。换句话说，工程实践并不是基始于科学，而是基始于经验；桥梁工程的起源发展不是科学的衍生品，而是基于经验的积累。

自 18 世纪中期英国工业革命与炼钢法发明之后的近两个世纪，欧美国家引领了世界桥梁技术的发展，涌现出了一批在理论、体系、结构、材料、工艺等方面具有开拓意义的桥梁工程，奠定了桥梁工程理论、标准与管理的基础。桥梁工程突破了木、石、水泥材料的束缚，铸铁、熟铁、钢和混凝土、钢筋混凝土、预应力混凝土等材料得到了创新发展。

近代史上的"桥梁理论奠基时期"功不可没，随着桥梁工程基础理论的诞生，人类完全依据经验造桥的历史结束了。这些经验一旦插上科学的翅膀，桥梁技术进步便是如虎添翼。事实上，也正是随着土木工程基础理论体系的不断完善，桥梁工程才开启了工程经验和科学知识互相促进、互相发展的新阶段。

---

① TANG M-C. The story of the Koror Bridge [C]. IABSE, 2014.

② 徐匡迪. 树立工程新理念，推动生产力的新发展 [J]. 工程研究——跨学科视野中的工程，2004（1）：4-8.

第二节 桥梁工程科学知识与技术知识

每一项工程建设都是工程知识的创造性运用，工程的新需求拉动工程知识更新并牵引工程专业知识的创造，这是工程师的责任担当。

工程科学知识是基础，工程技术是适应当时当地具体条件而实现工程构建的一种知识与工具（方法）的综合体。桥梁工程知识发展历程彰显了工程科学知识、工程技术知识相辅相成且相互促进的发展特征。

在工程知识的基础上，桥梁工程建立起标准规范、结构分析、模型试验、建筑材料、加工制造、工法工艺、施工机具、质量控制、监测检测、计算机辅助工程等专业应用知识体系，推动了桥梁工程理论与分析、体系与结构、材料与连接、工艺与机具等的全面技术进步。

在高等院校土木工程学科桥梁专业的课程设置中可以找到：理论力学、材料力学、结构力学，工程地质与勘察、土力学地基与基础、水力学与桥涵水文、建筑工程材料，结构设计原理、桥涵设计、桥涵施工技术、施工组织设计、工程造价、工程招标投标，道路勘测设计、交通工程、施工项目管理、工程经济分析、工程结构检测技术、道路养护技术等专业课程，以及高等数学、物理学、计算机辅助工程、工程测量、工程制图等基础性知识与技能课程。

1 桥梁工程科学知识

桥梁工程作为土木工程的一员，其基础理论知识立论于结构力学行为（力的平衡、变形协调和结构稳定）的基本需求，因而工程力学知识构成了它最基本的支撑理论。广义的工程力学涵盖理论力学、材料力学、结构力学、工程流体力学、土力学、弹性力学、塑性力学、断裂力学等理论知识，其中的理论力学、材料力学和结构力学被称为土木工程专业的"三大力学"，也是桥梁工程专业基础理论中的核心部分。工程力学涉及众多的力学学科分支与广泛的工程技术领域，是一门理论性较强、与工程技术联系极为密切的技术基础学科，工程力学的定理、定律和结论广泛应用于各行各业的工程技术中，是解决工程实际问题的重要基础。

理论力学是力学的一个分支。它是力学各分支学科的基础。理论力学通常分为静力学、运动学与动力学三个部分。其中：静力学研究作用于物体上的力系的简化理论及力系平衡条件；运动学研究物体运动的几何性质；动力学则是理论力学的核心内容。理论力学中的物体主要指质点、刚体及刚体构成的体系。

当物体的变形不能忽略时，则成为变形体力学（如材料力学、弹性力学、塑性力学等）的讨论对象。材料力学是研究材料在各种外力作用下产生的应变、应力、强度、刚度、稳定和导致各种材料破坏的极限。材料力学的研究对象主要是棒状材料，如杆、梁、轴等。弹性力学和塑性力学研究更为复杂的问题，如三维实体、板壳和材料非线性等问题，可以看作高等或扩展的材料力学。

结构力学是主要研究由杆、梁等构成的工程结构的受力和传力的规律，以及如何进行结构优化的学科。结构力学研究的内容包括结构的组成规则，结构在各种荷载（如外力、温度效应、施工误差及支座变形等）作用下的响应，包括内力（轴力、剪力、弯矩、扭矩）的计算、位移（线位移、角位移）的计算、结构自身的动力特性（自振周期、振型）及在动力荷载作用下的动力响应的计算等。

工程流体力学主要研究工程流体（如水和空气）的静力学、动力学特性及计算方法，为桥梁在水流、波浪、风等流体作用下的效应计算提供理论支撑。

从工程知识论的视角分析，工程力学可以列入工程科学知识的范畴，是桥梁工程结构的知识基础。从知识层次的角度来说，工程力学是建立在最底层的数学和物理学之上、专业知识之下的一个知识层，连接着基础知识和专业知识。例如，由结构力学矩阵位移法发展出的有限元法，成为利用计算机进行结构计算的理论基础。结构工程技术进步的历史表明，结构力学理论与计算分析技术的提高（有限元计算分析技术）使工程师对静、动荷载作用下的结构的力学与变形行为（力学行为）越来越"了如指掌、一清二楚"。精准的理论分析保证了结构安全、体系稳定的基本需求，为设计奠定了基础。

2　桥梁工程技术知识

工程施工是工程技术知识和技术进步展现的舞台。要使工程设计蓝图"落地"成为工程实体，就是要运用工程技术知识托起的新工艺与新工法来实现工程的构建。工程的"唯一性"造就了工程技术创新的需求，用最新的技术实现工程设计的目标，是推动工程演进的源动力。

任何一项技术的发明或改良都是有目的的，它的目的基本上是为了解决某一个或者多个当时的或者将来的工程的问题。如果没有这些工程，就不会有这些技术的发明。如果没有工程上的需要，技术发明只会沦为空中楼阁。而且，同一项工程，不同工程师可以依他的经验意向选择不同的技术。这就突显一个"主从"的关系：工程是主，技术是从。

（1）"需求牵引，难题导向"是工程技术知识演进的内在源动力。在工程造物的历史进程中，先进的工法不断被创造出来，同时落后的工法被淘汰；针对不同的各类具体工程，建设者们不断集成有效的工法，组成工法集（工程界也称为成套技术），应用于工程实践。

在预应力知识和技术的支撑下，20 世纪中叶"节段悬臂工法"应运而生。节段施工工法是一种快速、安全而又经济的施工方法，因而，在大跨径混凝土桥梁施工中得到了广泛的推广应用（图2-5-10）。

由悬臂浇筑到悬臂拼装，由预应力混凝土结构到钢结构，以及挂篮施工、悬臂吊机、缆索吊装等工法与工艺的不断更新，推动着桥梁技术知识的新发展。

（2）工法是以工程为对象、以工艺为核心，运用系统工程的原理，把先进技术和科学管理结合起来，经过工程实践形成的综合配套的施工方法。工法具有很强的针对性和实践性，以及技术的创新性。

"因此，要想让工程实践在空间场域与时间情境中顺利展开，必须要对工程发生的场域与情境条件，以及自然环境与社会环境进行综合的、系统的评价"，"工程主体必须从自身的知觉和体验出发，

图 2-5-10   节段施工工法

对工程发生的场域与情境条件有所评判、有所把握，才能保证工程活动的有效开展。"①

　　港珠澳大桥是粤港澳大湾区跨越伶仃洋的桥岛隧集群工程，其中由粤港澳三方共同建造的 30 公里主体工程中，桥梁工程长 22.9 公里。

　　由于港珠澳大桥建设有 "10% 以下阻水率" 的刚性要求，因此海中非通航孔桥承台不得不采用埋置式承台方案（最大外形尺寸为 16 米×12 米），并创新采用预制安装工艺，通过后浇混凝土与桩基连接（图 2-5-11）。

　　为克服桥址复杂的地质情况及自然条件，承建人根据自身的技术力量、设备状况、管理水平和施工经验，采用 3 种工法施工——大圆筒干法安装、分离式胶囊柔性止水和无内支撑结构双壁锁口钢套箱围堰，分别利用大圆筒、钢围堰与分离式胶囊止水结构（安装在承台和钢管桩结合处）和钢套箱围堰与封底混凝土等创造干施工环境，分别对 68、55 和 62 个墩台实施整体安装和后浇混凝土施工。

　　① 邓波，罗丽. 工程知识的科学技术维度与人文社会维度 [J]. 自然辩证法通讯，2009，31（4）：35-42.

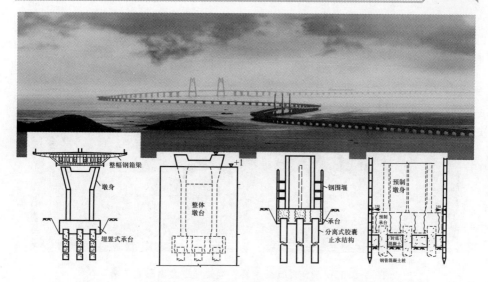

图 2-5-11 港珠澳大桥海中非通航孔桥梁埋置式承台施工工法

实践表明，3 种施工方案均能较好地克服恶劣海况的影响，有较好的适应性和施工效益，并能在预定时间内完成承台施工。

通过工程造物的感悟，桥梁工程师总结出了桥梁工程知识的哲理："对工程的认知和经验都源自对工程实践的学习。经验是要积累的，技术的发展也是没有止境的。发现问题，研究和解决新的问题，才能推动桥梁技术的发展。"①

湖南矮寨悬索桥（主跨径 1176 米）地处深山峡谷，地形地貌复杂，桥面距谷底高度达 355 米。由于常规的"散拼法""吊装法""荡移法"等主梁架设工法难以在该桥上实施，受桥梁顶推工艺和高空缆车技术的启示，架梁创新采用了"轨索移梁工法"（图 2-5-12）。

轨索移梁工法即利用大桥永久吊索，在其下端安装临时吊鞍，然后在临时吊鞍上安装水平轨索，再将水平轨索张紧作为加劲梁的运梁轨道，实现由跨中往两端节段拼装大桥钢桁加劲梁。相对于桥面吊机拼装方案，轨索移梁方案大大减少了钢桁梁的高空拼装作业量，既可节省工期和节约投资，又有利于保证施工安全及施工质量。该工程两个半月完成架梁，架梁速度较传统工艺提高了近 10 倍。

① 陈新. 老工艺新体验 [J]. 桥梁建设, 2011 (1): 12-17.

图 2-5-12   湖南矮寨悬索桥主梁架设"轨索移梁工法"

（3）"有相当多的经验形态的技术知识，如诀窍、技能等，由于它们的存在依附于人的大脑或身体操作的技能，通常只能在操作行动表现出来，而行动如何往往又依赖于特定的情境。"①

我国桥梁建设中活跃着一批"金牌工长"（誉称为"大国工匠"），在挑战桥梁建设的"疑难杂症"中发挥着不可替代的作用。他们匠心独具，其丰富的工程实践经验孕育出巧妙的悟性与技艺，在技术与工艺方面有独创性。工匠们专心致志，持之以恒，精益求精，追求卓越，体现出"工匠精神"。

港珠澳大桥沉管隧道（可视为水下钢筋混凝土连续闭合箱梁）永久接头止水作业的风险化解就是例证。

总长 6.7 公里、由 33 个预制管节对接连通的沉管隧道施工中难度最火、风险最高的环节是 12 米长的最终接头的安装。最终接头是一个纵向可伸缩的折叠结构，它将双翼伸出，按压在 E29、E30 沉管管节上，可为管内作业人员提供一个临时的（一个月）干作业环境。只有在连接最终接头与管节的"永久结构"做完，双翼才能收回。

实施时发现，顶板钢板焊接与临时止水部位的距离只有 10 厘米

① 邓波，贺凯. 试论科学知识、技术知识与工程知识［J］. 自然辩证法研究，2007（10）：41-46.

多一点，焊接产生的高温，很可能令橡胶止水带的模量发生变化，导致漏水。为解决这个难题，焊接单位连夜咨询岛隧项目设计分部，试图从设计方案上找到化解风险的突破口。然而，经过彻夜研究，设计方没有找到替代方案，顶板焊接作业陷入暂停。

顶板合龙焊接晚 1 分钟，止水体系转换时间就长 1 分钟，风险就多一分。

决策层请来了在现场待命作业的国际焊接大师、全国劳动模范一同商讨。大师提出焊缝可分三道焊接，只要保证连续不间断焊接，将温度控制在 60 摄氏度以上，100 摄氏度左右，就能既保证焊接质量，又避免止水带表面温度过高。

设计方立即与远在荷兰的密封产品厂家确认，半小时后收到答复：止水带在超过 100 摄氏度高温时仍能保证 4 小时的水密安全度。

最终采用焊接大师的建议，150 多名焊工在狭窄、湿热、封闭的结合腔内 24 小时不间断接力施工，共完成了 498 块接头板、近 2300 米焊缝的装配焊接任务，消耗焊材 20 余吨、气体 2000 余瓶（图 2-5-13）。最终，所有焊缝经探伤检验均合格，圆满完成了永久性结构焊接任务。

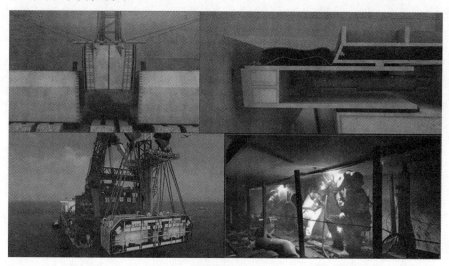

图 2-5-13　港珠澳大桥沉管隧道永久接头止水作业

以上所述，可以小结如下。

桥梁工程专业知识和工程专业技术覆盖了工程的"道、法、术、器"四大要素。"道"即理念；"法"即标准规范、法律法规等规矩；"术"即工程方法、工法等；"器"即基本资源等，工欲善其事，必先利其器。简言之，"道"是灵魂，"法"是"规矩"，"术"是"方法"，"器"是"工具"。在"道"的统领下，四大要素彼此独立又互相支撑、互相渗透、互相影响、互相制约，确保了工程体系的有效运转。

由于工程设计和建造知识具有专业性，而工程的实现具有集成性和创新性。工程需求驱动创新实践，催生了工程专业知识与工程应用技术的不断进步。

桥梁工程演化的历史证明，工程知识和关键技术（结构分析的软技术和工程构建的硬技术）都是不断发展、不断创新、不断突破的。

第三节　桥梁工程人文社会知识

随着造物由"个体工程—简单协作工程—系统性工程—复杂系统性工程"的发展过程和可持续发展理念的逐步提升，桥梁工程与经济发展和社会进步的关系越来越密不可分，越来越发挥出重要的作用价值。

工程建设理念是工程知识的重要内容。工程品质是理念的体现和质量哲学，是安全、适用、耐久、经济、美观、环境等质与品的融合。

"从知识的性质看，工程知识既不具有纯粹的科学性质、技术性质，也不具有纯粹的社会性质、人文性质，而是众多种类知识的综合集成。"[①]

桥梁工程所涉及的人文社会知识涵盖交通运输知识、工程经济知识、环境生态知识、人文艺术知识、工程管理知识、工程伦理知识和工程美学知识等，是人类在经济社会、环境生态和美好生活等社会性需求在桥梁工程中的综合运用与体现。

---

① 邓波，贺凯.试论科学知识、技术知识与工程知识［J］.自然辩证法研究，2007（10）：41-46.

1 **"桥梁工程与社会"知识**

众所周知，桥梁工程是服务于经济社会和百姓生活的交通基础设施，是人工创造的新社会资源，是追求经济社会效益最大化的价值工程。

作为交通网络重要节点的桥梁工程规划需要通盘考虑区域、城乡、交通，统筹兼顾经济、社会、民生、文化，科学平衡近期、中期、远期交通需求，是集约人类文化知识、社会民生知识、交通预测知识、效益评价知识、环境生态知识与工程专业知识等的认识过程。

论证决策是综合知识的高度集约，以战略性视野、可持续理念、哲学性思维为指导，综合经济、社会、政治、环境、生态等的历史、现实与未来时空要素，基于工程技术水平和建设资金实力，对工程规划进行定性与定量的比选、平衡和妥协：求取约束条件下的最大公约数，协调求同与存异的关系；求取开放条件下的最小公倍数，以最小的互让换取最大的互惠。充分协调桥梁建设的宏观目标及桥梁建设条件的现实约束的辩证关系，实现桥梁自身的工程价值。

继港珠澳跨海大桥建成之后，粤港澳大湾区又一交通工程——深圳—中山通道（简称深中通道）工程开工建设。

深中通道工程位于我国广东省珠江口（东四口门）出海口的河口湾、深圳市宝安国际机场南侧、广州南沙港下游，路线穿越了广东省两大出海航道——伶仃航道和矾石水道，交通繁忙、船舶密集。此外，工程还穿越了国家一级保护动物中华白海豚的洄游区，面对着生态保护的挑战。所有这些建设环境可以统称为工程社会条件，统筹集约的思维基础就是"工程与社会"知识。

该工程规模宏大、建设条件异常复杂，项目建设涉及：公路、水运、民航、港口、防洪、水利、环境、海域、水土保持、国土规划、文物等数十个行业；海工工程、岩土工程、桥梁工程、水文、地质、泥沙运动、气象、防洪水利、环保、水土、通风、消防及防灾救援、交通工程等数十个专业领域。

深中通道项目前期工作历经 13 年，针对项目建设条件及海中段工程方案进行了长达 6 年多的反复研究和论证，组织完成了 52 项建设条件、关键技术等专题研究，针对其中的海底隧道方案、通航标准等关键技术问题组织了国内外多家单位开展平行研究。

项目建设遵循了"系统工程"理念，一方面使项目建设能基本满足各行业（包括公路、水运、民航交通与防洪水利、环境保护等）可持续发展，另一方面经过充分论证，尽可能使项目建设条件要求合理、工程规模适度、风险可控，具备可实施性。深中通道作为超大型跨海通道项目，充分征求和听取各行业及沿线地方政府、企业关于项目建设方案的意见，本着不遗漏任何有价值的方案的原则，对可能的有价值的跨海工程方案均进行论证研究。

最终，从功能、安全风险控制、海洋环境、工期和造价等方面综合比选，国家发展和改革委员会批复同意项目采用东隧西桥的方案（图 2-5-14）。

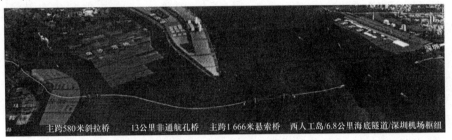

主跨580米斜拉桥   13公里非通航孔桥   主跨1 666米悬索桥   西人工岛/6.8公里海底隧道/深圳机场枢组

图 2-5-14   深中通道线位方案比选

深中通道工程北距虎门大桥约 30 公里，南距港珠澳大桥约 38 公里，路线全长约 24 公里，跨海长度为 22.4 公里，采用设计速度 100 公里/小时的双向 8 车道高速公路技术标准。

工程方案由 7.1 公里 8 车道海底公路隧道、海上 1600 米特大跨径悬索桥、西人工岛、水下高速公路互通立交等分部工程组成，项目工程规模宏大、建设条件异常复杂、技术难度高、建设品质要求高，是复杂巨系统工程，是我国公路交通基础设施建设的又一严峻挑战。

工程实践证明，工程知识中的规划知识是工程成败的前提与关键。工程规划知识融合社会、经济、政治、文化、环境、生态等非技术性要素和技术性要素，思索追溯历史，兼顾当前与长远的风险和效益等，因此综合思维、辩证思维、逻辑思维是工程规划知识的内涵和特色。

② 桥梁工程人文知识

　　概念设计是工程设计的核心，是对工程整体的构思，以确保工程功能定位的实现。一项设计任务的成败和优劣在很大程度上也取决于概念设计的品质。

　　"安全、实用、经济、美观"是对工程的基本要求。为了满足这些要求，工程师必须充分调动其在结构力学、材料学、经济学、社会学、美学等方面的综合知识，深入思考各项约束条件和指标，才能形成可行的解决方案。在这个过程中，工程师的洞察力非常重要，这一洞察力包括直觉、天才、灵感、学识和经验，远远超出了工程专业知识的范畴。

　　随着时代的发展，百姓对工程和谐自然的建筑美的渴求越来越强烈，工程是艺术的认知也逐步提升。

　　有国际桥梁大师认为："工程是一门艺术。这里指出桥梁工程不是科学而是艺术，正是提醒工程师们，泛泛涉猎结构分析理论并不能造出卓越的桥梁工程。"卓越工程师从来是将蕴含的工程经验与知识、人文艺术与哲学素养融为一体，智由心生才能绘出"神来之笔"。

　　重庆是"山拥水、水绕城、城依山"城市，"山、水、城"相交融的独特城市景观是山城重庆的象征。近几年建设的"两江大桥"桥位临近长江与嘉陵江两江交汇处，接南山、跨两江、穿渝中、连江北，串联起重庆最具代表性的城市景观。

　　两江大桥项目全长约 3 公里，包括跨越长江的东水门大桥和跨越嘉陵江的千厮门大桥，以及公路和轨道交通下穿渝中半岛的隧道。两座大桥跨越两江，连接四岸，兼具轨道交通和市政道路双重功能。

　　两江大桥连接的是主城最繁华之处（商业核心），周边高楼林立，大桥建设可谓牵一发而动全身。除了一般大桥都需要涉及的选址、通航、涉河、水保、地灾、地震、环评等专项论证以外，还有明确的限制条件和需要考虑的重点包括：通航、景观、文物保护、嘉陵江索道、洪崖洞建筑、大剧院等。

　　桥位处独特的区域特征决定了两江大桥必须是一个优美、和谐、谦逊、平衡、具有历史延续并不失现代气息的桥型结构，必须能够起到与城市景观统一、相互衬托、锦上添花的作用。

总设计师确立了"不与景观争空间,追求和谐美"的理念,在"通透,尽量减少桥梁结构对周边景物的遮挡"的思路指导下,构思出"单索面部分斜拉梁桥(索辅梁桥)方案"和"两江姐妹桥"的概念设计方案,充分利用公路/轨道交通(双层桥面)共建的特点,不仅获得了协调、最少遮挡、通透的景观效果,也为后续设计阶段解决出现的增加道路接引匝道、与洪崖洞建筑结构冲突、轨道结构形式的选择等提供了很好的适应性。

两座桥梁工程创新性地设计了两位一体且造型美观的稀疏单索面、开敞钢桁梁、空间曲面塔的部分斜拉桥,与环境高度融合协调,又具有精致的美学景观效果,深受山城百姓喜爱,成为城市桥梁建设的又一范例(图 2-5-15)。

图 2-5-15　重庆两江大桥概念设计

"城市桥梁方案创作是综合了各种技术条件和城市要素,诸如城市空间、城市艺术以及其他城市功能的高度综合,涵盖了具体的硬科学和抽象的软科学内涵的创造性、创新性工作。这种方案创作,通常由于结构的创新性和特殊性,需要一些辅助的、用以阐述方案的技术可行性等技术问题的计算分析工作。它需要设计者既具备桥梁工程专业技术知识,又具备空间想象力和构筑造型、感悟美学的艺术创作基础技能。"①

以上所述,可以小结如下。

桥梁工程在实践中确立了"通盘考虑生产、生活和生态,统筹兼顾经济、社会、民生、文化,协调安排功能、布局、环境、景观,科学平衡近期、中期、远期"的哲学思想认识。

事实上,"从经济的、政治的、军事的、生态的、环境的、文化的、科学技术的、人文的、审美的等众多维度对工程进行全方位的评价"② 已然构成了工程知识中不可缺少的组成部分。社会人文知识不仅丰富了工程知识,一定程度上也指引了工程知识的发展方向。

美国在"土木工程2025愿景"的纪要中列举了2025年土木工程师应该具有或表现出符合展望要求的个人素质。素质可以分别定义为有价值的知识、技能和态度。

在列举的知识中,除了工程基础知识和专业知识外,还包括:

——风险性或不确定性知识,包括风险识别、基于数据和知识的类型、概率及统计;

——社会、经济和自然界的可持续性发展;

——公共政策和管理知识,包括政策制定、法律法规、筹资机制;

——商务基础知识,如业主的合法权益、利润、损益表与资产平衡表、决策或工程经济以及市场营销等;

——社会科学:经济、历史和社会学;

——道德规范,包括保守客户机密、工程社团内外的道德准则、反腐败、合法需求和伦理期望间的界限、保障公共健康、安全和福利的职业责任等。③

这些都充分说明了社会人文知识对于土木工程的重要性。

纵观人类发展长河,知识就是力量,知识改变命运。

包括桥梁工程在内的土木工程知识是人类知识体系的重要组成

---

① 徐利平. 城市需要什么样的桥梁设计师——同济大学城市桥梁美学创作交叉课程建设 [J/OL]. 桥梁, 2018 (5).

② 邓波, 贺凯. 试论科学知识、技术知识与工程知识 [J]. 自然辩证法研究, 2007 (10): 41-46.

③ American Society of Civil Engineers (ASCE). The vision for civil engineering in 2025 based on the summit on the future of civil engineering [R]. 2017.

部分，它帮助人类走出了原始的愚昧和旷野，创造了辉煌的古代文明，它更借助近现代科学技术的进步而日新月异，为人类的进步、文明和发展做出了巨大的贡献。

随着经济社会的迅猛发展，特别是信息技术和智能技术的快速推进，工程规划、建造、运维的逻辑思维正在随之进行系统性变革。从工程哲学的角度反思工程建设思想，完善工程知识体系，以促进以人为本及可持续发展目标的实现，是摆在一代代桥梁人和工程师面前的重要课题。

事实上，在人类千百年的造物实践中，工程师正是在从宏观到微观的钻研、从感性到理性的思索中，在从微观到宏观的统筹、从局部到整体的集成中，在充满辩证思维的工程世界中探寻着造物本源之道，在改造自然中顺应自然，又在与自然和谐相处中寻求超越之道。只要人类存在，人类造物实践就不会终止，工程知识更新发展也永无止境。

桥梁工程师和桥梁人的使命就是要发挥无限的创意和巨大的勇气，循宇宙之规律，借自然之力量，不断地创造，推动工程知识不断地创新，把人类的梦想变成现实，让世界更加畅通，让人类的生活更加美好！

第六章

石化工程知识案例研究

第一节　石化工程知识的基本概念

石油是赋存于地下岩石孔隙中的一种液态可燃有机矿产，天然气是蕴藏于地层中的烃类和非烃类气体的混合物，石油和天然气是世界上最重要的动力燃料与化工原料。石化工业是以石油或天然气为原料，生产成品油（汽油、煤油、柴油等）、润滑油、液化石油气、石油焦、石蜡、沥青、燃料油等石油产品，以及合成树脂、合成纤维、合成橡胶、基本有机原料及其衍生物等化工产品的能源和原材料产业。石化工业可细分为石油炼制和石油化工。石化工业是典型的流程工业，是国民经济的重要基础和支柱产业。在石化工业发展过程中，构建了众多的石化工程，积累形成了丰硕的石化工程知识，为石化工业的发展奠定了坚实的知识基础。

1 石化工程知识定义

石化工程是以石油和天然气为原料，为了生产石油产品和化工产品，依据资源及环境和生产力水平进行的建造石化生产装置及设施的一系列产业性、专业性工程活动。石化工程不是盲目的、无序的活动，而是有目的的、有规划的、有步骤的、有组织的人工造物活动。

正如本书理论篇所述，工程知识是人类生存、社会发展需求引导的结果，是关于人工物创造、生产力发展和解决人工物世界中现实性问题的实践性知识和创造并实现价值的知识。石化工程知识是工程知识在石化领域的具体体现，是人们在长期从事石化工程项目管理、咨询规划、勘察、设计、建造，以及试运行、后评价、经济技术评估等过程中，运用科学理论和技术手段，对自然资源、社会需求、政策规范、组织形态、转化规律等认识的结晶。从工程生命周期的角度看，石化工程知识可分为工程规划与决策知识、工程设计知识、工程建造知识、工程试运行知识、工程竣工验收与后评价知识、工程改造知识等。从知识属性的角度看，石化工程知识包括工艺技术与建造知识、工程转化知识、工程管理知识、工程经济知识、工程人文知识、节能环保知识、产业政策知识等。

② 石化工程知识的演变

随着经济社会的发展和技术进步，石化工业从 19 世纪 20 年代世界上第一座釜式原油蒸馏装置的建立，到 20 世纪 20 年代第一座乙烯装置的投产，再到 20 世纪 50 年代合成材料的迅速发展，进入 21 世纪以来，踏上了大型化、绿色化、数字化、智能化的发展轨道。石化工程知识与石化工业的发展相伴而行，不断成长发展。在长期发展过程中，其工程理念、工程技术、工程方法、组织形态、建设模式等均经历了广泛而深刻的变革。

与此同时，石化工程知识得到了极大的丰富和发展。从知识内涵的角度讲，石化工程知识经历了从简单到复杂、从模糊到精确、从孤立到融合、从粗放到集约的演变过程，逐步形成了较为完整的石化工程知识体系。从知识来源的角度讲，石化工程知识经历了从以经验为核心，到以技术为核心，再到工程系统集成，以及至今与信息技术的深度融合，更加突出工程知识的整体化，不断推进知识体系的更新和完善。

③ 石化工程知识的基本性质

石化工程知识作为工程知识的一个行业子类，既有工程知识的一般性质，又有其特殊性，主要表现在以下几个方面。

（1）生产力属性

石化工程的目的是安全、有序、优质、高效地建造能够将油气资源转化为目的产品的生产制造系统（即石化装置与设施），并且确保生产装置（设施）的"安全、稳定、长周期、满负荷、优化"运行，因此，石化工程知识具有鲜明的生产力属性。

（2）设计性和社会性

石化工程的设计与建造都是以石油资源、水源、地形、风向等自然资源和条件为基础，依照人们的规划和设计而进行的人工造物活动。工程建造，以及后续的生产运行活动也会影响周边自然环境和居民生活状态，进而影响人与人、人与社会的关系。因此，石化工程知识具有较强的设计性和社会性。

（3）主观能动性和创造性

在石化工程实施过程中，为了实现工程技术方案的最优化和价值最大化，需要工程师们反复思考，进行深入的分析和研究，创造性地提出多个解决方案，并进行综合评估、验证和决策。由此可见，石化工程知识具有明显的主观能动性和创造性。

（4）价值导向性和功效利益性

石化工程活动的目的是建成满足要求的生产装置（设施）并生产出需求产品，实现油气资源利用价值的最大化，最终满足社会市场的需求。因此，石化工程知识具有鲜明的价值导向性和功效利益性。

（5）关联性和整体性

石化工程是一个复杂的工程系统，其设计、建构和运行过程中需要规划与设计、设计与建造、内部资源与外部资源等子系统之间的深度协调配合，一个子系统的微小变化都会在整个系统中逐渐放大，引起一系列联动变化。因此，石化工程知识具有高度的关联性和整体性。

4 石化工程知识的特征

石化工程属于资源、资金、技术高度密集型工程，是以技术多专业、管理多维度、协调多界面、运行多子系统为基本特征的开放复杂系统，具有以下主要特征。

（1）实践性

石化工程知识是伴随着石化工业的发展而不断成长起来的，经历了从简单到复杂、从低级到高级、从小规模粗放型到大规模集约型的过程。每一次规划设计都是以现实条件为基础，每一次进步都是以现实问题为导向，每一次创新都是以实践为最终检验标准。因此，实践性是石化工程知识丰富与发展的重要源泉和显著特征。

（2）专业性

石化工程属于技术密集型工程，石化工程知识涉及工艺、设备、仪表、管道、结构、给排水等20多个专业，每个专业都有各自的知识体系、工作流程和表达方式。在设计、建构、运行过程中，要求工程从业者具有丰富的专业知识和较强的职业技能才能顺利开展工作。另外，由于石化工程技术复杂，设备繁多，生产工序互相关联、动态耦合等特点，使工程设计、建造、运行、管理等过程均具有较强的专业性特征。

（3）集成性

石化工程生命周期中的各项工程技术、管理方法既相互区别又紧密联系，因此，通常采用集成化的方法统筹各项资源和要素。在工程实施过程中，通过设计集成化、建造集成化、生产运行集成化和工程管理集成化，对资源、要素、方法、信息等进行高效集成和优化组合，以达到各项工程要素的协调统一，在这些过程中形成的工程知识具有显著的集成性特征。

（4）转化性

石化工程是将资源、要素通过选择、整合、集成等过程转化成工程实体并持续运行的过程，整个过程包含多个转化子过程。首先通过工程化开发，将科学技术研究成果转化为工艺技术和工程技术。然后通过工程设计将工艺技术转化为可供设备制造和现场施工的"蓝图"。最后通过设备制造、物资采购和施工安装等将"蓝图"转化为现实的生产装置及设施，并持续、批量地生产出实物产品，完成转化的任务，由此凸显其转化性。

（5）安全性

石化工业具有高温高压、易燃易爆、强腐蚀性等工况，因此安全生产是石化工业永恒的主题，而石化工程是奠定工厂安全基因的关键路径。为此，工程管理者从一开始就要策划建立贯穿工程生命周期的健康、安全、环保（HSE）管理体系，其间还要开展各种专项安全分析和管理活动，安全理念必然会深刻地渗透到石化工程知识中。

（6）环保性

石化生产过程中的物料涉及诸多类型的有毒有害介质，为此必须大力推行清洁生产，保护生态环境，才能实现企业与社会的和谐共生，而工程设计是从源头上提升石化企业环保水平的重要环节。在设计建设过程中，人们通过环境影响评价、采用绿色环保的工艺和设备、落实环境保护设施与主体工程"三同时"（即与主体工程同时设计、同时施工、同时投入使用）等，使石化工程活动（包括生产活动）对生态环境更加友好。人们在从事上述工程活动中，不断积累保护生态环境的理念、技术和经验，使石化工程知识更具环保性特征。

第二节　石化工程知识群

1　石化工程知识体系

石化工程知识是一个复杂、开放的知识体系。在石化工程知识的形成与发展进程中，各种科技知识、经济知识、管理知识、社会知识以及其他行业领域知识不断渗透其中，不同程度地影响着石化工程知识的发展。目前，石化工程知识已经形成了系统全面、脉络清晰、层次分明的知识体系。石化工程知识可分为通用知识和专业知识。通用知识包括 3 类，分别是工程管理知识、工程经济知识和工程人文知识；专业知识包括 7 类，分别是石化工程规划知识、石化工程设计知识、石化工程建造知识、石化工艺技术与装备知识、石化工程运行知识、石化工程竣工验收与后评价知识、石化工程节能环保知识。石化工程知识体系框架如图 2-6-1 所示。本案例结合石化工程特点，重点阐述石化工程管理、规划与设计、建造、工艺技术与生产运行、项目经济五方面的知识。

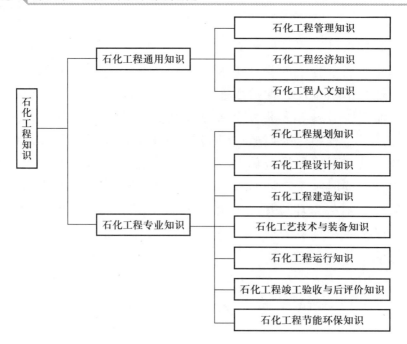

图 2-6-1   石化工程知识体系

2 石化工程管理知识

2.1 石化工程的阶段划分

石化工程项目具有资金与技术高度密集、涉及专业多、关联范畴广、集成程度高、质量要求高、建造周期长等特点。工程管理水平的高低，直接决定投资效益，决定建设项目的成败[①]。石化工程项目建设过程通常分为五个阶段。

（1）项目前期工作阶段

通过市场调研、投资机会研究、可行性研究、专项审批和项目批准立项等过程，确立符合国民经济和社会发展长远规划，符合国家产业政策，符合行业、地区、企业发展规划的建设项目。

---

① 王基铭. 中国石化石油化工重大工程项目管理模式的创新 [J]. 中国石化，2007（7）：45-49.

（2）项目定义阶段

按照批准的可行性研究报告，确定项目组织模式和实施方式，组建项目管理团队，确定项目建设目标，组织开展技术路线选择、工艺包设计、总体设计、基础工程设计（初步设计），办理项目开工的相关手续，落实建设资金，确定工程承包商和监理单位，完成"四通一平"工作，为项目全面实施做好准备。

（3）项目实施阶段

制定项目建设总体统筹控制计划，开展详细工程设计、工程设备材料采购，开展土建/安装工程，进行工程监理、关键设备材料的监造和工程质量监督，按设计要求全面达到工程建成完工，同时进行生产准备工作。

（4）运行及竣工验收阶段

完成试生产相关政府部门备案手续，进行投料试车、考核标定、专项验收和交工验收，做好竣工决算、审计和竣工验收。试运行合格后，进入生产运行阶段。

（5）后评价阶段

对已完成项目的执行过程、效益、作用和影响等进行系统、客观、全面地分析，总结经验教训，为以后项目的决策和提高投资决策管理水平提出建议。

2.2 石化工程项目管理模式

石化工程项目管理模式是工程建设项目以合同为依据实施质量、HSE、进度和费用等方面有效管理的重要基础[1]。伴随我国石化工业的发展和工程建设管理体制的改革，石化工程管理模式也在不断变化。从 20 世纪五六十年代的石油大会战，到 70 年代的工程建设指挥部，以往石化工程项目管理基本上都采用"工程来了搭摊子，工程完工撤摊子"的模式。进入 80 年代，石化行业工程管理进行了一系列的改革探索。优化社会资源、走专业管理之路、组建专业工程公司、保持工程建设管理队伍连续性等，一直是改革的焦点。21 世纪初，我国在南海石化项目、赛科 90 万吨/年乙烯工程、海南大炼

---

① 王基铭，袁晴棠，等.石化工程建设项目管理机理研究［M］.北京：中国石化出版社，2011.

油等大型石化工程项目中，采用 PMC（project management contracting，项目管理承包）、IPMT（integrated project management team，一体化项目管理组）等先进管理模式，取得了较好的效果。IPMT 模式是由建设单位组织并授权的工程项目管理机构，代表建设单位对工程项目的整体规划、项目定义、工程招标、工程施工、投料试车、考核验收进行全面管理，负责选择项目前期咨询商、EPC 承包商和监理承包商，并对其工作进行管理与协调。该模式吸取了 PMC 管理模式的专业化优点，由建设单位的项目管理人员与专业化的项目管理咨询公司组成联合项目管理组，既能发挥专业化人员的项目管理经验和管理技术，又能充分发挥建设单位在项目执行过程中的主导作用，已经被广泛应用于我国大型石化项目建设中。

2.3　石化工程项目策划

石化工程项目策划主要是围绕项目总体和分项目标，通过经济和技术等方面的科学分析与论证，找出实现项目目标的最优途径，为项目决策和实施提供保证。石化工程项目策划一般分四个阶段进行。

一是前期阶段策划，主要是针对项目的投资机会研究进行的，围绕工艺技术路线和产品方案、原料及市场、财务效益指标、行政许可及合法合规性，经济评价及风险等内容进行的深度研究和论证工作。

二是项目定义阶段策划，根据工程项目实际，开展项目建设目标、管理模式和组织分工、界面管理、专业管理和专项管理等重点管理内容的策划。

三是实施阶段策划，一般在现场开工前进行，包括编写项目总体统筹控制计划、确定项目的关键路径、制定项目分阶段实施的部署计划，并侧重对实施阶段的各类资源进行策划；进行项目工程设计、采购与施工工作的管理要点策划；针对项目的特点，分析影响实现项目总体建设目标的风险，并提前策划风险管控措施。

四是试生产与竣工验收阶段策划，一般在试生产工作前进行，主要内容包括编制项目总体试车方案、制定各项专项验收方案等。

2.4　石化工程项目技术管理

石化工程需要应用复杂的工艺技术、工程技术和建造技术，技术水平的高低不仅关系项目的成败，还将决定石化生产装置的运行基因，对建成后的生产运营产生深远影响。技术管理是石化工程项目管理的重要组成部分，贯穿于工程建设的全过程。

技术的识别、选择与实施管理是项目技术管理的重要内容。技术识别主要是辨识拟用技术的先进性、来源的合法性和工业应用的成熟度。技术选择通常要从技术参数指标、经济指标、环保指标、安全性、技术成熟度、知识产权、服务保障等方面，对技术的先进性、适用性、经济性、可靠性、安全性和合法性等做出明确性评价，选择最适宜的技术。技术的实施管理主要是技术方案和技术措施的过程控制及其变更的控制。

标准规范的选择与应用是项目技术管理的又一重要内容。项目执行标准可以归纳为业主标准、项目标准（为特定工程项目编制的标准）和外部标准（包括国家标准、行业标准、地方标准、国际标准和国外先进标准等）三大类。标准规范的选择就是要确定标准规范采用原则，从庞杂的标准规范中辨识采用的具体标准，进而形成项目采用的标准规范目录，并建立起项目标准规范库。标准规范的应用主要是对项目所用的标准规范确定执行的优先次序，并明确标准变更的原则。

技术评审是石化工程项目实施技术过程管控的关键方法和重要措施。技术评审是一种技术论证过程，目的是通过集中专家集体的工程知识和经验，进一步把控技术方案的正确性。一般聘请项目外的专家进行技术评审工作。为使技术评审规范化、制度化和标准化，需要建立技术评审体系，明确技术评审的内容、程序等。对于不同工程承包商、不同工程转化课题和工程项目、不同工作阶段以及不同级别的评审，其内容均不相同。技术评审对提升工程建设水平，确保石化工程项目符合国家法律、法规及合同要求，实现技术先进、安全可靠、清洁环保、经济合理等起到重要作用。

2.5　石化工程项目质量及 HSE 管理

石化工程项目质量管理是项目质量管理活动与项目实体质量控制的结合。通过对实现项目目标所必需的过程进行持续的策划、组织、监视、控制、报告和采取必要的纠正措施来保证项目的工作质量及产品质量，是确保工程项目本质安全和预定目标实现的关键。

工程项目质量过程管理是包括质量策划、质量控制、质量保证和持续改进，直至实现工程项目整体目标的系统过程。在项目质量管理过程中，运用过程管理方法，通过采用 PDCA（策划、实施、检查、行动）循环以及基于风险的思维对过程和整个项目质量管理体系进行管理是工程项目质量管理过程的基本要点。

石化工程项目 HSE 管理过程主要包括项目 HSE 策划、HSE 执行、HSE 检查和 HSE 相关问题的处理。HSE 管理渗透于项目的各个环节，包括项目设计过程中各类相关设备、设施的设计，以及 HAZOP（hazard and operability，危险与可操作性）分析、SIL（safety integrity level，安全完整性等级）分析等内容；采购过程中所涉及场所（物资运转、库房、堆场等）的 HSE 管理；施工直接作业环节的 HSE 管理，以及项目办公地点、员工驻地、交通道路的 HSE 管理等。

2.6 石化工程项目进度管理

项目进度管理是指采用科学方法确定进度目标，结合资源情况编制进度计划，在计划执行过程中开展进度控制，在与质量、费用目标协调的基础上，实现项目工期目标[1]。项目进度管理主要包括进度计划的编制和控制两部分工作。

石化工程项目进度计划的编制要与费用、质量、安全等目标相协调，充分考虑客观条件和风险预计，确保项目目标的实现。项目的计划体系与工作结构分解的层级设置应互相匹配，计划体系包含若干个层级，根据项目进展的不同阶段，结合所掌握项目信息由浅入深的变化规律，并考虑到不同层次人员所关注计划内容的不同侧重来确定。

项目进度计划的控制方法是以计划为基准，应用赢得值原理，构建一套科学、合理的进度数据采集和测量系统，在实施过程中对执行情况不断跟踪检查，比对分析偏差，找出原因并制定措施，使项目运行回到进度目标的轨道上，随后持续开展检查、分析、纠偏，直至项目最终完成。

---

① 孙丽丽，等. 石化工程整体化管理与实践［M］. 北京：化学工业出版社，2019.

2.7 石化工程项目费用管理

石化工程项目费用管理是指在满足工程质量、工期等要求的前提下，通过预算、检测、分析、调整、预测等环节，对项目实施过程中所发生的费用进行控制，以实现预定的投资（成本）目标，并尽可能地降低成本的管理活动。

在石化工程中，通常应用赢得值原理对项目进度费用进行综合管理与控制。运用赢得值、计划完成值、实际完成值3值分列指标体系，构造关于时间、费用的3条基本曲线，导出4个重要的指标，即成本偏差、进度偏差、费用绩效指数、进度绩效指数，用以评价工程项目进度、成本的实际情况，从而达到对工程进度、成本的综合管理。

2.8 石化工程项目合同管理

石化工程项目投资大、范围广、界面复杂，涉及众多的工程合同，合同管理贯穿于石化工程项目建设始终。加强合同管理对于规范各建设主体行为、有效实施石化工程建设具有重要的意义。

在合同执行过程中，合同方应确定项目合同控制基准，建立有效的合同管理体系，及时进行合同事务的处理，定期通过实施数据采集与合同控制基准进行对比，发现履约偏差，及时调整合同控制基准和履约策略，以使履约向着有利于项目建设和合同方利益的方向发展。同时，要做好合同变更、合同索赔及反索赔等工作，维护合同各方的正当权利。

 石化工程规划与设计知识

石化工程规划与设计是石化工程的先导。工程规划是针对特定的工程目标，结合石化工程建造和运行的内外部条件，进行系统的、综合的统筹谋划，具有前瞻性、战略性、整体性特征。工程设计是工程规划方案具体化，是实现新技术转化、构建石化工厂优质基因的关键环节，具有结构化、层次化、系统化特征。

3.1   石化工程规划

（1）规划体系

石化工程规划包括行业规划、园区规划、企业规划和专项规划。

行业规划是指根据国民经济中长期总体规划的要求和行业特点，为组织、协调和指导本行业所属企业生产经营活动的发展而制定的总体计划。行业规划是行业管理的首要职能。行业规划主要有行业生产能力规划和行业技术发展规划两方面的内容，一般包括行业发展现状、发展环境分析、发展目标、发展重点与布局原则、重点建设项目、政策措施与建议等。

园区规划是依据国家、地方有关产业政策、土地政策、环保政策等相关政策，合理确定园区内的产业布局、产业结构、发展方向和政策措施，对各项用地、基础设施、环境保护、安全防灾、园区管理等进行总体安排，确保园区建设和园区经济健康、快速发展。

企业规划既是对企业未来的前瞻性思考和安排，又是对企业当前经营的具体指导。企业规划应有前瞻性、针对性、认同性、时效性和可操作性。

石化领域专项规划是以石化领域为对象编制的规划，是国家总体规划在石化领域的细化，也是政府指导该领域发展以及审批、核准重大项目，安排政府投资和财政支出预算，制定特定领域相关政策的依据。

（2）专项评价

石化工程规划除了要完成基本规划内容外，还要针对重点领域开展环境影响评价、安全评价、职业病危害评价、社会稳定风险评估和节能评估等专项评价。

环境影响评价是指对建设项目实施后可能造成的环境影响进行分析、预测和评估，提出预防或者减轻不良环境影响的对策和措施，进行跟踪监测的方法和制度。环境影响评价报告一般包括：项目环境现状，项目对环境可能造成影响的分析、预测、评估，环境保护措施的技术经济论证，项目对环境影响的经济损益分析、环境监测的建议，环境影响评价结论等。

安全评价是指应用系统工程的原理和方法，对被评价单元中存在的可能引发事故或职业危害的因素进行辨识与分析，判断其发生的可能性及严重程度，提出危险防范措施，改善安全管理状况，从而实现被评价单元的整体安全。安全评价按照实施阶段的不同分为三类：安全预评价、安全验收评价、安全现状评价。

职业病危害评价包括职业病危害预评价、控制效果评价。在可行性论证阶段，对建设项目可能产生的职业病危害因素、危害程度、健康影响、防护措施等进行预测性卫生学评价，以了解建设项目在职业病防治方面是否可行，也为职业病防治管理的分类提供科学依据。

社会稳定风险评估是指与人民群众利益密切相关的重大决策、重要政策、重大改革措施、重大工程建设项目，以及与社会公共秩序相关的重大活动等重大事项在制定出台、组织实施或审批审核前，对可能影响社会稳定的因素开展系统的调查，科学的预测、分析和评估，制定风险应对策略和预案。

节能评估是指根据节能法规、标准，对投资项目的能源利用是否科学、合理进行分析评估。节能评估报告主要包括项目节能方案及措施分析评价、能耗水平分析评价、节能效果分析评价、节能优化建议等。

3.2 石化工程设计

石化工程设计主要包括工艺包编制、总体设计、基础工程设计（初步设计）和详细工程设计等过程，这是一个相互联系、逐步递进的过程。石化工程设计专业性强，涉及工艺、设备、电气、仪表、管道、材料、应力、建筑、结构、总图、热工、给排水、环保、储运等20多个专业的知识，以及工程管理、人文、安全环保等方面的知识。

（1）工艺包编制

工艺包编制是专利商（或拥有工艺技术的工程承包商）将研究成果进行工程转化的过程，主要解决技术来源和技术可靠性问题。工艺包是基础工程设计（初步设计）的依据和基础，通常包括工艺包文件及工艺手册两部分。工艺包文件包括设计基础、工艺说明、工艺流程图（PFD）、物流数据表、总物料平衡、消耗量、界区条件表，以及安全、环保、卫生等方面的说明。工艺手册包括工艺过程说明、正常操作步骤和方法、开车准备和开停车程序、事故处理原则、催化剂装卸、工艺危险因素分析及控制措施、环境保护、设备检查与维护。

　　（2）总体设计

　　为了进一步优化方案，控制规模，统一标准、原则和技术条件，实现总体优化，大型石化工程项目在可行性研究报告获得批准并确定工艺技术后，通常需编制总体设计，为开展基础工程设计（初步设计）创造条件。总体设计以项目可行性研究报告及批复文件为设计依据，确定设计主项和分工，平衡全厂物料和能量，统一设计原则、统一技术标准和适用法规要求、统一设计基础（如气象条件、地质条件、公用工程设计参数、原材料和辅助材料规格等），协调设计内容、深度、公用工程/辅助设施规模以及行政生活设施，确定总工艺流程、总平面布置、总定员、总投资和总进度。

　　（3）基础工程设计（初步设计）

　　基础工程设计（初步设计）以工艺包/总体设计为基础，主要围绕长周期设备订货、供审批部门及建设单位审查的设计内容开展设计，为详细工程设计或工程采购提供依据。

　　基础工程设计（初步设计）应确定所有的技术原则和技术方案，设计内容应符合相关标准规范要求，文件深度应满足审查、采购和施工准备及详细工程设计的要求，并编制消防、环保、安全、卫生、节能和抗震6个设计专篇。基础工程设计通常按两个阶段开展。第一阶段满足长周期设备订货要求，主要完成PFD、管道及仪表流程图（P&ID）、关键设备布置，以及控制室和变配电室的布置方案、危险区域划分、安全分析和环保研究、提供长周期设备和材料询价技术文件。第二阶段完成供用户审查的设计文件，深化设备数据表、开展配管研究、电气及仪表主电缆桥架布置图、空调主风管布置图等，地下管网的规划设计，建（构）筑物平立面图及工程简要说明，完成试桩方案和地质钻孔平面布置图，为详细工程设计准备的其他工作。

　　建设单位和政府主管部门通常要组织基础工程设计（初步设计）审查，重点评审设计方案的合理性与协调性，与设计依据的符合性，系统的安全与环保性，基础设计概算的合理性，并开展HAZOP分析等安全性评价，对消防、环保、安全、卫生、节能和抗震方案进行专项审查。

（4）详细工程设计

详细工程设计以基础工程设计（初步设计）为基础，内容和深度要满足采购、制造、施工及投产的要求。详细工程设计要落实基础工程设计（初步设计）审查意见，确认制造厂资料，编制详细设计文件，根据需要提供特殊管道单线图、设备材料的材料表和规格书等。在进行详细工程设计时，应根据设计进展组织三维设计模型审查，如对基础工程设计（初步设计）确定的方案有较大变化时，还应进行设计方案评审。

（5）设计集成化及数字化工厂

设计集成化是将工程设计过程相对孤立的阶段、活动及信息有机结合，构建一个或多个多功能、系统化、集成化和协同化的设计平台，实现信息同源共享、过程集成、知识积累、传承和智能应用，是建设数字化工厂的有效手段。

数字化工厂是集虚拟现实、模拟仿真、优化控制等综合技术，贯穿设计、建设和生产运营全过程，多种信息系统集成的基础性平台。

数字化集成平台包括设计（E）、采购（P）、施工（C）、开车（C）、项目管理（M）等子平台，包括四个层级的信息逻辑单元——工厂级、装置级、产品级和 EPCCM 级。以工厂层级为例，其结构如图 2-6-2 所示。

最顶层的工厂级包括相关联的工艺装置、物流系统、公用工程和辅助设施等所有装置级逻辑单元的信息，而最基础的 EPCCM 级则包括设计、采购、施工、开车和项目管理逻辑单元的信息。

数字化信息需要有数字化平台作为支撑和载体，建设数字化工厂的过程是搭建数字化平台的过程。

（6）标准化设计与模块化设计

标准化设计是指对技术上成熟的石化工程，采用统一的建设规模、技术路线、设备选型、技术标准和设计模式，使其成果具有广泛适用范围的设计方式。对于集团化的生产企业，标准化设计可以为实现集团内统一的物资储备、备品备件互换和统一的生产操作管理奠定基础。主要内容包括：标准数据库——各类编码体系及材料等级数据库等；工程标准库——各项技术标准；标准化设计库——各类工艺装置和系统单元的标准化设计。

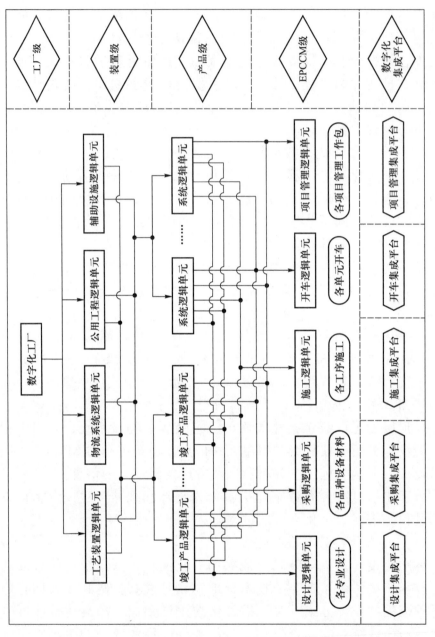

图 2-6-2　数字化工厂层级结构图

模块化设计是将装置或系统单元设计为可在工厂预制成若干可单独运输、安装的撬装单体，涉及工厂能力、运输和安装等因素，平面布置划分模块范围，定义模块属性，确定施工方案。模块化设计可减少现场施工人工的投入，降低质量、安全、环保和工期的风险。模块化设计与采购和施工深度交叉，对设计标准化、集成化以及施工组织有较高要求，对项目费用、质量和进度控制有利。

（7）工程设计变更及竣工图

工程设计变更是在详细工程设计完成后，受设计输入、设计失误、采购条件、施工条件、材料应用、合理优化等因素的影响，对设计进行更改的过程，与原设计具有同等效力，是投资核算、绘制竣工图的依据。工程设计变更以"设计变更单"的形式传达和确认，应明确分类、原因、内容、产生费用、进度影响，以及会签、审批意见等。

竣工图是真实反映建设工程施工结果的图样，其编制依据为详细设计文件以及建设期间实施的设计变更单、工程联络单等变更信息，是承包商交付建设单位进行生产、检修、技改、改扩建的设计依据。

4 石化工程建造知识

石化工程建造是工程设计"蓝图"实施、工程实体形成与运行，并完成工程验收及后评价的过程。因此，石化工程建造知识是一种建构性知识，主要包括采购、施工、竣工验收和后评价四个方面知识。

4.1 石化工程采购

在石化工程中，采购是一个广义的概念，包括工程服务采购和工程物资采购。石化工程服务采购通常包括 EPC 总承包、PMC、工程勘察、工程设计、工程施工、施工总承包、施工专业承包、工程监理、造价咨询、无损检测、基桩检测、水土保持监理、水土保持监测、环境监理和环境监测等业务承包商的采购。工程物资采购主要包括静设备、动设备、电气、仪表、管道材料和通用材料等实物，以及监造、物流、仓储等服务的采购。

　　为保证供货质量，应开展过程质量控制活动。按照质量控制级别由高到低通常分为制造过程的全程驻厂监造、关键点的访问检查、出厂检验、货到现场的接货检验和质量文件的审核。按照设备材料的重要性和制造复杂性，石化工程物资的质量控制级别通常分为 A、B、C 三类，其中 A 类和 B 类为重要物资。A 类物资以反应器、压缩机等关键设备为主，通常采取驻厂监造方式；B 类物资以一般塔器、离心泵、合金钢管等为主，通常采取关键点访问检查和出厂检验等形式；C 类物资以普通钢板、耐火材料、中低压电缆等大宗材料和标准件为主，通常采用文件审核放行以及到货后的外观检验等方式执行。

4.2　石化工程施工

　　石化工程施工是一项复杂的建构活动，需要集成应用众多工程技术知识、管理知识和施工工法。工程施工知识是关于石化工程建设的工序、方法、技巧和人员、机具等方面的知识，包括土建施工知识、大型设备吊装知识、压力容器现场组装知识、机械设备安装调试知识、管道安装知识、焊接知识、无损检测知识、电气安装知识、仪表安装知识、防腐保温知识等。中国石化形成的"四大一特"施工安装技术——大型设备吊装技术、大型传动设备（机组）安装技术、大型贮罐安装技术、大型 DCS 自动化集散控制系统安装与调试技术和特种材料焊接技术，对提升施工安装效率和水平，保证施工安装质量，发挥了重要的作用。

　　工程项目施工遵循"先地下后地上，先土建后安装"的原则进行，通常包括场地预处理、地基处理、土建施工、安装施工和单机试车等基本工序。石化工程施工安装结束后，通常要开展工程中间交接与"三查四定"。工程中间交接是施工单位向建设单位办理工程交接的一个必要程序，标志着施工安装已经结束，由单机试车转入联动试车阶段。一般按照单项或系统工程进行，中间交接只是装置保管、使用责任的移交，不解除施工单位对工程质量、竣工验收应负的责任。在工程中间交接前需要进行"三查四定"，即查设计漏项、查未完工程、查工程质量隐患，对查出的问题定任务、定人员、定时间、定措施限期完成。

4.3　工程竣工验收

石化工程竣工验收是指工程竣工后，建设单位会同设计、施工、物资采购、监理及工程质量监督等单位，对该工程是否符合设计要求以及施工质量进行全面检验，取得竣工合格资料、数据和凭证的过程。石化工程竣工验收工作包括交工验收、专项验收、竣工决算与审计、档案验收、竣工验收委员会验收等。

石化工程建设项目在试生产期间完成生产考核后，由建设单位组织监理、承包商及相关单位，按合同规定对交付工程进行交工验收。交工验收内容主要包括设计单位完成竣工图归档、施工承包商移交工程交工技术文件、供货商移交技术文件、监理单位移交监理文件、签署"工程交工证书"。

专项验收是指建设单位对消防、防雷、职业病防护、安全和环境保护等设施，按照国家有关规定和验收管理办法，向政府行政主管部门申请专项验收，取得验收意见书。

竣工决算与审计是建设单位在工程结算后，按照规定的要求编制建设项目竣工财务决算，审计机关审计后出具审计报告。

档案验收是建设单位按建设工程文档整理归档的管理要求，组织完成建设项目档案收集、分类、组卷，并按《建设项目（工程）档案验收办法》要求，向档案验收主管部门提交档案验收申请，验收通过后取得档案验收文件。

4.4　工程后评价

后评价是在工程建设项目运营及竣工验收一定时间后，对工程的目标实现、决策过程、实施过程、实施效果、产生影响等进行系统客观的评价。通过后评价分析项目预期目标是否达成、规划是否合理有效、主要指标是否实现，分析产生偏差的原因，总结经验教训，提出建议措施，以提高企业决策水平和管理能力。

后评价分为"自评价"和"独立评价"。"自评价"是建设单位自行组织内部有关部门和专家对建设项目进行的分析和评价；"独立评价"是由独立的第三方对建设项目进行的分析和评价。后评价主要内容包括项目概况、项目决策及项目建设管理、项目实施结果、项目经济、项目影响、项目竞争力及可持续性评价等。

5 石化工程工艺技术与生产运行知识

石化工业属于流程工业，必须按照一定的工艺流程进行。石化工程的实施不仅要应用工艺技术、设备材料等知识建设生产装置，还要为装置的安全平稳运行开展相关试运行工作，同时要综合运用节能知识和环保知识，降低生产成本，保护生态环境，满足国家相关政策要求。

5.1 石化工程工艺技术与装备知识

石化工艺过程是以石油和天然气为原料，经过一系列的物理/化学转变，生产石油产品及化工原料和产品的流程制造过程，包括石油炼制及石油化工两大工艺过程。石油炼制主要生产石油产品，如汽油、煤油、柴油等燃料油品及润滑油、沥青、液化石油气、焦炭等，同时生产化工原料，如石脑油、轻烃等；石油化工主要以石脑油、加氢尾油、液化气和轻烃等为原料，生产烯烃（乙烯、丙烯、丁二烯）和芳烃（苯、甲苯、二甲苯）等主要化工原料，并以此生产合成树脂、合成纤维、合成橡胶等化工产品。典型石油炼制和石油化工工艺流程图分别见图 2-6-3 和图 2-6-4。

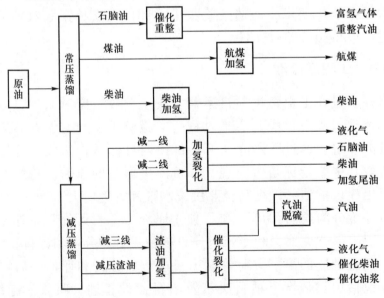

图 2-6-3　典型石油炼制工艺流程图

从图 2-6-3 可知，石油炼制主要包括原油蒸馏、重油轻质化、油品改质、油品精制等工艺过程。原油蒸馏即常压蒸馏和减压蒸馏，是石油炼制的龙头工艺，将原油分割为不同沸程的馏分，为一次加工工艺。根据各馏分的性质和要求，对其进行二次加工以生产满足要求的燃料油品及化工原料的工艺过程，统称为二次加工工艺，如连续重整、加氢、催化裂化、延迟焦化、烷基化等工艺。重油轻质化是将重质油最大程度地转化为汽油、柴油及液化气等轻质油品，主要有催化裂化、加氢裂化和延迟焦化等工艺。油品改质工艺采用加氢等措施脱除其中杂质，提高油品品质，满足下游工艺和产品质量要求。油品精制是对产品进行加氢或脱硫等处理的过程。石油炼制过程中的主要装备包括各类反应过程的反应器、各类塔器、容器、换热器、再生器、压缩机、风机等。

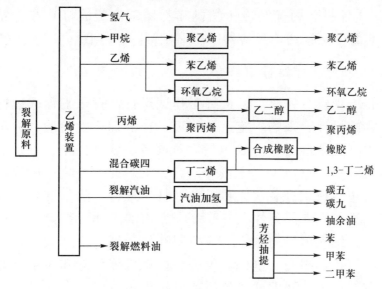

图 2-6-4　典型石油化工工艺流程图

乙烯工艺是石油化工最具代表性的工艺过程，也是基础石油化工原料的生产源头。从图 2-6-4 可知，乙烯工艺是以石脑油及轻烃等为主要原料，通过高温裂解、压缩、分离制取聚合级乙烯、丙烯、丁二烯等主产品，同时获得氢气、混合碳四、裂解汽油和裂解燃料油等副产品。工艺过程中生成的乙烷和丙烷经分离后返回裂解炉，以尽可能提高乙烯和丙烯的收率。混合碳四经抽提制取丁二烯，可进一步生产合成橡胶。裂解汽油富含 C6-C8 芳烃，是石油芳烃的重要来源之一，其经裂解汽油加氢装置进行加氢脱除二烯烃、烯烃及微量杂质后，送至芳烃抽提，制取苯、甲苯及二甲苯。副产氢气可供下游裂解汽油加氢、聚烯烃等装置使用。

聚合工艺是以乙烯、丙烯、丁二烯和芳烃等单体为原料，生产聚烯烃和聚酯的工艺过程，如聚乙烯、聚丙烯、顺丁橡胶、聚酯等的生产。乙烯和丙烯的另一大用途是生产环氧乙烷和环氧丙烷，并相应生产乙二醇。乙二醇和精对苯二甲酸（PTA）生产聚酯纤维，是当前合成纤维的第一大品种，可有效解决粮棉争地的问题。乙烯还可生产苯乙烯，用于生产合成树脂、离子交换树脂及合成橡胶。丙烯还可生产丙烯腈，用于生产合成纤维及合成橡胶。

石油化工工艺过程中的主要装备包括乙烯装置裂解炉、"三机"（裂解气压缩机、丙烯制冷压缩机和乙烯制冷压缩机）和冷箱，各类化工装置的蒸馏塔、反应器、压缩机等。

5.2　石化工程运行知识

石化工程建造完成后，进行工程试运行。石化工程试运行是对整个工程的设计、采购、施工和管理工作的综合性检验，为正式生产运行做好充分准备，主要包括生产准备、联动试车、审批手续办理，以及投料试车、生产考核等内容。生产准备由建设单位牵头负责，主要包括组织准备、人员准备、技术准备、物资准备、资金准备、营销准备和外部条件准备等多个方面的工作，贯穿于工程建设项目始终，纳入项目的总体统筹控制计划管理。联动试车是检验装置设备、管道、阀门、电气、仪表、计算机等性能和质量是否符合设计与规范要求。联动试车包括大机组等关键设备负荷试车、烘炉（器）、煮炉，以及系统的气密、干燥、置换、三剂装填、水运、气运、油运等。投料试车是对已建成的装置按照设计文件规定的工艺介质打通全部装置的生产流程，进行各装置之间物料衔接的运行，以检验其除经济指标外的全部性能，并生产出合格产品的试验操作。投料试车成功后按照试生产方案，项目进入试运行阶段，试生产期限通常不少于 30 日，不超过 1 年。

试运行合格后，进入生产运行。石化工程是一个复杂的工程系统，其生产装置与设施的运行涉及经营、技术、管理、操作等各方面的因素，力求在动态的输入/输出过程中实现多目标整体优化。石化生产过程需要综合应用生产计划、调度指挥、技术管理、设备管理、资源管理、操作控制、能源管理、绿色环保管理、健康安全管理、物流管理、营销管理、经济核算及劳动管理等知识并进行优化集成，保证工程高效、有序、协同并可持续运行。工艺技术管理是保证安全稳定生产的核心，包括工艺技术规程、岗位操作法、开（停）工方案、工艺卡片、原始记录、巡回检查、技术标定、操作指令、工艺连锁及报警、"三剂"（即催化剂、溶助剂、添加剂）使用管理、生产应急预案、节能降耗、生产优化及技术攻关等内容，生产技术、管理和操作人员必须严肃工艺纪律、强化工艺技术分析、优化生产过程、稳定装置运行。设备管理是工程运行管理的又一关键环节，包括设备操作与维护、设备检修、设备更新改造、设备处置、事故处理等内容。石化工程中使用了大量的锅炉与压力容器、压力管道、起重机械、电梯等特种设备，应按《中华人民共和国特种设备安全法》《中华人民共和国石油天然气管道保护法》《特种设备安全监察条例》等法律法规和技术规范的要求，对特种设备的设计、制造、安装、使用、检验检测和报废全过程进行管理。石化工业是典型的流程工业，机泵、电气设备设施、仪表及自控系统是石化工程的关键设备，这些设备、系统的可靠性和先进性直接影响生产过程工艺的平稳性和控制的准确性，从而影响工程运行稳定和产品质量。当前，中国石化等石化企业正在大力推进智能工厂建设，采用面向石化工业现场的工业物联网技术、融合过程机理和大数据模型的智能建模与分析技术、工业人工智能技术等现代信息技术，构建数字化、网络化、智能化的生产运营管理新模式，实现供应链协同一体化、生产管控智能化和全生命周期资产管理数字化，强化全面感知、优化协同、预测预警和智能决策能力，生产优化从局部优化、离线优化逐步提升为一体化优化、在线优化，劳动生产率大幅提升，提质增效作用明显。

5.3　石化工程节能知识

节能降耗是石化工业推进可持续发展，实现与自然环境和谐共生的必然选择。石化工程节能是从节约能源消耗量出发，统筹利用各种能量，对能量利用进行分析和诊断，提出用能方案，规范能源利用方式，从而实现既定节能目标。

石化工程节能涉及的范围可以是全厂级、装置级或单元级，提出系统层面、工艺层面、设备层面、自控层面或以上任意组合的节能措施。系统层面包括装置间热联合的规划，装置间、系统间能量供应及利用关系的优化，能源的梯级利用等，最终实现全局最优的能源产、供、用方案；工艺层面提出流程改进和优化措施、优化操作和运行参数、降低能源消耗，以提高收益；设备层面包括节能设备的应用、耗能设备效率提升、设备可靠性及可用性校核等，确保设备高效安全运行；仪控层面考察控制逻辑的合理性、精准测量及控制、精细管理及指标考核等。

石化工程节能工作主要包括两个方面。一方面是节能工程咨询。它是指参与总加工流程的优化设计及公用工程资源的优化配置，提出装置之间、装置与系统之间、系统之间能源互供方案建议，实现全厂能耗最小化目标；提出全厂及各工艺装置能耗指标、关键用能设备能效等级及计量器具规格及数量等要求；推荐先进的节能工艺技术、节能设备；跟踪、落实、监测和评估能效技术的使用情况。另一方面是节能工程项目的实施。它是指与节能相关的节能单体工程、技术改造项目、能源利用升级项目等。石化工业常见的节能项目有全厂热进热出料改造、装置间热联合、氢气系统深度回收、全厂蒸汽动力系统优化、水系统回收及减量项目、工艺及热力管网优化、低温热回收利用、系统及元件强化传热改造、以夹点分析为基础的换热网络优化、工艺节能项目、余热及余压回收、加热炉热效率提升改造、机泵提效项目等。节能工程项目的实施与一般项目运行方式类似。对于小型节能技改，新技术应用项目等还可以采用合同能源管理方式运作。图2-6-5为典型的石化工程节能知识结构。

5.4　石化工程环保知识

石化工程环保以清洁生产为原则，采用绿色工艺技术，构建资源能源消耗低、循环经济水平高、生命全周期本质环保的炼化工程，生产环境友好产品，防止环境污染和生态破坏，最终实现企业与自然环境的和谐共生。

在工程建设过程中，需要对建设期和建成后可能对环境产生的影响进行分析、预测和评价，科学评估建设地区相关资源、环境要

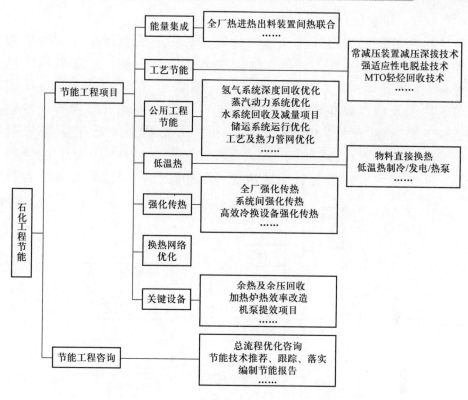

图 2-6-5　典型的石化工程节能知识结构

（注：MTO 的英文全称为 methanol to olefins，即甲醇制烯烃。）

素的承载力和环境容量等可能的制约因素，使工程环保策略和措施满足环境目标的要求。

在工程设计过程中，落实防治环境污染和生态破坏的各项措施。建设期间进行专项环境监理，竣工后对石化工程的环保设施依法合规验收，营运过程中监管排污口、厂界环境，执行排污许可制度，规范运营环保设施。

为了构建绿色石化工程，在工程建设过程中需要统筹考虑环保策略和措施，通常包括以下几个方面。

（1）采用环境友好的工艺技术

优先选用"三废"产生量、排放量少的工艺，使用绿色原辅材料和清洁燃料，优化能源和产品结构，实现能量梯级利用，实现原料、过程、产品的全流程清洁环保。

（2）污水处理及回用技术

污水处理以清污分流、污污分流、污污分治和污水有效回用为原则，即在排水系统、处理、回用三方面做好衔接，通常采用"预处理+生物处理+深度处理"的工艺（图2-6-6）。预处理有pH调节、除油及悬浮颗粒物等，主要工艺有中和、隔油、气浮等。生物处理工艺主要通过生物降解污水中的污染物，降低化学需氧量（COD）、氮（N）、磷（P）等，主要工艺包括活性污泥法、生物膜法、生物接触氧化法、氧化塘法等，其中活性污泥法除普通活性污

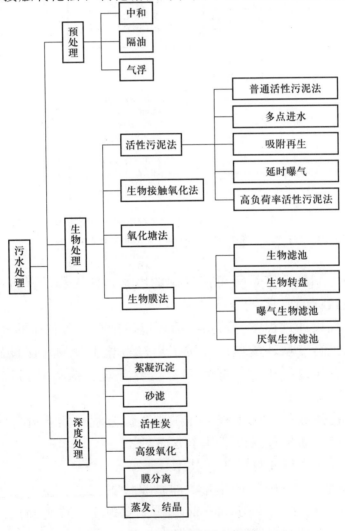

图 2-6-6　石化污水处理常用技术

泥法外，还有多点进水、吸附再生、延时曝气和高负荷率活性污泥法等；生物膜法处理技术有生物滤池、生物转盘、曝气生物滤池、厌氧生物滤池等；生物接触氧化法是介于活性污泥法和生物滤池两者之间的生物处理法，是具有活性污泥法特点的生物膜法，兼具两者的优点。深度处理的方法包括絮凝沉淀、砂滤、活性炭、高级氧化（含臭氧氧化、催化氧化等）、膜分离（含超滤、纳滤、反渗透等）、蒸发浓缩、结晶等物理化学方法。

（3）废气防控技术

废气防控的重点在于将石化工程的有组织源和无组织源废气进行有效管控（图 2-6-7）。有组织源废气主要有工艺尾气、加热炉/锅炉烟气、废物焚烧烟气等；无组织源废气包括污水集输系统排气、设备和管阀件泄漏排气、挥发性有机液体储存和装载作业排气、装置检维修排气、事故排放气等。优先将有回收利用价值的废气回收利用，其次进行净化或无害化处理。

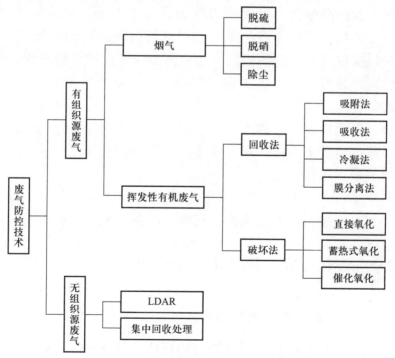

图 2-6-7　石化废气防控及处理常用技术

在石化行业，应用较多的烟气脱硫技术有钠碱法、石灰干法脱硫、活性焦法；烟气脱硝技术有选择催化还原、选择非催化还原等。挥发性有机废气处理的主要工艺技术有回收法和破坏法。回收法包括吸附法、吸收法、冷凝法、膜分离法等；破坏法有直接氧化、蓄热式氧化、催化氧化等。还可采用回收法与破坏法的耦合技术、泄漏检测与修复（leak detection and repair，LDAR）技术对无组织排放过程进行管控。

（4）固体废物处理处置技术

固体废物处理要以减量化、无害化、资源化为原则，对固体废物采取综合利用、焚烧、安全填埋等处理处置技术。污水场污泥有浓缩、干燥、焚烧等工艺技术，其中薄层干燥、转鼓干燥、带式干燥、离心干燥等技术在石化行业应用较多。

（5）地下水及土壤污染防控技术

对地下水及土壤污染采取主动措施与被动防渗相结合的原则，在源头予以主动防控，如通过工艺设计优化减少泄漏点、管道及设备等可能泄漏点处提高设计压力等级或材质等级、管道可视化等技术，避免或减少污染介质的渗漏，同时根据污染防治分区对需要防渗的区域采取适当的防渗措施。地面防渗可采用抗渗钢纤维混凝土、抗渗合成纤维混凝土、抗渗钢筋混凝土、抗渗素混凝土、高密度聚乙烯膜等技术；储罐防渗可采用高密度聚乙烯膜；污水池、沟和井的防渗可采用内表面涂刷水泥基渗透结晶型防水涂料、喷涂聚脲防水涂料或在混凝土内掺加水泥基渗透结晶型防水剂等技术。

（6）噪声防控措施

石化工程中应用较多的噪声防控措施有减震、消声、隔声等，通过工程噪声研究，综合施措，使噪声控制满足环境要求。

6 石化工程项目经济知识

6.1　工程建设项目费用估算

石化工程建设项目费用估算分为可研投资估算、总体设计概算、基础设计概算、详细设计（施工图）概算和施工图预算五类。这五类估算随着工程的进展而深化，估算精度越来越高。

（1）工程建设项目费用结构

石化工程建设项目费用包括建设投资、增值税、建设期资金筹措费和铺底流动资金，费用结构见图2-6-8。

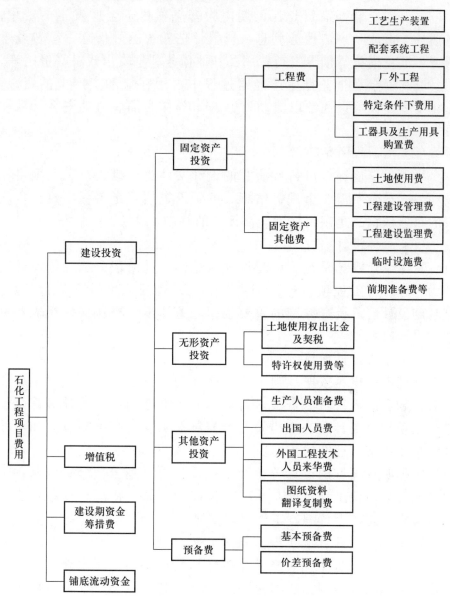

图 2-6-8　石化工程项目费用结构

建设投资包括固定资产投资、无形资产投资、其他资产投资和预备费。固定资产投资包括工程费和固定资产其他费。无形资产投资包括土地使用权出让金及契税和特许权使用费等。其他资产投资包括生产人员准备费、出国人员费、外国工程技术人员来华费和图纸资料翻译复制费。预备费包括基本预备费和价差预备费。

建设期资金筹措费是建设期内为筹集项目资金所发生的费用，包括各类借款利息、债券利息、贷款评估费、国外借款手续费及承诺费、汇兑损益、债券发行费用及其他债务利息支出或融资费用等。

流动资金是企业在生产经营过程中占用在流动资产上的资金。石化工程建设项目通常以流动资金的 30% 作为铺底流动资金计入项目费用估算。

（2）可研投资估算

可研投资估算以可行性研究的设计文件为基础，对工程项目建设和生产运营所需资金进行估算。可研投资估算是工程项目投资决策的重要依据，是项目技术经济评价的基础。

（3）总体设计概算

总体设计概算是在工程建设项目总体设计阶段，以总体设计文件为基础，对工程项目建设和生产运营所需投入的资金进行估算，是基础设计阶段投资控制的重要依据。总体设计概算文件组成参见基础设计概算。

（4）基础设计概算

基础设计概算依据基础工程设计（初步设计）文件，对工程项目建设和生产运营所需资金进行估算。经批准的基础设计概算是编制建设项目投资计划、筹措资金、控制投资、实行限额设计和考核建设项目经济合理性的依据。

根据工程项目的设计分工及工程设计单元划分，分别编制各个设计单元的单位工程概算、单项工程综合概算，在汇总各单项工程综合概算的基础上，编制工程建设其他费用，形成总概算。

（5）详细设计（施工图）概算

详细设计（施工图）概算是以详细设计（施工图设计）文件为基础，按照概算编制方法和深度的要求，对工程建设项目费用进行计算。施工图概算是对基础设计概算的修正，可以积累工程量数据，提高费用估算精度。详细设计概算的文件组成参考基础设计概算。

（6）施工图预算

施工图预算是为了满足工程结算或费用核定的需要，以详细设计（施工图设计）文件、批准的变更、标准图集、工程建设规范、施工组织设计为基础，按照规定的程序、方法和依据，对工程建设项目的费用进行计算的技术经济文件。施工图预算的成果文件称作施工图预算书，简称施工图预算。

6.2　工程结算与竣工决算

工程结算是依据工程建设项目的合同、协议书、变更等文件，分析、判断费用变化的原因及责任方，计算索赔或反索赔费用，确定最终的合同价款。合同结算数据是工程完成后的实际支出，其结果不仅可以对项目前期各版次估算的精度进行检验，还可以用来对整个项目费用控制效果进行考核，是费用管理的重要环节。

竣工决算是在项目生产考核合格以后，建设单位收集整理工程竣工资料和工程结算数据、核定物资消耗、清理库存物资、核定建设单位费用，并以上述资料为基础，按照相关规定和会计制度要求，进行资产核算，编制竣工决算书。

工程结算和竣工决算是积累工程建设项目数据、建立工程量库和价格库，进行投资分析的关键环节，为工程建设计价依据的制修订及工程造价信息的动态调整提供基础数据，为工程建设项目进行投资估算和费用控制提供参考。

6.3　技术经济评价

工程建设项目技术经济评价是在国家现行财税制度和价格体系下，从项目角度出发，测算项目范围内的财务效益和费用，分析其财务盈利能力和债务清偿能力，考察其在经济上是否可行。

项目技术经济评价包括静态分析和动态分析，目前国际通行的技术经济评价都是以动态分析为主，即采用现金流量分析的方法，对项目计算期内的现金流量进行分析，计算得到项目投资财务内部收益率等反映项目盈利能力的动态技术经济指标。

技术经济评价的主要静态指标包括总投资收益率、资本金净利润率和投资回收期。当总投资收益率、项目资本金净利润率高于同行业收益率参考值时，表明项目盈利能力满足要求。当投资回收期小于或等于行业的基准投资回收期时，表明项目投资能在规定的时间内收回。

第三节　石化工程知识的哲学思考

石化工业是国民经济的重要基础产业，为经济社会发展提供能源和原材料保障。作为石化工业发展的关键支撑，石化工程是将资源、资本、土地、劳动力等要素通过科学技术和组织管理等手段转化为现实生产力的重要桥梁与纽带，涉及科学、技术、管理、经济、人文、生态等各方面的知识，既要运用这些知识对石油炼制和石油化工过程进行解析，还要对系列单项先进技术进行综合集成应用。石化工程是从局部优化到全过程系统集成优化的过程。这一过程把"虚"的知识转化为"实"的能力，将来自各领域的"碎片化"知识在石化工程领域实现"结构化"应用，既满足了石化行业的规范性要求，又实现了知识对行业创新的引领作用。

1 石化工程知识创新引领石化产业进化与发展

石化工程知识具有鲜明的时代特征，对石化产业的演化、发展、创新起到先导性和引领性的作用。可以说，石化产业发展史就是一部波澜壮阔的石化工程知识创新史。经历一个多世纪的发展，一代又一代的石化人不断创新石化工程知识。

早先，石化界前辈运用蒸馏知识对石油进行不断深入的馏分切割与解析，掌握其性质，发现其用途，形成石油初级利用知识，指导实践应用。我国石化工业的发展可追溯到 1907 年，延长油矿钻井出油，用小铜釜炼制石油，日产灯油 12.5 千克。第二次工业革命后，随着化学工程理论的发展，逐步建立了解析石油不同馏分的组分性质和加工利用的知识体系。新中国成立后，石化工程领域的前辈们加快了对石化过程"三传一反"规律的认识和把握，先后创新了催化裂化工艺、催化重整工艺、延迟焦化工艺、尿素脱蜡工艺以及相应的催化剂和添加剂等"五朵金花"技术，不断丰富石化工程知识的内涵和外延，推动石化工业现代化进程。

改革开放后，国民经济快速增长，石化产品需求激增，推动了科学技术和信息技术的快速发展，从微观解析、局部改进优化到宏观建构、全流程整体创新的脉络更为清晰，加快了石化工程单项技术研发攻关步伐，创新形成了许多石油炼制和石油化工技术。在工业实践中发现任何一项先进技术都不能同步解决原油劣质化、过程清洁化和产品高端化的系统性问题，推动了对众多单项技术的系统集成创新应用，建立了解析不同石油馏分的组分性质和加工方案的集成知识体系。依托这一体系，不断创新变革，建成了一批石化产业基地。目前我国已成为全球第二大炼油国和第二大乙烯生产国，无论是技术水平、产业规模，还是生产方式、产品种类，都发生了翻天覆地的变化，推动石化产业发展由量的积累到质的飞跃。2006年建成投产的中国石化海南炼油化工厂是我国首座一次性整体新建的单系列千万吨级现代化炼油厂，工程建设者运用系统工程、最优化理论、节能环保等知识对项目进行统筹规划，建立了工程建设与生态环境和社会利益融合共生的目标体系；运用现代工程管理知识，建立了一体化项目管理团队领导下的项目执行团队和技术支持团队，对项目实施矩阵式管理；运用石化工程设计、建造和信息化知识，大力开展技术创新，组织多专业开展集成化设计，实现工程建设安全、优质、高效推进，并为企业的现代化管理奠定了基础。该工程荣获国家科技进步奖二等奖、全国优秀工程总承包金钥匙奖和全国工程勘察设计金奖等奖项，为我国大型现代化炼厂规划建设提供良好范例[①]。在此基础上，又设计建成了20余座大型现代化炼化一体化基地，为国民经济快速发展提供了重要支撑。

2　石化工程知识创新带动相关产业进步

大型石化工程是一般由几十套工艺装置和上百套公用工程及辅助设施组成的系统工程，涉及工艺、配管、设备、仪表、电气、结构等20多个专业，与众多产业相互关联，其技术水平和产品质量直接影响着石化产业的发展水平。石化工程知识的创新不仅推动石化产业自身的发展，还带动相关产业的协同进步：一方面在石化工程建设阶段对相关行业会释放大量的工程与装备需求，带动相关产业发展；另一方面，石化装置生产的新型、高性能石化产品能够更好

---

① 孙丽丽，等.石化工程整体化管理与实践［M］.北京：化学工业出版社，2019.

地满足其他产业对原材料的需求，促进相关产业进步。一些局部性的技术创新往往会通过辐射联动效应，有力支撑和带动整个工业生态链的全局性变革与效能提升。比如，裂解气压缩机、丙烯制冷压缩机、乙烯制冷压缩机和冷箱技术曾经是乙烯工程的"卡脖子"难题之一，国内石化工程建设者们组织研究、设计、制造和生产等单位联合攻关，将各领域碎片化知识进行了结构化的集成，实现了相关技术装备的国产化，大幅提升了我国乙烯工业自主创新能力，也提高了我国装备制造业的国际竞争力。又比如，近年来集成创新开发的新技术应用于高端汽车专用塑料生产，逐步替代传统用料，具有安全环保、美观舒适、质优价廉等优点，在降低企业自身生产成本、增加效益的同时，也为汽车工业的发展创造了有利条件。

此外，石化工程知识与信息技术的融合创新促进了石化工程建设从碎片化、粗放型向模块化、集约型转变，构建了工程建设新业态，实现了全生命周期的价值最大化。比如，在中国石化工程建设有限公司设计建设的某境外大型炼油工程中，以信息技术为支撑，综合应用模块化、集成化及相关的技术知识，实现了大型加热炉集成化设计、模块化制造和整体化运输，标志着我国石化行业大型工业炉模块化设计建造技术达到国际先进水平。这种模式不仅有利于提高建造质量、缩短建设工期、降低建设成本，还带动了远洋货运、保险服务等相关产业的发展，为我国装备制造业"走出去"提供了良好的示范。

③ 石化工程知识创新促进经济社会和谐发展

工程作为人类的"造物"活动，是创造物质财富、推动社会发展的基本途径。石化工程知识与经济社会发展密不可分，解决经济社会问题是工程知识的出发点和归宿点。通过石化工程建设，不仅为人民群众提供丰富的石化产品，满足衣食住行等各方面需求，提高生活品质，还为相关产业发展提供能源和原材料的充足供应，有效拉动经济发展，创造更多就业机会，促进经济社会健康、稳定、和谐发展。

为实现石化产业的高质量发展，更好地满足经济社会发展需要，石化工程建设者们坚持把严格规范与锐意创新有机统一起来，在规范中推进创新，在创新中提升规范水平。规范性与创新性是石化工程知识集成优化的一体两面，两者相辅相成、相互促进。一方面，要严格遵守法律法规、管理规范和技术标准，规范开展工程设计建造活动，推进石化工程与生态环境的融合共生，为石化工厂奠定"安稳长满优"等优质基因；另一方面，石化工程针对原料差异和产品方案不同，要建立富有创造性的建设方案，有的放矢地进行优化和系统创新。普光天然气净化厂的设计建造就是规范性与创新性有机统一的典型案例。20世纪，我国科学家在川东北发现了大型天然气气田，但由于硫化氢含量世界罕见，高达15%以上，让国内外的工程专家望而却步。针对普光天然气高酸、高压、强腐蚀等特点，石化工程建设者率先开展了净化厂设计、制造、施工、检验等方面的标准研究，建立了包括522项国家和行业标准的大型高酸天然气净化标准体系，为规范开展项目建设提供技术基础。同时，针对高效脱硫和资源化利用的难题，攻克了高酸天然气净化工艺技术，开发出安全高效的硫黄回收和安全储运等关键技术，解决了超大规模高含硫气田天然气安全高效净化处理的世界性难题，实现了天然气净化工程的知识创新，实施后总硫回收率>99.9%，排放尾气中二氧化硫浓度仅为当时国家标准的30%。2010年至2019年累计供气超800亿立方米，为长江经济带70多个城市和上千家企业提供清洁能源；使硫化氢变害为利，年产硫黄210万吨，占全国总产量的30%。该项目投产运行后，又将成功经验进行总结凝练，对相关标准规范进行提升完善，形成了更高水平的建设标准。正是这种规范—创新—再规范—再创新的循环往复，丰富了石化工程知识体系，促进石化工程建设水平的不断提高，在更高水平上推动石化产业和经济社会的发展。

 ## 4　石化工程知识创新推动社会文明进步

石化工程知识是关于"虚构实在"及其"现实化"的知识。在石化工程规划设计过程中，通过运用方方面面的科学知识和工程知识，形成了工程理念和设计"蓝图"，这些"虚构实在"的知识是建造运行的先导，用于指导和规范后续的工程活动。通过工程建造运行，将"虚构实在"知识转化为"现实实在"，成为人类社会文明进步的物质基础。例如，热裂化、催化裂化技术的诞生满足了汽车工业、航空工业规模化发展对汽油、柴油、航煤等交通燃料的需求，使石油产品替代了煤炭，成为主要交通运输燃料，改变了人类的出行方式；合成氨技术的突破为人类粮食安全做出了巨大贡献，根据联合国粮食及农业组织（FAO）统计，化肥对粮食生产的贡献率占50%；合成树脂、合成纤维、合成橡胶的发明使纤维、橡胶和树脂的原料来源于石油，弥补了天然纤维和天然橡胶的不足，节约了大量土地，为人类提供了穿衣、居住、出行等方面的丰富物质基础；烃类裂解技术和催化重整技术利用石油生产低碳烯烃和芳烃，丰富了石化工业体系，为相关产业提供了丰富的原材料，促进了全球经济的发展。随着石化技术的不断进步，石化工业将会给人类提供更多的高性能石化产品，用于丰富人们的物质生活。总之，石化技术创新改变了人类的生活方式，提升了人类的生活质量，不断推动社会文明进步。

5　石化工程知识展望

随着人类对石油资源开发利用的实践水平和认识能力的不断提高，以及生产力的发展和科技的进步，石化工程知识正朝着智能化和绿色化方向不断创新与发展。

（1）智能化

近年来，石化工程领域积极倡导数字化理念，搭建智能设计平台，创新工程组织形态，对传统的石化工程知识进行数字化改造，催生了以数字化为特征的石化工程新知识，为石化工程的智能化奠定了坚实的基础。

随着工业化与信息化的深度融合，互联网、大数据、云计算、人工智能等新一代信息技术得到广泛应用，带来了经营模式、生产组织方式和产业形态的深刻变革，智能化成为石化产业发展的新趋势，正在深刻改变石化工业的业态。目前，人工智能在石化领域的应用尚处于初级阶段，随着对人工智能知识的深入探索，人工智能将基于对现有工程实践所积累的大量有效数据的识别和学习，提升工程的整体优化能力①。鉴于石化工程建设的复杂性，要重点围绕流程模拟知识、智能设计知识、可视化管理知识、安全环保知识等开展人工智能研究和应用。随着第四次工业革命的兴起以及新一代信息技术的广泛应用，将在石化工程领域引发一场智能革命，从而推动石化工程知识向智能化方向发展。

（2）绿色化

随着全球工业化进程的加快和经济规模的不断增长，环境保护问题越来越受到人们的重视，绿色低碳已经成为世界经济发展的潮流。党的十九大提出建设"美丽中国"，节约资源和保护环境已经成为我国的基本国策，必将对石化工业的产业结构和产业布局产生深远影响。同时，随着社会大众环保意识的日益增强，绿色消费成为必然，实现集约发展、绿色发展已经成为全社会的共同愿望。因此，"生态优先、绿色发展"将成为提升我国制造业核心竞争力的关键要素。石化工程知识是石化工业的先导，是石化企业优质基因的"塑造者"。为适应新形势、新要求，石化工程要践行"绿水青山就是金山银山"的生态思想，积极转变规划建设理念，应用节能环保的工艺技术知识和工程建造知识，提升能源资源综合利用率，降低各类污染物排放，从源头上植入绿色基因。先进的绿色低碳石化工艺技术与节能环保知识将被纳入传统石化工程知识中，并与数字化、智能化深度融合，形成绿色化的石化工程新知识。

---

① 覃伟中，谢道雄，赵劲松，等.石油化工智能制造［M］.北京：化学工业出版社，2019.

第七章

信息工程知识案例研究

信息工程知识可以分为三大部分，即信息传递技术知识、信息组网技术知识，以及与之相关的多学科集成和跨行业融合知识。

信息传递技术知识主要指信息点对点传递所依赖的技术。信息组网技术知识则是指可实现多点之间信息交互的相关网络技术。多学科集成和跨行业融合知识则是指信息工程、信息产业与其他行业相结合的新兴融合性技术知识。

这三大部分知识可以将信息工程知识体系划分为从内至外的三个层次，其核心是信息传递技术，中间层为信息组网技术知识，最外层为多学科集成和跨行业融合知识。

这样一个三层次的知识架构体系涉及多个学科的研究领域，以及跨学科的融合，例如物理学、通信科学、计算机科学、数学、神经生理学、认知科学，以及心理学、语言学、管理学、经济学、社会学等自然科学和社会科学学科及其学科交叉，以及其他行业的广泛的学科知识。

信息工程知识表现出强烈的知识的多样性和转化性、学科的融合和交叉性，以及实践的开放性和影响的社会性。

第一节　信息工程知识的内涵和特征

1 信息产生与知识升华

每个人都与外部环境有着千丝万缕的联系，并通过感官形成视觉、听觉、嗅觉、触觉、味觉等。这些直接感知就构成了最基本的感知信息,是人与人之间沟通的基本内容。

人通过表情、体态、声音、符号、图像把自己的感知传递给他人,以便沟通和互动。表情和体态需要面对面接触,而声音可以传播较远距离。声音成为原始人类最主要的信息传播方式,久而久之,不断进化,形成初始的语言。这些初始的语言经过漫长演变,在丰富度、复杂度和规范性上得以不断进步,并随着人类社会群体及其活动区域的扩大,不同群体和区域之间的互动和融合,逐渐形成了较大范围内使用的若干种主要的现代语言。

语言虽能传播,但无法保存。随着人类的发展,口头语言逐渐转变为书面语言,即文字。文字的产生对保存信息和数据,扩大其传播范围起到了至关重要的作用。语言和文字是人类区别于其他动物的基本特征,是人类逐渐形成大范围群体,组成社会的基础条件。

语言、文字的产生和发展,促进了信息的收集、存储、加工和处理;使人类从对孤立事物的感知,逐渐转化为对特定事物的整体认识,并形成系统化的知识及智慧。可以说,信息是知识与智慧的源泉,反之,知识和智慧是信息的升华。

2 信息变换存储和信息加工处理

为了便于传递或其他要求(如防干扰、防窃取等),有时需要对信息进行变换。一种是载体的变换,例如通过光信号和光电之间的转换,将声信号、文字信号变成电信号,信息载体的变换并不影响信息内容本身;另一种则是信息内容进行变换,如对信号进行编码以便于传递,对信号进行压缩以减少其体量,便于传递和保存等。

信息需要存储以保持其长时间的效用。存储手段有纸质、电磁和光介质。随着技术的进步,各种电、磁存储器容量越来越大,存取数据也越来越方便。各种纸质信息现在也都有了电子版,不但体积大大缩小,保存时间也可无限延长。现代国家和社会各部门、单位都建有容量大小不等,可靠性、防护性等级不同的各种数据库,即信息库。

随着信息技术的进步,人类除了语言、文字外,还从客观世界采集各种各样的信息,例如地理信息、天文气象信息、各种社会人文经济信息等。这些直接采集的原始信息量很大,而能直接为人类所用的往往只是很少一部分。大量有用信息隐含在海量原始信息之中，因此要对原始信息进行加工处理，从中提取有用信息。同时人类在进行各类研究探索和工程活动中也往往需要对各种信息进行采集、加工、处理，这些加工处理过程和前述复杂的信息变换过程用的工具通常是计算机。实际上，信息网络也包含了计算机网络，在本章第三节中将有叙述。而网络设备中也包含了计算机的功能。现代大型电子计算机已经发展到非常复杂的程度。其设备组成（硬件）和运行规则（软件）均已发展成专门学科与专业，本章中就不再专门涉及了。

③ 信息复制与信息共享

与物质和能量不同，信息具有非物质性。以电符号表征的信息（在现代信息中的绝大部分，以下如无特殊说明，信息均指电子信息）可以不受资源限制，进行近乎无限次的复制。

尽管复制的信息仍需要物质载体，但随着技术的进步，信息载体的成本以对数曲线速度下降，具有极大的成本下降空间。可以说，信息复制已逐渐接近"零成本"。

信息的可复制性和极低复制成本，使信息广泛共享成为可能。信息共享有利于人类知识的进步与发展，更深刻地体现出信息的价值。

信息共享既有一对一的方式，也有一对多，甚至多对多的方式。文字资料中，信件属于一对一的方式，而书籍、报刊等则可以多人共享。电子方式的广播就是典型的一对多方式，尽管广播（包括后期的电视）要求实时收听收看。无线广播是开放的，只要有接收机都可以收听、收看；而有线广播则出于保护播出者的权益，限定了接收者的资格。受篇幅所限，本章不展开广播（电视）相关知识的论述。到了互联网时代，已经出现多对多的共享方式，发送、接收的范围均可自由选择，而且由于存储技术的发展，还可以不受时间限制地移时接收。

④ 信息传递与信息工程

信息共享不但需要信息的复制，也需要信息的传递。通过信息传递，才可以扩大信息共享的范围。

信息的非物质特征，不但便于信息复制，也便于信息传递。信息的变换、存储和加工处理，其目的在很大程度上也是为了更好地传递，所以，通常信息加工处理装备就直接和传递装备融合在一起，或处在同一网络之中。信息传递实际就是从发出端到接收端的信息复制。

随着现代通信技术的发展，信息传递效率不断提高，信息传递成本不断下降。现采用光速传送信息，其传送成本在一定范围内，可以以比对数曲线还要快的速率下降，信息传递已趋近于"零边际成本"。

要实现大范围的信息传递，就需要建设信息网络，实施信息工程。

任何社会都需要信息传递，都需要信息工程。即使不用现代信息技术，人们也可利用锣鼓或旗语进行小范围的信息传递，或利用告示进行广而告之。古代则利用烽火台和邮驿系统进行长距离的信息传递。烽火台和邮驿系统就是中国古代的信息工程。

信息工程的建设和发展对人类的经济、文化和社会生活都有重要影响。社会的进步不但表现在政治制度、经济体系、文化领域、消费市场的发展，也表现在信息工程的更新换代。

从古代的烽火台和邮驿系统，到现代的电报网、电话网和无线电通信网，再到当代的计算机网络、互联网和移动蜂窝通信，以及正在兴起的云计算、大数据、物联网等。每一次较大的信息工程的进步，都伴随着人类社会的一次飞跃。

信息工程已经成为现代社会中发展最快和影响最广泛的一项新型的重要基础工程，成为现代社会进步的重要标志，并有力地推动着社会新技术经济范式的出现和形成。

实施信息工程需要物质基础和知识积累，不但需要投资，也需要知识与智慧，既包括信息技术和工程经验，也包括各种物质和能量领域的知识与智慧。没有各种原材料，没有元器件和装备，就没有信息设备；没有能量的支持，没有电能、光能、机械能等，各种信息设备就没有驱动力，就不可能形成完整的信息系统。

5 信息渗透和信息融合工程

信息技术和信息工程发展到今天，已经渗透到社会的各个方面，渗透到各个产业和活动中。社会的各个部分、各行各业都已离不开信息技术。两者的关系不是简单的应用与被应用的关系，而是技术领域的渗透关系、产业领域的融合关系；从信息角度来看，则是信息技术与各产业融合的垂直产业工程。例如 5G 的主要作用之一，即通过对物联网的赋能，提升各垂直产业的功能和价值。这些垂直产业工程的知识即构成信息工程知识的一个新的重要的方面。

第二节　信息传递技术知识

信息工程首先需要信息传递的技术知识。信息传递技术在漫漫历史长河中经历了长期的演变过程，表现出技术的传承和创新。从历史的角度来看，信息技术可以分为古代信息技术、现代信息技术、当代信息技术和新一代信息技术。

信息技术的发展日新月异，形成了供给引领需求的趋势。一项新的信息技术出现时，社会中往往还未出现对其相应的现实需求，这甚至会造成投资建设的失败，例如摩托罗拉公司的铱星系统工程，其教训应引以为戒。

1 古代信息技术

古代国家出于军事和行政统治的需要，建立起当时的信息工程，即烽火台和邮驿系统。

烽火台通常建在高岗或丘阜之上，台与台之间相邻一般约为 10 里（1 里 = 500 米），发现敌情，则白天燃烟，夜间点火，台台相传，敌情便可迅速向中央传递。

邮驿系统则是骑马送信，每隔 30 多里设一个驿站，过站可以换马，也可以换人，将官府公文、信件一站接一站传递下去。

可以说，烽火台传递的是视觉信息，邮驿系统传递的是文本信息。这两个系统有一个共性，都是通过中继的方式，实现远距离的接替传递。这种中继接续传递方式一直沿用至今。

② 现代信息技术

古代信息技术传递的是原汁原味的信息。烽火台的烟或火代表了事先约定的信息内容。邮驿系统传递的是信件本身。由于对原始信息未做任何处理，故传递效率很低。

为提高传递效率，应对信息进行加工处理，改变其形态，以便更利于传输。

18 世纪，科学家开始研究将原始信息转变为电信号进行传递的可能。19 世纪，随着电信号和电磁波的发现与使用，信息传递手段发生了质的转变，由此而生的电话、电报和无线电通信构成了现代通信的三大基础信息技术。

（1）电话

电话通信是将人的声波转换为电信号，由电话线将电信号传送至通话对方，再把电信号复原回声波的一种通信方式。

电话网由声电转换和发送及接收电信号的电话机、进行电路交换的交换机，以及交换机之间的中继线、交换设备和电话机之间的用户线组成。

按照覆盖范围，电话网可分为本地电话网、国内长途电话网和国际长途电话网。本地电话网是在一个长途编号区内，由用户线、中继线、端局和汇接局组成的电话网。国内长途电话网是由各地长途电话局及其相连的长途中继电路组成的覆盖全国的电话网。国际长途电话网则是将世界各国电话网相互连接起来的电话网络。

100 多年来，电话网从人工交换到自动程控交换，从电路交换到分组交换，从模拟电话网向数字电话网演变，成为业务量最大、服务最广的通信网络，也成为兼容其他非电话业务的基础承载网络。

电话网的建设和运行是一项巨大的工程。20 世纪 80 年代之前，多数发达国家的电话网络主要由国家投资建设，并设立一家至数家国营垄断电信运营商负责经营和日常运营维护。一些大的公司还经营控制了若干发展中国家的电信网络。随着电信技术的进步和社会需求的增加，世界各国开始引入市场竞争，打破电信市场垄断，有力地促进了电信业和电信技术的发展。电信市场的竞争程度和电信网络的成熟程度成为一个国家、社会的经济发展水平的标志之一。电信市场和电信业的发展，推动着电信设备制造业的迅速发展。通过市场竞争、产业化和技术创新，国际上逐渐形成了若干个著名的电信设备制造商，由于市场竞争激烈，设备运营商也有起伏变化，有的销声匿迹，有的蓬勃兴起。它们从一个方面标志着一个国家的科学技术进步水平。

20 世纪 80 年代以后，我国固定电话通信实现了从线性到指数型增长的突飞猛进发展，1978 年改革开放之初，全国电话用户数只有 200 多万，而到 2006 年，固定电话用户数达到历史顶峰的 3.66 亿（随后由于移动通信的发展，用户出现分流），用户结构从以单位电话为主转向以家庭住宅电话为主，在农村也基本实现了"村村通电话"的普遍服务目标。

（2）电报

电报也是用电信号代替文字进行传递的一种方法。莫尔斯电报机利用电键拍发信号，按键时间短就代表点，按键时间长（点的 3 倍长）就代表"划"，手抬起来不按电键就代表间隔。收报时，依照声音的长短，区分"点"和"划"，还原文字。

初期电报是使用架在陆地上的电线进行传输，其传送距离和传送速率有限，后成功利用无线电波进行传输为无线电报，再后则利用跨洋海底电缆也可传输。

电报原本主要被用于军事通信，后开通了面向公众的电报服务。随着电信技术的进一步发展，面向公众的电报服务业务逐渐退出历史舞台。

（3）无线电通信

电话、电报将语音和文字转变为电信号进行传递，提高了信息传递效率；但是其电信号最初都是通过实体线路进行传输，传输的覆盖范围和灵活度有一定限制。无线电通信则打破了线路的限制。

早期的无线电通信主要使用电子管，只能使用 20 kHz 到 30 MHz 左右的短波频率；后改用晶体管再到集成电路，电磁波使用频段得到扩展，传输方式逐渐多样化，设备逐渐小型化，通信质量也得以提高。

现用无线电波是从极低频 10 kHz 到极超高频 30 GHz 之间。中频（300 kHz 至 3 MHz）用于调幅（AM）广播，以及海事及航空通信；高频（3 MHz 至 30 MHz）用于短波通信；甚高频（30 MHz 至 300 MHz）用于调频（FM）广播；特高频（300 MHz 至 3 GHz）用于电视广播、移动电话通信；超高频（3 GHz 至 30 GHz）用于雷达和卫星通信。

无线电通信最早被用于第一次和第二次世界大战的军用无线电报。1945 年以后，无线电通信迎来了和平发展时期，开启了一对多方式的无线电广播电台和电视台。20 世纪后期，无线电波开始被用于更为广泛的移动蜂窝通信。

③ 当代信息技术

现代信息技术的核心是将语音或文字信息转变为模拟电信号，然后进行有线或无线传输。能否将模拟电信号转变为数字电信号，以提高信息传输质量？能否利用无线通信，再增加通信的灵活性？能否不但传递信息，也能够对信息进行加工？人类对信息技术创新的不懈追求，让信息技术进入了当前的时代。

（1）互联网

当代信息工程离不开计算机的发明。

最初的计算机是机械的，后逐步发展为电子的。计算方式也由原来的模拟数字运算改进为二进制数字运算。现在在一些特殊应用中，还有模拟计算，但绝大多数都是数字电子计算机了。

计算机的基本考核指标是其计算对象的体量、计算的复杂性、速度和可靠性，以及成本和能耗等；而这些指标主要取决于所用的基础器件。计算机的发展一直同步于电子基础器件的发展，并按照所用电子基础器件的不同而划分为四代。第一代计算机使用真空管，第二代使用半导体，第三代使用集成电路，第四代使用大规模集成电路。随着代际的演变，计算机的主要性能指标实现了数量级甚至数个数量级的增长。

计算机可以对用二进制编码表示的语言、文字和图像等信息进行处理。处理必须遵循一定的规则。这些规则由人制定并教给机器，久而久之，形成通用系统，即计算机的"软件"。计算机依靠"软件"，便可不单进行纯粹的计算，还可进行信息的加工处理，包括对比、识别、选择，进而辅助决策等。除去通用软件，针对某些特定任务也逐渐形成了一些专用软件，例如设计软件、财务软件等。为了提高软件的生产效率，出现了所谓的"计算机语言"，即软件的软件。

随着计算机的发展和功能的提升，计算机之间产生了信息传递的需求，连接起来就形成了计算机网络。接入网络的计算机必须符合一致的接口性能、操作规则和数据格式等。异地的计算机之间进行互联时，还需要通过通信骨干网络；于是计算机的出/入口信号格式也就要同时符合通信网络的要求，即要符合数据通信的技术标准。

根据地域覆盖范围的不同，计算机网可分为局域网、城域网和广域网。互联网（Internet）就是一个全球范围的广域计算机网络。计算机就是互联网的信息终端设备。

互联网源于美国20世纪六七十年代各大学之间的科教网和各军事机构之间的军用网，后来合起来组建了互联网。如今的互联网可以传送文本、语音、图像、视频信息，可以实现丰富多彩的服务业务，既包括传统的通信业务，也可实现广播业务，可服务于生产和生活各个领域，正在发挥出重大的作用。

互联网虽然在远距离通道上借用通信网线路，但和通信网的网络体制完全不同。互联网和通信网是两个独立的不同的网络，传送信号的方式也不同。通信网初始主要是实时传送语音信号，要求严格的完整性、自然性和低时延。通话时，通信网给通话双方提供一条完整的电路，即要采用电路交换的方式。通话的内容、音量、音调、音色，以及感情流露等都完整地向对方传递。互联网最初传送的是报文，即已编码的信号，是延迟传递。只要报文最终能完整复原，没有必要一直保持完整的信道，可以通过把报文切段的方法，即分组交换的方式，以尽量减少通道的空闲时间，提高网络的效率。电话网络采用电路交换方式，计算机网络则采用分组交换即包交换。除交换方式不同之外，计算机网和通信网的控制信令方式也不同。

尽管世界各国的通信网之间互联互通，但其主权仍各归其国。国与国通信网之间，遵循国际电信联盟制定的规则标准进行互相连接和互相结算。国际电信联盟是联合国下属机构，是政府间组织，非一国所能控制。

互联网是从美国向西方发达国家以及全球各个国家推广的。美国掌控着互联网的主干和绝大部分根服务器，掌控着互联网的标准制定机构和地址分配机构。20 世纪 90 年代初，美国政府提出了信息高速公路的设想。1994 年春，时任美国副总统的戈尔在国际电信联盟第一次世界电信发展大会上提出了全球信息高速公路（GII）的设想，意在推广互联网以控制全球信息系统。尽管该次会议没有达成相关决议，但是互联网很快得以在美国主导下在全球推开。

我国在 20 世纪 80 年代末 90 年代初就有科教系统的计算机网络开始与国际互联网连接，主要出于自发，并不是政府行为。直到 1994 年，国家主管部门同意中国科学院高能物理研究所与互联网联通，成为一个正式的开端。由于我国经济技术进步很快，大量应用计算机，网络研发水平也逐渐达到世界前列，再加之人口众多，2017 年接入互联网的人口数达 7.72 亿[1]，就已达世界第一。互联网应用的一些方面，如电商、电子支付等也位居世界前列。但世界互联网的主导权至今仍在美国政府手中。虽然美国政府口头同意交出网络的部分权力，但至今并未落实。

在发展过程中，通信网和互联网逐渐互相借鉴融合。通信网由于干线传输容量快速增长，而电话对宽带需求有限，故数据业务得以逐渐增多，并占有了主要比重，其中包括以数据方式传送的容量需求大的视频业务；另外由于包交换方式的质量有较大提高，用其传送实时语音信号也得以较快发展，即网络电话。互联网的骨干传输网也大量采用了现成的通信网线路。

（2）蜂窝移动通信

20 世纪后期，信息领域的另一大进展就是蜂窝移动通信。

自有现代电子通信以来，有线通信一直占据主导地位，通信用户被绑定在固定位置上。无线电信号虽然也早已用于通信，但由于其频谱、功率和距离的限制，只能起辅助通信的作用，主要用于一对多的广播，难以大规模组建通信网。

在光通信出现以后，无线通信方式在容量上更无法与有线通信方式匹配。长途干线仍然以有线为主。能否使用户摆脱固定位置的束缚，更自由地接入网络，问题的关键在于改进用户接入网，实施接入网的无线化。蜂窝移动通信方式应运而生。

蜂窝移动通信网是按地理位置划分，建设相互邻接的多个基站，

---

[1]　中国互联网协会. 中国互联网发展报告 2018 ［R］. 2018.

来实现全网地域覆盖，形似蜂窝，因此得名蜂窝网。用户用手持机或其他移动终端通过处于通信网最末端的移动通信基站，应用无线方式，连接入网，并可以在此基站辐射范围内自由移动。当用户移动出某一基站范围时，信号可自由瞬间切换进相邻基站，以实现不间断通信。

蜂窝移动通信自初创至今几十年来，经历了四代不同的技术和设备系统，目前已经开始进行第五代（5G）建网工作。每一代移动通信都较前代在容量、带宽、速率等方面有数量级的提高；所用无线频段也在不断提高。随着无线频率的提高，蜂窝基站的间距缩小，基站密度加大，但基站的体积、能耗等得以减小。

蜂窝移动通信第一代采用频分多址技术，即按照所用电磁波的频段来实现信道复用，提供多人同时使用。第二代主要是西欧国家开发的时分多址技术，即按照时间顺序实现信道复用。当时美国已经提出码分多址，但由于其第一代频分多址系统应用较好，码分多址没有得到重视。当人们都认识到码分多址的优越性，就都统一到码分多址，形成第三代移动通信。第三代有两种制式。一种是西方国家普遍应用的频分双工制FDD，即通信上下行分别用两个频段；另一种是我国提出的时分双工制TDD，即通信上下行使用同一频段，用时间分割来区分。两种制式相持不下。我国在第一代、第二代都是买外国的设备，自身研发基础较弱，开发时间较晚；虽然第三代提出的TDD标准也被国际电联接纳为国际标准，但系统设备还存在一些弱点，主要用于国内。第四代的频分制必须采用成对频谱，而时分制可以采用单段频谱，在频谱分配上不分上下行，优点明显。经过力争，国际组织最终同时通过了两种制式。我国电信设备制造企业和电信运营商同时生产和采用了这两种制式的设备。第五代在开发之初，各国就共同商议确定把频分和时分融合在一起，制定一个共同的标准。这也是各国通信界多年共同的愿望。5G标准融合了包括中国在内的多个国家的建议，真正成为名副其实的国际标准。5G移动通信由于频带宽、速度快、容量大、时延低，将能够进一步拓展功能和应用场景。

移动通信初始主要为社会中高层人士所用，表现为西方发达国家的车载终端。但人们并不满足于只在汽车上打电话，尤其在东亚人口密集的日本、中国香港等地，私人汽车的使用率小于西方国家，因此手持移动终端就显得更为重要。目前，移动手机已经从一个功能单一的电话终端发展成为功能复杂的智能信息终端。

移动通信并不等同于无线通信。蜂窝移动通信中，只是末端用户和基站之间用无线方式，基站到端局绝大多数采用有线方式，或少数用无线微波方式，而端局以上则全是通过有线骨干网传递。

蜂窝移动通信在我国已有 10 多亿用户，普及率已超过 100%，并与互联网技术互相融合，形成了移动互联网。

 ## 4　新一代信息技术

面对信息通信技术的成熟发展，人们把目光再次聚焦于信息本身，展现出新的信息技术发展方向，称之为新一代信息技术。

（1）云计算

一个完整的信息系统包括采集、传递、存储、处理和应用各个环节。不同功能环节的经济容量是不同的。采集和应用环节靠近信息源或信息应用者，可实行分别处理，对容量要求不大。存储和处理环节面对大量数据资料，规模越大才越经济，即具有规模效应；故应该把不同来源的信息进行集中的存储和处理。"云"就是信息集中存储和处理的平台。信息集中后由计算机集中处理，因此称之为云计算。

云计算中心的工程设计者和建设者需要从经济的角度，考虑其位置和规模。不同来源的信息需要传递到云。如果"云"离信息源和信息应用者距离远，传递的成本就会上升。选择"云"的容量和位置取决于传递成本和存储处理成本的相对比较。在信息源相对集中的城市中，"云"的设置是经济的。在相隔较远的异地之间，是否需要集中到同一"云"，就应做比较精确的成本分析。另外，选择"云"的地理位置还要考虑地理和气候条件，以及能源条件。信息存储处理设施需要较大能耗，包括机器耗电和机房降温耗电，因此需要考虑不同地方的电价和气候等，尤其是大规模的云计算中心。因此，电价较低和气温较低的地区由于机房降温成本低而具有优势。"云"如果覆盖范围过大，其信息传递成本和存储成本就会加大，以致不经济。因此，在"云"下设低一层的雾计算中心或者分别设小的边缘计算处理中心都是可行的。

云计算中心的工程设计者和建设者还需要考虑云计算中心所面对的服务对象和相关法律问题。云计算中心可分为私有云和公有云。前者由某个单位或部门自用而建，后者则面向社会提供公共服务。若私有云也同时为他人提供服务，则称为混合云。不论是公有云还是混合云，被服务者都需要把自己的信息资源交给他人处理。信息是特殊资源，容易被复制、窃取和篡改，因此必然存在信任问题，也就是云提供者的诚信问题。云计算中心必须符合可检验的信任标准，即必须是可信云。

云计算自出现以来，已被迅速工程化和产业化，到 2019 年，我国云计算产业规模将达到 4300 亿元①。

（2）大数据及其分析

相当一部分信息是可以进行数字编码的，即可以表示为具体数值，被称为数据。不同类别数据就其数量规模、涉及对象、覆盖范围、同类数据的内部关联等方面各有不同。对相关数据进行收集、归类、分析、处理、加工，可以获得更多或更有意义的信息，可以更好地解析事物的本质特性。比如对国家或地区的人口进行分年龄段的分析，可以得出平均寿命、劳动年龄人口比例、社会老龄化和人口抚养比等重要信息；对政府、社会、家庭、个人都有重要意义。

还有一类信息，例如某一街道上某一时间通过的人群，可以按时间序列排列出一些统计信息，但却难以进行因果关系的分析。长期以来，人们对此类信息甚少关注，因为既不清楚其规律，更无法考虑其价值。现在，有人开始尝试用相关性而非因果关系来分析此类信息，并得出了一些有用的结果。通常，此类信息数量规模很大，否则也不至于长时间未得到很好的研究，故而被称为大数据。

"大数据"的概念被提出后，首先被应用于商品零售。一些商家通过用户的购买轨迹分析其爱好，并适时对其推送新产品或特定商品的介绍，或者通过网络进行个性化广告宣传，取得了较好的效果。其他领域也纷纷仿效。大数据分析也被应用于生产领域的产品质量控制。目前，人们不但分析现已存在的大数据，还尝试主动寻找和收集大数据，包括某些消费类产品的销售情况或消费行为的大数据，例如影视作品的点击率、餐馆及某些菜品的点击率等。

---

① 工业和信息化部. 云计算发展三年行动计划（2017—2019 年）［R］. 2017.

进行大数据分析有助于强化对世界和社会的认识，有助于理解和掌握客观规律，优化决策，强化管理和控制。

建设大数据分析中心不但需要掌握相应的信息技术，还需要明确其建设目的、处理的大数据对象、加工处理的模型和方法、可能的分析结果和可信度，还要明确其投资规模和产出效益。

重视数据及其分析是社会的进步。过去，对数据分析工作重视不够。政府多年来一直提倡不同部门要互相提供和融合数据资料，但一直未见明显效果。大数据概念的提出，使社会各界包括政府对数据的重视程度都大有提高，各类数据工程也被提出，有些正在付诸实施。

但是，对大数据分析也存在一些理解误区；甚至不理解却天天讲大数据，未必有益于发展数据产品和数据产业。首先，数据量大未必就是大数据，数据量也并非越大越好。例如街道上安装监控器，每隔 10 米装一个摄像头比每隔 100 米装一个收集到的数据量大 10 倍，成本也高了 10 倍，但并不见得有相应的效果。即使是国家统计局依据全国的数据资料发布经济指标，也不能说就是大数据了。其次，大数据也并非就比小数据好。大数据中所含有用数据的密度通常较低，因而处理和提取有用信息的成本就较高。一般数据能够解决的问题就不必非要去获取大数据。再者，大数据分析揭示的是数据之间的相关关系，而非因果关系。大数据分析是按照概率来估计后果的；因此据此进行决策时一定要注意，预期的结果是按概率出现的，非预期的结果也是有可能出现的。在充分重视大数据分析的同时，政府也应真正理解大数据分析的有限性，在决策时做更全面的考虑，减少非科学决策。

（3）人工智能

人工智能科学企图从智能的本质，研究出能够模拟人类思维过程和智能行为的智能机器。计算机就是智能机器的基础。简言之，人工智能就是要让计算机像人一样思考和决策。

人工智能要像人一样学会学习。学习包括连续型的学习，即从解决问题的经验中获取知识，并运用这些经验知识再去解决问题，进而形成规律性知识。学习还包括跳跃型的学习，即人类的"灵感"或"顿悟"，实现从量变到质变的学习过程。计算机可以进行连续型的学习，产生知识量的提升，但很难进行跳跃型的学习，实现知识质的提升。如果计算机能够学会产生"灵感"或"顿悟"，人工智能就将实现突破性的发展。

目前，人工智能已经得到广泛的重视和应用，主要是用机器模拟人的视觉、听觉、触觉及思维方式，具体涉及智能识别（人脸、视网膜、虹膜、掌纹和指纹识别等）、自然语言和图像理解，引申到智能翻译、智能推理（定理证明、逻辑推理）、智能博弈、智能感应（信息感应与辩证处理）、智能搜索、智能制造、智能控制、自动程序设计、专家系统等。

机器翻译是人工智能最先应用的领域，但就机译效果来看，离终极目标仍相差甚远。因为语言需要模糊识别和逻辑判断，机译要想达到"信、达、雅"的程度几乎是不可能的。

人工智能的广泛应用，一方面可以简化甚至替代人的某些体力和脑力工作，加速生产和技术进步；另一方面也会带来就业被替代等问题，引发社会结构转变，如果处理不当，甚至会引起动荡。

人工智能至今还缺少一个公认的确切定义。人工智能的发展目标到底是什么？是要超过人类，还是辅助人类？目前还看不到人工智能有全面超越人类的可能；而局部超越则更多地表现为体力或者脑力的某个方面。

人工智能学科现已成为一门前沿交叉科学，涉及计算机科学、神经生理学、认知科学、数学、心理学、语言学、哲学等自然科学和社会科学学科。进行人工智能研究，需要多学科的交叉。

（4）物联网

通信网和互联网应用于人与人之间的联系，物联网则应用于物与物之间的联系。

物不同于人，物本身不可能产生信息。物的联系是把与物相关的物理量（物的重量、体积、性质、类别，所处位置，环境温度和湿度，所受压力等）转换成可以表达的量度信号，即信息，再上网传递，进行联系。

物理量的转换依赖于传感器，例如二维码识读设备、射频识别（radio frequency identification，RFID）装置、红外线感应器、激光扫描器、全球定位系统等。不同传感器对应于不同的物理参数，不同等级的传感器对应于不同等级的参数精度。

物联网连接着多个信号源（传感器）和多个控制执行设施。物物相连的目的是，从传感器采集所识别物的状态及其所处环境的参数，交由控制中心分析对比这些信息，以便实行智能化识别、定位、跟踪、监控和管理，以决定是否需要采取措施或采取何种措施，进而产生控制信号，触发执行设施行动，以维持或改变其状态。

建设物联网，既要考虑相关的传感器和控制系统，更要考虑其建设目的和建设规模。互联网是一个极其庞大和复杂的全球性网络；而物联网并不要求全球互联和万物互联。物联网可以按照地域和目的将相关的传感器连接到控制中心，从而形成一个个专属网。不同的专属物联网有不同的形态和不同的用途。

物流系统就是一种最简单也最常见的物联网应用。物流的基本参数是位移。位移可大可小，小到限定在一个仓库之中，一个仓位到另一个仓位的移动；大到在全世界范围内的移动。一件物品的准确定位很困难。与其对不断移动的物品准确定位，不如给这件物品一个特定的独一无二的标识。不管在哪里，只要见到这个标识，就能确定这件物品。最早用数字做标识，后来改用全球通用的条形码，大大提高了物流的准确性，简化了识别过程，降低了成本。

制造业也是物联网应用的重要领域。制造企业应用物联网可以完善和优化供应链，提高原材料采购、库存、厂内物流和销售的效率，从而降低成本；可以用于生产线的过程监测、实时参数采集和材料消耗监测，从而提高生产线的智能化水平，提高生产效率和产品质量；可以用于对生产设备的监控，实现生产设备的自动操作记录、设备故障的远程监控，以及提供设备维护和故障解决方案；可以用于对生产过程中产生污染的实时监控，对重点排污企业安装传感设备，实时监测排污数据，及时关闭排污口，以防止环境污染突发事件；可以用于生产安全监控，通过传感器对不安全信息做到实时感知、准确辨识、快捷响应、有效控制，以防止安全事故发生。

5　小结

纵观古今，信息传递技术呈现出显著的技术传承与创新。古代的烽火台和邮驿系统为后世留下了中继接力通信的启示。现代的电话和电报机将初始信号转换为电信号，在中继接力通信的基础上，实现了远距离传输。当代的信息技术将模拟电信号转换为数字电信号，将语音、文本、图像和视频进行数字统一，实现了高质量的远距离传输；互联网在原电话和电报通信的基础上，利用新的信息处理终端——计算机，并基于电话网络概念，创新出广域的计算机网络；蜂窝移动通信则基于原固定电话机和计算机，创新出可以移动的智能手机，成为一种新型的融合了语音、文本、图像和视频多种方式的智能信息处理终端。

不同于现代和当代信息技术，作为新一代信息技术的云计算、大数据、人工智能和物联网技术更加集聚于信息的加工处理环节。云计算注重于信息的大规模存储和处理；大数据关注的是不同于传统因果关系的另一类数据信息；人工智能致力于对信息的智能化加工处理；物联网则将人与人之间的通信扩展到了物与物通信的领域。

将人工智能技术引入信息工程，将为信息工程开拓出新的智能化的发展空间，产生出智能信息甄别与存储、智能数据挖掘与分析，以及智能化的网络管理等。

第三节 信息组网技术知识

依赖信息传递技术便可实现点对点的通信需要，而要实现多点之间的通信，还需要信息组网技术知识。

信息组网技术知识也有其相应的基础科学与技术，相应的工程技术知识和经验，以及规划设计、经济、管理等方面的知识，也经历了明显的传承和创新。

信息网络一般都是大型的系统工程，需要强调其整体和长远效益，特别需要强调网络的可靠性和安全性。在灾害事故中，信息网络的安全往往比运输网络还要重要。为此，信息网络要留有周全的迂回路由和备用设施，需要多路由、多手段（天上、地下、有线、无线、自动、人工等）的网络连接。

信息工程都要求信息传递的及时性，即延误在一定允许范围内。而当代信息工程则要求传递的实时性，即延时不能超出接受者的感知范围，即在秒至亚秒级，不可能设想如运输系统那样的有相当时间间隙的多次转运或转乘。

1 电信协议

任何工程都需要遵循一定的规则标准。信息工程尤为如此。

信息工程的最大特点就是网络。信息工程通常都表现为由众多的信息设备（用户终端、传输设备、交换设备）组成的广泛覆盖的复杂网络。

既然是网络，必然要覆盖一定的地域。通信网通常划分为本地网、长途网。计算机网则划分为局域网和广域网。而作为现代意义上的一个完整的信息网络应该是一个通过互联互通可以通达全球的网络。这样一个网络不是一个工程项目可以完成的，而是多个项目、多年建设逐渐累积形成的，也许涉及多家企业、多个地区和多个国家；而每一个项目只是整体信息网络的一部分。每一个具体的信息工程通常表现为在原有网络基础上的扩容、优化和完善。信息工程不像其他类别工程那样具有个体的独立性，而更强调工程之间的继承和合作，强调互联互通，要求遵循统一的标准。

设想一下，全球以 10 亿计数的电信用户就意味着以 10 亿计数的用户终端设备（电话机、移动手机、计算机等），以及能与之相匹配的传输线路、交换设备等。所有这些设备来自全球不同的国家和不同的制造企业，而又由不同国家的运行企业实施组织和运营，他们之间需要互联互通，如果没有统一的连接标准和信息交互标准，根本不可能形成全球统一的网络。所以也可以说，信息工程的最大特点就是统一标准。

为此，相关国家成立了国际性标准组织，以事先进行讨论和制定一套复杂的连接标准和信息交互标准，统称为电信协议。目前，与通信相关的主要国际性标准化机构有国际电信联盟（ITU）、国际标准化组织（ISO）、互联网架构委员会（IAB）等。

为了简要、清晰地说明这样一个复杂的网络，现代通信网均采用了分层的体系结构，影响最大的是开放系统互联（open system interconnection，OSI）模型和 TCP/IP 协议族。

OSI 模型首先提出了分层结构、接口和服务分离的概念，已成为网络设计的基本指导原则。OSI 模型将网络通信功能分为物理层、数据链路层、网络层、传输层、会话层、表示层和应用层，参见图

2-7-1。OSI 模型很严谨全面，但在实践中考虑起来则过于复杂。实际组织通信物理网时主要用到下三层，即物理层、数据链路层和网络层。电信协议就是不同系统之间在同一层通信时所使用的规则和约定。其功能体现在各种网络设备之中。

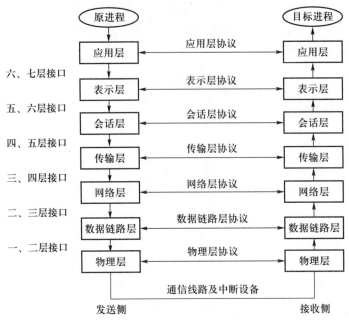

图 2-7-1   OSI 模型

TCP/IP 协议族提供了不同计算机网络间通信的标准框架，例如互联网路由选择协议、互联网控制报文协议、传输控制协议、互联网应用协议、网络管理协议等。

2 网络构成

信息网络由终端节点、交换节点、业务节点和连接这些节点的传输系统组成；能够按照约定的协议完成信息交换。这些节点和传输系统是信息网络的硬件。电信协议、控制信令、编码方案等为信息网络的软件。

终端节点包括电话机、传真机、计算机和视频终端等，既是信息的产生者，也是信息的使用者。交换节点常见的有电话交换机、分组交换机、路由器和转发器等。业务节点通常指连接在通信网络边缘的计算机系统和数据库系统等。传输系统即指传输信道，其硬件主要是物理传输线路、接口设备和交叉连接设备等。为提高物理传输线路的使用效率，传输系统多采用多路复用技术，如频分复用、时分复用和波分复用等。

这样一个物理呈现的信息网络，是信息传输的物质基础，亦称之为物理网。物理网上叠加业务网和支撑网，就形成了一个完整的信息网络。

物理网应是一个透明的传输网络，负责将信息从一端到另一端不产生任何歧变的"透明"传输。经过100多年的建设，传统的电话骨干网络已经形成了这样一个透明的传输网络，也为其他通信服务业务提供了良好的基础网络。

业务网是指提供电话、电报、传真、数据、图像和视频等各类电信服务业务的网络，如公共电话网、移动通信网、数字数据网和互联网等，亦可归类为电话通信网、计算机通信网和有线电视网三大类。一个业务网的主要技术要素包括网络拓扑结构、交换节点技术、编号计划、信令技术、路由选择技术、业务类型、计费方式和服务保证机制等，其中交换节点技术是构成业务网的核心技术要素。采用不同交换节点技术的交换设备和物理网相连接，就构成了不同类型的业务网。

支撑网是为保证通信网的正常运行，传递网络控制、监测信号的网络，具体包括信令网、数字同步网和网络管理信息网。信令网目前普遍采用的是七号信令网。七号信令是在程控交换机之间一条专用数据通路上传送的对通话的控制信令信息。数字同步网能准确地从基准时钟源发布同步信息，以调节网中各节点的时钟，从而建立并保持信息在时间上的准确同步。网络管理信息网可以分为四个管理层次，即事务管理层、业务管理层、网络管理层和网元管理层，以完成网络的性能管理、故障（或维护）管理、配置管理、安全管理和计费管理。

3 网络传输

信息网络的核心任务就是传递信息。现代通信技术的最根本进步就是可以将信息转换为电信号（电磁波）或光信号，然后通过传输媒介进行远距离传送。

最早的信息传输媒介主要使用铜金属，因为铜金属的物理特性好、电阻系数小，且在地球上蕴藏丰富。人们使用铜金属，制成并行的双绞线，可悬挂在电线杆上或组成对称电缆埋在地下。后来更为广泛应用的是传输容量大得多的同轴电缆。传输线路的铺设从架空到地下或水下。

20世纪六七十年代开始，人类把信息转变为光信号，然后使用特种玻璃纤维即光纤进行传递。经过多年的发展，目前光纤的传输容量已经非常大，且因其原材料主要是硅，相对的单位成本非常低。光纤的带宽、传输速率、可靠性都远高于金属线，差错率远低于金属线。

除去依赖铜线或光纤的有线传输，还有借助于无线电波的无线通信传输系统，如无线 PDH、WiFi、蓝牙、对讲系统、蜂窝移动通信、微波接力通信和卫星通信等。无线通信既可以传送模拟信号，也可以传送数字信号。

传统的电报网主要用于文字传输，电话网主要用于语音传输，传真网主要用于传送静止的图片信息；受制于当时通信技术传输容量和速率的限制，传统电信网络还难以实现清晰、流畅的活动视频图像通信。视频图像通信在信息量和传输速率要求上远远高于传统电信网络的传输能力。

随着传输技术的进步，传输容量和传输速率的不断增加，现在的固定和移动宽带通信系统都已经可以实现清晰流畅的视频图像通信，包括视频电话、视频监控、视频点播、视频会议、视频电视、网络游戏和流媒体服务，也为远程视频购物、远程视频教育、远程视频医疗等的发展奠定了基础。

人造卫星出现以后，迅速被作为一种新型的通信中继方式。卫星轨道离地球表面的高度不同，可分为高轨、中轨和低轨。高轨离地面接近3.6万公里。高轨卫星的移动速度与地球自转速度相同，其空中位置相对地面固定不变，故称为固定卫星。固定卫星的空间位置有限（赤道上空一个360°的圆圈），成为世界各国争抢的焦点。

卫星通信主要用于跨洋远距离通信和边远、人口稀疏地区的通信，以及导航系统。卫星通信建设成本原低于铺设金属海缆，一段时期内成为远距离国际通信的主要手段；后由于光纤的普及应用和成本的大幅度降低，海缆又逐渐夺回了跨洋远距离通信的主阵地。现在，卫星通信更被广泛用于广播和导航系统。

网络交换

两个用户之间通过传输线连接，便可实现通信。但多人之间互相通信时，如果也两两直连，网络的线路数就会随着用户数的平方增长，用户不用时也会造成线路的长时间空置，使用效率太低。实际的解决办法是设置中间连接点，即交换节点，参见图 2-7-2。当用户呼叫时，交换节点之间就需建立一条传送信息的通路，称之为路由。路由可分为直达路由、迂回路由和最终路由。每次呼叫时，交换中心都要在多个可选择的途径中进行路由选择，以充分利用高效直达路由和尽量减少转接次数。

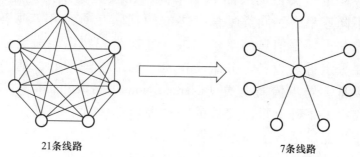

21条线路　　　　　　　　　　　7条线路

图 2-7-2　线路数的简化

最早的交换设备直接由接线员手工操控，随后机械化成为步进制和纵横制交换机，再进一步电子化成为计算机程序控制的程控交换机，以及直接可以交换数字信号的数字程控交换机。数字程控交换不仅提高了通信质量，而且为传输非话业务（包括数据传输、图像传输和视频传输等）提供了有利条件。

当用户数量不断增多时，为提高传输效率，网络不仅要设立中间节点，还需要构建多层结构，即将全部交换节点分为两个或两个以上的层级，低层级的交换中心负责汇集本区域的通信流量，然后再联入高一层级的交换中心，形成多级汇接辐射网。我国电话网曾采用五级汇接辐射式的等级结构，一至四级交换中心为长途交换中心，五级交换中心为本地交换中心。网络的层级越多，转接次数也就越多，会造成接续时间长、传输损耗大、接通率低、可靠性差等问题，由此，我国长途电话网已从四级转变为两级，并向长途无级网发展。电话网就将只分为长途电话网、本地电话网和用户接入网。

随着数字技术的发展，交换技术经历了电路交换—报文交换—分组交换—异步传输—软交换的演变过程。电路交换是指在整个通话过程中，通话双方一直独占一条物理线路的方式。电路交换实时性强、时延小，但线路利用率低，且不同类型信息终端的用户之间不能通信。报文交换是先将用户的报文存储在交换机，待线路空闲时，再将报文发出，即一种存储—转发的模式。分组交换借鉴这种存储—转发的模式，把一个完整的报文按一定长度分割为许多小段的数据分组，各组进行标识后，再在一条物理线路上采用动态复用的技术发出。接收端将各数据分组按顺序重新装配成完整的报文。分组交换比电路交换的线路利用率高，比报文交换的传输时延小，可满足不同速率、不同类型信息终端的互联互通，可实现语音、数据、图像和视频等信息的集中交换，且检错和纠错能力更强。分组交换需要分组拆装设备、分组交换机、网络管理中心、远程集中器和传输设备。异步传输模式（asynchronous transfer mode，ATM）是在分组交换的基础上得以发展的一种虚电路方式，包括永久虚电路和交换虚电路，适用于高速数据交换业务。当发送端发出呼叫请求时，ATM 为其建立起相应的虚电路，ATM 信元在虚电路上传送，通信完成后释放虚电路。

下一代网络又提出了软交换的概念。软交换的核心思想是硬件软件化，利用软件来实现原来交换机上的连接控制、路由选择和业务处理等基本功能，为业务提供者将传输业务与控制协议相结合以实现业务转移提供了方便，为网络开放和可编程创造了条件。

5　小结

信息工程是一项极其复杂的标准化的大型工程。其知识涉及通信、计算机、工程建设、经济和管理、物理和数学等多个学科。

信息工程的最大特点就是网络。信息网络含有电话、电报、传真、计算机、智能手机等不同类型的信息终端设备，电缆、光缆有线传输设备，短波、微波、蜂窝移动、卫星等无线传输设备，电路交换、分组交换、ATM 和软交换等交换设备，互相连接构成了结构非常复杂的网络体系；还有对网络进行控制和管理的庞大复杂系统。人工智能技术的发展将简化这个复杂网络的管理工作，产生出智能信息网络。

这样一个庞大的网络不是一个工程项目可以完成的，是多个项目经过多年建设逐渐累积形成的，也涉及多家企业、多个地区和多个国家。每一个具体的工程项目只是整个网络的一部分，是在原有网络基础上的扩容、优化和完善。

单个具体的信息工程不像其他类别工程那样具有个体独立性，而更强调项目的继承与合作，强调网络之间的互联互通，强调遵循统一的协议和标准，即一整套复杂、详尽的电信协议标准。在此基础上，才能保证所有入网设备的互联互通、信息交互和网络运行。

第四节　多学科集成和跨行业融合知识

随着现代信息技术的发展，信息工程向社会各领域的渗透，信息工程知识呈现出多学科集成和跨行业融合的态势，信息产业呈现出与其他多种产业不断融合的趋势，信息工程呈现出越来越为重要的社会价值。

1 工业（制造业）信息化

工业（制造业）信息化主要有两个方向。一是提高工业制造效率和产品质量，从单个机床引入数控单元到通过局域网实现现场控制技术等，以便降低生产成本和提高产品价值。二是从生产领域外围的前端设计、后端销售及售后服务到管理领域，包括质量管理、财务管理、供应链管理、营销和销售管理等工作中都逐步引入信息技术，产生了计算机辅助设计（CAD）、计算机辅助制造（CAM）、计算机辅助资源管理（CAPP）等专用软件。

我国工业最早在 20 世纪 90 年代初即提出了两化融合，即工业化和信息化相融合。随着信息技术的逐步普及，两化融合有了新的进展，出现了一些示范企业。各国政府的工业振兴计划，如德国的

"工业4.0"计划、美国的先进制造业计划、"中国制造2025"计划等，两化融合都在其中占据了重要地位。

两化融合需要建设融合到工业产业链中的信息系统。建设人员首先要做到工业（制造业）知识和信息知识的融合，即不但要熟练掌握信息技术，而且要了解工业（制造业）的需求，要研究出工业（制造业）信息化的有效解决方案。但在提出两化融合后的一段时间内，很多应用场合在没有明确要求和方案的情况下仓促上马，双方建设人员沟通不畅，以致方案不断修改，甚至推倒重来；更有甚者做好了信息系统，现场却无人会用或不能应用，成为摆设。

为推进工业信息化，美国以通用电气公司为首，率先提出了工业互联网的概念，并组织起工业互联网的国际性联盟。对此，中国政府和工业行业积极响应，在全国推广。

工业互联网的主体是工业企业。工业互联网可分为内网和外网。内网包括互相关联的生产自动化、过程控制、实时质量监测、厂内物流管理等信息系统，以及其他直接与生产相关的仓储管理、工具管理、能源环境管理等信息系统，还包括财务、人事等管理信息系统。这些信息系统连接成一个整体，以便形成智能车间和智能工厂。外网则主要负责供应链、销售和售后服务等。企业可建立自己的云平台，也可用公有云的服务来组织自己的内网，同时可以利用公网资源组建自己的业务外网。

2　电力信息化

电力信息化可分为电力生产自动化和电力企业管理信息化。电力生产自动化是采用先进的自动控制技术，在发电、输变电、配电、用电和调度等环节（即电力生产、传输、分配、消费全过程）实现自动控制和调度。电力企业管理信息化是采用现代信息技术，对电力企业综合业务管理等方面实现信息化管理。

我国电力信息化始于20世纪60年代，主要用于对发电过程和变电场所的自动监测，以提高发电和输变电过程的自动化程度。到20世纪八九十年代，电力行业开始广泛使用计算机系统，建设发电自动化控制系统、电网调度自动化系统、企业管理信息系统等。21世纪初，我国电力企业将信息化目标聚焦于管理，致力于企业资源计划、供应链管理、全面预算管理、企业流程的重新梳理和再造、组织扁平化和精益化管理等。

近些年，一个新的电力信息化概念——智能电网成为世界电力行业关注的焦点。智能电网的产生是由于电力生产和使用在时间上的不均衡性与不对称性。例如，在使用端，工业用户较多集中于日间用电，家庭用户则集中在晚间用电；在生产端，水电的生产具有季节的不均衡性，近年来兴起的太阳能发电具有昼夜和气候因素的不均衡性，风电的生产具有气候的不均衡性等。智能电网就是以信息技术作为控制手段，解决电力生产和分配上的不均衡性与不对称性，以提高全网运行效率。

为此，智能电网需要实现整个输配电过程中所有节点之间的信息和电能的双向流动，需要采用现代先进传感技术、信息通信技术、计算机技术和控制技术，成为完全自动化的电力传输网络。传感技术与信息通信技术可以支持电力系统的状态分析和辅助决策，使电网自适应成为可能。调度技术、自动化技术和柔性输电技术为可再生能源与分布式电源的开发利用提供了基本保障。通信网络和信息采集技术促进了电网与用户的双向互动。

智能电网是传统电网适应社会、经济、技术发展的必然选择。只有电网智能化，才能适应清洁能源、分布式发电和新型储能技术的发展，才能降低运营成本和促进节能减排，才能抵御自然灾害和外界干扰。

智能电网目前还处于起步阶段，其发展方向大致包括四个方面，即高级量测体系、高级配电运行、高级输电运行和高级资产管理。高级量测体系主要是建立系统与负荷之间的联系。高级配电运行是在线实时决策指挥。高级输电运行主要是进行阻塞管理，以降低大规模停运风险。高级资产管理是通过系统中大量高级传感器，监测系统参数和设备状况，以改进电网运行效率。

智能电网的建立将是一个巨大的工程，其所面临的技术挑战包括智能发电系统和新型储能系统、智能配电网和变电站、智能城市用电网、智能电表和智能调度、智能交互终端、智能用电楼宇和智能家电等。新型储能系统是智能电网的关键，需要研发新的储能方式（包括物理方式、化学方式、相应材料技术）和新的双向甚至多向的实时调控方式。要完成智能电网这个历史使命，不但需要电力工程技术和经验，还需要集成电力技术、信息技术、人工智能等多学科的知识和人才。

3 交通运输信息化

交通运输产业是国民经济的重要基础产业。实现交通运输信息化是发展交通运输产业的重要途径和有效手段，也是支持国家建设的重要环节。只有推进交通运输信息化才能强化交通运输管理，减少道路阻塞和交通拥堵现象，提高交通运输效率和保障交通安全，降低物流成本和出行成本，降低社会经济运行和生活运转总成本。

我国从 20 世纪 70 年代就开始应用计算机技术改善道路交叉路口的信号控制，以提高路口通行能力，解决路口阻塞问题；随后在主干高速公路上推行和实施监控、通信、收费的三大信息化工程。

20 世纪 80 年代，美国和日本率先开始研发智能交通系统（intelligent traffic system，ITS）。90 年代后，我国也开始发展智能交通系统。以信息技术为核心的智能交通系统已经成为 21 世纪交通运输信息化的发展方向。

智能交通系统采用先进信息技术，包括数据、图像传输和计算机处理等技术，实时采集和处理相关交通信息，力求使人、车、路和谐配合，建立实时、准确、高效的交通管理体系。

智能交通系统是交通信息化与管控智能化的具体体现，主要包括交通信息和导航系统、道路交通管控系统、公共交通运营管理系统、出行需求和指导系统、道路自动收费系统、紧急事件和安全处理系统。

智能交通系统中的信息传输方式既有有线通信，也有无线通信。由于交通系统中的车辆和行人都在移动，因此现代移动通信技术已成为构建智能交通系统的基本要素，是实现交通管控中心与车辆及行人之间联系的最为实用也是发展最快的一种通信方式。借助于移动手机和移动互联网，网约汽车服务业务这几年实现了蓬勃发展。

卫星导航系统（GPS、北斗等）也被普遍应用于智能交通调度管理，可以有效提供路径导航服务和交通疏导管理，提供车辆行驶监控、紧急事件处理和紧急车辆管理等服务功能。

专用短程通信技术被用于路侧车道控制系统，通过信号发射和接收，与通信车辆的车载设备进行实时通信，以自动对车辆进行身份识别，进行车辆定位与导航、电子收费、匝道控制、交叉路口公交优先、高速公路监控、紧急事件处理、特殊车辆管理等。有了专用短程通信系统，将不再需要传统人为的信息采集方式。

自动驾驶汽车目前也成为交通信息化、自动化和智能化的重要发展方向。汽车通过视频摄像头、雷达传感器以及激光测距器等，实时掌握周边交通状况，依靠全球导航定位系统和视觉计算、人工智能等技术，由电脑自动或辅助安全操控车辆运行。自动驾驶目前还处在发展的低级阶段，主要表现为现已使用较多的辅助驾驶，还需逐渐向高级阶段发展，技术和成本将是两大关键问题。

建设智能交通系统工程需要交通运输工程的技术和经验，也需要集成交通运输、信息技术、自动化、人工智能等多学科的知识和人才。

④ 流通信息化

流通在社会经济生活中起着非常重要的作用。社会生产与消费之间必须经过交换，而交换必须通过流通。

流通，广义上包括商流（交易）、物流、资金流和信息流。商流是流通的起始点。物流和资金流是流通交易的物理实体，体现着一手交钱、一手交货的实质内容。信息流则是对商流、物流和资金流的技术支撑。

现代信息技术强化了对流通的技术支撑，因而加快了流通，改变和创新了商流的状态。人们在进行流通交易时，不再需要面对面，而可以通过信息网络，在电子商务平台上完成交易。

电子商务拉近了交易双方的空间距离，但也带来难以面见实物商品的困惑，现虽可通过信息网络直接传送商品图像，但和亲眼所见仍有区别。因此，电子商务也不能取代所有商务活动。现代商业也需要线上（online）和线下（offline）相结合。目前中国的零售业中，线上交易占比已接近20%，为全球最大规模。

物流主要指运输，也包括仓储、装卸等业务。现代信息技术对于改进运输工具，提高运输效率、保障运输安全、促进各种运输手段的有效组合，以及提高仓储效率等都起着重要的作用。

西方发达国家的物流费用与 GDP 的比值不到 10%。近年来，我国物流费用与 GDP 的比值也有明显下降，大致从 20% 左右下降到 14%～15%，其中信息技术起了很大作用。之所以物流费用占比还较高的原因，除去物流效率还较低之外，还有经济结构因素，即体积大、价值低的货物占比较大。企业内部物流在企业成本中也占相当大比重。成都的西门子公司 2017 年被称为西门子系统中最先进的智能工厂，其主要特点就是厂内物流整体打通，构成一条贯穿全厂的自动线。日本的无仓储生产实际就是充分利用了他人的仓储，把供应链效率提高到极致。

推进流通信息化也需要商科、物流学科、信息技术、自动化等多学科的知识集成。

5 金融信息化

金融的核心是货币。货币从原始的实物货币演进到金属货币，再到纸币和纸质票据，及至现在的电子货币。

在金属货币时期，为避免随身携带大量金属货币，常以记账方式即用书写的数字来代替，当然这要建立在信用体系基础之上。在现代信息技术出现后，纸币可以电子化。货币直接表现为电子信息。各种交易支付都可通过信息工具如移动智能手机加以完成。货币的交换从实体的货币交换变身为虚拟的信息交换。金融网变为寄托于社会信用体系之上的信息网。

现代各种金融交易所中早已看不见人们用各种手势或呼叫进行交易的场景，已经全部实现了信息化。我国现已建成大量金融信息化工程，如各类金融卡工程、税务网络化工程、海关关务网络化工程等（曾被简称之为金卡、金税、金关等工程）。互联网和移动通信的广泛普及，更是加快了电子货币的推广速度，并产生出新兴的互联网金融产业。

由于我国没有经历采用各种纸质票据的时期，直接进入了电子支付时期，因而电子支付比西方发达国家得到了更快的普及。中青年人群已经广泛使用电子支付。

6 医疗信息化

我国由于医疗资源匮乏、资源配置不均衡，造成社会对医疗服务的较大不满。医疗信息化可以在一定程度上改善医疗资源配置和缓解医疗资源匮乏。目前，许多大医院都纷纷采用信息技术改善医疗诊断和治理方式，加强内部管理，提高医疗服务效率。尤其对于挂号、交费、取药等辅助性医疗服务工作，许多大城市和大医院都已经采用信息技术，例如电话预约挂号、网上和手机预约挂号、按处方电子信息配药、电子支付等，成效显著。

当前，我国已经多年尝试进行网络远程医疗服务，但与面对面问诊尚有区别，效果不应高估；完全的机器智能诊断更还处于研究探索阶段。

医疗信息化的进程还很长，需要医疗行业和信息行业的鼎力合作，需要医疗、物理和信息技术等多学科的融合研究。

医疗信息化也带来一些意想不到的问题，例如个人病历的权属问题、患者的隐私保护问题、医药虚假信息泛滥（尤其是保健品）等问题，目前不但没有解决，甚至缺乏探索。

7 公共服务信息化

互联网、物联网、云计算和大数据分析等新一代信息技术，以及现代更为开放的社会生态环境，带动着产业、城市运行形态和政府管理形态的服务范式转变，推动着智慧城市的发展和逐步形成，将为人类创造更美好的社会生活。

目前，信息技术已经广泛被应用于政府公共服务，尤其在治安管理部门，应用成效显著。但是，政府部门之间信息系统分立现象仍较为严重，直接影响着政府信息服务水平；再者，政府也未对社会上任意采集个人信息的问题足够重视，个人隐私保护还未提上政府议事日程。

政府为改善商业管理效率、规范市场运行，将工作重点从事先审批转到事中、事后监管是完全有必要的，但事中、事后监管力度还很薄弱，很多违规现象都是先有网络等媒体报道，政府方才介入，

"生米煮成熟饭"，难以挽回损失。政府应更多地采用信息手段，以加强实时监管，同时应强化法制建设，例如现还未明确划分合法避税与非法偷漏税之间的界限。全国统一联网的个人收入信息和税收征集系统似乎还未提上建设日程，目前存在大量严重的非工薪收入偷漏税问题。

8 小结

随着信息技术的发展和信息工程的扩大，许多行业都开始走上信息化的道路，都开始寻求与信息业的行业融合。人工智能技术的发展也使信息化引入了智能化的含义。

信息技术与各行业融合首先表现为知识与智慧的融合，即行业知识（智慧）与信息知识（智慧）的融合，表现为多学科的集成，以及新学科的诞生（例如电子商务、电子医疗器械、互联网金融、电子政务等）。

信息技术与行业融合首先要建立在行业本身技术发展的基础之上，信息技术的融入必须有利于行业质量和效率的提高以及行业的发展，避免出现把信息技术甚至各种新名词作为花瓶、摆设的现象。

信息技术与行业融合要明确行业信息化发展的需求和目标，根据行业技术和信息工程技术的现实水平，制定出可行的行业信息化解决方案和实施计划。

信息技术与行业融合需要实施新型的信息工程，包括智能化的信息工程，例如工业互联网工程、智能电网工程、智能交通工程、智能物流工程、电子金融工程、远程医疗工程、政府信息化工程等，从而提升行业经营效率和服务水平。

信息技术与行业融合依托于原行业基础和新的信息工程，会产生新型的运营模式和行业范式，实现行业的转型升级或更新换代，甚至产生出新的行业，例如电子商务、第三方物流、互联网金融等，产生出新型的智能社会。

第五节   信息工程的典型案例

物质、能量领域的工程大多以单个工程项目的面貌出现，虽然项目之间也有联系，但项目的确立、构建、成型、运行等一般都是独立进行的，尽管有些大型项目确立后拆分成了若干个小项目。

信息工程在其发展初期也处于同样的状态，但发展到一定阶段后，全网的连通性成为普遍的要求。反之，一个个单独的项目如某条线路、某个局站等反而不那么突出了。因此，现代信息工程主要是以网络形式出现的、基于某项技术或某种需求展开的网络工程。例如5G系统，没有人讲建一条5G干线或者某某城市的5G，而是讲整个国家的5G工程。

当然作为工程来讲，规划、设计、建造（制造）、运行（应用）、维修等仍然是必不可少的，按照不同地区的不同自然条件，不同应用需求等也各有其特点，例如海缆工程与卫星工程就各有其特点，又分别按照其深度、长度、高度和容量而有区别。已有著作对此进行了详细叙述，这里只是从信息工程的主要特点即全网性角度选择一些项目作为案例。

1　"八纵八横"光缆干线网工程

20世纪70年代，我国建设了京沪杭和京汉广两条同轴电缆骨干线路。1986年起，为沟通这两条同轴电缆线路，我国第一次引进国外光传输设备，开始建设宁汉光缆工程，揭开了干线光缆建设的序幕。

1991年年初，当时的邮电部正式提出了建设国家骨干网的概念。1994年公布的《全国邮电"九五"计划纲要》中首次提出，20世纪末，我国将全面建成"八纵八横"覆盖全国省会城市和重点地区的光缆传输骨干网。

我国从1991年到2000年先后铺设了南方沿海、京汉广、东三省、大西南，以及福杭贵成等光缆工程；并对已建成的光缆网络进行了纵向和横向的延伸补齐，最终形成了一个"八纵八横"经纬交织的包括22条光缆干线、全长50000多公里的全国性大容量光纤通信干线传输网，参见图2-7-3。

"八纵"是指从牡丹江经上海到广州、哈尔滨经天津到上海、北京经九江到广州、齐齐哈尔经北京到三亚、呼和浩特经太原到广西北海、呼和浩特经西安到昆明、兰州经贵阳到南宁、兰州经西宁

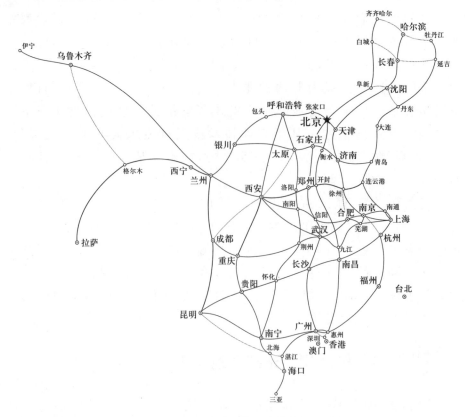

图 2-7-3 全国"八纵八横"光缆骨干网示意图

到拉萨的八条南北纵向干线。"八横"是指从天津经呼和浩特到兰州、青岛经石家庄到银川、连云港经乌鲁木齐到伊宁、上海经南京到西安、上海经武汉到重庆、杭州经长沙到成都、上海经广州到昆明、广州经南宁到昆明的八条东西横向干线。

兰州—西宁—拉萨光缆干线穿越了全长 2700 公里、平均海拔 3000 多米的高寒冻土地带。工程施工人员既包括中国通信建设总公司的大批职工和干部,也包括原成都军区和原兰州军区根据中央军委命令派出的 30000 多名官兵,经过艰苦努力,最终完成了这项中国通信建设史上施工难度最大的工程。

从 1986 年算起,整个工程历时 15 年之久,包括 48 个具体的工程项目,累计投资约人民币 170 亿元,覆盖全国所有省、市、自治区(港澳台除外)首府和所有地、市,以及很多县(市)。建设初期,工程引进了单模长波长光纤光缆和 140 Mb/s 的准同步光传输设备，20 世纪 90 年代初改为数字同步传输设备，90 年代末又引进了波分复用传输设备，一直保持与世界同步的技术水平。

改革开放之初，全国只有 10.6 万条长途业务电路，远远落后于世界发达国家水平，难以满足国内长途电话需求。"八纵八横"光缆干线网建成以后，全国长途话路达 400 万路，20 年间增长近 40 倍，长途干线也从同轴电缆一跃成为光缆，网络的规模和技术水平赶超部分发达国家，长途通信能力基本满足当时国家信息化的需要，也为全国通信网的进一步发展积蓄了巨大的潜能。①

 ## 2 "村村通"工程

"八纵八横"光缆干线网是我国通信骨干网，为满足社会大众的通信需求，还必须提高接入网的通信能力。经过改革开放后 10 多年的努力，到 1995 年年底，全国电话普及率已从改革开放之初的 0.3 部/百人提高到 4.66 部/百人，其中城市电话普及率为 17 部/百人，而占全国约 80% 人口的农村却仅拥有全国 21% 的电信能力，农村电话普及率仅约为 1.2 部/百人，距离电话普及仍存在巨大差距。

全国电信"九五"规划中明确提出，到 2000 年，城市电信网要具备家家通电话的能力，农村要实现"村村通电话"。

经过几年的努力，到 2000 年年底，全国电话普及率达 20.1 部/百人，城市电话普及率达 39 部/百人，农村已通电话的行政村比重达 80%，基本完成了"九五"规划的任务指标。当时全国共有 74.2 万个行政村，东部地区的农村行政村通电话比例高达 95.4%，中部地区达到 80%，西部地区为 47%；全国未通电话的行政村仍有 16.4 万个，占总数的 22%。尽管我国电信普遍服务水平已有很大提高，但发达地区与落后地区、城市与农村、富裕人口与贫穷人口之间的信息服务差距仍然较大。②

电信业"十五"（2001—2005 年）发展规划中明确提出，要力争实现全国 95% 以上的行政村通电话。2005 年年底，全国已通电话

---

① 钱尚志，顾广仁，汤博阳. 长途干线光缆网三十年建设和技术发展辉煌［C］// 中国通信学会 2011 年光缆电缆学术年会论文集，2011：1-8.

② 唐守廉. 电信管制［M］. 北京：北京邮电大学出版社，2001：295-296.

的行政村比例达 97.1%。

电信业"十一五"（2006—2010 年）发展规划则进一步提升为"双百"目标，即 100% 的行政村通电话，20 户以上的自然村通电话的比例要提高到 94% 以上，以及 100% 的乡镇能上网，通宽带的乡镇比例要提高到 98%；并要求几大电信企业实行分片包干到相关省份。

"十一五"是村村通工程建设的攻坚时期，从 97% 到 100% 的最后 3%，虽数量不大，但大多位于地理环境更加恶劣、更加偏僻的高山大漠。例如西藏阿里地区平均海拔 4500 米以上，交通极其不便，平均温度极低，冬天大雪封山达半年以上，野外施工非常困难。

2007 年，自然村村通工程正式启动。2009 年，工业和信息化部又提出了乡镇上网的三步走战略，即建设设施、搭建平台、信息服务；要求基础电信企业积极配合地方政府，形成县、乡、村三级信息服务网点体系，重点开发适农信息，实现"四个一"目标，即一乡建一个信息站和一个信息库，一村建一个信息点和一个农副特产品信息栏目。

2010 年年底，全国基本实现 20 户以上已通电的自然村的通电话任务。① 我国东部、中部和西部省份分别达到 90%、70% 和 50% 的乡镇实现了"四个一"目标。②

2011 年 4 月在全国村村通电话工程的"十一五"总结暨"十二五"启动大会上，工业和信息化部对"十一五"村村通工程进行了总结，全国累计直接投资 500 亿元，已实现 100% 行政村通电话和 100% 乡镇能上网的规划目标，大力改善了农村通信服务水平；并进一步提出在"十二五"期间，要加快农村地区宽带网络建设，全面提高接入带宽和宽带普及率。

"十二五"信息产业发展规划中明确规定，我国电信普遍服务要以"宽带进行政村，电话进自然村"为总体发展目标，做好行政村通宽带、20 户以上自然村通电话和信息下乡的三方面工作，要把"十一五"规划的"乡乡能上网"提升为"村村能上网"目标。

---

① 信息产业部. 信息产业部村村通电话工程工作简报 [R]. 2007.

② 张英. "十一五"我国村村通电话工程纪实 [J]. 中国新通信, 2011, 13 (9): 16-28.

"宽带中国"战略

从电话到上网，是通信发展史上一个从窄带到宽带的本质的飞跃。2010年，中国电信和中国联通分别在南方和北方城市启动了"光网城市"行动，"光进铜退"，光纤入楼入户。

2012年起，工业和信息化部开始推进"宽带中国"战略，力求几年时间内，我国宽带网实现降价提速，同时通过建立普遍服务基金，实施信息下乡活动。

2013年4月，工业和信息化部、国家发展和改革委员会等八部门联合发布了《关于实施宽带中国2013专项行动的意见》。同年8月，国务院发布了《"宽带中国"战略及实施方案》，2015年要基本实现城市光纤到楼入户，农村宽带进乡入村；2020年，宽带网络在城乡全面覆盖，固定宽带家庭普及率达70%，移动通信3G用户普及率达85%，行政村通宽带比例超过98%，宽带应用深入生产生活，移动互联网全面普及。具体技术路线主要包括三个方面。一是接入网建设。城市地区采用光纤技术进行接入网建设和改造，结合移动3G通信技术和无线局域网技术，实现宽带无缝覆盖。农村地区灵活采取有线和无线等技术进行接入网建设。二是城域网建设。逐步推进高速传输、分组化传送和大容量路由交换技术的应用，扩大网络带宽，提高流量承载能力，推进网络智能化。三是骨干网建设。优化骨干网络架构，推广超高速波分复用系统和集群路由器技术，以提升骨干网络的容量和智能调度能力，保障网络安全高速高效运行。

2016年，全国所有地级市基本建成"光网城市"，光纤宽带用户在宽带用户总数中占比78.6%，达世界领先。到2017年第一季度，我国的FTTH（光纤到户）接入家庭已达9.6亿户，比2012年提升10倍之多；同时，4G基站数达277.5万个，4G网络规模达世界领先。①

根据宽带发展联盟第十期《中国宽带普及状况报告》，截至2018年第三季度，固定宽带家庭用户累计达3.82亿户，固定宽带

---

① 赵志伟. 中国"宽带中国"战略已进入"优化升级"阶段 向世界先进水平看齐 [EB/OL]. (2017-06-20).

家庭普及率达 85.4%，环比提升 3.4%，同比提升 12.9%；移动宽带（3G 和 4G）用户累计 12.94 亿，移动宽带用户普及率达 93.1%，环比提升 2.7%，同比提升 18.1%。江苏的固定宽带家庭普及率最高，达 118.1%，福建、浙江、广东均超过 100%。北京的移动宽带用户普及率达 169.9%，远超其他地区，其次为上海、广东、浙江和宁夏，排名前九的地区均超过 100%。①

 北斗卫星导航系统

　　卫星导航系统是重要的空间信息基础设施。中国政府高度重视和努力发展拥有自主知识产权的卫星导航系统，即北斗卫星导航系统（BeiDou Navigation Satellite System，BDS）。该系统是继美国全球定位系统（GPS）、俄罗斯格洛纳斯卫星导航系统、欧洲伽利略卫星导航系统之后第四个全球卫星导航系统。

　　北斗卫星导航系统包括空间段、地面段和用户段三部分。空间段计划包括 35 颗卫星：5 颗为静止轨道卫星，定点位置为东经 58.75°、80°、110.5°、140°和 160°，高度约为 3.6 万公里；27 颗中地球轨道卫星运行于分别相隔 120°的 3 个轨道面上，高度 2 万多公里；3 颗倾斜同步轨道卫星，高度 3 万多公里。地面上任意一点的接收机在任意时刻都能同时观测 4 颗以上卫星，建立包括 4 个未知数（X、Y、Z 和时钟差）的 4 个定位方程式，利用每一颗卫星的精确位置和连续发送的星上原子钟生成的导航信息，便可获得卫星至接收机的到达时间差（时延），以此时延确定距离，代入方程求解，便可得到观测点的经纬度和高程。

　　我国于 2000 年 10 月开始发射北斗一号卫星系统，2007 年 4 月开始发射北斗二号卫星系统（BDS2），2017 年 11 月开始发射北斗三号卫星系统（BDS3）。北斗三号卫星系统在北斗二号卫星系统的基础上，按照国际标准增加提供星基增强服务（satellite-based augmentation system，SBAS）和搜索救援服务（search and rescue，SAR），还采用稳定性更高的铷原子钟和氢原子钟，进一步提升导航定位精度。至 2019 年 5 月底，西昌卫星发射中心已用长征运载火箭将分属

---

① 宽带发展联盟. 中国宽带普及状况报告［N］. 人民邮电报，2019-01-17.

于北斗二号和三号系统的 45 枚北斗导航卫星成功送入拟定地球轨道。2018 年 12 月 27 日，北斗卫星导航系统新闻发言人对外宣布，北斗卫星导航系统开始提供全球服务。

截至 2018 年 12 月，我国范围内已建成 2300 多个北斗地基增强系统基准站，以提供米级、分米级和厘米级的定位导航，以及后处理毫米级的精密定位服务。

国产的北斗芯片和模块等关键技术得到全面突破，其性能指标与国际同类产品相当。多款北斗芯片的工艺水平达到 28 纳米，实现规模化的应用。

科研人员从信噪比、多路径、可见卫星数、精度因子、定位精度等多方面，对比分析了 BDS2、BDS3 与 GPS 民用部分的单天解、半小时解和单历元解的相对定位精度因子全球分布图，分析表明 BDS 的 B1/B2 频率定位精度优于 GPS 的 L1/L2 频率，BDS2 的服务区内定位精度总体与 GPS 相当，BDS3 在亚太地区的定位精度高于 GPS。[①]

北斗导航系统可用于个人位置服务、道路交通管理、铁路交通管理、海运和水运管理、航空运输管理和应急救援；可用于农林渔业、水文监测、气象预报、电力调度、通信时统、救灾减灾、公共卫生等领域，以及军事战场等。

我国积极参加联合国等国际组织和相关多边机构的国际合作，积极参与国际电联和世界无线电通信大会相关研究组、工作组会议，积极参加联合国外空委会议和相关专题研讨会。国际民航组织接纳北斗星基增强系统为星基增强服务供应商。国际海事组织正式将接纳北斗导航系统成为第三个联合国认可的海上卫星导航系统。

⑤ 小结

本节选取了改革开放后我国信息工程建设的四个典型案例，从骨干网的"八纵八横"光缆干线网工程，到接入网的"村村通"工程，从窄带通信到宽带通信的"宽带中国"战略，从地面到太空的

---

① 周乐韬，黄丁发，冯威，等. 北斗卫星导航系统/美国全球定位系统载波相位相对定位全球精度分析［J］. 中国科学：地球科学，2019，49（4）：671-686.

北斗卫星导航系统，展现出我国通信网络发展不同阶段、不同层面的标志性成果。

上述四个案例都不是某一小范围区域内的单一性工程，而是覆盖全国的网络，甚至关系到世界；明显展示出现代信息工程的网络化和全局性。出于信息工程的本身特性和现代发展水平，早期建设某个局站或某条干线的单一性工程已经失去示范意义。

第六节　信息工程的发展前景

1　强化信息工程基础

信息技术的迅猛发展，奠定了信息工程的基础，也给予了国家后发跳跃式进步的机遇。

我国的电话自动化进程就跳过了西方发达国家采用机电式自动交换机的阶段，从人工接续直接转向了当时新出现的全电子数字程序控制交换机。一段时间内，我国交换机的程控比例升至全球最高，极大缩短了赶超的进程。

在我国开始大规模扩建通信网络时，也是在当时金属电缆传输线路较弱的基础上，大量采用光缆，一蹴而就实现了通信网络的光纤传输和光纤入户；同时培养了世界前列的光缆产业。

我国第一代和第二代移动通信全部引进国外设备。我国的第三代移动通信，研发滞后，系统性能不如国外。而我国的第四代移动通信基本赶上了国外先进水平。我国在第五代移动通信的研发上集中了全力，现已达到了世界前列，使原来的"行业老大"感到了竞争的严峻压力。

我国集中力量研发高性能计算机，近几年已连续达到世界第一的运算速度。2018年虽又被美国超过，但预计在今后一段时期内，在高性能计算机领域仍会维持中美两国交替领先的局面。

今后，我国的信息工程建设将有赖于信息技术的发展，要搞好基础性研究，积极发展集成电路、计算机软件等高科技信息产业。

2 强化信息法制建设

信息法制是信息工程得以健康发展的保证。目前我国信息法制建设明显滞后于信息事业的迅猛发展，产生了许多意想不到的问题。

（1）信息隐私保护问题

目前，我国个人信息采集存在无规则泛滥的状况。在无法定许可条件下，到处可见个人信息（包括脸部特征）的采集，甚至某些服务业务（如银行、旅行社等）要求用户多次提供脸部识别。国家尚未对个人信息的储存、处理和保管等制定相应的规定。社会不断揭露出个人信息的盗窃、出卖等多起案件，却缺少后续的处理报道。

（2）信息诈骗问题

目前，利用各种信息手段实施犯罪的行为频发。犯罪分子采用不同的通信手段实施电信诈骗、网络诈骗等进入高发阶段。多数犯罪手段并不高明，只要相关部门和相关信息服务平台下力气去办，至少可以阻止绝大多数案件；但实际情况大多是等出了事再高成本查办，且督办不力。

（3）网瘾问题

部分青少年学生沉迷网络，花费大量时间和精力在网络游戏和大量碎片化信息的查阅上，轻则影响学业、影响正确逻辑思维能力的培养，重则产生严重的心理问题，受大量负面信息影响，产生负面情绪，悲观厌世，甚至造成不可预见的后果。

（4）网络安全问题

在网络安全上也存在着诸多隐患，存在很多有待研究的问题。

（5）智能决策问题

人工智能研究采用深度学习方法进行辅助决策，但由于算法不透明，使用者无法知道具体决策依据，可能造成特定偏向和执行中不可预计的隐患。

3 强化政府引导作用

信息工程建设需要政府的引导和制度上的支持。我国体制有利于集中力量办大事。只要决策正确，就会有强有力的执行力度。

但在建设过程中既要集中力量，也要避免一哄而上。信息产业的快速发展容易吸引大量风投的盲目跟进，一哄而上各种重复项目，既扰乱资本市场，影响真正需要资金支持的有价值的研发项目，也会造成大量资金的损失，形成泡沫；这反而会影响攻坚力量的集中，以致造成低水平重复，甚至快速形成产能过剩，付出过大的代价。这在我国已有不少教训，应引以为戒。例如基于通信网络的一哄而上的共享单车项目，如今已经造成较大损失，缺乏实际评估，甚至无人关心。

我国在集成电路、计算机软件等基础领域与美国等发达国家还有较大差距。促进集成电路产业化需要投入巨资。发展计算机软件则需要研发的持续积累。我国在从强调增长速度到强调发展质量的转变中，要逐步真正建立和维护正常的市场秩序，打击不正当竞争，才能解决所有发展中的问题，立于不败之地。

社会希望信息产业的发展发挥更大的经济效益，因而提出了许多信息产业与其他产业融合的口号，但缺乏实质性的内容和明确的评价指标及评价体系，缺乏清晰的关于投入产出和预期结果的研究。

随着信息技术和集成电路等高科技信息产业的发展，以及信息法制建设的完善，我国信息工程建设将拥有更加光明的发展前景。

第八章

银行卡工程建设与管理知识案例研究

人类社会的发展史也是货币的发展史，为了满足交易的需要，作为交易凭证的货币在发展过程中经历了实物货币、金属货币、纸币、电子货币这几个阶段。在现阶段的支付活动中，银行卡作为电子货币的支付载体，承载着人们的交易需求，是一种安全、便捷的支付手段。随着信息技术的快速发展，人们的支付方式也在不断变化，但无论是银行卡本身的支付方式，还是以银行卡为基础的移动支付方式，均离不开信息工程的支撑。

银行卡工程本质是信息工程，银行卡本身也是信息工程的产物。银行卡工程的研究对象是信息系统及系统间的相互关系，通过开展银行卡产业各类信息系统的设计、建构、运行和管理等方面的工作，从信息系统层面保障货币资金稳定、高效流转，实现人们支付相关活动的便捷与安全。

信息技术的快速发展，带动了信息工程的快速发展，信息工程建设过程中形成的工程知识也在不断丰富和完善。我国银行卡工程作为银行卡支付的信息化基础设施，经历了金卡工程、联网通用和品牌建设三个阶段，不同阶段社会发展水平的不一致，导致人们对银行卡产业的市场需求的不一致。银行卡工程知识发展的根本动力是社会产业发展的需求，为了满足该需求，银行卡工程活动的参与者在解决问题过程中也形成了有关银行卡工程的理念、决策、设计、建构、运行、管理等知识，这些知识最终服务于银行卡工程建设，并转化为现实生产力。

把握银行卡工程及其知识特点，必须了解其发展经历的三个阶段，了解银行卡工程管理的特点、体系、原则、过程和实践，在此基础上根据银行卡工程建设的实际情况，需要分别从需求管理、顶层设计、研发管理、运营管理、质量管理、标准管理、风险防控、创新管理八个方面分析银行卡工程建设与管理知识的特点，并进一步把握银行卡工程所产生的重要影响以及相关技术的发展趋势。

第一节　银行卡工程的三个阶段

1　金卡工程阶段

在 20 世纪 90 年代，信息化浪潮开始席卷全球，各国纷纷运用信息技术提升金融现代化水平，发达国家已经普遍使用金融通信网和信用卡，而我国金融电子化水平十分落后，人们对电子货币的需求越来越强烈。

为了提升金融电子化的程度，加快发展电子货币，1993 年 6 月 1 日，时任中共中央总书记、国家主席江泽民同志在中国人民银行清算总中心调研时，发表了题为《实现金融管理电子化》的重要讲话。在江泽民同志重要讲话精神的指引下，以银行卡联网通用和推广普及为核心的金融电子化国家重点项目"金卡工程"迅速启动，标志着我国开启了从纸质货币向电子货币转变的道路。

根据"先试点，后推广"的方针，确定了上海、北京、青岛、杭州、无锡等 12 个城市首批开展金卡工程试点。随着金卡工程的不断推进，在 2000 年年底，全国银行卡发卡总量超过 2.77 亿张，全年交易总额达 4.53 万亿元，为我国银行卡业务的快速发展奠定了技术与物质基础。同时，金卡工程的建设也为实现网上支付与资金清算提供了很好的条件。

2　联网通用阶段

随着金卡工程的实施，各地银行卡信息交换网络的相继开通，为同城银行卡业务联网通用创造了良好的环境，对推动当地银行卡业务的发展起到了很大的作用，得到当地银行、群众、商户和地方政府的充分肯定。

2002 年 3 月 26 日，经国务院同意、人民银行批准，由 80 多家国内金融机构共同发起成立股份制金融企业——中国银联股份有限公司（以下简称银联）。银联在成立之初就开始着手规划、设计跨行交易网络架构。通过依托各商业银行行内银行卡系统和网络资源、全面整合信息交换总中心和 18 个城市中心的系统和网络为主要途径，统一业务规范和技术标准，采用先进的技术手段，构建新一代集中统一的银行卡信息交换系统（图 2-8-1）。

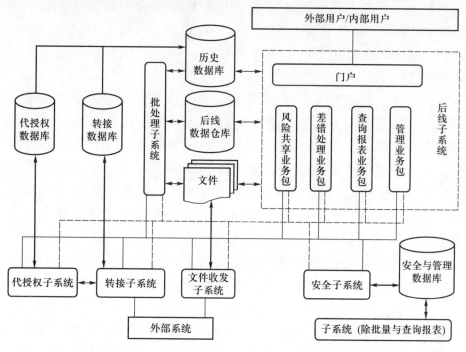

图 2-8-1　第一代银行卡信息交换系统架构图

除了构建银行卡信息交换系统以外，国家也在逐步推广发行"联网通用"的支付载体——银联标准卡。2001 年 2 月，人民银行组织召开了全国银行卡工作会议，通过了《2001 年银行卡联网联合工作实施意见》，决定从 2004 年 1 月 1 日起，国内所有跨行、跨地区使用的人民币银行卡都要加贴"银联"标识。从 2003 年首张银联标准卡发行开始，银联标准卡的发卡量呈指数上升，加速推进了由纸质票据向以银行卡为载体的电子化支付方式转型。

随着联网通用阶段工作的不断推进，截至 2008 年，全国银行卡发卡总量达 18 亿张、跨行交易金额达 4.6 万亿元、银行卡总交易金额达 217 万亿元，达到银联标准卡全国通用的"一卡在手、走遍神州"的目标。

3 品牌建设阶段

为了顺应银行卡产业发展，面对未来市场竞争，履行社会责任和公司任务，进一步做好联网通用工作的需要，以及为成员机构差异化服务、产品创新、品牌建设提供更好的基础服务的需要，中国银联于 2008 年启动了新一轮银行卡工程建设，从业务专营向市场化转型，进一步提高服务效率和服务质量，标志着银行卡工程进入新阶段。

（1）第二代银行卡信息交换系统完成建设。面对清算业务模式不完善、数据服务不到位等业务问题，以及第一代银行卡信息交换系统在灵活性、扩展性、高效性、稳定性和安全性等方面存在的问题，第二代银行卡信息交换系统项目于 2009 年 4 月正式启动，并于 2010 年 12 月正式上线。第二代系统的上线，提升了跨行交易转接清算的服务质量，并面向发卡机构、收单机构提供了多样化的清算服务。

（2）移动支付的兴起推动移动支付平台建设。为了满足移动支付的市场需求，中国银联建立了新一代移动支付平台，在二维码支付、NFC 支付、互联网支付等多个场景中进行创新实践。一方面，通过开发银行业统一支付 App "云闪付"为用户提供了统一便捷的二维码支付产品，同时将云闪付集成到互联网端，便于在线调用完成支付；另一方面，与苹果、华为、小米等手机厂商合作，通过 Token 技术开发了各类基于银联 IC 卡的手机 PAY 产品，为用户提供了安全快捷的手机支付服务。

（3）云计算和大数据平台启动建设。2008 年年底，中国银联启动了云计算技术的跟踪研究和实际应用可行性的分析，研发了中国银联"混合"云计算平台，主要面向银联各技术部门提供标准化、流程化、自动化的 IT 资源服务。在建设云计算平台同时，也开展了大数据平台的建设工作，建设了 PB 级分布式大数据基础服务平台，为电子票据服务、风险防控、营销数据分析提供支撑。

除了以上相关系统平台的建设外，该阶段 PBOC 3.0 规范的发布完善了金融 IC 卡标准，金融 IC 卡受理市场的改造为持卡人提供了舒适的支付体验，金融 IC 卡多应用的开发进一步满足了持卡人在公交、校园等场景的个性化支付需求。同时，在银联转接清算网络向亚洲、欧洲、美洲、大洋洲、非洲等的 170 个国家和地区延伸过程中，"银联"品牌正逐步走向国际化。

随着新一代银行卡工程的深入推进，有效支撑了业务市场，进一步满足了市场的支付需求。至 2019 年，银行累计发行银联卡84.19 亿张、跨行交易金额达 173.6 万亿元、银行卡总交易金额达886.39 万亿元（图 2-8-2），银行卡工程的建设对便民便商、拉动内需、扩大消费、促进就业和经济发展起到了重要作用。

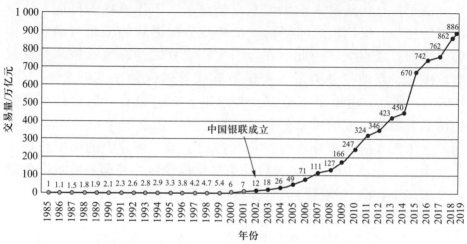

图 2-8-2　中国银行卡交易量（1985—2019 年）

第二节　银行卡工程管理概述

工程管理是关于工程活动中人的地位与作用，人与人、人与工程、工程与社会、工程与自然的关系和互动的科学、技术及艺术。工程管理的定义既强调了人的主观能动性，又反映了工程与人、社会、自然的相关性。因而，银行卡工程管理是在银行卡工程中为解决大规模复杂金融系统问题而反映的人、工程、社会、自然之间相互联系又相互影响的科学、技术与艺术。

银行卡工程管理建构所应对的挑战

银行卡工程促进了金融、商贸、旅游业等领域的电子化与信息化建设，全面带动了我国信息产业的发展，提高了全民信息化的意识，促进了经济与社会的科学、协调、可持续发展，推动了社会进步与国家信息化进程。银行卡工程在建设管理系统的过程中，面对现实问题，主要应对了以下几个方面的挑战。

（1）协调难度大

由于信息化涉及人们思维观念的更新、工作流程的再造、体制机制的变革、应用模式的创新以及利益分配形式的平衡与确立，协调工作的难度很大。为此，在金卡工程成立之初，国家强调要克服本位主义，调动各方力量，实施矩阵式管理，做好组织建设工作。1993年10月，由电子工业部、邮电部、人民银行、内贸部、国家旅游局五部门组成的国家金卡工程办公室成立，并由11个部门组成国家金卡工程协调领导小组，负责推动金卡工程建设的组织协调工作。金卡工程是1993年中国启动信息化建设后，经国务院批准的第一个跨多个部门、地区协调合作的国家信息化建设工程。

（2）信息化程度低

从1985年中国第一张信用卡在珠海诞生，至1993年启动金卡工程时，全国5家商业银行8年时间共发行400万张卡，平均每300人才有一张卡，商户约4万家，银行卡普及率低，功能单一，不能跨行异地使用，消费者远未养成电子支付的习惯。同时，金融系统的通信网和光缆技术尚未普及，支付信息处理还需要借用卫星通信线路，整体信息化程度处于相对落后阶段。而同时期，发达国家已普遍使用信用卡，人均持卡量为1.5～5张，美国的现金流量甚至只占金融流通的18%。

（3）系统平台性特质明显，参与角色多，管理协调难度大

以银行卡产业为代表的金融服务业是一个典型的双边市场，市场的参与主体只有通过统一的、标准化的平台实现金融交易，才能产生相互作用和规模效应，其中信息交换平台起到了基础性、关键性作用。银行卡信息化的本质就是利用信息化技术，设计和建设银行卡服务双边市场所需的交易平台，并以此为基础，协调双边服务

对象的关系，建立双边受益的商业模型，制定标准体系，规范各参与方的操作，形成规模化效应，这其中涉及双边市场各个参与主体及内外部多个因素的平衡，具有较大的管理协调难度。

（4）系统涉及产业链长，整体与局部的关联关系复杂

一个大型工程系统的管理难度与其管理范围、对象数量及关联系统数量成正比，从生态链的角度来看，银行卡产业涵盖发卡、转接、收单、卡片制造、终端制造，以及相关第三方和增值服务等 23 个大环节，69 个小环节，涉及金融业、制造业、服务业和信息业四大行业，产业链长。从专业技术角度来看，银行卡信息化系统涉及系统集成、集成电路、网络信息安全、密码算法、互联网技术、通信技术、风险控制等各个专业学科，以及配套的差错处理、检测认证等技术。如何平衡整体和局部的利益，形成产业合力，需要管理方具备有效的工程方法和丰富的工程知识。

2 银行卡工程管理体系的基本特征

银行卡工程涉及多个系统之间的协同工作，具有明显的体系特征。体系（system of systems，SoS）是由多个组分系统协作组成的大系统。体系的元素是独立运行的系统，这些独立运行系统的集成系统产生了由单个系统无法实现的功能或结果。由于不同体系均有各自的定义，且大多以复杂自适应系统为基础，因此 Sheard 基于复杂自适应系统，将不同体系进行了综合定义（图 2-8-3）[1][2]。此外，美国体系工程研究中心（SoS Engineering Center of Excellence，SOSECE）将体系定义为一个复杂的、有目的的整体，其特征为：① 由复杂的、独立的组件组成，其高度的互操作性使它们能够组合成不同的配置，甚至不同的体系；② 具有复杂性特征，该特征显著影响体系行为并使其难以理解；③ 模糊和/或变化的边界；④ 表现出涌现属性。

银行卡工程作为一个体系工程，除了包括银行卡信息交换系统

---

① SHEARD S A. System of systems necessitates bridging systems engineering and complex systems sciences [EB/OL]. [2018-3-15].

② 顾基发. 系统工程新发展——体系 [J]. 科技导报，2018，36（20）：10-19.

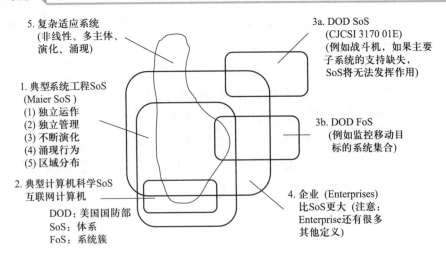

图 2-8-3   体系（SoS）的定义

之外，还包括发卡机构系统、收单机构系统等多个组分系统，各个
组分系统之间相互联系、相互影响，共同构成了银行卡工程的体系
框架。以下从系统运行的独立性、系统管理的独立性、异构性、分
布性、涌现性、演化性、自组织性、模糊性、关联性、跨学科性等
方面阐述银行卡工程的体系特征。

（1）系统运行的独立性

组成体系中的各系统是独立运行的。对于银行卡工程来说，其
需要建立全球 1000 多家银行的转接清算体系，每家银行均有各自独
立运行的信息化系统，各家银行信息化系统的运行不会受到其他银
行信息化系统运行故障的影响。

（2）系统管理的独立性

组成体系中的各系统是独立管理的。组成银行卡工程体系的组
分系统包括发卡机构系统、收单机构系统以及银行卡信息交换系统，
不同发卡机构系统和收单机构系统都有自己的管理规范、管理制度
和独立的组织架构，因此在系统的管理上也是各自独立的。

（3）异构性

组成体系中的各个组分系统是异构的，具有不同的功能、结构
和目标。对于银行卡工程体系来说，其组分系统也有着不同的功能、
结构和目标：银行卡信息交换系统是为了实现发卡机构与收单机构
之间的资金转接和清算；发卡机构系统是为了维持发卡机构日常运

营以及其他相关的存款、贷款、投资等业务的正常运行；收单机构系统是为了实现商户日常资金往来的结算。

（4）分布性

组成体系中的各系统在地理位置上分布不同。对于境内银行卡工程的体系分布特征，其组分系统包括发卡银行系统和收单银行系统，各个发卡银行系统和各个收单银行系统随各自商业银行一起分布在全国各地，因而银行卡工程体系具有地理位置分布不同的特点。

（5）涌现性

体系中各个组分系统间的非线性作用形成了新的功能、性质或其他结果。在银行卡信息交换系统未建立之时，各个商业银行的POS 机只能受理自身发放的银行卡业务，即工商银行的银行卡只能在工商银行的 POS 机上刷卡交易，在其他银行的 POS 机上无法刷卡交易。通过建立银行卡信息交换系统，与各个商业银行系统连接，从而实现银行卡跨行转接与清算。这一新功能的产生，正是由于银行卡信息交换系统与各个银行系统连通汇聚后的结果，同时这也是银行卡工程体系的核心价值所在。

（6）演化性

体系不以固定模式出现，而是随着功能、环境、知识的变化不断演化发展。银行卡工程体系是在不断发展演化的，整个工程体系随着外界环境的变化、技术的进步也在不断完善。起初，在银行卡信息交换系统还不完善时，银行卡跨行交易时有差错出现，交易量也不高。但随着技术的不断发展进步，2019 年银行卡总交易量已经超过了 886.39 万亿元。

（7）自组织性

银行卡工程体系是一个开放平台，可以接入不同的商业银行机构、第三方支付机构、商户机构等系统。这些机构系统与银行卡信息交换系统一起组成了银行卡工程体系，该体系在一定的规律、机制、环境下运行，实现了银行卡跨行转接清算的交易流程。银行卡工程体系的自组织性造就了该体系的涌现性，体系内各个组分系统的相互协调、相互作用推动了银行卡工程体系的演化发展。

（8）模糊性

银行卡工程体系的边界和目标是模糊的。对于体系边界的模糊性，由于银行卡工程平台是一个开放的平台，是可以不断融入新组分系统的平台，新融入的组分系统通过与其他组分系统的非线性作用又会拓宽整个体系的功能边界，因而银行卡工程体系的边界是模糊的。对于体系目标的模糊性，由于银行卡工程体系的目标是随着环境的改变而不断变化的，如最初目标从重点城市银行卡清算网络互联互通，到全国银行卡清算网络互联互通，再到全球范围银行卡清算网络互联互通。因此，体系目标的模糊性也促进了体系的演化发展特性。

（9）关联性

银行卡工程体系内各个组分系统是相互关联、相互影响的。发卡机构系统、收单机构系统、银行卡信息交换系统协同工作，共同实现银行卡交易金额的跨行转接清算。一笔交易需经由银行卡工程体系内各个组分系统的相互验证，再由银行卡信息交换系统清算后将资金从发卡机构转接至收单机构。银行卡工程体系的关联性体现了工程体系的整体结构，促进了涌现行为的产生。

（10）跨学科性

银行卡工程体系的建设涉及多个学科的知识，是一项跨学科的工程过程。在工程体系的设计、规划、研发、决策、运行、维护等过程中，需要大量拥有计算机技术、通信技术、系统科学、管理科学等学科背景及交叉学科背景的专业人员。由于银行卡工程体系的跨学科特性，确保了该体系能力的发展演化能够满足用户在不同阶段不断变化的需求，这些需求是单一组分系统所不能满足的。

3　银行卡工程管理的原则

银行卡信息系统既需面对系统的问题，也需面对人及信息等复杂因素问题。在金融服务支付清算的过程中，既可产生物品的交易价格，又可深层次发现资金的使用价格，发挥市场分配资源的基础性作用。因此，金融信息系统及其技术标准的设计、管理和实施，需要科学的可持续管理手段及正确的指导思想。

（1）整体最优

银行卡工程是一个打破旧平衡，形成新平衡的过程，不仅需要信息系统本身达到最优，而且要实现金融服务和外部环境的双赢，形成整个生态体系的整体最优，实现平台的可持续发展。对于一个体系工程，有其所处的环境和其独特的内部结构，需要把体系内外部所有要素看成一个整体，体系应对所有的组分系统之间的关系进行协调，充分发挥各个组分系统的能动作用，并考虑以下两点。一是整体最优。体系工程的整体性基于体系的综合集成创新，即使其组分系统不是每个都很优秀，也可以通过特定的集成创新方式使之协调、综合成为最优化的体系，实现"1+1>2"；反之，不当的集成可能使本来良好的个体组合失调，导致"1+1<2"。因此，组分系统最优与体系最优发生矛盾时，组分系统要服从体系，确保部分服从总体。二是外部受益。银行卡工程是一个高度开放的体系，存在着与外部环境的频繁交流，在体系内各系统开发、运行、革新的过程中，会受到外部技术、经济、社会等多领域和多方面环境的影响，应把体系本身与外部环境看成一个整体，从更高的角度来分析体系与环境的关系，在工程规划时，必须考虑环境的制约作用，使环境受益，才能产生外部正向效应。

（2）平衡驱动

银行卡信息系统的构成要素既包含人的因素，又包含体系的因素，时代和市场需求的变化会对已有的整体平衡造成影响。因此，需要推动体系的逐步优化，一方面要协调内部各复杂因素，实现静态平衡；另一方面还需找到稳定的、可持续的、不断创新的前进驱动力，形成向前的动态平衡，最终实现自我学习和自我优化。由于体系内部各个组分系统之间存在着相互关联、相互影响、相互依存、相互制约的关系，当人们对体系某些问题进行决策尤其是遇到多目标的复杂需求时，需要对目标及因素进行综合分析或评价，分清主次，做好体系内各个组分系统的协调工作，实现银行卡工程体系的平衡发展。

（3）分层管理

银行卡工程体系具有很明显的层次性。因此，在研究体系问题时，要熟悉系统中各个组分系统的层次与分布，特别要厘清诸组分系统的缓急、轻重和主次，建立有效的层次管理机制，对管理对象进行合理分层，根据各自层次的管理需要，设计相应的层次管理手段，提升管理效率。

（4）动态升级

世界上唯一不变的就是变化。银行卡工程在其服务周期中处于不断完善的过程中，即使是当前最优的体系也不是一成不变的，随着体系内各个组分系统的变化、外部环境的变化以及人们价值观念的变化，体系本身在动态发展，观察和评判"最优"的视角、观点和标准也在变化。同时，随着近年来科学技术和社会经济的不断快速发展，组成体系的各信息系统的有效寿命进一步缩短，与时俱进和全面创新的要求不断提高。因此，信息系统要适应环境就必须进行适应性调整，要根据市场需求的变化和动态需求，及时地调整迭代开发新的合适的系统功能服务。

4　银行卡工程管理过程中的方法论特点

工程管理过程是一个系统工程过程，采用了自上而下后自下而上的方法，其中 Vee 过程模型（图 2-8-4）就是一个典型的描述系统工程过程模型①。

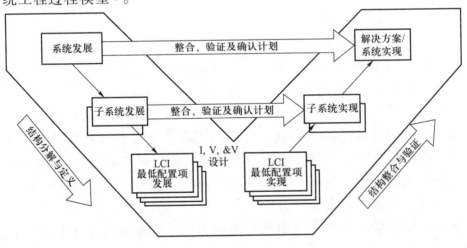

图 2-8-4　系统设计 Vee 过程模型

银行卡工程管理，在借鉴 Vee 过程模型的基础上，实现了综合集成方法论②与金融信息系统工程的融合，通过专家体系、机器体

---

① 希拉·莎，沃特·诺沃辛. 工程管理知识体系指南（原著第四版）[M]. 何继善，等，译. 北京：中国建筑工业出版社，2018：258.

② 钱学森，于景元，戴汝为. 一个科学新领域——开放的复杂巨系统及其方法论[J]. 自然杂志，1990，13（1）：3-10，64.

系和知识体系的"以人为主、人机结合"的有机整合，经历提出问题、确定目标、定性分析、定量分析、综合集成到最终整体定量结论，通过持续迭代优化，实现原系统到目标系统的转变，达到工程目标的最终实现[1]（图 2-8-5）。

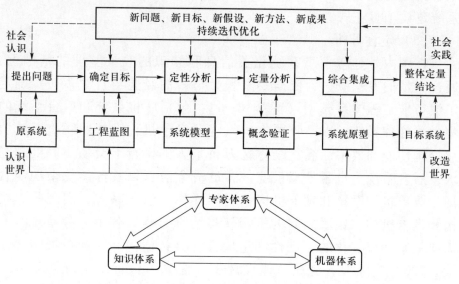

图 2-8-5　银行卡工程管理基本过程

（1）提出问题

银行卡工程规模庞大，目标是要连接上千家机构、数千万家商户，受益数亿人。系统设计指标具多样性，功能非常复杂，实时性、可靠性、安全性要求高，365×24 小时不间断运行，交易处理时效性强，峰值处理能力要满足全球持卡人同步交易需求，满足巨量并发和阶梯形跃迁式的交易需求。接口繁多，并兼容各个银行、行业机构所有业务功能。产业技术复杂、涉及面广，时间跨度长，整体推进难，协同推进难，质量控制难，还要能够满足未来消费的前瞻性需求。

（2）确定目标

在问题分析的基础上，通过专家体系决策，制定了工程蓝图，确定工程主要目标包括以下几点：一是实现国内银行卡信息的跨行交换集中处理，形成一个覆盖区域广泛、业务品种齐全、处理功能

---

① 王众托. 系统工程 ［M］. 北京：北京大学出版社，2015：235-251.

强大的银行卡信息交换平台；二是制定并推广银行卡联网联合技术规范体系，解决国内外银行卡联网通用；三是建设我国银行卡民族品牌，打造中国银行卡产业核心竞争力。2001年11月，银联筹备组审批通过《中国银联新系统建设方案建议书》，银行卡信息交换系统建设项目正式立项。

（3）定性分析

在国内外金融信息系统相关信息和知识的收集整理的基础上，通过大量的专家研讨，依据专家和参与者的经验与直觉，初步确定了银行卡工程体系模型（图2-8-6）：包括联机系统和后台系统的集中式处理系统，以及收单机构系统和发卡机构系统。联机系统关注处理性能和效率，满足全球亿万持卡人的银行卡交易实时处理需求；后台系统为批量处理系统，满足资金清算以及各类复杂功能管理；收单机构系统和发卡机构系统同样作为组分系统，实现收单机构和发卡机构与银联之间的资金转接清算过程。各个组分系统具有面向复杂环境变化的主动性和适应性，具备横向和纵向扩展的灵活性。2002年11月，完成总体设计书，建立了银行卡工程体系框架模型。

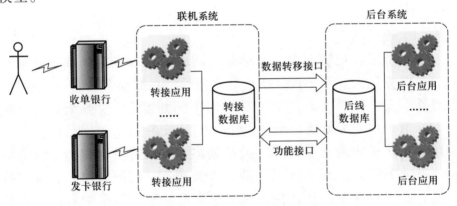

图2-8-6　银行卡工程体系模型

（4）定量分析

针对体系模型，通过大量复杂的计算机系统，进行仿真、实验和计算，对模型进行定量化的分析，完成模型的概念验证。关键的定量概念验证包括：

① 体系架构验证：传统的金融系统关键应用都构建在专有主机

系统上，使用开放式平台建设全国集中式的金融关键应用系统在国内外并无先例，因此面临巨大的技术挑战。

② 高性能仿真验证：联机交易采用分布并行处理技术，通过多机并行、多层多组架构、多级动态负载均衡设计，峰值处理性能达到 10000 笔/秒的银行卡交易处理能力。

③ 高可用性仿真验证：以流量自适应分配技术为基础，设计无缝切换的不停机滚动升级技术，实现了 365×24 小时不间断稳定运行，解决传统应用系统需停机升级维护的难题。

④ 交易模式仿真验证：通过排列支付信息全要素组合，提出符合电子货币交易规律的银行卡单信息交易处理模式（即一次在线信息处理完成一笔电子货币支付），实现授权、清分和结算交易的简洁高效。

⑤ 高可靠性仿真验证：提出和实现了金融界两地三中心容灾体系，通过同城灾难备份系统和异地灾难备份系统，验证极端情况下的交易处理和数据恢复能力。

（5）综合集成

在定性原型模型基础上，通过定量的验证分析，以及专家智慧与数据知识的有机融合，建立银行卡工程体系原型（图 2-8-7）。该原型系统集成了全部组分系统，实现了复杂环境下银行卡工程体系的基本功能。

综合集成的分步实施策略为：首先是实现组分系统的定量验证，构建组分系统原型；其次是实现两个或者多个关联组分系统的原型集成，实现工程体系的一个或者多个功能；最后是完成全部组分系统的综合集成，实现复杂工程体系的全部主要功能。

（6）整体定量结论

依据"涌现"原理，银行卡工程体系原型构建以后，常常会有出乎意料的现象涌现，其中有些是有益的，另外一些是有害的。面对不断涌现的新问题、新目标、新假设、新方法、新成果，需要对复杂原型系统进行持续的检验、修正、循环迭代和逐次递进，实现原型系统的持续优化和自我完善，通过动态的调整，最终满足工程

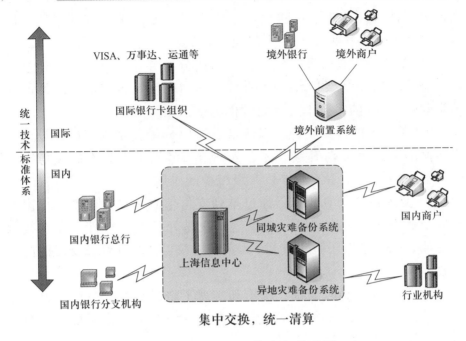

图 2-8-7   银行卡工程体系原型架构图

目标①，构建形成银行卡信息工程体系原型。

5 银行卡工程管理的体系特点

在银行卡工程管理实践中，构建了专家体系、机器体系和知识体系。

（1）专家体系：根据工程实际，建立了覆盖战略决策层、专业支持层、工程实施层、子项目组层的四个层次的专家体系，在人机结合、以人为主的综合集成过程中，专家体系全程起到了至关重要的作用（图 2-8-8）。

（2）机器体系：传统的工程项目中，机器体系在人机结合过程中主要作为仿真工具，验证专家的构思和直觉，指导工程管理和实施。银行卡工程体系中，机器体系除了体现出工具属性外，更多地直接体现为工程主要目标成果，因而其重要性更加彰显。相应于传

---

① 盛昭瀚. 大型复杂工程综合集成管理模式初探——苏通大桥工程管理的理论思考 [J]. 建筑经济，2009（5）：20-22.

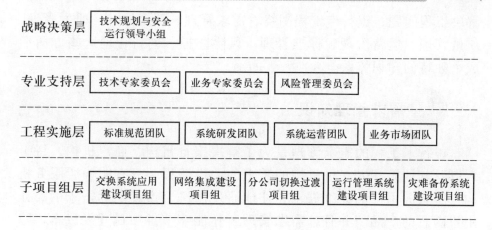

图 2-8-8 工程专家体系

统的系统工程，银行卡工程体系中机器体系更加复杂，分为工程管理系统、研发系统、测试系统、生产系统等多个层级。

（3）知识体系：银行卡工程体系的知识体系具体体现为专业性、先进性、安全性和规范性。专业性主要是金融领域的知识体系涉及面广、业务复杂且难度较大；先进性主要体现在最新的信息技术和设备往往最先被大规模应用到金融系统；安全性是金融交易的基本要求，重要金融信息系统均需通过信息安全等级保护三级甚至四级测评要求以及 ISO 27001 要求；规范性是银行卡工程体系的重要要求，标准规范上符合国家和行业规范要求，研发体系遵循 CMMI 规范，运营体系符合 ITIL 规范[1]。

第三节　银行卡工程知识体系

作为典型的体系工程问题，银行卡工程对体系内各个组分系统的独立性、异构性、关联性、分布性等方面有着较高的需求，对整个体系的涌现性、演化性、自组织、跨学科等方面同样具有相关要求；同时，还面临国家部门间协调成本高、金融系统信息化程度低、行业参与方利益难平衡、产业链长等问题。因此，为满足工程需求、

---

① 何继善，王孟钧，王青娥. 中国工程管理现状与发展 ［M］. 北京：高等教育出版社，2013：73-88.

解决工程问题，银行卡工程围绕着需求管理、顶层设计、研发管理、质量管理、运营管理、标准管理、风险防控、创新管理这些方面形成了独特的知识体系。

1 需求管理知识

银行卡工程的需求管理是为了解决银行机构、商户机构、持卡人以及其他第三方支付机构的需求的关键流程。只有明确所服务机构、所服务用户的详细需求，才能研发出符合市场实际需求的、让用户满意的产品。并且，需求管理工作能够节省项目开发成本，降低项目返工的频次，减少项目后期更改的概率，保障项目完成的期限。

银行卡工程体系的内外部需求具有系统独立性、异构性、动态演化性、关联性、跨学科性等特性，需要综合运用科学的需求管理和组织管理知识，优化对于需求的研究、分析、设计和实现过程。

在需求管理过程中，根据综合集成体系工程方法，形成符合银行卡产业规律的、面向银行卡工程的需求管理体系（图2-8-9）。该需求管理体系的基本思想观点是遵循银行卡产业业务研究的整体

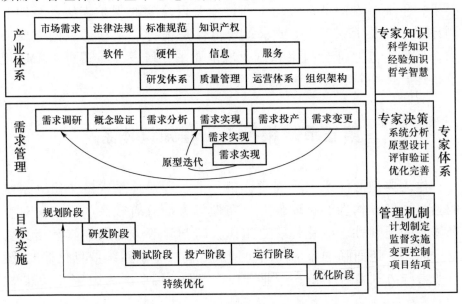

图 2-8-9　银行卡工程需求管理体系

性、技术应用的综合性和管理决策的科学性等工程原则。

在开展银行卡工程的需求分析过程中，银行卡产业链内的各单元系统均被纳入银行卡工程体系中进行分析和研究。从整体性出发，将产业的实践经验、理论知识、统计数据与计算机技术有机结合，通过专家研讨，综合应用理论研究、实证研究和经验判断，建立数学模型和仿真系统，并进行大规模原型验证、专家论证、模拟仿真，得出验证结果和解决方案。通过需求分析的过程，实现产业链内体系建设、工程需求实现和项目目标实施三项工作的协调同步，并与机器体系、专家体系和知识体系有机融合，确保银行卡工程体系需求的正确性、准确性和可实现性。

 顶层设计知识

鉴于银行卡工程体系在银行卡产业链中作为"信息枢纽"的特殊定位，这要求其体系建设的顶层设计要从整体出发，把握银行卡产业的创新发展方向，为用户建设安全、便捷的银行卡信息交换系统。在银行卡工程体系建成以前，银行卡服务网络分散、交易质量低，又由于体系功能复杂，接口繁多，兼容性、安全性、可靠性、稳定性要求高，导致工程建设时间跨度长，整体推进难。针对银行卡产业复杂规划问题，在 2002 年银行卡跨行交换系统工程正式启动时，按照"抓主要矛盾"的指导思想，从顶层设计入手，遵循整体最优、层次合理、有序协同三项基本原则开展总体设计。

为满足用户不断变化的需求及体系未来演化发展需求，在银行卡工程体系的顶层设计中充分考虑了体系内相关系统的高性能、高可靠性和高可用性、高可扩展性以及高可管理性等要求。

（1）高性能

在银行卡信息交换系统高性能设计上，相关子系统架构、服务器配置、数据仓库设计、应用设计等方面均采取了优化设计方案。对于子系统架构，采用多层（通信层、应用层、数据库层）、每层多组的架构设计关键子系统—转接子系统的服务器架构，使服务器的处理侧重点突出，便于有针对性的优化；对于服务器配置，采用每层多组服务器的配置方式，使系统性能的扩展得到充分保证；对于数据仓库设计，通过将转接子系统数据库与相关数据仓库分离，从而降低了子系统之间数据库访问的冲突，并提高了转接子系统和批处理子系统的性能；对于应用设计，采用流水线设计方法及参数内存化设计，从而提高了交易处理吞吐量，并最大限度地减少了数据库访问的次数，降低了性能最低的磁盘 I/O 访问量，提高处理性能。

（2）高可靠性和高可用性

在银行卡信息交换系统高可靠性和高可用性设计上，由于银行卡信息交换系统的重要性，为保障交易质量和交易成功率，需满足 7×24×365 小时的运行，且在发生局部硬件故障和软件故障时有相应的旁路技术与容错技术，任意单点故障都不能影响整个系统的运行。在数据库服务器升级时，利用应用系统中设计的数据库切换算法并结合在日终切换时实施，实现计划内停机时间为零，并确保关键业务的连续可用性。在容灾建设中，采用两地三址搭建生产中心、备份中心和灾难备份中心，保证生产系统的业务连续。

（3）高可扩展性

在银行卡信息交换系统的高可扩展性设计上，充分考虑系统的资源利用。在单机性能上，通过增加单机中的 CPU 内存等资源提高处理性能，使系统具有良好的纵向扩展性。在服务器性能上，在服务器端采用多机体系架构，通过服务器数量的扩容提高系统处理性能，使系统具有良好的横向扩展性。在网络性能上，通过增加网络设备以提高网络性能。在应用系统上，采用参数化设计方法，将业务功能的扩展简化为参数配置予以实现，从而提高业务可扩展性。

（4）高可管理性

在银行卡信息交换系统的高可管理性设计上，实现对主机系统、存储系统、网络、数据库、中间件、应用系统等情况的监控、管理和调度，以及对交易、清算、风险、差错、安全、文件收发等信息和文件进行统一的管理和控制。在系统架构上，通过采用 B/S 架构可达到与用户界面相关的程序的统一和快速升级。在中间件层，通过在中间件上全面架构应用系统，利用中间件对整个应用进行统一管理，并利用中间件与第三方管理监控软件的标准接口，实现对系统的统一监控。在应用系统层，通过参数化设计，使对应用系统的配置操作变得简易、直观，降低了应用管理的复杂度。

通过以上顶层设计以及多层次的产业链交互，提升整体系统面向复杂环境变化的主动性和适应性，持续优化系统模型和单元构件，建成了能够满足数十亿银行卡、数亿持卡人、数千万商户支付需求的银行卡信息交换系统（图2-8-10），交易并发处理能力达到每秒万笔，整个交易链仅需秒级交易时间，跨行交易成功率提升到99%以上。

3 研发管理知识

为了提升银行卡工程中相关软件的自主研发能力和核心竞争力，降低开发成本，提高软件可靠性和开发效率，工程在研发过程中采用了能力成熟度模型集成（capability maturity modal integration，CMMI）和敏捷建模（agile modeling，AM）相结合的研发模式。

（1）CMMI研发管理知识

CMMI是一套融合了多学科的、可扩充的产品集合，为工程的过程构建和改进提供了指导及框架作用，同时也为工程评审过程提供了可参照的行业基准。

中国银联以CMMI的体系框架为指导，建立了完备的研发流程体系（图2-8-11），主要分为项目管理类、研发过程（工程过程）类和支持过程类三个部分。其中，项目管理类包括立项过程、项目计划过程、项目监控过程、风险管理过程、结项管理过程；工程过程类包括需求分析过程、总体设计（软件架构设计）过程、概要设计过程、详细设计过程、编码和单元测试过程、集成测试（系统功能测试）过程、验收测试过程、产品交付（发布上线和试运行）过程、运行维护过程；支持过程类包括配置管理、质量保障、培训管理等。

由于CMMI的认证标准包含初始级、已管理级、已定义级、已定量管理级和优化级五个级别，银联在开展CMMI模型应用过程中，分阶段逐步建立了CMMI 3级认证标准和CMMI 5级认证标准。

2005年，银联开始实施CMMI 3级认证项目，并于2006年7月通过认证。在实施CMMI 3级认证过程中，建立了一套完备的研发流程制度。并且，在标准的体系框架下，经过适当过程优化，建立了符合工程实际的研发工作流程体系，有效地提高了研发的效率和质量。

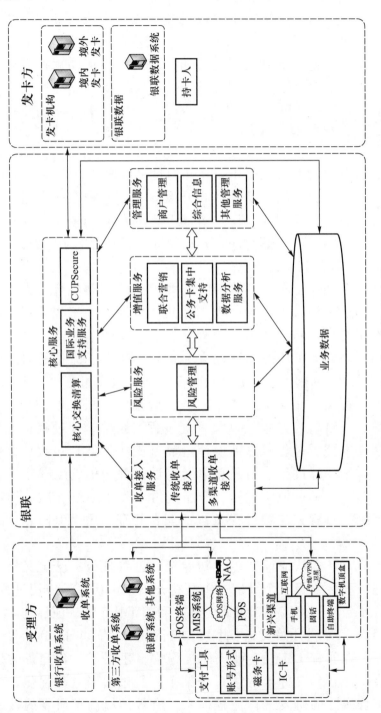

图 2-8-10　银行卡信息交换系统架构

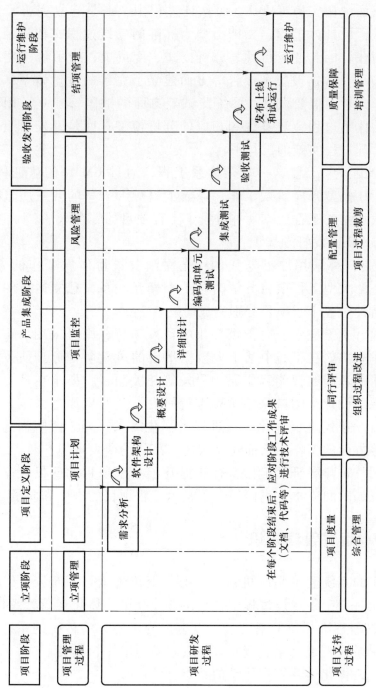

图 2-8-11　CMMI 研发体系框架

2009 年，银联开始实施 CMMI 5 级认证项目，并于 2011 年 12 月通过认证。在实施 CMMI 5 级认证过程中，一是建立完善了以过程域、过程域具体过程、文档类型为标准的三级过程文档目录；二是围绕商业目标、度量目标、分析模式、度量项、指示器（度量工具或方法）及数据搜集和报告等方面建立了完善的度量体系；三是围绕需求分析、概要设计、系统测试等方面的缺陷率建立了用于量化管理的体系过程绩效基线和相应的分析模型；四是开发了用于支撑工程管理过程实施的工具平台。

对于银行卡工程这一复杂体系工程，通过 CMMI 的认证体系，采用 CMMI 模型开展研发工作，保障了银行卡工程的开发质量与进度，有效控制了工程成本，并提升了工程项目的管理水平。

（2）AM 研发管理知识

AM 是一种采用原型迭代的、循序渐进进行研发工作的方法，通常将一个大型工程项目分解为若干个相互联系又独立运行的子项目，然后针对各个子项目分别完成研发。

在银行卡工程中，对于短平快的研发项目，则可采用 AM 进行研发工作。比如在工程中基于大数据平台的风险防控原型研发、以人工智能为基础的智能客服原型研发等相关项目，要求在较短时间内完成原型设计，则应采用 AM 进行研发，先开发原型系统，再通过不断研发迭代进行优化。该过程需强化需求文档、团队沟通、提前测试等方面的工作，从而建立快速、高效的研发环境。

采用 AM 开展研发工作，有效提升了小型项目的研发效率，降低了研发的时间成本，进而提升了整个工程项目的进度和质量。

4 运营管理知识

传统的系统运维是以机器为中心，聚焦于确保系统安全、稳定运行。银行卡工程建设过程中，提出并建立了一体化运营管理体系，在遵循 ITIL 标准规范的基础上，以客户为中心，将传统的系统运维提升到目录式、规范化、端到端、客户至上的平台运营。

（1）一体化运营管理体系的特点

一体化运营管理的核心，是从客户体验的角度出发，建立服务内容、流程制度、组织结构、工具平台、质量监控以及持续优化的体系和机制，通过服务水平协议、效果评估算法等量化方法实现全程量化管理。通过对服务分类和指标分解，将服务水平协议分解到组织结构、流程制度和工具平台的每一项活动及每一个部件，保障运营服务目标的实现。银联的一体化运营管理体系体现了如下几个特点。

① 一体化运营的核心是运营服务。运营服务以客户为导向，端到端的服务目录是从客户视角出发来建立的。运营服务的重点在于保证所有生产系统安全、稳定运行，这也是生产运营工作的基础，是务必保证的底线。

② 端到端的运营服务流程是保证服务实现的关键条件。以端到端的标准建立运营服务流程，一是要把从客户提出服务需求到服务提供方满足客户服务需求的整个服务链全部梳理清楚；二是在为客户提供服务的过程中使客户感受到服务的价值。

③ 通过矩阵式组织架构保证各项运营工作的顺利开展。组织结构包括以职能划分的纵向部门和岗位，以及在流程中定义的横向组织和角色。为及时响应及满足客户服务需求，运营服务要在较为完整的横向的组织体系结构基础上，通过逐步加强纵向专业领域的组织贯通保证流程运作的畅通。

④ 通过一体化运营平台保证流程执行的规范性和高效性。为保证流程制度在跨地域、跨部门的一体化运营。通过一体化运营平台，可以及时发现并处理生产系统出现的异常情况，快速响应客户提出的服务需求，保证流程各环节的高效衔接。使用统一的运营管理平台能够提升客户体验、提高服务时效、改善服务质量和加快故障处理速度。

⑤ 通过六西格玛质量管理体系开展质量监控和持续优化。在采用六西格玛方法进行质量监控和持续优化中，借鉴工业化制造业的集中化、标准化、自动化理念，通过建立成分分析、核算模型，在保证服务质量的同时不断降低服务成本。

（2）一体化运营管理的创新实践

结合银行卡工程的运营服务特点，在事件管理、变更管理、问题管理、配置管理、测试管理等方面不断改进和优化，形成了以下创新实践知识：

① 在事件管理中将通常意义的重大事件与银联特有的应急通知

和应急报告进行了深度无缝整合;

② 在变更管理中引入了团队构建变更的概念,并创新地引入了会议方式进行评估的电子化流程运作方式;

③ 在问题管理中引入了问题解决团队的概念,可以比问题分析员独立承担问题根源查找更好地适应疑难问题的跟踪解决;

④ 在配置管理中把握好配置项的粒度,保持配置项、配置项之间的关系和配置项属性三者之间的关系,以影响性分析和变更管理为重要的管理手段,将运营管理所涉及的基础架构、管理制度、文档手册等均纳入配置管理范畴;

⑤ 在测试管理中,覆盖两个运营中心建立了以测试需求分析为基础的一套测试流程活动和测试标准,通过一体化测试流程控制应用软件质量的稳定性,使软件质量在可控的质量标准范围内,减少系统变化对业务的影响。

一体化运营管理体系,实现了"运维"向"运营"的转变:运维是人直接管理机器、连续操作;而运营是工程师使用工具服务用户,是以人为本,以用户为中心,关注运营服务主体,实现智能反馈、快速迭代及持续完善。通过信息化、智能化、数字化的平台基础,以人为核心的服务,一切以数据为依据,在数据中不断探索和学习,推动科学化的决策、精细化的生产、可预测的经营以及个性化的服务。通过建立标准化、规范化、跨地域的现代服务管理机制,实现对生产系统的统一管理、运营。

5 质量管理知识

质量管理是银行卡工程建设过程中的重要步骤,是保障工程质量的关键手段。为了提升银行卡工程的质量管理水平,规范技术运营工作标准,需要建立一套有效的质量管理体系,运用科学有效的改进方法客观全面地评价、发现和解决技术运营工作中的问题。

六西格玛质量管理体系作为一种统计评估法,其核心是追求零缺陷生产,防范过程风险,降低成本,并进一步提高顾客满意度和忠诚度,是一种符合银行卡工程建设实际的质量管理体系。西格玛(σ) 表示标准偏差,代表质量缺陷,六西格玛质量水平表示工程过程中 99.99966% 是无缺陷的。六西格玛质量管理的标准流程包括界定改进目标、测量系统数据、分析关键因素、确定改进方案、监控系统流程五个方面（图 2-8-12）。

图 2-8-12　六西格玛质量管理标准流程

在银行卡工程建设过程中，通过借鉴和研究国内外相关经验，围绕流程、指标、项目三要素，从流程管理、技术战略、持续改善三个维度建立起了以流程中心、指标中心和项目中心为基础的"三中心"六西格玛质量管理体系（图 2-8-13）。银联建设的六西格玛

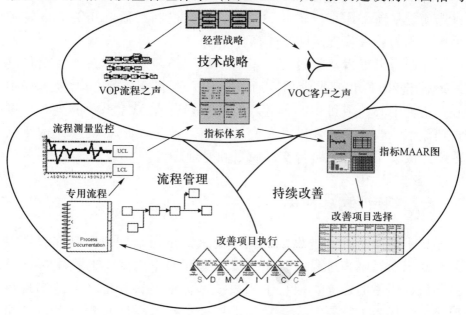

图 2-8-13　"三中心"六西格玛质量管理体系

质量管理体系将改善对象定义为流程，将流程优劣的评判归集于指标，将流程改善的过程称为项目，进而形成三中心的开放式质量管理模式。

对于流程管理（改善对象管理），将实际工作中发现的问题与工作流程相关联，从而体现流程质量和流程稳定性，具体为：一是将流程文档化、正式化，形成流程手册，确立流程规范性和权威性；二是对流程进行控制，减少流程的变异，增强流程的稳定性；三是对流程 KPI（关键绩效指标）进行监控，实现流程的可量化、可管理；四是将客户需求与流程设计相结合，实现端到端的流程管理。

对于指标管理（流程优劣评判），建立了既关注目标又关注过程、既关注客户满意度又关注自身安全运营质量的量化管理三级指标体系：一级指标是工程目标下所赋予各个技术和运营部门的核心目标，包括技术标准普及率和交易质量等综合性指标、二代研发进度等技术类指标、系统中断时间等运维类指标、服务 SLA 达标率等运营服务类指标；二级、三级指标为各个部门内部支撑一级指标的各类过程性指标，包括一线问题解决率、软件缺陷率等。

对于项目管理（流程过程改善），建成一整套关于六西格玛项目选项、立项、评审、辅导、结项、评优机制，形成相关质量管理手册，成为质量管理实际工作操作指南。

在银行卡工程建设过程中，六西格玛质量管理体系通过两年试运行后于 2011 年正式应用。通过运用六西格玛方法，围绕流程中心、指标中心、项目中心的建设，进一步优化了工程中的生产变更管理流程、改善了软件研发及测试质量、改进了成员机构入网测试效率、改善了银行卡跨行交易质量和受理环境。

6　标准管理知识

技术是产品研发过程中的核心要素，是用来创造产品或提供服务的知识、经验和过程的总和。技术发挥的作用离不开技术标准及检测认证体系的建立，银行卡相关技术标准是银行卡产业链实现系统整体最优的关键要素，建立技术标准、技术标准管理体系以及相应的检测认证体系是银行卡工程的前提条件。

（1）建立技术标准

建立一个完善、成熟的银行卡标准体系，是推动银行卡工程建设的有效保障。在银行卡工程建设过程中，银联主持并从事制定了中国银行卡产业7类共88项的信息标准体系（图2-8-14），实现了我国银行卡产业的规范管理，形成了产业标准应用协同效应，推动了全国统一的转接清算网络和跨行转接标准体系以及交易清算系统的互联互通，进而使银行卡得以跨银行、跨地区和跨境使用。

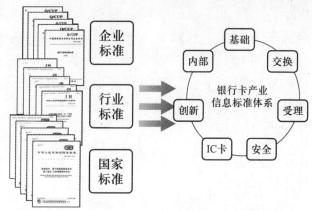

图2-8-14　中国银行卡产业信息技术标准体系

技术标准的建立不仅规范了技术研发、统一了通信接口、降低了产业总成本、提升了交易质量，更重要的是，标准先行的思路明确指引了创新方向、加快了国际化进程，加速了银行卡产业的整体持续发展。

（2）建立技术标准管理体系

建立安全可靠且统一的技术标准管理体系，是业务需求不断发展和产品形态日益增多的必然需求。在银行卡工程建设过程中，提出了以"安全原则"和"双向模型"为核心的技术标准安全分级分层管理方法。即将标准分为上层的安全原则和下层的具体标准，通过对同类标准的基础性安全要求进行提炼总结，形成一套金融支付类技术标准的规范原则，用来指导下层具体标准的编写完善。上层的安全原则和下层的具体标准不是单向的管理关系而是形成相互作用、相互参照、相互完善的双向模型。

技术标准管理体系的建立，通过安全原则和具体标准"自上而下"和"自下而上"的双向作用，保障了标准的业务安全和逻辑安全，形成了周期性的自主优化完善机制，提升了工程系统的安全强度。

（3）建立检测认证体系

建立中国银行卡产业检测认证体系，是保障标准规范落地实施、打造良好的业务和市场生态环境的基础条件。在银行卡工程建设过程中，制定了银行卡产业产品 3 类共 25 项的认证体系（图 2-8-15），涵盖银行卡、受理终端、移动支付等方面，通过对安全、功能、质量的全面技术把关，保障标准规范落地实施，为业务和市场提供了良好的生态环境。同时，通过顶层设计方法，建立起一系列覆盖软、硬件的安全检测平台，研制构建了金融 IC 卡安全检测技术体系，并成功建设了国家金融 IC 卡安全检测中心。

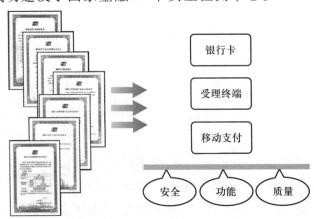

图 2-8-15　银行卡产业产品检测认证体系

检测认证体系的建立，对于推动国内银行卡产业信息标准体系的落地、推动银行卡工程的进程起到了重要作用。检测体系建立后，伴随着资质认证工作的开展，实现了我国银行卡产业相关产品的国产化，规范了银行卡产业技术标准，推动了产业技术的快速稳健发展。

7　风险防控知识

银行卡工程的风险防控至关重要，通过法律、制度、规则、技术、合作等多个层面，配套构建事前、事中、事后一体化风险防控体系。

（1）通过法律完善构建风险防控体系

在完善法律制度环境方面取得成效，推动出台了《中华人民共和国刑法修正案（五）》以及最高人民法院、最高人民检察院《关于办理妨害信用卡管理刑事案件具体应用法律若干问题的解释》，为依法惩治银行卡犯罪活动、保障金融市场秩序和人民群众财产安全提供法律保障。同时，联合公安机关、成员机构构建打击银行卡犯罪的联合防范机制，形成产业风险防控协同效应。在维护国家主权、国际合作的反洗钱领域发挥重要作用。

（2）通过制度创新构建风险防控体系

构建了银行卡风险联合防范的制度框架，组织制定和发布了26项银联卡跨行业务风险管理规范（图2-8-16）。通过云计算技术和大数据风险控制模型的研发，不断完善风险监控技术手段，建设银行卡欺诈侦测服务平台，填补了国际卡公司对发卡机构侦测服务方面的空白。

（3）通过规则创新构建风险防控体系

推进银联风险管理规则的"国际化"。在原有的风险规则基础上，推动海外版风险管理规则的制定，建立起境外地区高风险隐患商户和大额交易监控和通报机制。

（4）通过技术创新构建风险防控体系

以大数据、人工智能等技术为基础，通过将金融风险事件处理与不确定性风险概率事件预防相结合，建立了以设备指纹、交易特征和身份认证信息相结合风险控制模型。通过对高风险设备、异常行为设备进行实时的风险控制，从而在绑卡、交易等环节中加强监控力度，提升了系统的风险防控水平。

（5）推动海内外风险防控的合作交流

建立了产业链风险合作交流机制，一是与香港地区信用卡授权中心委员会、发现卡公司、港澳警方建立定期交流机制和风险联系人网络，通过举办风控交流研讨会增进海内外机构的风险交流与合作；二是通过建设风控系统，组织银行信息共享合作，推动社会法律治理联动，构建了银行卡风险联合防范机制。

我国通过一系列风险防控方面的工作和努力，提升了银行卡欺

图2-8-16　银联卡跨行业务风险管理规范

诈防范能力。根据《中国银行卡欺诈风险报告》① 数据显示，2017
年中国境内信用卡欺诈损失率为 0.11BP（1BP = 0.01%），连续 8 年
低于国际卡公司全球水平的 1/10，这表明在银行卡工程的建设过程
中，风险防控能力建设成效显著（图 2-8-17）。

图 2-8-17 信用卡欺诈损失率对比

8 创新管理知识

在经济全球化的市场环境下，企业之间的竞争逐步演变成创新
能力的竞争。面对竞争压力，企业只有不断追求创新才能不至于被
行业淘汰。工程创新的过程充满着不确定性，会遇到技术、人力、
经济、管理、社会等多方面问题，只有解决各类问题后，创新才有
可能成功。但是，只要有一个问题没有解决，工程创新最后都将导
致失败。这说明工程创新在成功与失败上是不对称的，失败的可能
性往往要大于成功的可能性。

（1）创新"S曲线"

创新技术是不断迭代更替的，创新"S曲线"描述了创新过程
中相关技术性能的变化趋势（图 2-8-18）。通过考虑投入时间与技
术性能两个因素，可以发现在创新前期，新技术的性能表现较差，
且改进缓慢。这主要是因为对新技术的理解不充分，甚至不了解客

---

① 中国银联. 中国银行卡欺诈风险报告［R］. 2018.

户的需求。随着技术经验的不断积累，技术性能得到了迅速改进。在某一阶段，技术性能遭遇瓶颈，无论投入多少资源，都无法继续提升技术性能。此时，新的技术创新产生，进而取代现有技术，新技术最初性能与原技术相比可能并没有优势，但依旧会经历技术性能逐步提升的过程，并最终超越原技术的性能。在从原技术跳转到新技术的过程中，企业面临着是继续延长原有技术或产品的生命周期还是转向新技术的问题。

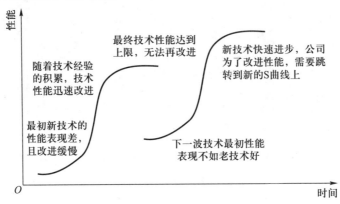

图 2-8-18 创新"S曲线"

因此，只有科学地对创新进行管理，建立合理的创新机制，才能有效提升创新动力、降低创新风险，并提升创新成功率。

（2）"双驱动"创新机制

现代支付业是金融现代化的基础，也是创新技术和商业模式发展迭代最快的新兴产业。为了适应市场的不断发展变化，需要持续推动信息化系统的自体完善。因此在创新机制上，银行卡工程应用了市场需求和技术发展的"双驱动"机制（图 2-8-19）。①

在市场需求驱动层面，建立面对市场变化和客户需求变化的快速传导机制，从市场调研和用户反馈捕捉创新研发课题，并按照 SMART 原则（Specific 明确性，Measurable 衡量性，Attainable 可实现性，Relevant 相关性，Time-bound 时限性）建立目标管理机制，划分创新类型，针对创新需求、改进需求和原型概念等不同层级、

---

① 王安. 基于理念创新的神东模式——建设现代化煤炭企业的实践与思考［C］// 中国工程管理环顾与展望，2007：38-42.

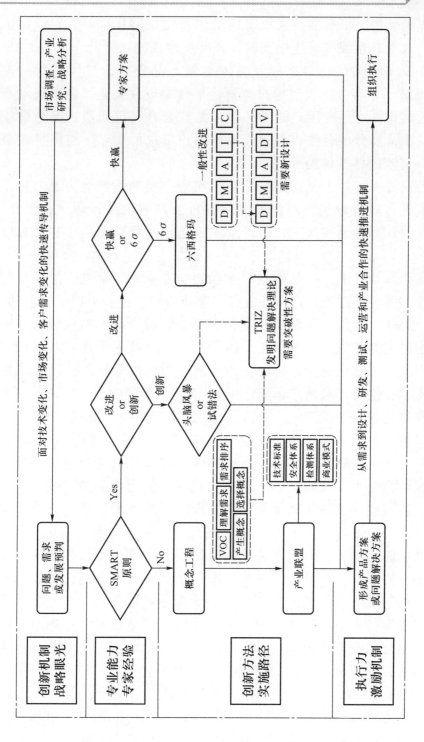

图 2-8-19 基于 SMART 原则的 "双驱动" 创新机制

不同优先级的需求类型，采取不同的创新实施路径，形成对应解决方案，对现有系统进行优化完善或开展技术预研。

在技术驱动层面，采用新技术引领产品设计，按照"两端两极"要求（即客户端极致用户体验、平台端极致安全可靠）推动产品不断优化。在面向用户的产品中，尤其是升级更新快速的金融支付产品中，要分清轻重、缓急，找到用户需求的痛点，将用户"最核心"需求的体验做到极致。

另一方面，对于复杂系统的需求实现，要利用产业力量，对难点技术进行联合攻关，对创新方向进行预判和前瞻性研究，因此，在研发设计和落地实施上，银行卡工程建设过程中采取了相关有效措施。

在研发设计上，一是建立产业联盟与专家库，解决交叉学科与跨专业问题。通过组织产业各方成立产业联盟，逐步形成了由芯片、手机、终端、卡片、移动支付等各个专业领域资深专家构成的专家库，通过定期研讨会、专项工作组等方式，对技术标准进行研究讨论，形成了常态化的标准研讨工作机制，为标准系统的持续发展提供了支撑，推动了包括"国家金融 IC 卡安全检测中心"在内的多个重点项目的建设和应用；二是联合知名重点院校，形成"产－学－研"一体的研究与创新机制，开展新技术、新课题的研究与实践，特别是交叉学科的技术融合。通过加强共建单位的交流合作，进一步形成研究合力；探索完善成果共享机制，扩大成果共享范围；充分发挥各共建单位特长和优势，联合推动实验室创新研究和成果向行业标准与应用转化。

在实施落地上，引入商业化的自律机制和管理手段，确保创新成果的有效落地。银行卡产业的标准体系既需要科学理论与技术的支撑，也需要商业模式的支持和市场管理手段的支撑。对此，在建立及发展银行卡系统的过程中，一方面引入最新技术，把创新科技手段与银行卡业务实践相结合；另一方面，配套相应的市场运作模式与行业自律机制，例如，国内银行卡产业建立了"卡组织－实验室－产品企业"的认证管理机制，通过检测认证对产品及产品生产方和使用方进行约束与管理，确保标准能够及时准确地在市场中落地应用，同时在标准的推广过程中也充分听取市场反馈的意见，及时对标准进行修正，确保符合市场实际需求。①

第四节　银行卡工程的未来展望

随着金融科技时代的到来，银行卡产业作为现代金融服务与支付入口，正面临深刻而复杂的变革②。国家"一带一路"倡议稳步推进，将促使人民币银行卡在支付市场的接受度不断提升以及人民币清算服务的持续扩大。开展多方战略合作、推动基础设施建设、加快用卡环境优化、加大支付产品创新等③工作将推动银行卡产业的不断发展。在技术创新和技术变革不断深入的窗口中，颠覆性技术创新、开源软件及相关技术、知识图谱及相关技术、数据保护与合规性、基于模型的系统工程知识等将对银行卡工程建设与发展产生深远影响，并将呈现如下发展趋势。

 颠覆性技术创新

颠覆性技术一般产生自科学原理的重大突破、技术的集成创新、技术的颠覆性应用等方面，颠覆性技术将导致传统产业归零或价值网络重组，并决定性影响社会技术体系升级跃迁④。新的技术带来新的机遇，银行卡工程正加速应用人工智能、区块链、可信执行环境等创新技术开展相关业务，建立持续的创新意识与自我进化机制。

在人工智能领域，自然语言处理、生物识别、计算机视觉、智能语音、机器学习等技术的不断发展深度影响了银行卡产业以及信息工程的建设与运营。智能客服的研发，缓解了人工客服的工作压力，提升了客户服务效率，从而进一步提升了银行卡工程的运营能

---

① 傅志寰. 以科学发展观指导工程建设 [C]// 中国工程管理环顾与展望，2007：249-252.

② 工业和信息化部. 金卡工程开启中国信息化建设新纪元 [R]. 国家金卡工程二十年应用成果报告，2013：1-2.

③ 张琪. 以人为本、创新发展，金卡工程为"新四化"建设再立新功 [R]. 国家金卡工程二十年应用成果报告，2013：14-15.

④ 刘安蓉，李莉，曹晓阳，等. 颠覆性技术概念的战略内涵及政策启示 [J]. 中国工程科学，2018，20（6）：7-13.

力；指纹识别、刷脸识别、虹膜识别等技术的发展，改变了移动支付的验证方式，为用户提供了更加便捷的支付体验；精准的营销推送、垂直领域的知识图谱构建均需要借助机器学习等相关人工智能技术。未来，把握人工智能的发展浪潮，进一步结合人工智能技术完善银行卡工程建设，对推动银行卡产业发展将起到重要的作用。

在区块链领域，由于区块链能让互不信任的主体具备信息互换和价值互换的能力，因此其在金融领域具备了广泛的应用前景。区块链作为一种集成创新技术，正从数字货币加速渗透到票据、支付、保险等其他金融应用中，从而形成不同领域的区块链体系，未来这些区块链体系之间的互联互通和跨链协作将成为重要趋势。同时，随着分布式账本、共识机制、加密算法等技术的不断发展，运用区块链技术的相关应用在实时性、并发性、吞吐量等技术效果上也将获得进一步提升的空间。虽然区块链具备了开放性、不可篡改性等特点，但从工程角度看，其仍然受到基础设施、系统设计、管理方法、隐私保护等多方面影响，因而未来还需从技术和管理两个角度进一步加强区块链安全体系的建设。

在可信执行环境（trusted execution environment，TEE）领域，TEE 技术建立了独立于传统操作系统的安全环境系统。以手机为例，正常的手机操作均在操作系统中完成，而当涉及身份认证、支付等安全性操作时，则转由 TEE 系统完成。若将操作系统表述为房间，TEE 系统则相当于房间内的保险箱，保管着密码、指纹、密钥等安全文件。随着银行卡产业对安全和风险问题的持续关注，TEE 相关技术将存在较大的发展空间。并且，在可预见的未来，随着搭载 TEE 环境设备越来越多，将会形成独立于因特网之外的由 TEE 设备之间进行通信形成的安全网络。适时开展 TEE 相关技术的应用落地，将进一步提升银行卡工程的安全性，降低系统风险的发生。

2 开源软件及相关技术

开源软件及相关技术为银行卡工程建设提供了开放的研发平台，是一种自主创新、技术共享的生态，这种开放的开发模式能够吸引大量研发人员及工程实践人员进行快速集成创新，推进整个产业的快速发展。

　　为了更好地推动银行卡工程应用开源技术，建立行业共享机制、建设开源知识库、开源工作组和开源社区等工作将对工程创新与发展具有重要意义。

　　在建立行业共享机制方面，携手各方力量联合研究开源技术，共建行业标准规范，推动技术成果的验证和产业化，推动产业各方更好地研究、应用和探索开源技术，将为银行卡工程的建设和发展注入更多动力。

　　在建设开源知识库方面，围绕工程建设在开源软件应用过程中的关注点和问题，建立面向银行卡工程的开源知识库，沉淀和积累应用开源的标准规范、优秀案例、知识经验等，提升开源软件的应用效果。

　　在建设开源工作组方面，联合政府、高校、科研机构、企事业单位成立开源工作组，形成产学研的协同合作，共同开展开源软件的研究和评测，探索行业共享机制，共建产业生态圈，促进银行卡产业链发展。

　　在建设开源社区方面，为实现银行卡产业技术发展的安全可控，建立面向银行卡产业的开源社区，降低与国外开源企业的绑定程度；同时设立准入机制，确保社区成员代表行业较高水准。针对产业共性应用场景，打造优秀案例和最佳实践，并联合产业各方进行技术认证。

　　由于开源软件内容丰富，几乎所有商业软件都有相似的开源软件实现，因而从资金投入、人才培养、研发速度、未来发展等方面，应用开源软件都显示出巨大的优势。全面拥抱和逐步应用开源技术，能够保障信息系统和关键技术自主可控、满足企业业务需求、降低企业研发成本、加速企业技术创新。

③ 知识图谱及相关技术

　　知识图谱的概念最早由谷歌公司于 2012 年提出，其在 2012 年发布了基于知识图谱的智能化搜索引擎。虽然知识图谱的概念提出较晚，但知识图谱的思想与理念经历了语义网络、专家系统到综合类及专业类的知识图谱过程。知识图谱是一种描述客观世界实体（点）与实体之间相互关系（边）的网络，目前已经在搜索引擎、智能问答、辅助决策等方面开展应用。

在银行卡工程建设过程中，知识图谱将作为一种信息化基础设施为工程建设提供支撑。同时，知识图谱技术及相关应用的发展，特别是在知识获取、技术融合应用、知识可信等方面的发展，将对银行卡工程产生重要的影响。

在知识获取方面，知识图谱的知识获取将向高质量化、高关联度的方向发展。目前困扰企业使用知识图谱的问题之一在于知识的非结构化和低关联度，而人工获取高质量知识成本高昂。因此，在知识获取方式从人工获取向自动化获取转变的过程中，将综合运用深度学习、强化学习、远程监督等技术，从而提升获取知识的质量。并且，针对多源知识获取问题，少样本、无监督或自监督方法将越来越受到重视。

在技术融合应用方面，由于知识图谱构建涉及知识表示、知识抽取、知识融合、知识处理等多方面技术，并且知识图谱在智能搜索、智能问答、智能决策等应用过程中也涉及自然语言处理、机器学习、计算机语音、计算机图像等多个领域的技术。因此，以系统工程的思想综合运用多领域技术而非单个技术的简单应用将是知识图谱未来的发展趋势之一。

在知识可信方面，确保知识的可信也是知识图谱面临的问题。由于知识图谱的知识获取将向自动化方向发展，面对线上、线下的海量知识，将进行无差别的抽取和关联。因此，需要对海量知识进行有效管理，确保获取的知识真实可信是未来知识图谱的发展方向之一。

知识图谱由于能够表示不同实体之间的相互联系，因此在关系推理上拥有天然优势。在银行卡产业内，知识图谱将成为信息化的基础设施，通过利用知识图谱实现深度知识推理，为持卡人服务、商户服务、机构服务提供支撑，进而在智能客服、风险防控、决策支持等场景下提供智能化服务。

4️⃣ 数据保护与合规性

人工智能、云计算、大数据等技术的发展使数据变得更加公开化和共享化，对数据价值的不断挖掘也进一步迎合了商业利益的诉求。但是，数据的不合理挖掘和使用触及了个人隐私问题，且带来了新的数据安全风险，因此个人数据的保护与合规使用成为各个国家需要面临的问题。2018年欧盟出台的《通用数据保护条例》（*General Data Protection Regulation*，GDPR）引起了全球各个机构对数据保护的重视。

在银行卡工程建设过程中，由于涉及国内外清算网络和相关业务，因此在数据保护与合规性上将受到国内外相关法规的影响。

对于我国银行卡产业，由于资金清结算需要，与金融支付相关的个人数据在产业内各系统之间广泛传输，从而数据合规使用、防范金融风险发生将变得尤为重要。随着欧盟GDPR的颁布和实施，以及我国政府对数据隐私泄露、数据不合理使用问题的高度重视，银行卡产业内各机构需进一步评估前端业务合规性及后台数据合规性，对相关的技术平台或者系统做合规性改造，以及在技术架构、安全攻防、密码算法等方面进行再设计，进而适应数据保护规范要求。

技术升级让银行卡产业面临新的风险，便捷的支付方式也突破了原有的安全规则，导致信息保护难度的不断提升。在新的技术体系和信息保护规范下，加强数据保护的责任和意识、规范数据使用是未来银行卡产业无法回避的问题。

5　基于模型的系统工程知识

系统工程早期被应用于国防、航天等领域中，但随着系统工程知识的不断延伸和发展，现今系统工程已在交通、农业、医疗、金融等多个领域中应用。随着工程系统复杂性的不断提升，传统的基于文档的系统工程已难以适应工程建设的需求，因此，在信息技术不断发展的过程中，基于模型的系统工程（model-based systems engineering，MBSE）逐渐发展起来。

相对于基于文档的系统工程方法，MBSE在建模语言和建模工具上产生了根本性变化：在建模语言上，从自然语言向系统建模语言（systems modeling language，SysML）转变；在建模工具上，从处理文本文档为主向处理图形化、可视化、形式化的模型为主转变。

基于模型的系统工程模式，其目的是为了提供一种更快、更连贯的信息共享方法，整体提升系统设计的速度和准确性。基于模型的系统工程能够在各个模型里记录信息，实现各模型间的信息共享及执行这些模型来进行系统设计和检验。基于模型的系统工程可进一步提升技术管理能力和信息管理能力，降低技术风险，提升研发效率。

　　系统工程相关理论、技术和方法已经深入工程的需求分析、设计、研发、运营、风控、检验等方方面面，基于模型的系统工程知识以系统模型为桥梁，将系统建模技术进一步应用到工程实践中，打破了原有传统系统工程碎片化、离散化的文档表示知识形式，形成了相互关联的模型化表示知识形式，为工程研发及管理人员建立了良好的信息交流方式。

后　　记

　　中国工程院管理学部自 2004 年起连续立项研究工程哲学，历时 15 年余，相继出版了《工程哲学》（2007 年第一版，2013 年第二版，2018 年第三版）、《工程演化论》（2010 年）、《工程方法论》（2016 年），现在又出版了这本《工程知识论》，终于初步构成了中国工程哲学的理论体系。抚今追昔，中国的工程师、工程管理者和哲学专家在工程哲学领域探索前进的步履历历可见。

　　本书在结构上分为三大部分——前言、理论篇和案例篇。其中，前言部分不但是本书研究过程的总结，而且简要回顾和总结了中国工程哲学的研究和发展历程。本书写作过程中，曾经多次召开研讨会，进行学术交流和学术研讨；各个子课题组更对各自负责的章节反复研讨，有些章节甚至易稿二十多次。2019 年 7 月，由殷瑞钰、李伯聪、王宏波、王大洲、邓波、王楠组成统稿小组，提出修改意见。此后，各章节又有进一步修改。全书最后由殷瑞钰、李伯聪负责统稿。

　　本书各章节执笔人如下：

前言	殷瑞钰、傅志寰、李伯聪
理论篇	
第一章　工程知识总论	
第一节　工程、知识和工程知识	殷瑞钰、傅志寰、李伯聪
第二节　工程知识论的定位、基	
本观点和主要内容	殷瑞钰、傅志寰、李伯聪
第三节　研究工程知识论的意义	邓　波
第二章　论工程知识的形态与转化	汪应洛、王宏波
第一节　工程知识的形态	李永胜
第二节　工程知识与工程实体的	
相互转化	王　哲、王宏波
第三节　显性知识与隐性知识的	
相互转化	吴　锋、吕绚丽

第三章	铁路工程知识案例研究	孙永福、郭　峰、牛　丰、袁瑞佳
第四章	水坝工程知识案例研究	陆佑楣、尚存良、张志会
第五章	桥梁工程知识案例研究	凤懋润、赵正松
第六章	石化工程知识案例研究	王基铭、袁晴棠、胡文瑞、孙丽丽、李国清、张秀东、门宽亮
第七章	信息工程知识案例研究	唐守廉、朱高峰
第八章	银行卡工程建设与管理知识案例研究	孙　权、章　政、柴洪峰

在本课题研讨过程和本书撰写过程中，汪应洛院士作为顾问，始终参与并指导了本书的构思和撰写，中国工程院工程管理学部胡文瑞院士、高战军先生、聂淑琴女士、常军乾先生，钢铁研究总院上官方钦高工，西安交通大学梁军教授，以及其他许多专家、有关人士都以不同方式给予了帮助，本书作者对他们表示诚挚的谢意。

在哲学领域，知识论是一个重要而困难的研究领域，而工程知识论的研究又有其特殊的重要性和困难之处。本书是国内外第一本以"工程知识论"为主题的学术著作，其错误和不妥之处在所难免，希望读者不吝批评指正。

本书作者
2019 年 9 月 25 日

郑重声明

高等教育出版社依法对本书享有专有出版权。任何未经许可的复制、销售行为均违反《中华人民共和国著作权法》，其行为人将承担相应的民事责任和行政责任；构成犯罪的，将被依法追究刑事责任。为了维护市场秩序，保护读者的合法权益，避免读者误用盗版书造成不良后果，我社将配合行政执法部门和司法机关对违法犯罪的单位和个人进行严厉打击。社会各界人士如发现上述侵权行为，希望及时举报，本社将奖励举报有功人员。

反盗版举报电话　（010）58581999　58582371　58582488

反盗版举报传真　（010）82086060

反盗版举报邮箱　dd@hep.com.cn

通信地址　北京市西城区德外大街4号

　　　　　高等教育出版社法律事务与版权管理部

邮政编码　100120